普通高等院校土木工程类实用创新型系列教材

砌体结构

（第三版）

熊仲明　许淑芳
朱军强　韦　俊　编著

科学出版社
北　京

内容简介

本书共分九章，内容包括绪论，砌体材料及其力学性能，砌体结构的设计原则，无筋砌体构件的承载力计算，配筋砌体构件的承载力计算，混合结构房屋墙体设计，混合结构房屋其他结构构件设计，砌体结构抗震设计，砌体拱桥、墩台、涵洞及挡土墙设计。

本书可作为高等院校土木工程专业的教材，也可供工程结构设计与施工技术人员参考。

图书在版编目（CIP）数据

砌体结构/熊仲明等编著．—3版．—北京：科学出版社，2021.8
（普通高等院校土木工程类实用创新型系列教材）

ISBN 978-7-03-067555-2

Ⅰ．①砌… Ⅱ．①熊… Ⅲ．①砌体结构-高等学校-教材 Ⅳ．①TU36

中国版本图书馆 CIP 数据核字（2020）第 271806 号

责任编辑：任加林 / 责任校对：王万红
责任印制：吕春珉 / 封面设计：耕者设计工作室

科学出版社 出版
北京东黄城根北街 16 号
邮政编码：100717
http://www.sciencep.com

三河市中晟雅豪印务有限公司印刷

科学出版社发行 各地新华书店经销

*

2009 年 2 月第 一 版 2021 年 8 月第十一次印刷
2014 年 1 月第 二 版 开本：787×1092 1/16
2021 年 8 月第 三 版 印张：18 3/4
字数：420 000

定价：56.00 元

（如有印装质量问题，我社负责调换〈中晟雅豪〉）
销售部电话 010-62136230 编辑部电话 010-62137026（BA08）

第三版前言

《建筑结构可靠性设计统一标准》（GB 50068—2018）已于 2019 年 4 月 1 日实施。为使读者更好地了解修订后的国家标准的内容，并便于设计应用，特对本书第二版进行必要的修订。本次修订除了对第二版的不妥之处进行修正外，主要做了以下修订工作。

1）根据《建筑结构可靠性设计统一标准》（GB 50068—2018）的相关规定，删除了当永久荷载效应为主时起控制作用的组合等内容，并修改了相关的例题（第四～七章）。

2）根据《建筑结构可靠性设计统一标准》（GB 50068—2018）的相关规定，将永久作用分项系数修改为 1.3（当作用效应对承载力不利时）或不大于 1.0（当作用效应对承载力有利时），可变作用分项系数修改为 1.5（第三章），并修改了相关的例题（第四～七章）。

参加本书修订工作的有：熊仲明（第一、二章和第六～八章）、朱军强（第三～五章）和韦俊（第九章）。全书最后由熊仲明修改定稿。

在本书修订过程中，西安建筑科技大学土木学院混凝土教研室的老师对本书的修订提出了许多宝贵的意见。研究生周鹏、许健健等修改了部分例题。

由于编者水平所限，书中不妥之处在所难免，欢迎读者批评指正。

编　者

2021 年 1 月 4 日

第一版前言

砌体结构课程是土木工程专业重要的专业课程之一，在土木工程学科中占有重要位置。

本书按照高等学校土木工程专业本科生教育培养目标和培养方案及教学大纲的要求，以及《砌体结构设计规范》(GB 50003—2001）及《公路圬工桥涵设计规范》(JTG D61—2005)、《公路桥涵设计通用规范》(JTG D60—2004）编写而成。

作为高等院校土木工程专业的专业课教材，既要保证内容的系统性，又要保证内容的先进性。本书简单阐述了砌体结构的发展历史和今后发展的趋势；对砌体结构所用材料的物理力学性能进行了较详细的分析讨论；对砌体结构的设计方法给予了简要介绍。此外，本书重点讨论了无筋砌体受压构件及砌体房屋的受力性能和设计方法，并通过较多的例题、思考题和练习题，加强对学生动手能力的训练。本书按照《砌体结构设计规范》(GB 50003—2001）编写的简支墙梁、连续墙梁和框支墙梁的设计方法、砖砌体墙和构造柱组合墙的设计方法，以及配筋砌块砌体剪力墙的设计方法等，集中反映了我国在砌体结构研究方面的最新成果。针对砌体结构抗震性能差的缺点及我国为一个多地震国家这种客观状况，本书较详细地介绍了砌体房屋结构抗震设计原理、方法和构造要求。为了适应结构专业拓宽的需要，本书根据《公路圬工桥涵设计规范》(JTG D61—2005）及《公路桥涵设计通用规范》(JTG D60—2004）还编入了砌体拱桥、墩台、涵洞及挡土墙等设计内容。

本书的特点是内容全面、系统性强。为了满足学生提高的要求，对部分章节做了*号标记，对这些章节学生可根据课时的安排进行自学。

本书第一、四、五章由西安建筑科技大学土木工程学院许淑芳、熊仲明执笔，第二、七、八章由许淑芳执笔，第三、六章由熊仲明执笔，第九章由熊仲明和苏州科技学院土木工程学院韦俊执笔。全书由熊仲明统稿。

西安建筑科技大学土木工程学院混凝土教研室全体同仁在本书编写过程中给予了热情支持和帮助；本书被陕西省教委及西安建筑科技大学列为砌体结构精品课程重点建设内容之一，并给予资助，特此感谢。

由于编者水平有限以及时间仓促，书中不妥之处在所难免，敬请读者批评指正。

编　者

2008 年 8 月 15 日

目　　录

第一章　绪　　论

1.1　砌体结构应用概况

普通烧结砖、多孔砖、各种砌块和石材用砂浆砌筑形成的结构统称为砌体结构（过去称为砖石结构）。砌体结构在我国的应用不但非常广泛，而且源远流长。我国早在五千年前就建造有石砌祭坛和石砌围墙。三千年以前（西周时期）已有烧制的黏土瓦和铺地砖。驰名中外的长城（图 1-1）盘山越岭，气势磅礴，其修建是砌体结构史上光辉的一页。隋代（公元 581～618 年）李春建造的河北赵县安济桥（图 1-2）净跨度为 37. 37m，高 7m 多，宽约 9m，结构受力合理，造型美观，距今已有一千多年的历史，仍完好无损。据考证，它是世界上最早的空腹式石拱桥。一大批古代流传下来的佛塔、城墙、砖砌穹拱、石桥和殿堂楼阁等砌体结构，如西安大雁塔（图 1-3）、小雁塔（图 1-4）等，像一颗颗灿烂的明珠分布在中华大地，为中华悠久的文明历史增添异彩。

图 1-1　长城

图 1-2　河北赵县安济桥

砌体结构在国外也被广泛采用，埃及的金字塔、罗马和希腊的古城堡和教堂也是古代人类应用砌体结构的典范。19 世纪 20 年代水泥的发明使砂浆强度大大提高，促进了砌体结构的发展。欧美各国较早地建造了大量的多层砌体结构房屋和不少高层砌体结构房屋。例如，美国芝加哥 1891 年建成的 16 层砌体结构房屋（Monadnock 大楼）可作为当时砌体高层房屋的代表。

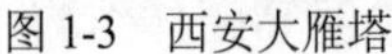
图 1-3　西安大雁塔

图 1-4　西安小雁塔

中华人民共和国成立以来，随着大规模经济建设的进行，不仅钢筋混凝土结构、钢结构和钢混组合结构等的应用得到快速发展，砌体结构的应用也得到快速发展，如多孔砖、硅酸盐砌块、混凝土空心砌块以及配筋砌体的采用，扩大了砌体结构应用的规模和范围。大量的民用住宅、小型工业厂房、水塔、烟囱、挡土墙、桥梁、涵洞和墩台等仍采用砌体结构，并不断创造砌体结构的辉煌业绩。例如，1990 年在湖南省凤凰县乌巢河上建成的主跨 120m 的石拱桥是当时世界最大跨径的石拱桥。近年建成的跨径 146m 的丹河石拱桥，刷新了世界最大跨径石拱桥的记录，中国在世界砌体结构史上又写下了光辉的篇章。

1.2　砌体结构的优缺点

因为砌体结构具有一系列的优点，所以长期被人们采用并保持强大的生命力，这主要体现在以下几方面。

1）原材料来源广泛，易于就地取材和加工，如黏土、天然石、砂等均可就地取材加工，并可利用粉煤灰等工业废料制作块体。

2）砌体结构具有良好的耐火性和耐久性。在一般情况下，烧结砖砌体可耐受 400℃左右的高温。砌体具有较好的化学稳定性和大气稳定性，可满足预期耐久性要求。

3）砌体结构具有良好的保温、隔热和隔音性能，特别适用于建造住宅、办公楼等民用房屋。

4）砌体结构的施工设备和方法较简单，施工的适应性较强。

5）砌体结构节约水泥、钢材和木材，造价低廉。

砌体结构的主要缺点有以下四个方面。

1）砌体结构的强度较低，因而墙、柱的截面尺寸大，材料用量大，结构的自重大，致使运输和施工的工作量加大。

2）无筋砌体的抗拉、抗弯和抗剪强度较低，加之砌体自重大引起的地震作用较大，所以无筋砌体结构的抗震性能差。

3）砌体结构基本是手工砌筑，劳动强度大，劳动效率低。

4）黏土砖的生产破坏农田，污染环境，浪费能源。

1.3　砌体结构的主要应用范围

目前我国砌体结构主要用于以下方面。

1）多层住宅、办公楼等民用建筑的基础、墙、柱和地沟等构件大量采用砌体结构，在抗震设防烈度6度区，烧结普通砖砌体住宅可建到8层，在非抗震设防区，可建高度更高。

2）跨度小于24m，且高度较小的俱乐部、食堂，以及跨度在15m以下的中小型工业厂房常采用砌体结构作为承重墙、柱及基础。

3）60m以下的烟囱、料仓、地沟、管道支架和小型水池等结构也常采用砌体结构。

4）挡土墙、涵洞、桥梁、墩台、隧道和各种地下渠道，也常用砌体结构。

1.4　砌体结构的理论研究概况

砌体结构虽然是应用了几千年的古老结构，但人们真正对其进行科学的理论研究的历史并不长。直至20世纪30年代，砌体结构都是采用经验法设计，或采用允许应力法做粗略地估算，设计的构件大多粗大笨重。苏联从20世纪40年代，欧美国家从20世纪50年代开始，对砌体结构的受力性能进行较为广泛的试验研究，提出以试验结果和理论分析为依据的设计计算方法。我国在20世纪50年代引用苏联的砖石结构规范作为我国砌体结构设计的依据，但是许多方面与我国的国情是不适应的。自20世纪60年代开始，我国对砌体结构开展了系统的试验和理论研究，提出符合我国情况的设计计算理论和一系列的构造措施，1973年我国颁布了《砖石结构设计规范》（GBJ 3—73），反映了我国学者的一系列研究成果。在此以后，随着研究工作不断深入，1988年颁布了《砌体结构设计规范》（GBJ 3—88），2001年颁布《砌体结构设计规范》（GB 50003—2001），并将一些新的研究成果纳入其中。2011年颁布的《砌体结构设计规范》（GB 50003—2011）（以下简称《砌体规范》），总结了砌体结构应用的新经验，应用了新的砌体结构科研成果，增补和完善了相关内容。当前我国砌体结构的理论研究已进入国际先进行列。

1.5　砌体结构的发展方向

由于砌体结构具有诸多的优点，在土木工程中今后相当长的时期仍占有重要地位。随着科学技术的发展，砌体结构的研究也快速发展。砌体结构的发展方向着重在以下几个方面。

1. 加强砌体材料研究，使砌体向轻质高强方向发展

我国应用砌体结构历史悠久，成就卓著，但是由于长期封建制度和半封建半殖民地制度的束缚，我国的砌体结构发展缓慢，以致落后于国外不少国家。与西方一些经济发达国家相比，我们的差距主要在砌体的材料方面。例如，我国目前生产的各类砖块体的抗压强度一般为10～15MPa，最高为30MPa，而美国商品砖的抗压强度为17.2～140MPa，最高为230MPa；英国砖的抗压强度达140MPa；法国、比利时和澳大利亚砖的抗压强度一般达60MPa。

国外采用的砂浆强度也很高，如美国水泥石灰砂浆的一般抗压强度为13.9～25.5MPa，其生产的高黏度砂浆（掺有聚氯乙烯乳胶）抗压强度可达55MPa；德国的砂浆抗压强度一般为14.0MPa左右，而我国常用砂浆的抗压强度一般为2.5～10MPa。

国外空心砖的孔洞率一般为25%～40%，有的高达60%，并且空心砖的产量占砖年总产量的比例达90%以上。我国承重空心砖的孔洞率一般在30%以内。

加快砌筑砖和砂浆的研究、发展轻质高强的砌体是当今砌体结构发展的重要方向，只有提高砌体强度，墙、柱的截面尺寸才可能减小，材料消耗才会减少，砌体的应用范围将进一步扩大，房屋的建造高度将进一步提高，经济指标将会更趋合理。

提高空心砖的孔洞率，减小砌体自重，不仅节约材料，降低造价，而且地震时地震作用减小，间接提高了砌体结构的抗震能力。

2. 加强配筋砌体的研究，提高砌体的抗震性能

我国是一个多地震的国家，大部分地区属于抗震设防区。多次地震灾害说明加强砌体结构的抗震性能是与人民生命财产休戚相关的头等大事。配筋砌体不但能提高砌体的强度和抗裂性，而且能有效地提高砌体结构的整体性和抗震性能。例如，美国加利福尼亚州用配筋砌体建造的16～18层公寓楼，经受了大地震的考验。新西兰有关规范允许在高烈度区建造7～12层的配筋砌体房屋。

我国配筋砌体结构起步较晚，1976年唐山大地震的沉痛教训促进了配筋砌体结构在我国的研究与发展。20世纪80年代，广西南宁市修建了配筋砌块砌体10层住宅楼和11层办公试点房屋。其后辽宁本溪修建了一批配筋砌块砌体10层住宅楼，但因缺乏系统的试验没有得到推广。20世纪90年代，不少大学和科研院所研究人员对配筋砌块砌体房屋的受力和抗震性能进行了一系列的试验研究。1997年，辽宁盘锦建成一栋15层配筋砌块剪力墙点式住宅，1998年上海建成18层配筋砌块剪力墙塔楼。配筋砌块剪力墙的设计方法已写入2001年颁布的《砌体结构设计规范》（GB 50003—2001）。这表明配筋

砌块砌体结构在我国的发展已进入一个新的阶段。一批国外引进或国产的混凝土小型砌块生产线在许多省、市投产，配筋砌块砌体结构房屋将在未来的建筑结构中发挥重要作用。

3. 利用工业废料、生活垃圾等制作建筑砖，逐渐取代以黏土为主要原料的各种砖

长期以来，黏土砖的生产破坏了大量农田，并且造成能源的浪费及环境污染，给农业生产和国计民生带来很大的威胁。这种情况已引起国家有关部门的重视，并将房屋建筑中的节土、节能列为一项基本国策贯彻执行。利用工业废料、生活垃圾等制作建筑砖用于砌体结构中，不但节省了黏土，而且将大量废物、废料回收利用，给困扰人类的工业废料、垃圾处理问题找到了理想的出路，国外经济发达的国家已有这方面的先例。我国在这方面也取得了不少成绩，如大量的粉煤灰、煤矸石等废物已被大量用作建筑材料生产各种砌筑块体。

4. 革新砌体结构的施工技术，提高生产效率和减轻劳动强度

砌体结构长期以来主要靠手工砌筑，效率低，劳动强度大，施工质量也不易保证。加强施工技术革新研究，用机械化或自动化取代手工砌筑，既提高了生产效率，又减轻了人工的劳动强度。

5. 进一步加强砌体结构的试验和理论研究，不断提高砌体结构的设计水平和施工水平

目前对砌体的各项力学性能、破坏机理以及砌体与其他材料共同工作等方面还有许多未能很好解决的课题需要去研究；砌体结构的动力反应和抗震性能有待进一步深入研究，这对砌体结构的合理设计和进一步扩大砌体结构的应用范围有着重要的意义。

第二章　砌体材料及其力学性能

学习目的

1. 了解块体和砂浆的种类、强度等级及在工程设计中的选用原则。
2. 了解砌体的种类及其在工程中的应用。
3. 重点掌握砌体受压破坏的全过程、砌体受压时的应力状态和影响砌体抗压强度的主要因素；了解砌体受压强度平均值的确定方法。
4. 掌握砌体受拉、受弯及受剪的破坏形态；了解砌体受拉、受弯及受剪强度平均值的确定方法。
5. 掌握砌体受压的变形特点和砌体弹性模量的确定方法；了解砌体的剪切模量、膨胀系数、收缩率和摩擦系数等物理力学性能。

2.1　块体、砂浆和灌孔混凝土

2.1.1　块体

块体用砂浆砌筑在一起形成砌体。块体是砌体的主要组成部分，通常占砌体总体积的78%以上。块体的物理力学性能对砌体的物理力学性能有重要的影响。

1. 块体的分类

我国当前砌体结构常用的块体可分为烧结普通砖、烧结多孔砖、非烧结硅酸盐砖、混凝土砌块以及石材等。其中，烧结普通砖与烧结多孔砖的主要成分之一为黏土，而生产黏土砖会造成大量的农田破坏、能源消耗和环境污染。因此，从21世纪初开始，我国大力倡导和推进禁止实心黏土砖的生产和应用，并取得了显著的成效，截至2004年约有170个城市实现了“禁实”目标。2011年我国国家发展改革委印发的《“十二五”墙体材料革新指导意见》中提出要在巩固全国城市城区“禁实”成果基础上，进一步开展“城市限粘、县城禁实”工作（城市城区限制使用黏土制品，县城城区禁止使用实心黏土砖），推广应用节能利废的新型墙体材料新技术、新产品。因此，采用工业废料和其他非黏土原料的块体取代黏土砖，推动新型墙体材料行业的环保节能，已成为我国墙体改革的当务之急。下面将几类常用块体做详细介绍。

（1）烧结普通砖

烧结普通砖是以黏土、页岩、粉煤灰等为主要成分，经塑压制坯，干燥后送入焙烧窑经过高温烧结而成的实心或孔洞率不大于规定值且外形尺寸符合规定的砖。我国实心砖的规格为240mm×115mm×53mm，重力密度为18～19kN/m^3。长期以来，烧结普通黏土砖在建筑工程中占主导地位，主要因为其耐久性、保温、隔热性能好，取材方便，生产工艺简单，砌筑方便。但是，为了节约土地和能源资源，保护生态环境，我国许多省、市已禁止使用烧结普通黏土砖，且全国彻底禁止使用烧结普通黏土砖的时间已为期不远。

（2）烧结多孔砖

烧结多孔砖是以黏土、页岩、煤矸石或粉煤灰为主要原料，经焙烧而成且孔洞率大于35%的承重多孔砖（也称承重空心砖）。《烧结多孔砖和多孔砌块》（GB 13544—2011）推荐了三种空心砖规格，即KP1型、KP2型和KM1型。编号中的字母K表示空心，P表示普通，M表示模数。该标准中只规定了三种砖的规格尺寸而未规定孔洞的形式，因而各地生产的烧结多孔砖的孔型及孔洞率不尽相同。KP1型规格尺寸为240mm×115mm×90mm；KP2型规格尺寸为240mm×180mm×115mm，配砖尺寸为240mm×115mm×115mm及180mm× 115mm×115mm；KM1型规格尺寸为190mm×190mm×90mm，配砖尺寸为190mm× 90mm×90mm。图2-1（a）、（b）为南京生产的KM1型空心砖及其配砖，孔洞率分别为26%和18%；图2-1（c）为上海、西安、辽宁及黑龙江等地生产的KP1型空心砖，孔洞率为25%；图2-1（d）、（e）及（f）为西安等地生产的KP2型空心砖及其配砖。

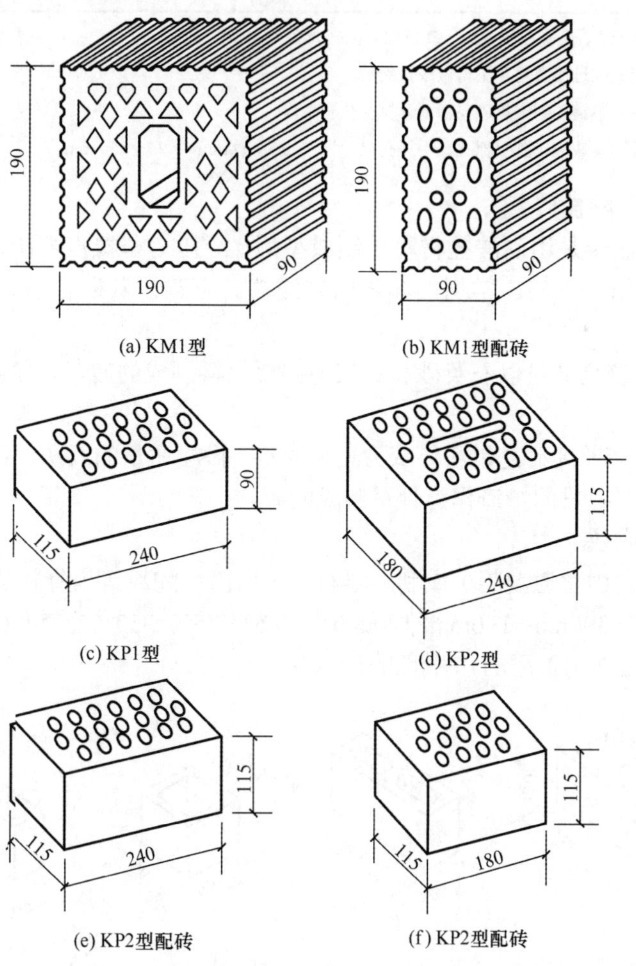

图2-1　常用的几种烧结多孔砖（尺寸单位：mm）

国家标准《烧结多孔砖和多孔砌块》（GB 13544—2011）规定砖的外形为直角六面体，其长度、宽度及高度尺寸应符合290mm、240mm、190mm、180mm和140mm、115mm、90mm要求。孔型孔结构和孔洞率见表2-1。该标准规定砖和砌块的产品标记按产品名称、品种、规格、强度等级、密度等级和标准编号顺序编写。例如，规格尺寸290mm×140mm×90mm、强度等级MU25、密度1200级的黏土烧结多孔砖，其标记为：烧结多孔砖N 290×140×90 MU25 1200 GB 13544—2011。

表2-1　孔型孔结构和孔洞率

孔型	孔洞尺寸/mm		最小外壁厚/mm	最小肋厚/mm	孔洞率/%		孔洞排列
	孔宽 b	孔长 L			砖	砌块	
矩形条孔或矩形孔	≤13	≤40	≥12	≥5	≥28	≥33	1. 所有孔宽应相等。孔采用单向或双向交错排列； 2. 孔洞排列上下、左右应对称，分布均匀，手抓孔的长度方向尺寸必须平行于砖的条面

注：1）矩形孔的孔长 L、孔宽 b 满足式 $L \geqslant 3b$ 时，为矩形条孔。

2）孔四个角应做成过渡圆角，不得做成直尖角。

3）如设有砌筑砂浆槽，则砌筑砂浆槽不计算在孔洞率内。

4）规格大的砖和砌块应设置手抓孔，手抓孔尺寸为（30～40）mm×（75～85）mm。

（3）非烧结硅酸盐砖

非烧结硅酸盐砖是用硅酸盐材料压制成型后，经压力釜蒸汽养护而制成的实心砖。其规格尺寸同烧结普通砖。常用的非烧结硅酸盐砖有蒸压灰砂普通砖和蒸压粉煤灰普通砖。

1）蒸压灰砂普通砖是以石英砂和石灰为主要原料制成的砖，具有强度高、大气稳定性良好等性能。

2）蒸压粉煤灰普通砖是以粉煤灰为主要原料，掺配适量的石灰、石膏或其他碱性激发剂，再加入一定数量的炉渣作为骨料制成的砖。

（4）混凝土砌块

混凝土砌块是由普通混凝土或利用浮石、火山渣、陶粒等为骨料的轻骨料混凝土制成，主规格尺寸为390mm×190mm×190mm、空心率25%～50%的空心砌块，简称混凝土砌块或砌块。图2-2为常用的几种混凝土砌块。

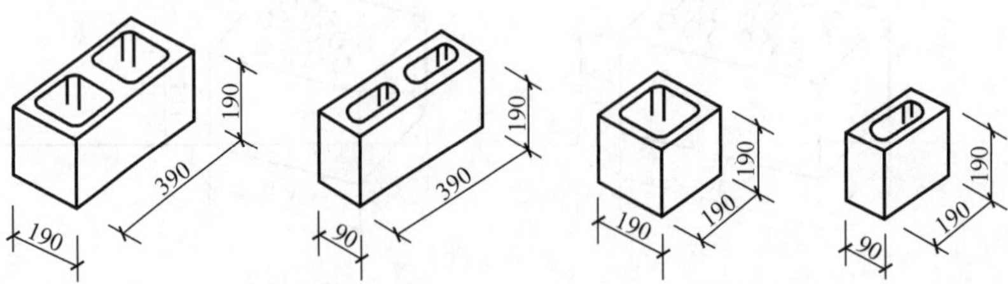

图2-2　常用的几种混凝土砌块（尺寸单位：mm）

（5）石材

石材一般采用重质天然石，如花岗岩、砂岩、石灰岩等。石材按其加工的外形规则程度分为料石和毛石两大类。

1）料石。料石按照其加工的外形规则程度不同又可分为以下几种。

① 细料石。通过细加工，外形规则。叠砌面凹入深度不大于 10mm。截面的宽度、高度不小于 200mm，且不小于长度的 1/4。

② 半细料石。规格尺寸同细料石，叠砌面凹入深度不大于 15mm。

③ 粗料石。规格尺寸同细料石，叠砌面凹入深度不大于 20mm。

④ 毛料石。外形大致方正，一般不加工或稍加工修整，高度不小于 200mm，叠砌面凹入深度不大于 25mm。

2）毛石。形状不规则，中部厚度不小于 200mm 的块石。

2. 块体强度等级

按标准试验方法得到的以 MPa 表示的块体的极限抗压强度按规定的评定方法确定的强度值称为该块体的强度等级。

（1）砖强度等级的确定及划分

确定砖的强度等级时，抽取 10 块试样，分别从长度的中间处切断，用水泥砂浆将半块砖两两重叠粘在一起，经养护后进行抗压强度试验，并计算出单块强度、平均强度、强度标准差，据此来评定砖的强度等级。

1）烧结普通砖、烧结多孔砖的强度等级应符合表 2-2 的要求。

表 2-2　烧结普通砖、烧结多孔砖强度等级

强度等级	抗压强度平均值不小于/MPa	强度标准值不小于/MPa
MU30	30.0	22.0
MU25	25.0	18.0
MU20	20.0	14.0
MU15	15.0	10.0
MU10	10.0	6.5

2）蒸压灰砂普通砖的强度等级应符合表 2-3 的要求。

表 2-3　蒸压灰砂普通砖强度等级

强度等级	抗压强度/MPa		抗折强度/MPa	
	平均值不小于	单块值不小于	平均值不小于	单块值不小于
MU25	25.0	20.0	5.0	4.0
MU20	20.0	16.0	4.0	3.2
MU15	15.0	12.0	3.3	2.6

确定蒸压粉煤灰普通砖的强度等级时，其抗压强度应乘以自然碳化系数，当无自然碳化系数时，可取人工碳化系数的 1.15 倍。空心块材的强度等级是由试件破坏荷载值除

以受压毛面积确定的，在设计计算时不需再考虑孔洞的影响。

（2）砌块强度等级的确定

砌块的强度等级由 5 个试块根据标准试验方法，按毛面积计算的极限抗压强度值划分的。其强度等级应符合表 2-4 的要求。确定掺有粉煤灰 15%以上的混凝土砌块的强度等级时，其抗压强度应乘以自然碳化系数，当无自然碳化系数时，可取人工碳化系数的 1. 15 倍。

表 2-4 混凝土小型空心砌块强度等级

强度等级	抗压强度/MPa	
	平均值不小于	单块最小值不小于
MU20	20.0	16.0
MU15	15.0	12.0
MU10	10.0	8.0
MU7.5	7.5	6.0
MU5	5.0	4.0

（3）石材强度等级的确定

石材的强度等级，可用边长为 70mm 的立方体试块的抗压强度表示。抗压强度取三个试件破坏强度的平均值。试件也可采用表 2-5 所列边长的立方体，但应对试验结果乘以相应的换算系数后方可作为石材的强度等级。

表 2-5 石材强度等级的换算系数

立方体边长/mm	换算系数	立方体边长/mm	换算系数
200	1. 43	70	1. 00
150	1. 28	50	0. 86
100	1. 14		

石材的强度等级划分为 MU100、MU80、MU60、MU50、MU40、MU30 和 MU20。

3. 密度等级

密度是烧结空心制品的重要技术参数之一。《烧结多孔砖和多孔砌块》（GB 13544—2011）对此做了严格规定。砖的密度等级分为 1000、1100、1200、1300 四个等级。砌块的密度等级分为 900、1000、1100、1200 四个等级。密度等级规定见表 2-6。

表 2-6 密度等级

密度等级		3 块砖或砌块干燥表观密度平均值/（kg/m³）
砖	砌块	
—	900	≤900
1000	1000	900～1000
1100	1100	1000～1100
1200	1200	1100～1200
1300	—	1200～1300

2.1.2　砂浆

砂浆是用砂和适量的无机胶凝材料（水泥、石灰、石膏、黏土等）加水搅拌而成的一种黏结材料。砂浆的作用是将单个块体连成整体，并垫平块体上、下表面，使块体应力分布较为均匀。砂浆应当填满块体之间的缝隙，以利于提高砌体的强度、减小砌体的透气性，提高砌体的保温、隔热、防水和抗冻性能。

1. *砂浆的种类*

砂浆按其配合成分不同可分为如下几种。

1）水泥砂浆。它是按一定质量比由水泥与砂加水搅拌而成，是不掺石灰、石膏等塑化剂的纯水泥砂浆。水泥砂浆强度高、耐久性好，适宜砌筑对强度有较高要求的地上砌体及地下砌体，但这种砂浆的和易性和保水性较差，施工难度较大。

2）混合砂浆。它是按一定质量比由水泥、塑化剂、砂和水搅拌而成的砂浆，如水泥石灰砂浆、水泥石膏砂浆等。混合砂浆的和易性、保水性较好，便于施工砌筑，适用于砌筑一般地面以上的墙、柱砌体。

3）非水泥砂浆。它是按一定质量比由石灰、石膏或黏土与砂加水搅拌而成的砂浆，如石灰砂浆、石膏砂浆、黏土砂浆等。这类砂浆强度低、耐久性差，只适宜于砌筑承受荷载不大的砌体或临时性建筑物、构筑物的砌体。

4）混凝土砌块砌筑专用砂浆。它是由水泥、砂、水以及根据需要掺入的掺和料和外加剂等组成，按一定比例，采用机械搅拌而成，专门用于砌筑混凝土砌块的砂浆，简称砌块专用砂浆。

2. *砂浆的强度等级*

我国的砂浆强度等级是采用边长为 70. 7mm 的立方体标准试块，在温度为 20℃±30℃，水泥砂浆在湿度为 90%以上、水泥石灰砂浆在湿度为 60%～80%的环境下养护 28d，进行抗压试验按计算规则得出的以 MPa 表示的砂浆试件强度值划分的。

《砌体规范》规定的砂浆强度等级应按下列规定采用。

1）烧结普通砖、烧结多孔砖、蒸压灰砂普通砖和蒸压粉煤灰普通砖砌体采用的普通砂浆的强度等级为 M15、M10、M7.5、M5 和 M2.5；蒸压灰砂普通砖和蒸压粉煤灰普通砖砌体采用的专用砌筑砂浆强度等级：Ms15、Ms10、Ms7.5 和 Ms5.0。

2）混凝土普通砖、混凝土多孔砖、单排孔混凝土砌块和煤矸石混凝土砌块砌体采用的砂浆强度等级：Mb20、Mb15、Mb10、Mb7.5 和 Mb5。

3）双排孔或多排孔轻集料混凝土砌块砌体采用的砂浆强度等级：Mb10、Mb7.5 和 Mb5。

4）毛料石、毛石砌体采用的砂浆强度等级：M7.5、M5 和 M2.5。

3. *砂浆的质量要求*

为了满足工程设计需要和保证施工质量，砂浆应当满足以下要求。

1）砂浆应有足够的强度，以满足砌体的强度要求。

2）砂浆应具有较好的和易性，便于砌筑、保证砌筑质量和提高工效。

3）砂浆应具有适当的保水性，使其在存放、运输和砌筑过程中不出现明显的泌水、分层、离析现象，以保证砌筑质量、砂浆的强度和砂浆与块体之间的黏结力。

2.1.3　灌孔混凝土

在混凝土小型砌块建筑中，为了提高房屋的整体性、承载能力和抗震性能，常在砌块孔洞中设置钢筋并浇入灌孔混凝土，使其形成钢筋混凝土墙、柱。在有些混凝土小型砌块砌体中，虽然孔内并没有配钢筋，但为了增大砌体的横截面积或为了满足其他功能要求，也需要灌孔。灌孔混凝土用普通水泥、砂子、碎石（豆石）和水按一定比例配制搅拌而成，碎石直径一般不大于 10mm。灌孔混凝土应具有较大流动性，其坍落度应控制在 200～250mm。

根据灌孔尺寸和灌注高度，灌孔混凝土又分为粗灌孔混凝土和细灌孔混凝土。两者的区别为细灌孔混凝土中不加碎石（豆石），仅为一定比例的水泥、砂子和水，有时还加少量白灰。为了保证施工质量，要求灌孔混凝土既容易灌注又不致离析，并能保证钢筋的正确位置。灌孔混凝土的强度等级用 Cb××表示，灌孔混凝土的强度指标等同于对应的混凝土强度等级 C××的强度指标。

2.1.4　块体及砂浆的选择

在砌体结构设计中，块体及砂浆的选择既要保证结构的安全可靠，又要获得合理的经济技术指标。一般应按照以下的原则和规定进行选择。

1）根据“因地制宜，就地取材”的原则，尽量选择当地性能良好的块体和砂浆材料，以获得较好的技术经济指标。

2）为了保证砌体的承载力，根据设计计算选择强度等级适宜的块体和砂浆。

3）保证砌体的耐久性。耐久性就是要保证砌体在长期使用过程中具有足够的承载能力和正常使用性能，避免或减少块体中可溶性盐的结晶风化导致块体掉皮和层层剥落的现象。另外，块体的抗冻性能对砌体的耐久性有直接影响。抗冻性要求要保证在多次冻融循环后块体不至于剥蚀及强度降低。一般块体吸水率越大，抗冻性越差。

4）严格遵守《砌体规范》中关于块体和砂浆最低强度等级的规定。

在非抗震设计中，5 层及 5 层以上房屋的墙以及受震动或层高大于 6m 的墙、柱所用的块体和砂浆最低强度等级：砖为 MU10、混凝土砌块为 MU7. 5、石材为 MU30、砂浆为 M5。地面以下或防潮层以下的砌体、潮湿房间的墙，所用材料的最低强度等级应符合表 2-7 的要求。

表 2-7　地面以下或防潮层以下的砌体、潮湿房间墙所用材料的最低强度等级

潮湿程度	烧结普通砖	混凝土普通砖、蒸压普通砖	混凝土砌块	石材	砂浆
稍潮湿的	MU15	MU20	MU7.5	MU30	M5

续表

潮湿程度	烧结普通砖	混凝土普通砖、蒸压普通砖	混凝土砌块	石材	砂浆
很潮湿的	MU20	MU20	MU10	MU30	MU7.5
含水饱和的	MU20	MU25	MU15	MU40	MU10

另外，在冻胀地区地面以下或防潮层以下的砌体，不宜采用多孔砖，如果用时，其孔洞应用不低于M10的水泥砂浆预先灌实。当采用混凝土空心砌块时，其孔洞应采用强度等级不低于Cb20的混凝土灌实。对安全等级为一级或设计使用年限大于50年的房屋，表2-7中材料强度等级应至少提高一级。

2.2　砌体的类型

砌体按其配筋与否可分为无筋砌体和配筋砖砌体两大类。

仅由块体和砂浆组成的砌体称为无筋砌体。无筋砌体包括砖砌体、砌块砌体和石砌体。无筋砌体应用范围广泛，但抗震性能较差。

配筋砖砌体是在砌体中设置了钢筋或钢筋混凝土材料的砌体。配筋砌体的抗压、抗剪及抗弯承载力高于无筋砌体，具有较好的抗震性能。

2.2.1　无筋砌体

1. *砖砌体*

按照采用砖的类型不同，砖砌体可分为烧结普通砖砌体、烧结多孔砖砌体以及各种硅酸盐砖砌体。

砖砌体在工程中应用广泛，如建筑物的墙、柱、基础以及挡土墙、小型水池池壁、涵洞等。为了使砌体整体性好，并有较高的强度，砌体中的块体必须合理排列，即应使块体相互搭接，竖向灰缝错开。图2-3给出了490mm×490mm砖柱的四皮砌筑法，沿高度按砖的四种排列方式（①、②、③和④）交替砌筑，使砖柱有很好的搭缝和整体性。如果仅用图2-3中的②和③交替砌筑，表面虽有良好的搭缝，但砖柱周围的砖与中心部位的砖却无搭接联系，使柱的整体性大大减弱，这种砌筑方法称为包心砌法。试验证明，采用包心砌法砌筑的柱的承载力较正确砌筑的柱明显降低，《砌体工程施工质量验收规范》（GB 50203—2011）（以下简称《砌体施工规范》）规定，砖柱不得采用包心砌法。

砖墙通常采用一顺一丁、梅花丁和三顺一丁的砌筑方式（图2-4）。普通黏土砖和非烧结硅酸盐砖砌体的墙厚可为120mm（半砖）、240mm（1砖）、370mm（3/2砖）、490mm（2砖）、620mm（5/2砖）、740mm（3砖）等。如果墙厚不按半砖而按1/4砖进位，则需加一块侧砖立砌而使厚度为180mm、300mm、430mm等。目前国内常用的几种规格空心砖可砌成90mm、180mm、190mm、240mm、290mm、370mm、390mm等厚度的墙体。

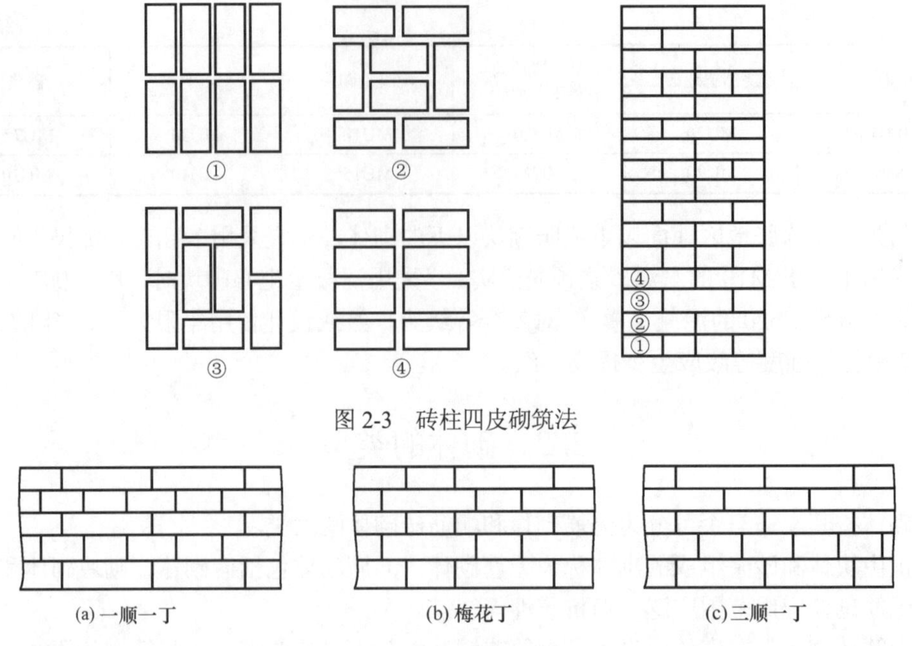

图 2-3　砖柱四皮砌筑法

图 2-4　砖墙的砌筑方式

空腔墙近年来在我国北方一些地区开始采用。这种墙由内外两叶墙中间填以岩棉或苯板组成（图 2-5），两叶墙之间用丁砖或钢筋拉结，节能效果明显。试验研究表明，当具有适当的拉结构造时，两叶墙片共同工作性能良好，有望在更大范围推广使用。

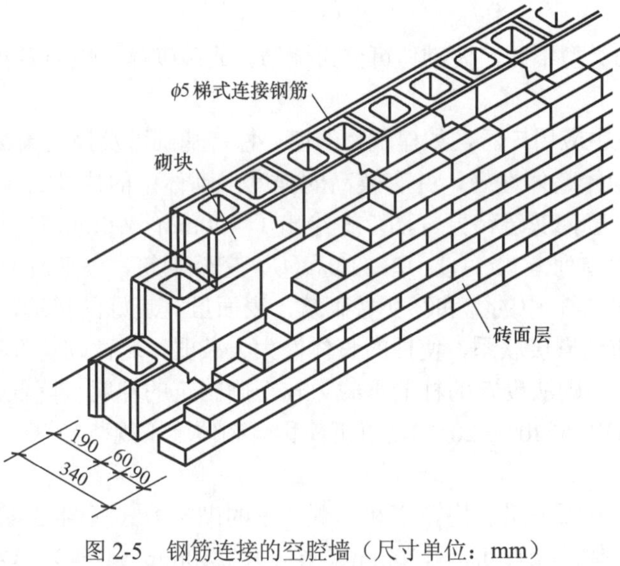

图 2-5　钢筋连接的空腔墙（尺寸单位：mm）

2. *砌块砌体*

砌块砌体（这里是指混凝土小型砌块砌体）主要用于多层民用建筑、工业建筑的墙体结构。混凝土小型砌块的砌筑较一般砖砌体复杂。砌块砌体一方面要保证上下皮砌块搭接长度不得小于 90mm，另一方面要保证空心砌块孔对孔、肋对肋砌筑。因此，在砌筑前应将各配套砌块的排列方式进行设计，尽量采用主规格砌块。当孔对孔、肋对肋施工确有困难时，也可错孔砌筑，但对单排孔混凝土砌块和轻骨料混凝土砌块砌体的抗压强度设计值应按《砌体规范》的规定，给予折减。砌块墙体一般由单排砌块砌筑，即墙厚度等于砌块宽度。混凝土砌块不得与黏土砖等混合砌筑。

3. *石砌体*

石砌体分为料石砌体、毛石砌体和毛石混凝土砌体（图 2-6）。

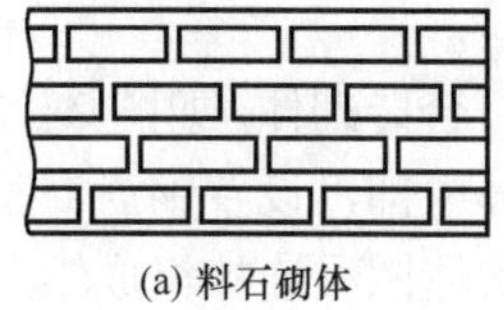

(a) 料石砌体

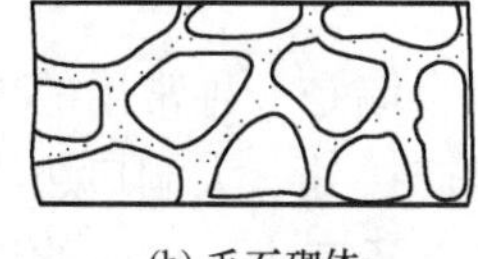

(b) 毛石砌体

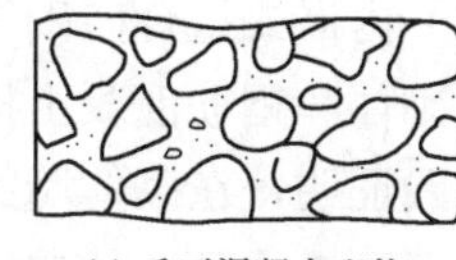

(c) 毛石混凝土砌体

图 2-6　石砌体的几种类型

料石砌体和毛石砌体均用砂浆砌筑。料石砌体可用于民用房屋的承重墙、柱和基础，还可以用于建造石拱桥、石坝和涵洞等。毛石砌体可用于建造一般民用建筑房屋及规模不大的构筑物基础，也常用于挡土墙和护坡。

毛石混凝土砌体是在模板内交替铺设混凝土及形状不规则的毛石层而形成的石砌体。毛石混凝土砌体多用于一般民用房屋和构筑物的基础及挡土墙等。

2.2.2　配筋砖砌体

我国目前常用的配筋砖砌体主要有两种类型：横向配筋砖砌体和组合砖砌体。

1. *横向配筋砖砌体*

横向配筋砖砌体是指在砖砌体的水平灰缝内配置钢筋网片或水平钢筋的砌体（图 2-7）。网状配筋砌体主要用于轴心受压构件和偏心距较小的偏心受压构件。这种构件在轴向压力作用下，构件的横向变形受到约束，提高了构件的抗压承载力，同时也提高了构件的变形能力。在砖墙中配置水平钢筋，还可以提高墙体的抗剪承载力。

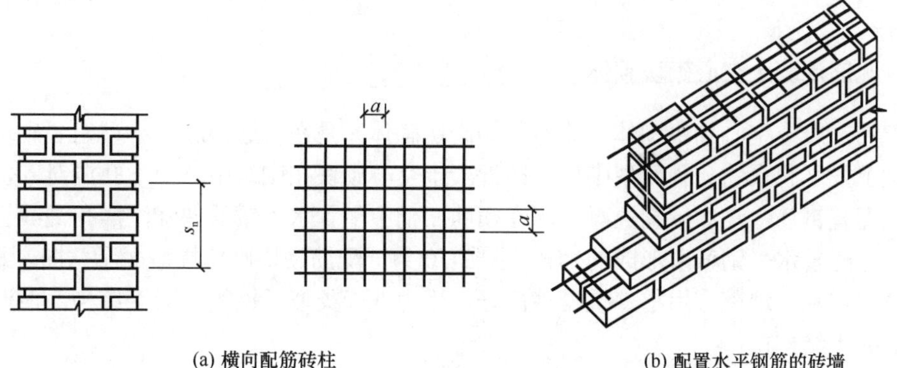

(a) 横向配筋砖柱　　(b) 配置水平钢筋的砖墙

图 2-7　横向配筋砖砌体

2. 组合砖砌体

外表面或内部配有钢筋混凝土或钢筋砂浆的砖砌体称为组合砖砌体。目前在我国应用较多的组合砖砌体有两种。

（1）外包式组合砖砌体

外包式组合砖砌体是指在砖砌体墙或柱外侧配置一定厚度的钢筋混凝土面层或钢筋砂浆面层，以提高砌体的抗压、抗弯和抗剪能力。图 2-8 为常用的外包式组合砖柱。

（2）内嵌式组合砖砌体

砖砌体和钢筋混凝土构造柱组合墙是一种常用的内嵌式组合砖砌体，如图 2-9 所示。工程实践证明，在砌体墙的纵横墙交接处、大洞口边缘及墙体中部，设置钢筋混凝土构造柱不但可以提高墙体的抗压、抗剪承载力，同时构造柱与房屋圈梁连接组成钢筋混凝土空间骨架，对增强房屋的变形能力和抗倒塌能力效果十分明显。这种墙体施工必须先砌墙，后浇注钢筋混凝土构造柱。砌体与构造柱连接面应按构造要求砌成马牙槎，以保证两者的共同工作性能。

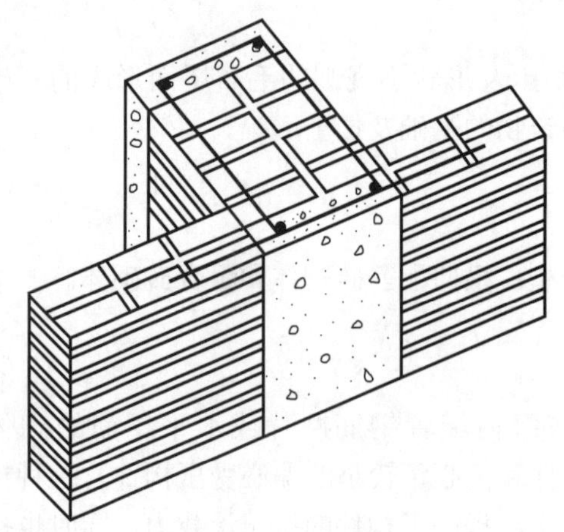

图 2-8 外包式组合砖柱

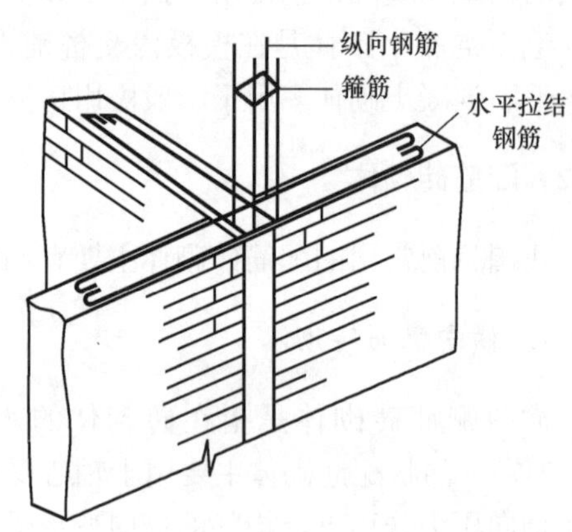

图 2-9 内嵌式组合砖砌体墙

2.2.3 配筋混凝土空心砌块砌体

配筋混凝土空心砌块砌体（简称配筋砌块砌体）是在普通混凝土小型空心砌块砌体的基础上发展起来的一种新型砌体。即混凝土空心砌块在砌筑中，上下孔洞对齐，在竖向孔中配置钢筋、浇注灌孔混凝土，在横肋凹槽中配置水平钢筋并浇注灌孔混凝土或在水平灰缝配置水平钢筋所形成的砌体，图 2-10 为一配筋砌块砌体柱截面示意图。配筋砌块砌体自重轻、地震作用小、抗震性能好，受力性能类似于钢筋混凝土结构，但造价较钢筋混凝土结构低。

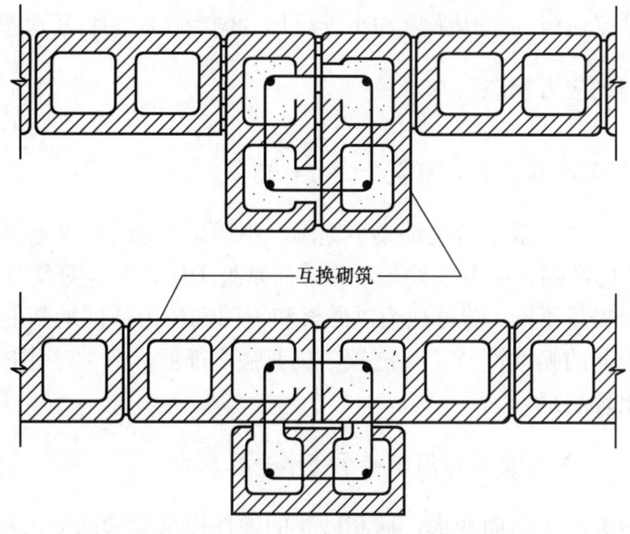

图 2-10　配筋砌块砌体柱截面示意图

2.3　砌体的强度

2.3.1　砌体的受压破坏特征

砖砌体标准试件尺寸为 240mm×370mm×720mm。砌体轴心受压时从加荷开始直到破坏，其受力及破坏过程可分为以下三个阶段。

第一阶段：从开始加荷到砌体中个别单砖出现裂缝［图 2-11（a）］。其荷载大致为砌体极限荷载的 50%～70%。如果此时不再继续增大荷载，单砖裂缝并不发展。

第二阶段：继续加荷，砌体内的单砖裂缝开展和延伸，逐渐形成上下贯通多皮砖的连续裂缝，同时还有新裂缝不断出现［图 2-11（b）］。其荷载约为砌体极限荷载的 80%～90%。此时即便不再增加荷载，裂缝仍会缓慢发展。

第三阶段：若继续加荷，裂缝很快延长、加宽，砌体被贯通的竖向裂缝分割成若干独立小柱［图 2-11（c）］。最终因局部砌体被压碎或小柱失稳而导致砌体试件破坏。

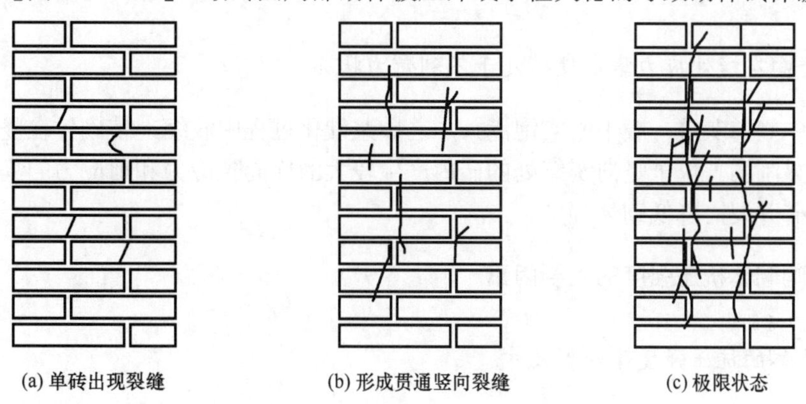

图 2-11　砖砌体受压受破坏特征

试验证明砌体受压时的抗压强度均小于块体均匀受压时的抗压强度。

2.3.2 砌体受压时的应力状态

1. 砌体中单砖处于压、弯、剪复合受力状态

砌体在砌筑过程中，水平砂浆铺设不饱满、不均匀，加之砖表面可能不是十分平整［图 2-12（a）］，使砖在砌体中并非均匀受压，而是处于压、弯、剪复合受力状态。另外，由于砖与砂浆变形模量不同，砖可视为以砂浆和下部砌体为弹性地基的梁，也使砖的弯、剪应力增大。由于砖的脆性性质，其抗拉、抗剪强度很低。弯曲产生的拉应力和剪切应力可使单砖首先出现裂缝。

2. 砌体中砖与砂浆的交互作用使砖承受水平拉应力

砌体在受压时要产生横向变形，砖和砂浆的弹性模量和横向变形系数不同，一般情况下，砖的横向变形小于砂浆的变形。但是，由于砖与砂浆之间黏结力和摩擦力的作用，使两者的横向变形保持协调。砖与砂浆的相互制约使砖内产生横向拉应力，使砂浆内产生横向压应力［图 2-12（b）］。砖中的水平拉应力也会促使单砖裂缝的出现，使砌体强度降低。

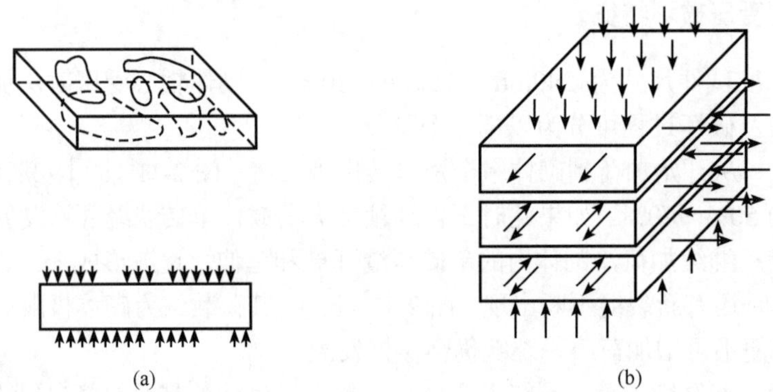

图 2-12 砌体中单砖受力示意图

3. 竖向灰缝处应力集中使砖处于不利受力状况

砌体中竖向灰缝一般不密实饱满，加之砂浆硬化过程中收缩，使砌体在竖向灰缝处整体性明显削弱。位于竖向灰缝处的砖内产生较大的横向拉应力和剪应力的集中，加速砌体中单砖开裂，降低砌体强度。

2.3.3 影响砌体抗压强度的主要因素

1. 块体的抗压强度及外形尺寸

试验证明，块体的抗压强度对砌体的抗压强度有明显的影响，在其他条件相同时，

块体抗压强度越高，砌体的抗压强度也越高。

块体厚度和外形规整程度对砌体的抗压强度影响也很大。从前面对砌体受力状态的分析可以看出，块体厚度大，外形规则平整，其在砌体中所受的拉、弯、剪应力较小，有利于推迟块体裂缝的出现，从而延缓了砌体的破坏，使其抗压强度提高。

2. 砂浆的强度

试验证明，当块体强度等级一定，砂浆强度等级不是很高时，提高砂浆强度等级，砌体的抗压强度有较明显的增长；当砂浆强度等级过高时，提高砂浆强度等级对砌体抗压强度的提高并不明显。

3. 砂浆的变形性能

在其他条件相同时，随着砂浆变形率的增大，块体在砌体中的弹性地基梁作用加大，使块体中的弯、剪应力加大；同时，随着砂浆变形率的增大，块体与砂浆在发生横向变形时的交互作用增大，使块体中的水平拉应力增大，导致砌体抗压强度的降低。

4. 砂浆的流动性和保水性

砂浆的流动性和保水性好，容易使铺砌的灰缝饱满、均匀和密实，可减小单砖在砌体中的弯、剪应力，使抗压强度提高，但过高的流动性会造成砂浆变形率过大，砌体抗压强度反而降低。

虽然纯水泥砂浆抗压强度较高，但由于其流动性和保水性较差，不易保证砌筑时砂浆均匀、饱满和密实，会使砌体强度降低 10%～20%。

5. 施工砌筑质量

（1）水平灰缝的均匀和饱满程度

水平灰缝的均匀、饱满可改善块体在砌体中的应力状态，提高砌体的抗压强度。我国《砌体施工规范》规定：砖砌体水平灰缝砂浆饱满度不得小于 80%，砌块砌体水平灰缝砂浆饱满度按净面积计算不得低于 90%；竖向灰缝砂浆饱满度不得小于80%。

（2）灰缝的厚度

灰缝越厚，灰缝变形越大，砌体强度越低。灰缝厚度太薄，砂浆不易均匀、不易饱满和密实，也会使砌体强度降低。《砌体施工规范》规定：砖砌体、混凝土砌块砌体的水平灰缝厚度和竖向灰缝宽度宜为 10mm，但不应小于 8mm，也不应大于12mm。

（3）砖的含水率

当采用含水率太小的砖砌筑时，砂浆中大部分水分会很快被砖吸收，不利于砂浆的均匀铺设和硬化，会使砌体强度降低。砖中含水率过高，会使砌体的抗剪强度降低，同时当砌体干燥时，会产生较大的收缩应力，导致砌体出现垂直裂缝。《砌体施工规范》规定：砌筑砖砌体时，砖应提前 1～2d 浇水湿润，烧结普通砖、多孔砖含水率宜为 10%～15%，蒸压灰砂普通砖、蒸压粉煤灰普通砖含水率宜为 8%～12%。现场检验砖含水率的简易方法采用断砖法，即当断砖截面四周融水深度为 15～20mm 时，视为符合要求的适宜含水率。

（4）块体的搭接方式

砌筑时块体的搭接方式会影响砌体的整体性。整体性不好，会导致砌体强度的降低。为了保证砌体的整体性，烧结普通砖和蒸压砖砌体应上、下错缝，内外搭砌。实心砌体宜采用一顺一丁、梅花丁或三顺一丁的砌筑形式。砖柱不得用包心砌法。

6. 施工技术和管理水平

《砌体施工规范》将砌体工程施工质量控制等级分为三级，并按表 2-8 划分。

表 2-8　砌体工程施工质量控制等级

项目	施工质量控制等级		
	A	B	C
现场质量管理	监督检查制度健全，并严格执行；施工方有在岗专业技术管理人员，人员齐全，并持证上岗	监督检查制度基本健全，并能执行；施工方有在岗专业技术管理人员，人员齐全，并持证上岗	有监督检查制度；施工方有在岗专业技术管理人员
砂浆、混凝土强度	试块按规定制作，强度满足验收规定，离散性小	试块按规定制作，强度满足验收规定，离散性较小	试块强度满足验收规定，离散性大
砂浆拌和方式	机械拌和；配合比计量控制严格	机械拌和；配合比计量控制一般	机械或人工拌和；配合比计量控制较差
砌筑工人	中级工以上，其中高级工不少于 30%	高、中级工不少于 70%	初级工以上

2.3.4　各类砌体的抗压强度平均值

多年以来我国学者对常用的各类砌体抗压强度进行了大量试验研究，获得了数以千计的试验数据，在对这些数据分析研究的基础上，并参考国外有关研究成果和计算公式，提出适用于各类砌体的轴心抗压强度平均值计算公式为

$$f_m = k_1 f_1^{\alpha}(1+0.07f_2)k_2 \tag{2-1}$$

式中：f_m ——砌体轴心抗压强度平均值，MPa；

f_1 ——块体的抗压强度平均值，MPa；

f_2 ——砂浆抗压强度平均值，MPa；

α、k_1——不同类型砌体的块材形状、尺寸、砌筑方法等因素的影响系数；

k_2 ——砂浆强度不同对砌体抗压强度的影响系数。

各类砌体的 k_1、α、k_2 取值见表 2-9。

表 2-9　各类砌体轴心抗压强度平均值 f_m　　单位：MPa

砌体种类	$f_m = k_1 f_1^a (1+0.07f_2)k_2$		
	k_1	a	k_2
烧结普通砖、烧结多孔砖、蒸压灰砂普通砖、蒸压粉煤灰普通砖混凝土普通砖、混凝土多孔砖	0.78	0.5	当 $f_2<1$ 时，$k_2=0.6+0.4f_2$
混凝土砌块、轻集料混凝土砌块	0.46	0.9	当 $f_2=0$，$k_2=0.8$
毛料石	0.79	0.5	当 $f_2<1$ 时，$k_2=0.6+0.4f_2$
毛石	0.22	0.5	当 $f_2<2.5$ 时，$k_2=0.4+0.24f_2$

注：1）k_2 在列表条件以外时均等于 1。

2）式中 f_1 为块体（砖、石砌体）抗压强度平均值；f_2 为砂浆抗压强度平均值，单位均以 MPa 计；表中的混凝土砌块指混凝土小型砌块。

3）混凝土砌块砌体的轴心抗压强度平均值计算时，当 $f_2>10$MPa 时，应乘以系数（1.1～0.01）f_2，MU20 的砌体应乘以系数 0.95，且满足 $f_1 \geqslant f_2$，$f_2 \leqslant 20$MPa。

2.3.5　砌体的抗拉、抗弯和抗剪强度

1. *砌体轴心受拉时的抗拉强度*

（1）砌体轴心受拉破坏特征

砌体在轴心拉力作用下的破坏可分为以下三种情况。

1）当轴心拉力与砌体的水平灰缝平行时，砌体可能沿齿缝截面破坏［图 2-13（a）截面 1—1］。砌体在竖向灰缝中砂浆不易填充饱满和密实。另外，砂浆在硬化时产生收缩，大大削弱甚至完全破坏了法向黏结力，而水平灰缝砌筑中容易饱满密实。再者，在砂浆硬化中砂浆虽然也发生收缩，但由于上部砌体对其的重力挤压作用，切向黏结力不但未遭破坏，反而有所提高。由此可见，当砌体沿齿缝破坏时，起决定作用的是水平灰缝的切向黏结力。

2）当轴心拉力与砌体的水平灰缝平行时，也可能沿块体和竖向灰缝截面破坏［图 2-13（b）截面 2—2］。当砌体沿块体和竖向灰缝截面破坏时，竖向灰缝中的法向黏结力是不可靠的，砌体抗拉承载力取决于块体本身的抗拉强度。只有块体强度很低时，才会发生这种形式的破坏。《砌体规范》对块体的最低强度作了限制后，实际上防止了这种破坏形态的发生。

3）当轴向拉力与砌体的水平灰缝垂直时，砌体发生沿水平通缝截面破坏［图 2-13（c）］。很显然，砌体轴心受拉沿通缝破坏时，对抗拉承载力起决定作用的因素是法向黏结力，因为法向黏结力很小且无可靠保证，所以工程中不允许采用垂直于通缝受拉的轴心受拉构件。

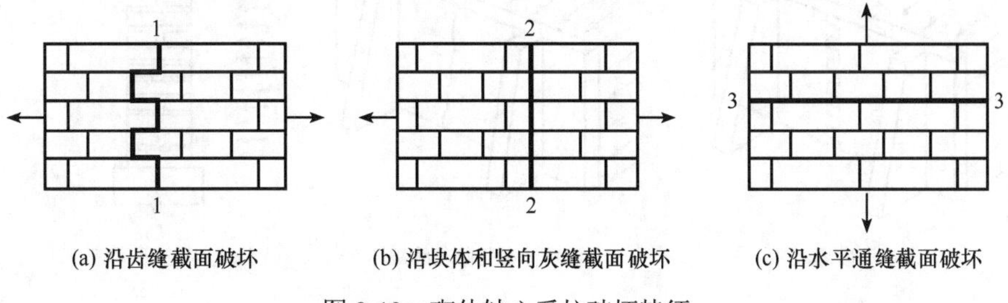

图 2-13　砌体轴心受拉破坏特征

（2）砌体轴心抗拉强度平均值

长期以来我国学者对砌体轴心受拉试件进行了大量试验研究，提出砌体轴心抗拉强度平均值计算公式为

$$f_{\mathrm{t,m}} = k_3\sqrt{f_2} \tag{2-2}$$

式中：$f_{\mathrm{t,m}}$——砌体轴心抗拉强度平均值，MPa；

k_3——与砌体种类有关的影响系数，取值见表 2-10；

f_2——砂浆抗压强度平均值，MPa。

表 2-10　砌体种类有关的影响系数

砌体种类	k_3	k_4		k_5
	$f_{\mathrm{t,m}} = k_3\sqrt{f_2}$	$f_{\mathrm{tm,m}} = k_4\sqrt{f_2}$		$f_{\mathrm{v,m}} = k_5\sqrt{f_2}$
		沿齿缝	沿通缝	
烧结普通砖、烧结多孔砖砌体	0.141	0.250	0.125	0.125
蒸压灰砂普通砖、蒸压粉煤灰普通砖砌体	0.090	0.180	0.090	0.090
混凝土砌块砌体	0.069	0.081	0.056	0.069
毛石砌体	0.075	0.113	—	0.188

注：$f_{\mathrm{tm,m}}$ 为砌体弯曲抗拉强度平均值；$f_{\mathrm{v,m}}$ 为砌体抗剪强度平均值；k_3、k_4、k_5 为与砌体种类有关的影响系数；

2. *砌体受弯时的弯曲抗拉强度*

（1）砌体受弯破坏形态

砌体受弯破坏总是从受拉一侧开始，即发生弯曲受拉破坏。弯曲受拉破坏也有三种形态。

1）沿齿缝破坏。如图 2-14（a）所示的砌体挡土墙，在土压力作用下，墙壁犹如以扶壁柱为支座的水平受弯构件，墙壁的跨中截面内侧弯曲受压，外侧弯曲受拉。在受拉一侧发生沿齿缝截面的破坏。

2）沿块体和竖向灰缝破坏。与轴心受拉构件类似，仅当块体强度过低时发生这种形式的破坏［图 2-14（b）］。

3）沿通缝（水平灰缝）破坏。当弯矩作用使砌体水平灰缝受拉时，砌体将在弯矩最大截面的水平灰缝处发生弯曲受拉破坏［图 2-14（c）］。

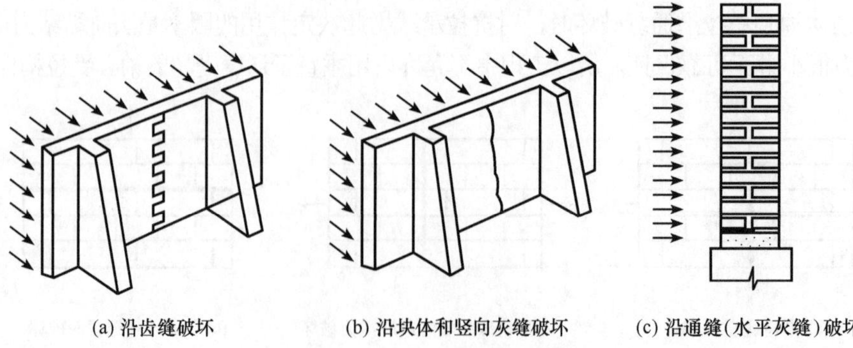

(a) 沿齿缝破坏　(b) 沿块体和竖向灰缝破坏　(c) 沿通缝(水平灰缝)破坏

图 2-14　砌体弯曲受拉破坏

（2）砌体弯曲抗拉强度平均值

当砌体受弯构件沿齿缝或沿水平灰缝破坏时，其弯曲抗拉强度平均值计算为

$$f_{\mathrm{tm,m}}=k_4\sqrt{f_2} \tag{2-3}$$

式中：$f_{\mathrm{tm,m}}$——砌体弯曲抗拉强度平均值，MPa；

k_4——与砌体种类有关的影响系数，取值见表 2-10。

3. *砌体的抗剪强度*

（1）砌体受剪破坏形态

砌体结构在剪力作用下，可能发生沿水平灰缝破坏、沿齿缝破坏和沿阶梯形缝破坏（图 2-15）。其中沿阶梯形缝破坏是地震中墙体最常见的破坏形式，沿齿缝破坏多发生在上、下错缝很小且砌筑质量很差的砌体中。

在图 2-15（b）、（c）中，忽略竖向灰缝的抗剪作用，其抗剪作用仍取决于水平灰缝的切向黏结力。因此，我国《砌体规范》对这三种破坏采用相同的抗剪强度值。

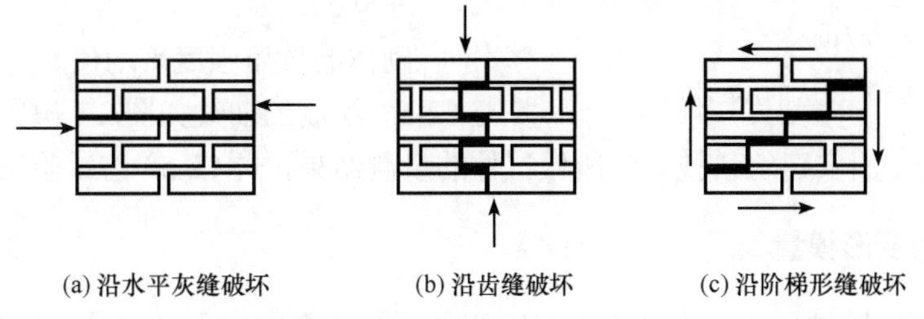

图 2-15　砌体受剪破坏特征

（2）砌体抗剪强度平均值

砌体抗剪强度平均值计算公式为

$$f_{\mathrm{v,m}}=k_5\sqrt{f_2} \tag{2-4}$$

式中：$f_{\mathrm{v,m}}$——砌体抗剪强度平均值，MPa；

f_2——砂浆抗压强度平均值，MPa；

k_5——与砌体种类有关的影响系数，取值见表 2-10。

2.4　砌体的变形及其他性能

2.4.1　短期一次加荷下的应力-应变曲线

砌体在短期一次加荷下的应力-应变关系如图 2-16 所示。从图 2-16 中看出，当荷载较小时，应力与应变近似呈直线关系，说明此时砌体基本处于弹性工作状态；随着荷载的增大，应力-应变呈曲线关系，砌体表现出明显的塑性性能；荷载进一步增大；砌体中相继出

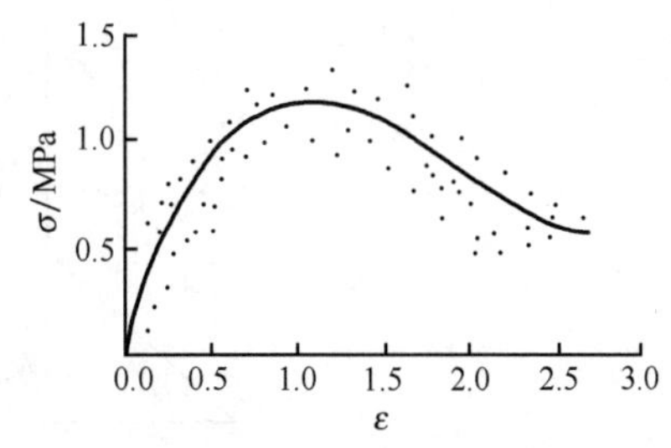

图 2-16　砌体在短期一次加荷下的应力-应变关系

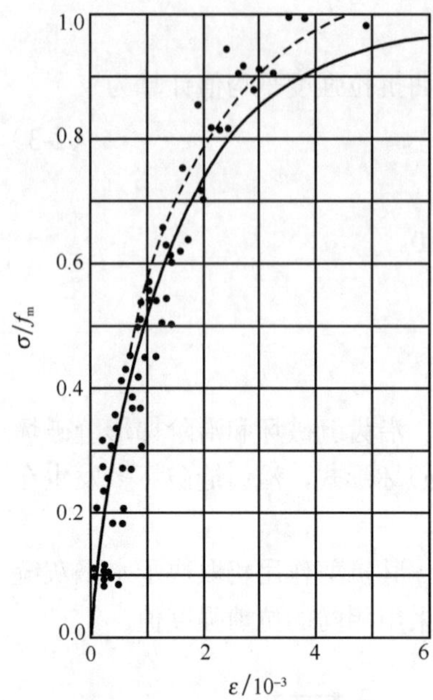

图 2-17　式（2-5）表达的σ-ε 曲线

现单砖裂缝和竖向贯通裂缝，应变急剧增长；当砌体的应力达到最大值时，在一般情况下，砌体会突然发生脆性破坏，应力-应变曲线仅有上升段。这是因为试验机刚度不足，当砌体应力降低时，积蓄在试验机内的应变能迅速释放。采用在试验机上附加刚性元件的方法可以避免在砌体卸荷时试验机的变形速度过大，以便测出应力-应变曲线的下降段。

根据国内外有关资料，砌体的应力-应变关系可表示为

$$\varepsilon=-\frac{1}{\xi}\ln\left(1-\frac{\sigma}{f_m}\right) \tag{2-5}$$

式中：ξ—— 与块体类别和砂浆强度有关的弹性特征值（根据砖砌体的试验统计结果可取 $\xi=460\sqrt{f_m}$）；

f_m—— 砌体的抗压强度平均值。

按式（2-5）绘制的曲线如图 2-17 所示，图中的散点为湖南大学、西安建筑科技大学所做试件的量测结果，式（2-5）与试验结果符合较好。

2.4.2　砌体的变形模量

砌体的变形模量反映了砌体应力与应变之间的关系。由于砌体是一种弹塑性材料，应力与应变之间的关系不断变化，通常用下列三种方式表达砌体的变形模量。

1．砌体的切线模量

砌体应力-应变曲线上任一点切线（如图 2-18 中 AB）与横坐标夹角α的正切称为砌体在该点的切线模量，由式（2-5）得

$$E_t=\frac{\mathrm{d}\sigma}{\mathrm{d}\varepsilon}=\xi f_m\left(1-\frac{\sigma}{f_m}\right) \tag{2-6}$$

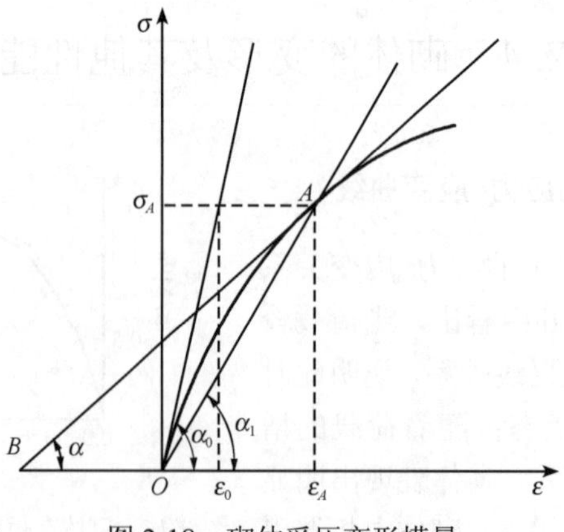

图 2-18　砌体受压变形模量

切线模量反映了砌体在受荷过程中任一点的应力-应变关系，常用于研究砌体材料的力学性能，而在工程设计中不便应用。

2. 初始弹性模量

砌体在应力很小时呈弹性性能。应力-应变曲线在原点切线的斜率为初始弹性模量E_0，以$\frac{\sigma}{f_m}=0$代入式（2-6），可得

$$E_0=\xi f_m \tag{2-7}$$

初始弹性模量仅反映了砌体应力很小时的应力-应变关系，在实际工程设计中不实用，仅用于材料性能研究。

3. 砌体的割线模量

割线模量是指应力-应变曲线上某点（如图 2-18 中 A 点）与原点所连割线的斜率，即

$$E_b=\frac{\sigma_A}{\varepsilon_A}=\tan\alpha_1 \tag{2-8}$$

砌体在工程应用中应力在一定范围内变化，并不是常量。但是为了简化计算，并能反映砌体在一般受力情况下的工作状态，对除石砌体以外的砌体，取砌体应力$\sigma=0.43f_m$时的割线模量作为砌体的弹性模量E，即

$$E=\frac{\sigma_{0.43}}{\varepsilon_{0.43}}=\frac{0.43f_m}{-\frac{1}{\xi}\ln 0.57}=0.765\xi f_m\approx 0.8\xi f_m$$

可简写为

$$E\approx 0.8E_0 \tag{2-9}$$

考虑不同砂浆强度等级及不同块体对砌体弹性模量的影响，工程中常用的各类砌体的弹性模量列于表 2-11 中。

表 2-11　不同砂浆强度等级时砌体的弹性模量

砌体种类	弹性模量/MPa			
	≥M10	M7.5	M5	M2.5
烧结普通砖、烧结多孔砖砌体	$1600f$	$1600f$	$1600f$	$1390f$
混凝土普通砖、混凝土多孔砖砌体	$1600f$	$1600f$	$1600f$	—
蒸压灰砂普通砖、蒸压粉煤灰普通砖砌体	$1060f$	$1060f$	$1060f$	—
非灌孔混凝土砌块砌体	$1700f$	$1600f$	$1500f$	—
粗料石、毛料石、毛石砌体	—	5650	4000	2250

续表

砌体种类	弹性模量/MPa			
	≥M10	M7.5	M5	M2.5
细料石砌体	—	17 000	12 000	6750

注：1）f为砌体抗压强度设计值。轻集料混凝土砌块砌体的弹性模量可按表中混凝土砌块砌体的弹性模量采用。

2）表中砂浆为普通砂浆，采用专用砂浆砌筑的砌体的弹性模量也按此表取值。

3）对混凝土普通砖、混凝土多孔砖、混凝土和轻集料混凝土砌块砌体，表中的砂浆强度等级分别为：≥Mb10、Mb7.5及Mb5。

4）对蒸压灰砂普通砖和蒸压粉煤灰普通砖砌体，当采用专用砂浆砌筑时，其强度设计值按表中数值采用。

轻骨料混凝土砌块砌体的弹性模量可按表2-11中混凝土砌块砌体的弹性模量采用。单排灌孔混凝土砌块砌体的弹性模量计算为

$$E=2000f_g \tag{2-10}$$

式中：f_g——灌孔砌体的抗压强度设计值。

2.4.3　砌体的剪切模量

目前，关于砌体的剪切模量试验研究资料很少，一般取用材料力学公式，即

$$G=\frac{E}{2(1+\nu)} \tag{2-11}$$

式中：G——砌体的剪切模量；

E——砌体的弹性模量；

ν——砌体的泊松比，一般砖砌体ν取0.15；砌块砌体ν取0.3。

将ν代入式（2-11），可得

$$G=\frac{E}{2(1+\nu)}=(0.43\sim 0.38)E \tag{2-12}$$

我国《砌体规范》近似取$G=0.4E$。

2.4.4　砌体的线膨胀系数、收缩率和摩擦系数

1. 砌体的线膨胀系数α_T

温度变化引起砌体热胀、冷缩变形，当这种变形受到约束时，砌体会产生附加内力、附加变形及裂缝。当计算这种附加内力及变形、裂缝时，砌体的线膨胀系数是重要的参数。《砌体规范》规定的各类砌体的线膨胀系数α_T见表2-12。

表2-12　砌体的线膨胀系数和收缩率

砌体墙体类别	线膨胀系数/（10^{-6}/℃）	收缩率/（mm/m）
烧结普通砖、烧结多孔砖砌体	5	−0.1

续表

砌体墙体类别	线膨胀系数/（10^{-6}/℃）	收缩率/（mm/m）
蒸压灰砂普通砖、蒸压粉煤灰普通砖砌体	8	−0.2
混凝土普通砖、混凝土多孔砖、混凝土砌块砌体	10	−0.2
轻集料混凝土砌块砌体	10	−0.3
料石和毛石砌体	8	—

2. 砌体的收缩率

大量工程实践中砌体出现裂缝的统计资料表明，温度裂缝和砌体干燥收缩引起的裂缝几乎占砌体裂缝的80%以上。

当砌体材料含水量降低时，会产生较大的干缩变形，这种变形受到约束时，砌体中会出现干燥收缩裂缝。对于烧结黏土砖及其他烧结制品砌体，其干燥收缩变形较小，而非烧结块材砌体，如混凝土砌块、蒸压灰砂砖、蒸压粉煤灰砖等砌体，会产生较大的干燥收缩变形。干燥收缩造成建筑物、构筑物墙体的裂缝有时是相当严重的，在设计、施工以及使用过程中，均不可忽视砌体干燥收缩造成的危害。《砌体规范》规定的各类砌体的收缩率见表2-12。

表2-12中的收缩率系由达到收缩允许标准的块体砌筑28d的砌体收缩率，如当地有可靠的砌体收缩试验数据时，也可采用当地的试验数据。

3. 砌体的摩擦系数

当砌体结构或构件沿某种材料发生滑移时，由于法向压力的存在，在滑移面将产生摩擦阻力。摩擦阻力的值与法向压力及摩擦系数有关。摩擦系数与摩擦面的材料及摩擦面的干湿状态有关，《砌体规范》规定的砌体摩擦系数见表2-13。

表2-13　砌体的摩擦系数

材料类别	摩擦面情况	
	干燥的	潮湿的
砌体沿砌体或混凝土滑动	0.70	0.60
木材沿砌体滑动	0.60	0.50
钢沿砌体滑动	0.45	0.35
砌体沿砂或卵石滑动	0.60	0.50
砌体沿粉土滑动	0.55	0.40
砌体沿黏性土滑动	0.50	0.30

2.5　小　　结

1）砌体由块体用砂浆砌筑而成。常用的块体有烧结普通砖、烧结多孔砖、非烧结硅酸盐砖、混凝土砌块和石材。砂浆按其配合成分的不同分为水泥砂浆、混合砂浆、非水泥砂浆和混凝土砌块砌筑专用砂浆。应根据结构构件的不同受力特征及使用条件并考虑因地制宜、就地取材的原则，合理选择块体和砂浆。要严格遵守《砌体规范》关于块体和砂浆最低强度等级的规定。

2）砌体按其配筋与否分为无筋砌体和配筋砌体两大类。无筋砌体又分为砖砌体、混凝土小型砌块砌体及石砌体。目前应用最广的是各种砖砌体，主要用于建筑物的墙、柱和基础，但多孔砖砌体仅适用于地面以上的构件中。混凝土小型砌块砌体主要用于多层民用建筑和工业建筑的墙体中，混凝土小型砌块不得与砖块体混合砌筑。石砌体一般用于石材丰富地区的建筑物墙、柱和基础，也常用于建造石拱桥、石坝、挡土墙和涵洞等。

3）目前我国常用的配筋砌体可分为配筋砖砌体和配筋砌块砌体。配筋砖砌体又分为横向配筋砌体和组合砖砌体。横向配筋砖砌体主要用于轴心受压和偏心距较小的偏压构件。当砌体截面尺寸受到限制或轴向压力的偏心距过大时，采用组合砖砌体比较合理。混凝土配筋砌块砌体具有类似钢筋混凝土的受力性能，抗震性能好，造价较一般的混凝土结构低，主要用于建筑物的承重墙、柱等结构构件。

4）砌体主要用于承受压力。因此，轴心抗压强度是砌体最基本最重要的力学性能。砌体轴心受压试验表明，其破坏可分为三个阶段：第一阶段为单砖出现裂缝阶段，此阶段的特点为荷载不继续增加，裂缝不再开展；第二阶段为贯通裂缝形成和发展阶段，此阶段的显著特点是荷载不增加，裂缝会缓慢发展；第三阶段为破坏阶段，即贯通的多条裂缝将砌体分成若干小柱，最后或因砌体局部被压碎、或因小柱失稳使试件破坏。了解砌体的这一破坏过程，有助于对砌体主要受力性能的认识，有助于正确分析和处理砌体的工程质量事故。

5）砌体的破坏首先从单砖出现裂缝开始，正确认识单砖出现裂缝的原因，有助于对影响砌体抗压强度诸因素的认识。例如，块体的强度及外形尺寸、砂浆的变形性能和砂浆的流动性、保水性及施工质量等均影响单砖裂缝的出现早或晚，直接影响砌体的抗压强度。

6）砌体抗压强度的平均值与块体和砂浆的抗压强度平均值有关；而砌体的轴心抗拉、弯曲抗拉和抗剪强度平均值主要与块体与砂浆之间的切向黏结力有关，而切向黏结力的大小主要取决于砂浆的抗压强度平均值。

7）砌体的变形模量是反映砌体力学性能的重要物理量。由于砌体的弹塑性性能，其在工程应用中应力和应变关系不是常量，为了简化计算，取砌体应力为 $0.43f_m$ 时的割线模量作为砌体的弹性模量（除石砌体外）。砌体的切线模量和初始弹性模量在工程中直接应用较少，一般用于材料性能的研究。

思考与习题

2.1 砌体结构设计对块体和砂浆有什么基本要求？

2.2 灌孔混凝土与普通混凝土有什么区别？

2.3 轴心受压砌体的破坏特征如何？

2.4　影响砌体抗压强度的主要因素是什么？从影响砌体抗压强度的因素分析，如何提高砌体的施工质量？

2.5　为什么一般情况下砌体的抗压强度远小于块体的抗压强度？

2.6　在轴心压力作用下，砌体中的单块砖和砂浆可能处于怎样的受力状态？这对砌体的抗压强度有什么影响？

2.7　砌体轴心受拉、弯曲受拉有哪几种破坏形态？影响不同破坏形态的主要因素是什么？

2.8　砌体受剪有哪几种破坏形态？影响不同破坏形态的主要因素是什么？

2.9　砌体的受压弹性模量是如何确定的？它主要与哪些因素有关？

第三章　砌体结构的设计原则

学习目的

1. 了解我国规范关于砌体结构设计的可靠度理论。
2. 掌握我国规范的砌体结构概率极限状态设计法。
3. 掌握砌体强度标准值和设计值的取值原则。

3.1　砌体结构构件计算方法的回顾

砖石是一种古老的建筑材料。最初，砖石结构构件的截面尺寸完全根据经验确定，截面尺寸一般偏大，造成材料浪费。一部分砖石结构由于古代工匠的精心修造及足够的安全储备一直保留至今，但仍有许多砌体结构构件由于没有合理设计方法造成建（构）筑物的倒塌。

19 世纪末，随着弹性理论的出现，砖石结构构件和其他材料的结构构件一样，逐渐开始采用弹性理论的容许应力计算方法。

在 20 世纪 30 年代后期，苏联学者已注意到弹性理论计算和试验结果不符的问题，而对偏心受压构件的计算开始采用修正系数，当时采用将容许应力乘以大于 1 的修正系数加以考虑。至 20 世纪 40 年代初，苏联规范正式规定采用破坏阶段计算方法，使考虑塑性应力分布后的构件截面内力不小于外荷载产生的内力乘以安全系数 K。

1955 年苏联规范 НиТУ120—55 进一步采用多项系数表达的极限状态计算方法。这是破坏阶段计算方法的发展。这种方法考虑了承载力和正常使用两种极限状态，在设计荷载和材料强度取值上运用了概率统计理论，把影响结构安全的因素用荷载、材料强度系数和工作条件系数分开来表示，使砌体结构的设计更具有科学性和经济性。但这一方法中部分荷载、工作条件系数以及其他影响因素如截面尺寸、计算模式对设计的影响主要根据经验确定，缺乏科学依据。

我国在 20 世纪五六十年代的砖石结构设计规范沿用苏联规范，20 世纪 70 年代在大量试验研究的基础上制定了适合我国国情的《砖石结构设计规范》（GBJ 3—73），规定砖石结构设计计算按单一安全系数法（总安全系数法）进行，而单一安全系数则是采用多系数分析、单一系数表达的半统计、半经验的方法确定的。多系数分析时，分别考虑荷载、材料强度的变异以及砌体质量、尺寸偏差、计算模型、误差等对结构安全的影响。用单一安全系数表达计算比较简便。

从以上设计方法发展过程来看，都是将设计参数看成确定的值，都是以确定的安全系数来度量结构的可靠性，均属于“定值设计法”。采用定值设计法进行设计从理论上说是不够严密的。

《砌体结构设计规范》（GBJ 3—88）遵照《建筑结构设计统一标准》（GBJ 68—84）的要求，采用以概率统计理论为基础的极限状态设计方法，用可靠指标度量结构的可靠度，用分项系数设计表达式进行设计。这样，不再将设计参数看成确定值而看成随机变量，不再用安全系数而是根据统计分析确定的失效概率或可靠指标来度量结构的可靠性，使多构件以及与其他结构材料之间有较为一致的可靠度水平。

大量工业与民用建筑工程实践表明，《砌体结构设计规范》（GBJ 3—88）的结构设计可靠度水平反映了我国几十年的实践经验，结构的可靠度在正常设计、正常施工、正常使用条件下可保证安全而且比较经济。近些年来，一些较严重的工程事故均是由于设计、施工和监理等方面失控所致，而不是因设计可靠度造成的。但是，应该看到，我国结构设计可靠度水平与国外发达国家相比是偏低的，有必要对结构设计可靠度做适当的调整。

《砌体结构设计规范》（GB 50003—2001）是遵照《建筑结构可靠度设计统一标准》（GB 50068—2001）对砌体结构可靠度进行适当提高后，在《砌体结构设计规范》（GB J3—88）的基础上修订的。

《砌体结构设计规范》（GB 50003—2011）是依照国家有关政策，特别是近年来墙材革新、节能减排产业政策的落实及低碳、绿色建筑的发展，将近年来砌体结构领域的创新成果及成熟经验纳入规范。砌体结构类别和应用范围也有所扩大。

3.2　概率极限状态设计方法

3.2.1　结构的功能要求

1. 结构的安全等级

建筑物的重要程度是根据其用途决定的。结构设计时应按不同的安全等级进行设计。建筑结构按其破坏后果的严重性分为三个安全等级。其中，一般的工业与民用建筑物列为二级；重要的工业与民用建筑物提高一级；次要的建筑物降低一级，见表 3-1。

表 3-1　建筑结构的安全等级

安全等级	破坏后果	建筑类别
一级	很严重	重要的房屋
二级	严重	一般的房屋
三级	不严重	次要的房屋

对于特殊的建筑物，其安全等级应根据建筑物的破坏后果，由设计部门按专门标准或针对工程具体情况予以确定。对地震区的砌体结构设计，应按国家标准《建筑工程抗震设防分类标准》（GB 50223—2008）根据建筑物的重要性区分建筑物类别。

2. 结构的设计使用年限

结构的设计使用年限是指设计规定的结构或构件不需进行大修即可按其预定目的使

用的时期。设计使用年限可按《建筑结构可靠性设计统一标准》（GB 50068—2018）确定，一般建筑结构的设计使用年限为 50 年。砌体结构和结构构件在设计使用年限内，在正常维护下，必须保持适合使用，而不需大修加固。

建筑物应通过合理的设计、施工和使用保证建筑物的使用年限。

3. 建筑结构的功能

设计的主要目的是要保持所建造的结构安全适用，能够在设计使用年限内满足各项功能要求，并且经济合理。根据我国《建筑结构可靠性设计统一标准》（GB 50068—2018），建筑结构应该满足的功能要求可概括为如下几个方面。

1）安全性。在正常设计、正常施工和正常使用条件下，结构应能承受可能出现的各种作用和变形而不发生破坏；在设计规定的偶然事件发生时及发生后，仍能保持必要的整体稳定性。

2）适用性。结构在正常使用过程中应具有良好的工作性。对砌体结构而言，应对影响正常使用的变形、裂缝等进行控制。

3）耐久性。在正常维护条件下，结构应在预定的设计使用年限内满足各项使用功能的要求，即应有足够的耐久性。

良好的结构设计应满足上述功能要求，使结构具有足够的可靠度。

3.2.2 结构的极限状态

整个结构或结构的一部分超过某一特定状态就不能满足设计指定的某一功能要求，这个特定状态称为该功能的极限状态。例如，构件即将开裂、倾覆、滑移、压曲、失稳等。结构在使用期间能完成预定的各项功能时，结构处于有效状态，反之则处于失效状态。有效状态和失效状态的分界，称为结构的极限状态。

结构的极限状态分为两类，即承载能力极限状态和正常使用极限状态。承载能力极限状态是指结构或构件达到最大承载能力或者达到不适于继续承载的变形状态。超过承载能力极限状态后，结构或构件就不能满足安全性的要求。正常使用极限状态是指结构或构件达到正常使用或耐久性能中某项规定限制的状态。超过了正常使用极限状态，结构或构件就不能满足适用性的要求。

砌体结构应按承载能力极限状态设计，并满足正常使用极限状态的要求。根据砌体结构的特点，砌体结构正常使用极限状态的要求，一般情况下可由相应的构造措施保证。

3.2.3 结构上的作用、作用效应和结构的抗力

结构上的作用是指结构产生内力和变形的原因，分直接作用和间接作用两种。直接作用是指施加在结构上的集中荷载和分布荷载（包括永久荷载和可变荷载）。间接作用是指引起结构外加变形或约束变形的原因，如地震、基础沉降、温度变化、混凝土收缩、焊接等作用。结构上的作用按随时间的变异情况可分为永久作用、可变作用和偶然作用；按随空间位置的变异情况可分为固定作用和可动作用；按时间的反映情况可分为静态作用和动态作用。

作用效应是指直接作用或间接作用作用在结构上，使结构产生的内力和变形，如轴力、剪力、弯矩、扭矩以及挠度、转角和裂缝。当作用为荷载时，其效应也称荷载效应。

结构作用不但具有随机性，而且除永久作用外，一般都与时间参数有关，因此，作用效应 S 一般采用随机过程概率模型来描述。

结构抗力 R 是指整个结构或构件承受内力或变形的能力。结构抗力是材料性能（强度、变形模量等）、几何参数（构件尺寸等）和计算模式的函数，而这些因素都是随机变量，因此由这些因素综合而成的结构抗力 R 也是一个随机变量。

3.2.4　结构的可靠度与可靠指标

结构的工作状态可以用作用效应 S 和结构抗力 R 的关系式 $Z=R-S$ 来描述，Z 一般称为功能函数。当 $Z>0$ 时，结构可靠；当 $Z<0$ 时，结构失效；当 $Z=0$ 时，结构处于极限状态。

由于作用效应 S 和结构抗力 R 都不是确定性变量，随着荷载的变异、材料强度的变异以及计算模式和几何尺寸等的变异而具有明显的随机性。功能函数是 R 和 S 的函数，也具有随机性，因此结构“可靠”或“失效”是一个非确定的随机事件。只有以概率的尺度衡量结构的可靠度才是合理的。如果以 $p_f=p$（$Z<0$）表示结构失效的概率，以 $p_s=p$（$Z>0$）表示结构可靠概率，则两者是互补的，即 $p_s+p_f=1.0$。

通常采用失效概率来度量结构的可靠度，这是综合考虑结构的风险和经济效果，定出一个小到人们可以接受的失效概率限值［p_f］，只要结构实际可能的失效概率不超过限值，即 $p_f\leqslant$［p_f］，就可以认为所设计的结构是可靠的。但由于影响结构可靠性的因素十分复杂，功能函数 Z 的概率分布很难确切知道，目前从理论上准确地计算失效概率还是困难的。因此我国《建筑结构设计统一标准》（GBJ 50068—2001）中规定采用功能函数 Z 的近似概率方法，即采用平均值 μ_Z 和标准方差 σ_Z 及可靠指标 β 代替计算失效概率 p_f，近似地度量结构的可常度，此时无须知道 Z 的概率分布。

考虑最简单的情况，结构抗力 R 和荷载效应 S 相互独立，且均服从正态分布，则功能函数 Z 也服从正态分布。若 R 的平均值为 μ_R，标准方差为 σ_R；S 的平均值为 μ_S，标准差为 σ_S。由概率论可知，Z 的平均值和标准方差分别表示为

$$\mu_Z=\mu_R-\mu_S \tag{3-1}$$

$$\sigma_Z=\sqrt{\sigma_R^2+\sigma_S^2} \tag{3-2}$$

图 3-1 表示 Z 的概率分布曲线，图 3-1 中阴影下的面积为实效概率。

$$\begin{aligned} p_f &= p(Z=R-S<0)=\int_{-\infty}^{0} f_Z(Z)\mathrm{d}Z \\ &=\int_{-\infty}^{0}\frac{1}{\sigma_Z\sqrt{2\pi}}\exp\left[-\frac{1}{2}\left(\frac{Z-\mu_Z}{\sigma_Z}\right)^2\right]\mathrm{d}Z \\ &=P\left(\frac{Z-\mu_Z}{\sigma_Z}\leqslant\frac{\mu_Z}{\sigma_Z}\right)=\Phi\left(-\frac{\mu_Z}{\sigma_Z}\right) \\ &=1-\Phi\left(\frac{\mu_Z}{\sigma_Z}\right)=1-\Phi(\beta) \end{aligned} \tag{3-3}$$

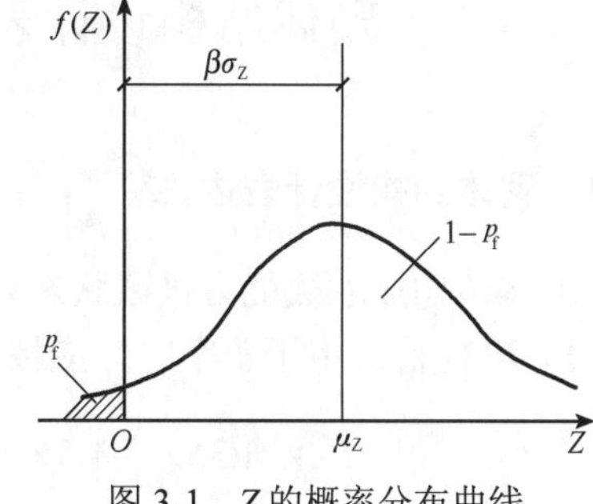

图 3-1　Z 的概率分布曲线

$$\beta = \frac{\mu_Z}{\sigma_Z} = \frac{\mu_R - \mu_S}{\sqrt{\sigma_R^2 + \sigma_S^2}} \tag{3-4}$$

式中：$\Phi(\beta)$——标准正态分布的函数值，可从标准正态分布表中查出。

从式（3-3）和图 3-1 可以看出，β 越大，失效概率 p_f 越小，可靠概率 p_s 越大；β 越小，失效概率 p_f 越大，可靠概率 p_s 越小，β 与 p_f、p_s 有一一对应的关系，所以 β 与 p_f 一样可以作为衡量结构可靠度的指标。当 Z 为正态分布变量时，可靠指标 β 与失效概率 p_s 的对应关系见表 3-2。

表 3-2　可靠指标与失效概率的对应关系

β	2.7	3.2	3.7	4.2
p_f	3.5×10^{-3}	6.9×10^{-4}	1.1×10^{-4}	1.3×10^{-5}

在结构设计时，可靠指标 $\beta \geqslant [\beta]$，即等价于 $p_f \leqslant [p_f]$，$[\beta]$ 称为目标可靠指标。目前，我国和其他许多国家都采用校准法确定目标可靠性指标 $[\beta]$。校准法是对原有设计规范和各种结构构件进行反演计算，确定其所具有的可靠指标，经综合分析判定今后设计的目标可靠指标 $[\beta]$。

我国《建筑结构可靠性设计统一标准》（GB 50068—2018）中规定的结构构件的目标可靠指标就是通过校准法确定的。这实质上继承了我国原有结构设计规范建筑结构的可靠性水准，认为通过长期工程实践，从整体上讲，原有结构规范的结构构件可靠性是适合的。同时，通过对原有结构设计规范的反演与分析，对原规范可靠指标偏低的各类构件进行适当的调整，使各种结构、构件有较为一致的可靠度水平。

《建筑结构可靠性设计统一标准》（GB 50068—2018）要求，对于延性破坏的结构或构件要求 $\beta \geqslant 3.2$，对于脆性破坏的结构或构件要求 $\beta \geqslant 3.7$，砌体结构的破坏属于脆性破坏，因此要求 $\beta \geqslant 3.7$。《砌体规范》在修订时，根据我国近年来要求适当提高结构可靠性的现实，通过荷载效应组合模式、抗力计算等项的调整，适当提高了建筑结构的可靠性水准。

对于一些重要的结构，如原子能发电站的压力容器，可直接按可靠指标进行设计。对于大量的一般结构或构件，通过可靠度的校准，在满足可靠指标要求的前提下，可采用简单的以各种分项系数和标准值表达的实用极限状态设计表达式。

3.3　砌体结构设计表达式及砌体强度标准值、设计值

3.3.1　砌体结构设计表达式

砌体结构按承载能力极限状态设计的表达式如下。

1）可变荷载多于一个时，应按最不利组合进行计算，即

$$\gamma_0(1.3S_{G_k} + 1.5\gamma_L S_{Q_{1k}} + \gamma_L \sum_{i=2}^{n} \gamma_{Q_i} \psi_{ci} S_{Q_{ik}}) \leqslant R(f, a_k, \cdots) \tag{3-5}$$

$$\gamma_0(1.3S_{G_k}+1.5\gamma_L S_{Q_k})\leqslant R(f,a_k,\cdots) \tag{3-6}$$

式中：γ_0——结构重要性系数（对安全等级为一级或设计使用年限为 50 年以上的结构构件，不应小于 1.1，对安全等级为二级或设计使用年限为 50 年的结构构件，不应小于 1.0，对安全等级为三级或设计使用年限为 1～5 年的构件，不应小于 0.9）；

γ_L——结构构件的抗力模型不定性系数。对静力设计，考虑结构设计使用年限的荷载调整系数，设计使用年限为 50 年，取 1.0，设计使用年限为 100 年，取 1.1；

S_{G_k}——久荷载标准值的效应；

$S_{Q_{1k}}$——在基本组合中起控制作用的一个可变荷载标准值的效应；

$S_{Q_{ik}}$——第 i 个可变荷载标准值的效应；

1.3、1.5——永久荷载和可变荷载分项系数；

γ_{Q_i}——第 i 个可变作用分工页系数；

ψ_{ci}——第 i 个可变荷载的组合值系数（一般情况下应取 0.7，对书库、档案库、储藏室或通风机房、电梯机房应取 0.9）；

$R(\cdot)$——结构构件的抗力函数；

f——砌体的强度设计值；

a_k——几何参数的标准值。

2）仅有一个可变荷载时，则按最不利组合进行计算，即

3）当砌体结构作为一个刚体，需验算整体稳定性时，如倾覆、滑移、漂浮等，应按式（3-7）最不利组合进行验算，即

$$\gamma_0(1.3S_{G_{2k}}+1.5\gamma_L S_{Q_{1k}}+\gamma_L\sum_{i=2}^{n}S_{Q_{ik}})\leqslant 0.8S_{G_{1k}} \tag{3-7}$$

式中：$S_{G_{1k}}$——起有利作用的永久荷载标准值的效应；

$S_{G_{2k}}$——起不利作用的永久荷载标准值的效应。

3.3.2　砌体的强度标准值和设计值

1. *砌体的强度标准值*

各类砌体的各种受力状态强度标准值 f_k 应考虑强度的变异性，按《建筑结构可靠性设计统一标准》(GB 50068—2018) 的要求统一规定为强度的平均值 f_m 的概率密度函数的 5%分位值。由统计资料可知，各类砌体强度服从正态分布，其标准值 f_k 可计算为

$$f_k=f_m-1.645\sigma_f=f_m(1-1.645\delta_f) \tag{3-8}$$

式中：f_m——砌体轴心抗压强度的平均值；

σ_f——砌体强度的标准差；

δ_f——砌体强度的变异系数（除毛石砌体外，各类砌体的变异系数 δ_f=0.17）。

对除毛石以外的各类砌体有

$$f_k=f_m(1-1.645\times0.17)=0.72f_m$$

2. *砌体的强度设计值*

（1）砌体的抗压强度设计值

砌体的抗压强度设计值 f 是砌体结构构件按承载能力极限状态设计时所采用的、考虑几何参数变异、计算模式不定性等因素对可靠度影响的砌体强度代表值，为砌体强度的标准值 f_k 除以材料性能分项系数 γ_f，即

$$f=\frac{f_k}{\gamma_f} \tag{3-9}$$

式中：γ_f——砌体结构的材料性能分项系数（一般情况下，宜按施工质量控制等级为 B 级考虑，取 $\gamma_f=1.6$；当为 C 级时，取 $\gamma_f=1.8$；当为 A 级时，取 $\gamma_f=1.5$）。

《砌体施工规范》中规定了砌体施工质量控制等级，它根据施工现场的质量管理保证体系，以及砂浆和混凝土强度变异程度、砂浆拌和方式、砌筑工人的技术等级等方面的综合水平，将施工质量控制等级分为 A、B、C 三级。施工质量控制等级的选择由设计单位和建设单位商定，并应在工程设计图中明确设计采用的施工质量控制等级。

表 3-3～表 3-9 列出了当施工质量控制等级为 B 级时，各类砌体的抗压强度设计值。当施工质量控制等级为 C 级时，表中数值应乘以调整系数 $\gamma_a=0.89$，配筋砌体不允许采用 C 级。

表 3-3　烧结普通砖和烧结多孔砖砌体的抗压强度设计值

砖强度等级	抗压强度设计值/MPa					
	砂浆强度等级					砂浆强度
	M15	M10	M7.5	M5	M2.5	0
MU30	3.94	3.27	2.93	2.59	2.26	1.15
MU25	3.60	2.98	2.68	2.37	2.06	1.05
MU20	3.22	2.67	2.39	2.12	1.84	0.94
MU15	2.79	2.31	2.07	1.83	1.60	0.82
MU10	—	1.89	1.69	1.50	1.30	0.67

注：当烧结多孔砖的空洞率大于 30%时，表中的数值乘以 0.9。

表 3-4　混凝土普通砖和混凝多孔砖砌体的抗压强度设计值

砖强度等级	抗压强度设计值/MPa					
	砂浆强度等级					砂浆强度
	Mb20	Mb15	Mb10	Mb7.5	Mb5	0
MU30	4.61	3.94	3.27	2.93	2.59	1.15
MU25	4.21	3.60	2.98	2.68	2.37	1.05
MU20	3.77	3.22	2.67	2.39	2.12	0.94
MU15	—	2.79	2.31	2.07	1.83	0.82

表 3-5　蒸压灰砂普通砖和蒸压粉煤灰砖普通砌体的抗压强度设计值

砖强度等级	抗压强度设计值/MPa				
	砂浆强度等级				砂浆强度
	M15	M10	M7.5	M5	0
MU25	3.60	2.98	2.68	2.37	1.05
MU20	3.22	2.67	2.39	2.12	0.94
MU15	2.79	2.31	2.07	1.83	0.82

注：当采用专用砂浆砌筑时，其抗压强度设计值按表中数值采用。

表 3-6　单排孔混凝土砌块和轻集料混凝土砌块对孔砌筑砌体的抗压强度设计值

砌块强度等级	抗压强度设计值/MPa					
	砂浆强度等级					砂浆强度
	Mb20	Mb15	Mb10	Mb7.5	Mb5	0
MU20	6.30	5.68	4.95	4.44	3.94	2.33
MU15	—	4.61	4.02	3.61	3.20	1.89
MU10	—	—	2.79	2.50	2.22	1.31
MU7.5	—	—	—	1.93	1.71	1.01
MU5	—	—	—	—	1.19	0.70

注：1）独立柱或厚度为双排组砌的砌块砌体，应按表中数值乘以 0.7。

2）T 形截面墙体、柱，应按表中数值乘以 0.85。

表 3-7　双排孔或多排孔轻集料混凝土砌块砌体的抗压强度设计值

砌体强度等级	抗压强度设计值/MPa			
	砂浆强度等级			砂浆强度
	Mb10	Mb7.5	Mb5	0
MU10	3.08	2.76	2.45	1.44
MU7.5	—	2.13	1.88	1.12
MU5	—	—	1.31	0.78
MU3.5	—	—	0.95	0.56

注：1）表中的砌块为火山渣、浮石和陶粒轻骨料混凝土砌块。

2）对厚度方向为双排组砌的轻集料混凝土砌块砌体的抗压强度设计值，应按表中数值乘以 0.8。

表 3-8　块体高度为 180～350mm 的毛料石砌体的抗压强度设计值

毛料石强度等级	抗压强度设计值/MPa			
	砂浆强度等级			砂浆强度
	M7.5	M5	M2.5	0
MU100	5.42	4.80	4.18	2.13
MU80	4.85	4.29	3.73	1.91
MU60	4.20	3.71	3.23	1.65
MU50	3.83	3.39	2.95	1.51
MU40	3.43	3.04	2.64	1.35
MU30	2.97	2.63	2.29	1.17
MU20	2.42	2.15	1.87	0.95

注：对细料石砌体、粗料石砌体和干砌勾缝石砌体，表中数值应分别乘以调整系数 1.4、1.2 和 0.8。

表 3-9　毛石砌体的抗压强度设计值

毛石强度等级	抗压强度设计值/MPa			
	砂浆强度等级			砂浆强度
	M7.5	M5	M2.5	0
MU100	1.27	1.15	0.98	0.34
MU80	1.13	1.00	0.87	0.30
MU60	0.98	0.87	0.76	0.26
MU50	0.90	0.80	0.69	0.23
MU40	0.80	0.71	0.62	0.21
MU30	0.69	0.61	0.53	0.18
MU20	0.56	0.51	0.44	0.15

（2）砌体的轴心抗拉强度设计值、弯曲抗拉强度设计值及抗剪强度设计值

沿砌体灰缝截面破坏时砌体的轴心抗拉强度设计值、弯曲抗拉强度设计值及抗剪强度设计值见表 3-10。

表 3-10　沿砌体灰缝截面破坏时不同砂浆强度等级砌体的轴心抗拉强度设计值、弯曲抗拉强度设计值及抗剪强度设计值

强度类别	破坏特征及砌体种类		强度设计值/MPa			
			≥M10	M7.5	M5	M2.5
轴心抗拉	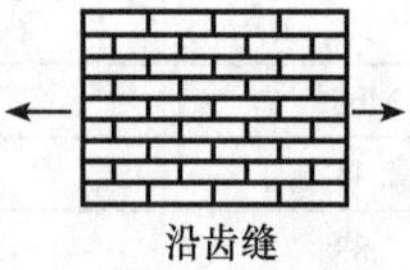 沿齿缝	烧结普通砖、烧结多孔砖	0.19	0.16	0.13	0.09
		混凝土普通砖、混凝土多孔砖	0.19	0.16	0.13	—
		蒸压灰砂普通砖和蒸压粉煤灰普通砖	0.12	0.10	0.08	—
		混凝土和轻集料混凝土砌块	0.09	0.08	0.07	—
		毛石	—	0.07	0.06	0.04
弯曲抗拉	 沿齿缝	烧结普通砖、烧结多孔砖	0.33	0.29	0.23	0.17
		混凝土普通砖、混凝土多孔砖	0.33	0.29	0.23	—
		蒸压灰砂普通砖和蒸压粉煤灰普通砖	0.24	0.20	0.16	—
		混凝土和轻集料混凝土砌块	0.11	0.09	0.08	—
		毛石	—	0.11	0.09	0.07
	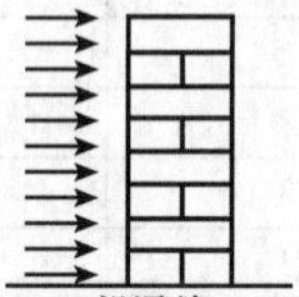 沿通缝	烧结普通砖、烧结多孔砖	0.17	0.14	0.11	0.08
		混凝土普通砖、混凝土多孔砖	0.17	0.14	0.11	—
		蒸压灰砂普通砖和蒸压粉煤灰普通砖	0.12	0.10	0.08	—
		混凝土和轻集料混凝土砌块	0.08	0.06	0.05	—
抗剪	烧结普通砖、烧结多孔砖		0.17	0.14	0.11	0.08
	混凝土普通砖、混凝土多孔砖		0.17	0.14	0.11	—
	蒸压灰砂普通砖和蒸压粉煤灰普通砖		0.12	0.10	0.08	—

续表

强度类别	破坏特征及砌体种类	强度设计值/MPa			
		≥M10	M7.5	M5	M2.5
抗剪	混凝土和轻集料混凝土砌块	0.09	0.08	0.06	—
	毛石	—	0.19	0.16	0.11

注：1）对于用形状规则的块体砌筑的砌体，当搭接长度与块体高度的比值小于 1 时，其轴心抗拉强度设计值 f_t 和弯曲抗拉强度设计值 f_{tm} 按表中数值乘以搭接长度与块体高度比值后采用。

2）表中数值是依据普通砂浆砌筑的砌体确定，采用经研究性试验且通过技术鉴定的专用砂浆砌筑的蒸压灰砂普通砖、蒸压粉煤灰普通砖砌体，其抗剪强度设计值按相应普通砂浆强度等级砌筑的烧结普通砖砌体采用。

3）对混凝土普通砖、混凝土多孔砖、混凝土和轻集料混凝土砌块砌体，表中的砂浆强度等级分别为≥Mb10、Mb7.5 及 Mb5。

对于下列情况的各类砌体，其砌体强度设计值应乘以调整系数 γ_a。

1）无筋砌体构件，其截面面积小于 0.3m^2 时，γ_a 为其截面面积加 0.7；对配筋砌体构件，当其中砌体截面面积小于 0.2m^2 时，γ_a 为其截面面积加 0.8；构件截面面积以 m^2 计。

2）当砌体用强度等级小于 M5.0 的水泥砂浆砌筑时，对表 3-3～表 3-9 中的数值，γ_a 为 0.9，对表 3-10 中的数值，γ_a 为 0.8。

3）当验算施工中房屋的构件时，γ_a 为 1.1。

施工阶段砂浆尚未硬化的新砌砌体的强度和稳定性，可按砂浆强度为零进行验算。对于冬期施工采用掺盐砂浆施工的砌体，砂浆强度等级按常温施工的强度等级提高一级时，砌体强度和稳定性可不验算。配筋砌体不得用掺盐砂浆施工。

（3）灌孔砌体的抗压强度、抗剪强度设计值

单排孔混凝土砌块对孔砌筑时，灌孔砌体的抗压强度设计值 f_g 为

$$f_g = f + 0.6\alpha f_c \tag{3-10}$$

$$\alpha = \delta\rho \tag{3-11}$$

式中：f_g——灌孔砌体的抗压强度设计值（并不应大于未灌孔砌体抗压强度设计值的 2 倍）；

f——未灌孔砌体的抗压强度设计值（应按表 3-6 采用）；

f_c——灌孔混凝土的轴心抗压强度设计值；

α——砌块砌体中灌孔混凝土面积和砌体毛面积的比值；

δ——混凝土砌块的孔洞率；

ρ——混凝土砌块砌体的灌孔率（是截面灌孔混凝土面积和截面孔洞面积的比值，ρ 不应小于 33%）。

砌块砌体的灌孔混凝土强度等级不应低 Cb20，也不宜低于 1.5 倍的块体强度等级。灌孔混凝土各强度等级的强度指标按同等级混凝土的强度指标取用。

单排孔混凝土砌块对孔砌筑时，灌孔砌体的抗剪强度设计值 f_{vg} 为

$$f_{vg} = 0.2 f_g^{0.55} \tag{3-12}$$

3.4 小 结

1）我国目前使用的《砌体规范》采用以概率理论为基础的极限设计方法，砌体结构应按承载力极限状态设计，并满足正常使用极限状态的要求。根据砌体结构的特点，砌体结构正常使用极限状态的要求，一般情况下，可由相应的构造措施来保证。

2）《砌体规范》以可靠指标度量结构构件的可靠度，采用分项系数的设计表达式进行计算。砌体结构在多数情况下是以承受自重为主的结构，除考虑一般的荷载组合（永久荷载 1.2，可变荷载 1.4）外，增加了以受自重为主的内力组合式，永久荷载的分项系数采用 1.35，可变荷载的分项系数采用 1.0。

3）砌体结构的施工质量控制为 A、B、C 三个等级，《砌体规范》中所列砌体强度设计值是按 B 级确定的，当施工质量控制等级不为 B 级时，应对砌体强度设计值进行调整。

4）砌体的强度计算指标包括轴心抗压强度设计值、轴心抗拉强度设计值、弯曲抗拉强度设计值和抗剪强度设计值。砌体强度的平均值 f_m、标准值 f_k 和设计值 f 的关系为

$$f_k = f_m - 1.645\sigma_f = f_m(1 - 1.645\delta_f)$$

$$f = \frac{f_k}{\gamma_f}$$

思考与习题

3.1 砌体结构以概率理论为基础的极限状态设计方法的主要内容是什么？在设计表达式各分项系数是以什么原则确定的？

3.2 如何理解砌体结构按两种荷载分项系数组合进行计算？对结构设计计算将带来什么影响？

3.3 砌体强度的标准值和设计值是如何确定的？

3.4 什么是施工质量控制等级？在设计时如何体现？

第四章　无筋砌体构件的承载力计算

学习目的

1. 了解无筋砌体受压构件的破坏形态和影响受压承载力的主要因素。
2. 掌握无筋砌体受压构件的承载力计算方法。
3. 了解无筋砌体局部受压时的受力特点及其破坏形态。
4. 掌握梁下砌体局部受压承载力验算方法和梁下设置垫块时的局部受压承载力验算方法以及有关的构造要求。
5. 了解无筋砌体受弯、受剪及受拉构件的破坏特征及承载力的计算方法。

4.1 受压构件

4.1.1　轴心受压短柱

轴心受压短柱是指高厚比 $\beta = H_0 / h \leqslant 3$ 的轴心受压构件，其中 H_0 为构件的计算长度，h 为墙厚或矩形截面柱的短边长度。

试验结果表明：无筋砌体短柱在轴心压力作用下，截面压应力均匀分布。随着压力增大，首先在单砖上出现垂直裂缝，继而裂缝连续、贯通，将构件分成若干竖向小柱，最后竖向砌体小柱因失稳或压碎而发生破坏。轴心受压短柱的承载力计算公式为

$$N_u = fA \tag{4-1}$$

式中：A ——构件的截面面积；

f ——砌体的抗压强度设计值。

4.1.2　轴心受压长柱

由于荷载作用位置的偏差、砌体材料的不均匀及施工误差，轴心受压构件产生附加弯矩和侧向挠曲变形。当构件的高厚比较小（$\beta \leqslant 3$）时，附加弯矩引起的侧向挠曲变形很小，可以忽略不计。当构件的高厚比较大（$\beta > 3$）时，由附加弯矩引起的侧向变形不能忽略，因为侧向挠曲又会进一步加大附加弯矩，进而又使侧向挠曲增大，致使构件的承载力明显下降。当构件的长细比很大时，还可能发生失稳破坏。

为此，在轴心受压长柱的承载力计算公式中引入稳定系数 φ_0，以考虑侧向挠曲对承载力的影响，即

$$N_u = \varphi_0 fA \tag{4-2}$$

式中：φ_0——稳定系数，长柱承载力与相应短柱承载力的比值，应用临界应力表达式得

$$\varphi_0 = \frac{A\sigma}{Af} = \frac{\sigma}{f} = \frac{\pi^2 E}{f\lambda^2} \tag{4-3}$$

式中：E——砌体的弹性模量；

λ——构件的长细比，当构件截面为矩形时，$\lambda^2=12\beta^2$，并取 $f=f_m$，得

$$\varphi_0 = \frac{1}{1+\dfrac{12}{\pi^2\xi}\beta^2} = \frac{1}{1+\alpha\beta^2} \tag{4-4}$$

式中：β——构件的高厚比；

α——考虑砌体变形性能的系数（主要与砂浆强度等级有关：当砂浆强度等级≥M5 时，α=0.0015；当砂浆强度等级为 M2.5 时，α=0.002；当砂浆强度等级为 0 时，α=0.009）；

ξ——截面受压区相对高度系数。

4.1.3　偏心受压短柱

偏心受压短柱是指 $\beta=\dfrac{H_0}{h}\leqslant 3$ 的偏心受压构件，这里的 h 为墙厚或矩形截面轴向力偏心方向的边长。大量偏心受压短柱的加荷破坏试验证明，当构件上作用的荷载偏心距较小时，构件全截面受压，由于砌体的弹塑性性能，压应力分布图呈曲线形［图 4-1（a）］。随着荷载的加大，构件首先在压应力较大一侧出现竖向裂缝，并逐渐扩展。最后，构件因压应力较大一侧的块体被压碎而破坏。当构件上作用的荷载偏心距增大时，截面应力分布图出现较小的受拉区［图 4-1（b）］，破坏特征与上述全截面受压相似，但承载力有所降低。进一步增大荷载偏心距，构件截面受的拉应力较大，随着荷载的加大，受拉侧首先出现水平裂缝，部分截面退出工作［图 4-1（c）］。继而压应力较大侧出现竖向裂缝，最后该侧块体被压碎，构件破坏。

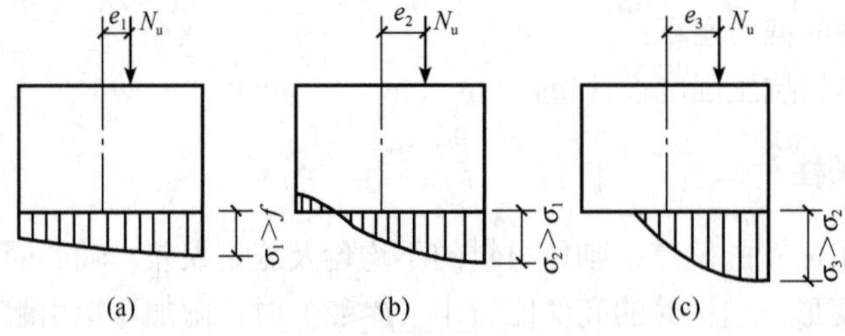

图 4-1　偏心受压短柱截面压应力分布

偏心受压短柱随偏心距的增大，构件边缘最大压应变及最大压应力均大于轴心受压构件，但由于随偏心距增大，截面应力分布越不均匀，以及部分截面受拉退出工作，其极限承载力较轴心受压构件明显下降。偏心受压短柱的承载力计算公式为

$$N_u=\varphi_e fA \tag{4-5}$$

式中：φ_e——偏心影响系数，为偏心受压短柱承载力与轴心受压短柱承载力（fA）的比值。

图 4-2 为不同截面短柱偏心受压破坏试验偏心距影响系数 φ_e 与偏心率 e/i 的关系。

图 4-2 中纵坐标为构件偏心受压承载力与轴心受压承载力（fA）比值φ_e，即称为偏心距 e 对受压短柱承载力的影响系数，φ_e是小于 1 的系数。横坐标为偏心率，即偏心距 e 和截面回转半径 i 之比。由图 4-2 可以明显看出受压承载力随偏心距增大而降低。

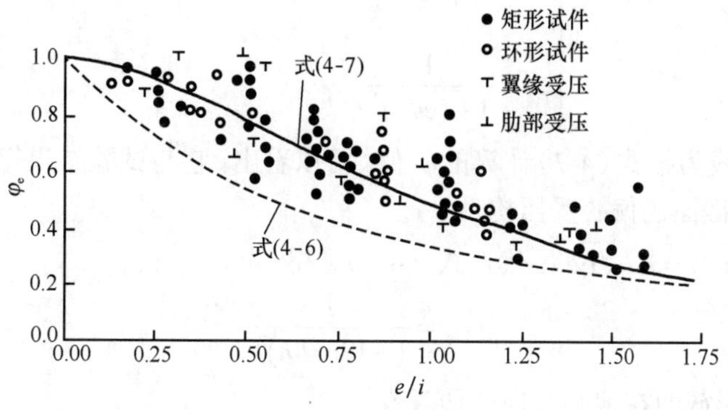

图 4-2 不同截面短柱偏心受压破坏试验偏心距影响系数φ_e与偏心率 e/i 的关系

为了建立φ_e的计算公式，假设偏心受压构件从加荷至破坏截面应力呈直线分布，按材料力学公式计算边缘最大应力为

$$\sigma=\frac{N}{A}\left(1+\frac{ey}{i^2}\right)$$

式中：y——截面形心至最大压应力一侧边缘的距离；

i——截面的回转半径，$i=\sqrt{\dfrac{I}{A}}$（I 为截面沿偏心方向的惯性矩，A 为截面面积）。

若设截面边缘最大应力$\sigma=f$为强度条件，则有

$$\begin{cases}\dfrac{N_u}{A}\left(1+\dfrac{ey}{i^2}\right)=f\\ N_u=\dfrac{fA}{1+ey/i^2}=\varphi_e fA\\ \varphi_e=\dfrac{1}{1+ey/i^2}\end{cases}\tag{4-6}$$

图 4-2 中虚线为按式（4-6）计算的φ_e值。可以看出，按材料力学公式计算，考虑全截面参加工作的偏心受压构件承载力，由于没有计入材料的弹塑性性能和破坏时边缘应力的提高，计算值均小于试验值。当偏心距较大时，尽管截面的塑性性能表现得更为明显，但由于随偏心距增大受拉区截面退出工作的面积增加，使按式（4-6）计算得的承载力与试验值逐渐接近。为此，《砌体规范》对式（4-6）进行了修正，假设构件破坏时在加荷点处的应力 f，即

$$\begin{cases} \dfrac{N_u}{A}+\dfrac{N_u e^2}{I}=\dfrac{N_u}{A}\left(1+\dfrac{e^2}{i^2}\right)=f \\ N_u=\dfrac{fA}{1+\dfrac{e^2}{i^2}}=\varphi_e fA \\ \varphi_e=\dfrac{1}{1+(e/i)^2} \end{cases} \tag{4-7}$$

图 4-2 中实线为按式（4-7）计算的φ_e值。可以看出，它与试验结果符合较好。式（4-7）可用于任意形式截面的偏心受压构件。

对于矩形截面$i=h/\sqrt{12}$，代入式（4-7），得

$$\varphi_e=\frac{1}{1+12(e/h)^2} \tag{4-8}$$

式中：h——矩形截面在偏心方向的边长。

对于 T 形截面偏心受压短柱，φ_e计算公式为

$$\varphi_e=\frac{1}{1+12(e/h_T)^2} \tag{4-9}$$

式中：h_T——T 形截面的折算厚度，h_T=3.5i。

4.1.4 偏心受压长柱

高厚比 β>3 的偏心受压柱称为偏心受压长柱。该类柱在偏心压力作用下，需考虑纵向弯曲变形（侧向挠曲）（图 4-3）产生的附加弯矩对构件承载力的影响。很显然，在其他条件相同时，偏心受压长柱较偏心受压短柱的承载力进一步降低。试验与理论分析证明，除高厚比很大（一般超过 30）的细长柱发生失稳破坏外，其他均发生纵向弯曲破坏。破坏时截面的应力分布图形及破坏特征与偏心受压短柱基本相同。因此，其承载力计算公式可用类似于偏心受压短柱公式的形式，即

$$N_u=\varphi Af \tag{4-10}$$

式中：φ——考虑纵向弯曲的偏心距影响系数，有

$$\varphi=\frac{1}{1+\left(\dfrac{e+e_i}{i}\right)^2} \tag{4-11}$$

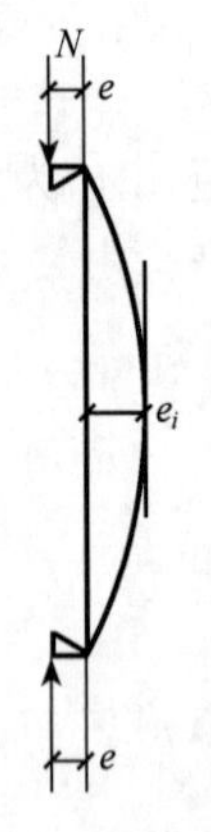

图 4-3 偏心受压长柱的纵向弯曲

其中；e_i为附加偏心距，可根据边界条件确定，即 e=0 时，$\varphi=\varphi_0$（φ_0为轴心受压稳定系数），将这一条件代入式（4-11）得

$$e_i=i\sqrt{\frac{1}{\varphi_0}-1} \tag{4-12}$$

将式（4-12）代入式（4-11），得

$$\varphi=\frac{1}{1+\left(e+i\sqrt{\frac{1}{\varphi_0}-1}\right)^2\Big/i^2}\tag{4-13}$$

对于矩形截面，$i=\frac{h}{\sqrt{12}}$，代入式（4-13）得矩形截面φ的表达式为

$$\varphi=\frac{1}{1+12\left[\frac{e}{h}+\sqrt{\frac{1}{12}\left(\frac{1}{\varphi_0}-1\right)}\right]^2}\tag{4-14}$$

将式（4-4）代入式（4-14）得φ的另一种表达形式为

$$\varphi=\frac{1}{1+12\left(\frac{e}{h}+\beta\sqrt{\frac{\alpha}{12}}\right)^2}\tag{4-15}$$

对于β≤3 的短柱，可取式（4-14）中的φ_0=1，即得

$$\varphi=\frac{1}{1+12\left(\frac{e}{h}\right)^2}\tag{4-16}$$

式（4-14）～式（4-16）也适用于 T 形截面，只需以折算厚度 h_T 代替 h。

4.1.5　无筋砌体受压构件承载力计算

对无筋砌体受压构件，不论是轴心受压或偏心受压，还是短柱或长柱，采用统一的承载力设计计算公式，即

$$N\leqslant \varphi fA\tag{4-17}$$

式中：N——轴向力设计值；

φ——考虑纵向弯曲的偏心距影响系数［可用式（4-13）或式（4-14）、式（4-15）计算，也可按表 4-1～表 4-3 采用。轴向力偏心距 e 按内力设计值计算，即 $e=\frac{M}{N}$，M、N 分别为作用在受压构件上的弯矩、轴向力设计值，当β≤3 时（即对于短柱），可用式（4-15）计算，也可查表 4-1～表 4-3］；

f——砌体抗压强度设计值，按表 3-3～表 3-9 采用；

A——截面面积，对各类砌体均按毛面积计算。

在计算影响系数φ或查φ表时，高厚比 β 应乘以调整系数γ_β，以考虑不同类型砌体受压性能的差异，即

对矩形截面　　$$\beta=\gamma_\beta\frac{H_0}{h}\tag{4-18}$$

对 T 形截面　　$$\beta=\gamma_\beta\frac{H_0}{h_T}\tag{4-19}$$

式中：γ_β——不同砌体材料的高厚比修正系数，按表 4-4 采用；

H_0——受压构件计算高度，按表 4-5 确定；

h——矩形截面在偏心方向的边长，当轴心受压时为截面较小边长；

h_T——T 形截面的折算厚度，可近似按 3.5i 计算，i 为截面回转半径。

表 4-1　影响系数φ（砂浆强度等级≥M5）

β	$\frac{e}{h}$ 或 $\frac{e}{h_T}$						
	0	0.025	0.05	0.075	0.1	0.125	0.15
≤3	1	0.99	0.97	0.94	0.89	0.84	0.79
4	0.98	0.95	0.90	0.85	0.80	0.74	0.69
6	0.95	0.91	0.86	0.81	0.75	0.69	0.64
8	0.91	0.86	0.81	0.76	0.70	0.64	0.59
10	0.87	0.82	0.76	0.71	0.65	0.60	0.55
12	0.82	0.77	0.71	0.66	0.60	0.55	0.51
14	0.77	0.72	0.66	0.61	0.56	0.51	0.47
16	0.72	0.67	0.61	0.56	0.52	0.47	0.44
18	0.67	0.62	0.57	0.52	0.48	0.44	0.40
20	0.62	0.57	0.53	0.48	0.44	0.40	0.37
22	0.58	0.53	0.49	0.45	0.41	0.38	0.35
24	0.54	0.49	0.45	0.41	0.38	0.35	0.32
26	0.50	0.46	0.42	0.38	0.35	0.33	0.30
28	0.46	0.42	0.39	0.36	0.33	0.30	0.28
30	0.42	0.39	0.36	0.33	0.31	0.28	0.26

β	$\frac{e}{h}$ 或 $\frac{e}{h_T}$					
	0.175	0.2	0.225	0.25	0.275	0.3
≤3	0.73	0.68	0.62	0.57	0.52	0.48
4	0.64	0.58	0.53	0.49	0.45	0.41
6	0.59	0.54	0.49	0.45	0.42	0.38
8	0.54	0.50	0.46	0.42	0.39	0.36
10	0.50	0.46	0.42	0.39	0.36	0.33
12	0.47	0.43	0.39	0.36	0.33	0.31
14	0.43	0.40	0.36	0.34	0.31	0.29
16	0.40	0.37	0.34	0.31	0.29	0.27
18	0.37	0.34	0.31	0.29	0.27	0.25
20	0.34	0.32	0.29	0.27	0.25	0.23
22	0.32	0.30	0.27	0.25	0.24	0.22
24	0.30	0.28	0.26	0.24	0.22	0.21
26	0.28	0.26	0.24	0.22	0.21	0.19
28	0.26	0.24	0.22	0.21	0.19	0.18
30	0.24	0.22	0.21	0.120	0.18	0.17

表 4-2　影响系数φ（砂浆强度等级为 M2.5）

β	$\frac{e}{h}$ 或 $\frac{e}{h_T}$						
	0	0.025	0.05	0.075	0.1	0.125	0.15
≤3	1	0.99	0.97	0.94	0.89	0.84	0.79
4	0.97	0.94	0.89	0.84	0.78	0.73	0.67
6	0.93	0.89	0.84	0.78	0.73	0.67	0.62
8	0.89	0.84	0.78	0.72	0.67	0.62	0.57
10	0.83	0.78	0.72	0.67	0.61	0.56	0.52
12	0.78	0.72	0.67	0.61	0.56	0.52	0.47
14	0.72	0.66	0.61	0.56	0.51	0.47	0.43
16	0.66	0.61	0.56	0.51	0.47	0.43	0.40
18	0.61	0.56	0.51	0.47	0.43	0.40	0.36
20	0.56	0.51	0.47	0.43	0.39	0.36	0.33
22	0.51	0.47	0.43	0.39	0.36	0.33	0.31
24	0.46	0.43	0.39	0.36	0.33	0.31	0.28
26	0.42	0.39	0.36	0.33	0.31	0.28	0.26
28	0.39	0.36	0.33	0.30	0.28	0.26	0.24
30	0.36	0.33	0.30	0.28	0.36	0.24	0.22

β	$\frac{e}{h}$ 或 $\frac{e}{h_T}$					
	0.175	0.2	0.225	0.25	0.275	0.3
≤3	0.73	0.68	0.62	0.57	0.52	0.48
4	0.62	0.57	0.52	0.48	0.45	0.40
6	0.57	0.52	0.48	0.44	0.40	0.37
8	0.52	0.48	0.44	0.40	0.37	0.34
10	0.47	0.43	0.40	0.37	0.34	0.31
12	0.43	0.40	0.37	0.34	0.31	0.29
14	0.40	0.36	0.34	0.31	0.29	0.27
16	0.36	0.34	0.31	0.29	0.26	0.25
18	0.33	0.31	0.29	0.26	0.24	0.23
20	0.31	0.28	0.26	0.24	0.23	0.21
22	0.28	0.26	0.24	0.23	0.21	0.20
24	0.26	0.24	0.23	0.21	0.20	0.18
26	0.24	0.22	0.21	0.20	0.18	0.17
28	0.22	0.21	0.20	0.18	0.17	0.16
30	0.21	0.20	0.18	0.17	0.16	0.15

表 4-3　影响系数φ（砂浆强度为 0）

β	$\frac{e}{h}$ 或 $\frac{e}{h_T}$						
	0	0.025	0.05	0.075	0.1	0.125	0.15
≤3	1	0.99	0.97	0.94	0.89	0.84	0.79
4	0.87	0.82	0.77	0.71	0.66	0.60	0.55
6	0.76	0.70	0.65	0.59	0.54	0.50	0.46
8	0.63	0.58	0.54	0.49	0.45	0.41	0.38
10	0.53	0.48	0.44	0.41	0.37	0.34	0.32
12	0.44	0.40	0.37	0.34	0.31	0.29	0.27
14	0.36	0.33	0.31	0.28	0.26	0.24	0.23
16	0.30	0.28	0.26	0.24	0.22	0.21	0.19
18	0.26	0.24	0.22	0.21	0.19	0.18	0.17
20	0.22	0.20	0.19	0.18	0.17	0.16	0.15
22	0.19	0.18	0.16	0.15	0.14	0.14	0.13
24	0.16	0.15	0.14	0.13	0.13	0.12	0.11
26	0.14	0.13	0.13	0.12	0.11	0.11	0.10
28	0.12	0.12	0.11	0.11	0.10	0.10	0.09
30	0.11	0.10	0.10	0.09	0.09	0.09	0.08

β	$\frac{e}{h}$ 或 $\frac{e}{h_T}$					
	0.175	0.2	0.225	0.25	0.275	0.3
≤3	0.73	0.68	0.62	0.57	0.52	0.48
4	0.51	0.46	0.43	0.39	0.36	0.33
6	0.42	0.39	0.36	0.33	0.30	0.28
8	0.35	0.32	0.30	0.28	0.25	0.24
10	0.29	0.27	0.25	0.23	0.22	0.20
12	0.25	0.23	0.21	0.20	0.19	0.17
14	0.21	0.20	0.18	0.17	0.16	0.15
16	0.18	0.17	0.16	0.15	0.14	0.13
18	0.16	0.15	0.14	0.13	0.12	0.12
20	0.14	0.13	0.12	0.12	0.11	0.10
22	0.12	0.12	0.11	0.10	0.10	0.09
24	0.11	0.10	0.10	0.09	0.09	0.08
26	0.10	0.09	0.09	0.08	0.08	0.07
28	0.09	0.08	0.08	0.07	0.07	0.07
30	0.08	0.07	0.07	0.07	0.07	0.06

表 4-4　高厚比修正系数

砌体材料类别	γ_β
烧结普通砖、烧结多孔砖	1.0
混凝土普通砖、混凝土多孔砖、混凝土及轻集料混凝土砌块	1.1
蒸压灰砂普通砖、蒸压粉煤灰普通砖、细料石砌块	1.2
粗料石、毛石	1.5

注：对灌孔混凝土砌块砌体，γ_β取 1.0。

表 4-5　受压构件计算高度

<table>
<tr><th colspan="3" rowspan="2">房屋类别</th><th colspan="2">柱</th><th colspan="3">带壁柱墙或周边拉结的墙</th></tr>
<tr><th>排架方向</th><th>垂直排架方向</th><th>$s>2H$</th><th>$2H\geqslant s>H$</th><th>$s\leqslant H$</th></tr>
<tr><td rowspan="2">有吊车的单层房屋</td><td>变截面柱上段</td><td>弹性方案刚性、刚弹性方案</td><td>$2.5H_u$
$2.0H_u$</td><td>$1.25H_u$
$1.25H_u$</td><td colspan="3">$2.5H_u$
$2.0H_u$</td></tr>
<tr><td colspan="2">变截面柱下段</td><td>$1.0H_l$</td><td>$0.8H_l$</td><td colspan="3">$1.0H_l$</td></tr>
<tr><td rowspan="3">无吊车的单层和多层房屋</td><td>单跨</td><td>弹性方案
刚弹性方案</td><td>$1.5H$
$1.2H$</td><td>$1.0H$
$1.0H$</td><td colspan="3">$1.5H$
$1.2H$</td></tr>
<tr><td>多跨</td><td>弹性方案
刚弹性方案</td><td>$1.25H$
$1.10H$</td><td>$1.0H$
$1.0H$</td><td colspan="3">$1.25H$
$1.10H$</td></tr>
<tr><td colspan="2">刚性方案</td><td>$1.0H$</td><td>$1.0H$</td><td>$1.0H$</td><td>$0.4s+0.2H$</td><td>$0.6H$</td></tr>
</table>

注：1）表中 H_u 为变截面柱的上段高度，H_l 为变截面的下段高度。

2）对于上端为自由端的构件 $H_0=2H$。

3）独立砖柱，当无柱间支撑时，柱在垂直排架方向的 H_0 应按表中数值乘以 1.25 后采用。

4）s 为房屋横墙间距。

5）自承重墙的计算高度应根据周边支撑或拉接条件确定。

偏心受压构件的偏心距过大，构件的承载力明显下降，既不经济又不合理。另外，偏心距过大，可使截面受拉边出现过大水平裂缝，给人以不安全感。因此，轴向力偏心距 e 不应超过 $0.6y$，y 为截面重心到轴向力所在偏心方向截面边缘的距离其取值示意图如图 4-4 所示。

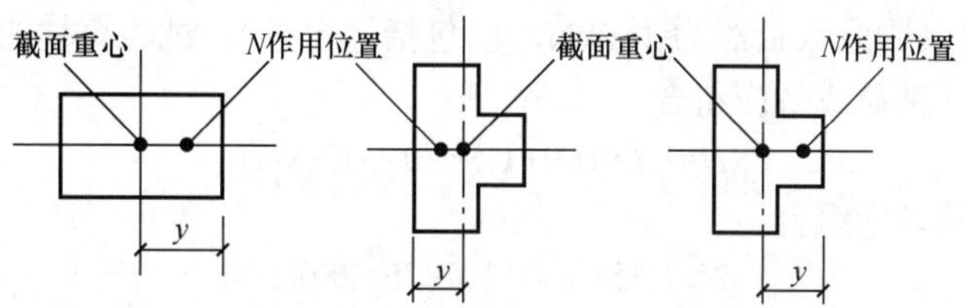

图 4-4　y 取值示意图

当偏心受压构件的偏心距超过规定的允许值时，可采用设有中心装置的垫块或设置缺口垫块调整偏心距（图 4-5），也可采用砖砌体和钢筋混凝土面层（或钢筋砂浆面层）组成的组合砖砌体构件。

另外，对于矩形截面构件，当轴向力偏心方向的截面边长大于另一方向的边长时，除按偏心受压计算外，还应对较小边长方向，按轴心受压进行验算。

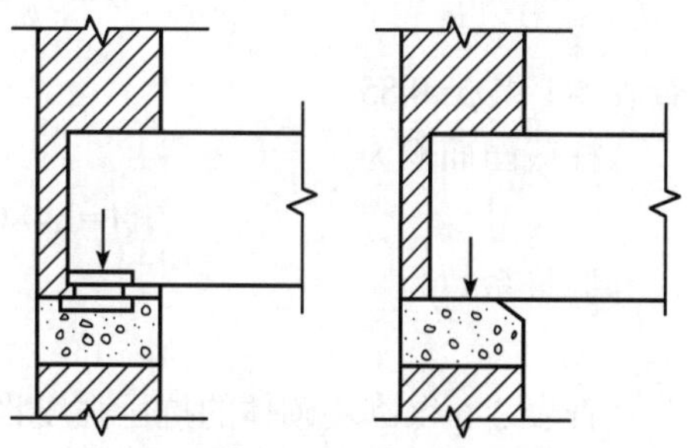

图 4-5　减小偏心距的措施

4.1.6　受压构件计算例题

【例 4-1】　一烧结普通砖柱，截面尺寸为 370mm×490mm，砖的强度等级为 MU10，采用混合砂浆砌筑，强度等级为 M5。柱的计算高度为 3.3m，承受的轴向压力标准值

N_k=150kN（其中永久荷载标准值为 120kN，包括砖柱自重），试验算该柱的承载力。

【解】 按第一种荷载效应组合

$$N=1.3\times120+1.5\times30=201\text{（kN）}$$

$$\beta=\frac{3.3}{0.37}\approx8.92$$

由式（4-15）得

$$\varphi=\frac{1}{1+12\left(\frac{e}{h}+\beta\sqrt{\frac{\alpha}{12}}\right)^2}=\frac{1}{1+12\left(8.92\sqrt{\frac{0.0015}{12}}\right)^2}\approx0.89$$

也可查表 4-1 确定φ。

柱截面面积为

$$A=0.37\times0.49\approx0.18(\text{m}^2)<0.3\text{m}^2$$

故

$$\gamma_{\text{a}}=0.7+0.18=0.88$$

根据砖和砂浆的强度等级查表 3-3 得砌体轴心抗压强度设计值f=1.5MPa，则

φAf=0.89×0.18×10^6×0.88×1.5≈211.46×10^3（N）=211.46kN>201kN （安全）

【例 4-2】 一混凝土小型空心砌块砌成的独立柱截面尺寸 400mm×600mm，砌块的强度等级为 MU10，砂浆的强度等级为 Mb5，柱的计算高度为 3.9m。柱承受轴向压力标准值 N_k=230kN（其中永久荷载为 160kN，已包括柱自重），试验算柱的承载力。

【解】 按第一种荷载效应组合

$$N=1.3\times160+1.5\times70=313(\text{kN})$$

按第二种荷载效应组合

$$N=1.35\times160+1.0\times70=286(\text{kN})$$

砌块砌体求高厚比时应考虑修正系数γ_β=1.1，则

$$\beta=\gamma_\beta\frac{H_0}{h}=1.1\times\frac{3.9}{0.4}\approx10.7$$

查表 4-1 得φ=0.85。

柱截面面积为

$$A=0.4\times0.6=0.24(\text{m}^2)<0.3\text{m}^2$$

调整系数为

$$\gamma_{\text{a}}=0.24+0.7=0.94$$

查表 3-6 得砌块砌体的抗压强度设计值f=2.22N/mm^2。

对独立柱或厚度为双排组砌的砌块砌体，抗压强度设计值应乘以 0.7，则

$$\varphi Af=0.85\times0.94\times400\times600\times0.7\times2.22$$
$$\approx298\times10^3(\text{N})=298\text{kN}<313\text{kN}\quad\text{（不安全）}$$

【例 4-3】 一偏心受压柱，截面尺寸为 490mm×620mm，柱的计算高度为 5.0m。承受的轴向压力设计值 N=160kN，弯矩设计值 M=20kN · m（弯矩沿长边方向），该柱用 MU15 蒸压灰砂普通砖和 M5 水泥砂浆砌筑，试验算该柱的承载力。

【解】（1）按偏心受压计算

$$e=\frac{M}{N}=\frac{20}{160}=0.125(\mathrm{m})=125\mathrm{mm}<0.6y=0.6\times310=186(\mathrm{mm})$$

$$\frac{e}{h}=\frac{125}{620}\approx0.202\qquad \beta=\gamma_\beta\frac{H_0}{h}=1.2\times\frac{5.0}{0.62}\approx9.7$$

查表 4-1 得φ=0.47。

查表 3-5 得砌体抗压强度设计值f=1.83MPa，

$$\varphi Af=0.47\times490\times620\times1.83\approx261.30\times10^3(\mathrm{N})$$
$$=261.30\mathrm{kN}>N=160\mathrm{kN}\quad（安全）$$

（2）对较小边长方向，按轴心受压进行验算

$$\beta=\gamma_\alpha\frac{H_0}{b}=1.2\times\frac{5.0}{0.49}\approx12.24$$

查表 4-4 得φ=0.82。

查表 3-5 得砌体抗压强度设计值 f=1.83N/mm^2，则φfA=0.82×1.83×490×620=455.88（kN）>N=160kN，所以满足要求。

【例 4-4】 某单层厂房带壁柱的窗间墙，截面尺寸如图 4-6 所示，窗间墙计算高度 6.6m，用 MU10 烧结普通砖及 M5 混合砂浆砌筑。承受轴向力设计值N=320kN，弯矩设计值M=40kN·m（弯矩方向是翼缘受压，壁柱受拉），试验算该墙体的承载力。

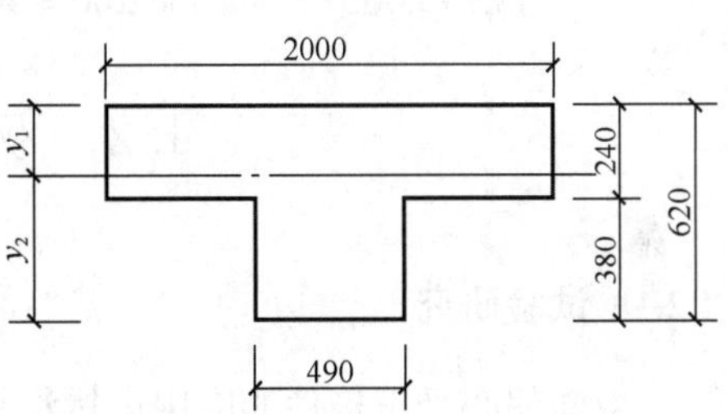

图 4-6　例 4-4 图（尺寸单位：mm）

【解】（1）截面几何特征

截面面积

$$A=2000\times240+380\times490=666\ 200(\mathrm{mm}^2)$$

截面重心位置

$$y_1=\frac{2000\times240\times120+490\times380\times(240+190)}{666\ 200}\approx207(\mathrm{mm})$$

$$y_2=620-207=413(\mathrm{mm})$$

截面惯性矩

$$I=\frac{2000\times240^3}{12}+2000\times240\times(207-120)^2+\frac{490\times380^3}{12}+490\times380\times(413-190)^2\approx174.4\times10^8(\mathrm{mm}^4)$$

截面回转半径

$$i=\sqrt{\frac{I}{A}}=\sqrt{\frac{174.4\times10^8}{66.62\times10^4}}\approx162(\mathrm{mm})$$

截面折算厚度

$$h_{\mathrm{T}} = 3.5i = 3.5 \times 162 = 567(\mathrm{mm})$$

（2）截面承载力验算

$$e = \frac{M}{N} = \frac{40\,000}{320} = 125\mathrm{mm} \approx 0.6y = 0.6 \times 207 = 124.2(\mathrm{mm})$$

$$\frac{e}{h_{\mathrm{T}}} = \frac{125}{567} \approx 0.220 \quad \beta = \frac{H_0}{h_{\mathrm{T}}} = \frac{6.6}{0.567} \approx 11.64$$

由式（4-15）

$$\varphi = \frac{1}{1+12\left[\dfrac{e}{h} + \beta\sqrt{\dfrac{\alpha}{12}}\right]^2} = \frac{1}{1+12 \times (0.220 + 11.64 \times \sqrt{0.0015/12})^2} \approx 0.405$$

由 MU10、M5 查表 3-3 得 f=1.50MPa，则

$$\varphi fA=0.405\times1.50\times666\,200 \approx 404.72\times10^3(\mathrm{N})=404.72\mathrm{kN}>320\mathrm{kN}$$（安全）

4.2 双向偏心受压构件

4.2.1 试验研究

双向偏心受压构件的应用虽然没有一般受压构件广泛，但在工程中也时有遇到。湖南大学曾做了 48 个双向偏心受压短柱和 30 个双向偏心受压长柱的静力试验，对这类构件的破坏特征、影响构件承载力的主要因素及承载力计算公式进行分析研究。试验表明，偏心率 e_{h}/h、e_{b}/b（图 4-7）对破坏形态和承载力有明显影响。

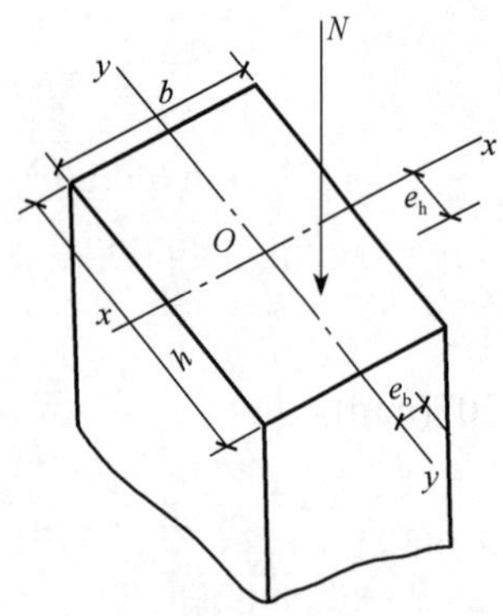

图 4-7 双向偏心受压示意图

当两个方向的偏心率 e_{h}/h、e_{b}/b 均小于 0.2 时，构件从开始加荷至破坏整个过程类似于轴心受压构件。当两个方向的偏心率达 0.2～0.3 时，随着竖向荷载的增加砌体受拉部位的水平裂缝和受压部位的竖向裂缝几乎同时出现，最后受压部位的砌体压碎而宣布构件破坏。当两个方向的偏心率达 0.3～0.4 时，随着竖向荷载的增加砌体受拉部位首先出现水平裂缝，然后受压区出现竖向裂缝，最后受压部位的砌体压碎而宣布构件破坏。水平裂缝的出现使有效受压面减小，随着偏心率的增大，承载力明显降低。

试验结果表明，当一个方向偏心率很大（偏心率达 0.4），而另一方向偏心率很小（小于 0.1）时，砌体的受力性能与单向偏心受压构件类似。当构件的高厚比较大时，双方向纵向弯曲使构件的承载力降低，尤其是构件一旦出现水平裂缝，截面受拉边立即退出工作，受压区面积减小，构件刚度降低，纵向弯曲的不利影响进一步加大。

4.2.2 截面承载力计算

与单向偏心受压类似，假设以荷载作用点应力达到砌体抗压强度设计值 f 为构件承

载力极限状态和试验结果能很好吻合，对双向偏心受压短柱

$$\begin{cases}\sigma=\dfrac{N}{A}+\dfrac{Ne_{b}e_{b}}{I_{b}}+\dfrac{Ne_{h}e_{h}}{I_{h}}=\dfrac{N}{A}\left(1+\dfrac{e_{b}^{2}}{i_{b}^{2}}+\dfrac{e_{h}^{2}}{i_{h}^{2}}\right)\leqslant f\\ N\leqslant\dfrac{1}{1+\dfrac{e_{b}^{2}}{i_{b}^{2}}+\dfrac{e_{h}^{2}}{i_{h}^{2}}}Af\end{cases}\tag{4-20}$$

对偏心受压长柱，考虑双向附加偏心距影响后的承载力计算公式为

$$N\leqslant\frac{1}{1+\dfrac{(e_{b}+e_{ib})^{2}}{i_{b}^{2}}+\dfrac{(e_{h}+e_{ih})^{2}}{i_{h}^{2}}}Af\tag{4-21}$$

式（4-21）可简化表达为

$$N\leqslant\varphi fA\tag{4-22}$$

式中：N——纵向压力设计值；

A——构件截面面积；

f——砌体抗压强度设计值；

φ——承载力影响系数，计算公式为

$$\varphi=\frac{1}{1+\dfrac{(e_{b}+e_{ib})^{2}}{i_{b}^{2}}+\dfrac{(e_{h}+e_{ih})^{2}}{i_{h}^{2}}}\tag{4-23}$$

当为矩形截面时，式（4-23）可表达为

$$\varphi=\frac{1}{1+12\left[\left(\dfrac{e_{b}+e_{ib}}{b}\right)^{2}+\left(\dfrac{e_{h}+e_{ih}}{h}\right)^{2}\right]}\tag{4-24}$$

式中：e_b、e_h——轴向力在截面重心 x 轴、y 轴的偏心距，e_b、e_h 宜分别不大于 $0.25b$ 和 $0.25h$；

e_{ib}、e_{ih}——轴向力在截面重心 x 轴、y 轴的附加偏心距。

当构件沿 h 方向单向偏压时，由式（4-23）得

$$\varphi=\frac{1}{1+12\left(\dfrac{e_{h}+e_{ih}}{h}\right)^{2}}$$

当 e_h=0 时 φ=φ_0，则得

$$e_{ih}=\frac{h}{\sqrt{12}}\sqrt{\frac{1}{\varphi_{0}}-1}$$

同理沿 b 方向偏压时，可得

$$e_{ib}=\frac{b}{\sqrt{12}}\sqrt{\frac{1}{\varphi_{0}}-1}$$

根据试验结果对以上 e_{ih}、e_{ib} 进行修正得

$$e_{ih}=\frac{h}{\sqrt{12}}\sqrt{\frac{1}{\varphi_{0}}-1}\left(\frac{e_{h}/h}{e_{h}/h+e_{b}/b}\right)\tag{4-25}$$

$$e_{ib}=\frac{b}{\sqrt{12}}\sqrt{\frac{1}{\varphi_0}-1}\left(\frac{e_b/b}{e_h/h+e_b/b}\right) \tag{4-26}$$

为了简化计算，《砌体规范》规定，当一个方向的偏心率（e_b/b 或 e_h/h）不大于另一方向的偏心率 5%时，可按另一方向的单向偏心受压构件计算。

4.2.3 双向偏心受压例题

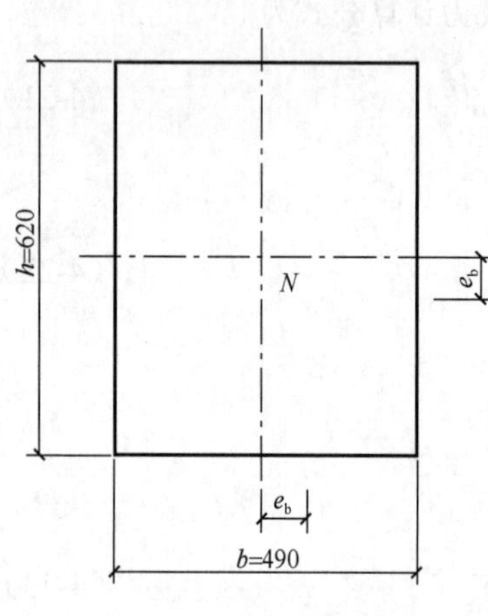

图 4-8 例 4-5 图

【例 4-5】一双向偏心受压柱，截面尺寸为 490mm×620mm（图 4-8），用 MU15 烧结普通砖和 M5 混合砂浆砌筑。柱的计算高度为 4.8m，作用于柱上的轴向力设计值为 200kN，沿 b 方向作用的弯矩设计值 M_b 为 20kN·m，沿 h 方向作用的弯矩设计值 M_h 为 24kN·m。试验算该柱的承载力。

【解】（1）求偏心距 e_b、e_h

$$e_b=\frac{M_b}{N}=\frac{20}{200}=0.1(\text{m})=100\text{mm}<0.25b=122.5\text{mm}$$

$$e_h=\frac{M_h}{N}=\frac{24}{200}=0.12(\text{m})=120\text{mm}<0.25h=155\text{mm}$$

（2）求 e_{ih}、e_{ib}

$$\beta=\frac{H_0}{b}=\frac{4.8}{0.49}\approx 9.8$$

$$\varphi_0=\frac{1}{1+\alpha\beta^2}=\frac{1}{1+0.0015\times 9.8^2}\approx 0.874$$

$$e_{ih}=\frac{h}{\sqrt{12}}\sqrt{\frac{1}{\varphi_0}-1}\left(\frac{e_h/h}{e_h/h+e_b/b}\right)$$

$$=\frac{620}{\sqrt{12}}\sqrt{\frac{1}{0.874}-1}\left(\frac{120/620}{120/620+100/490}\right)\approx 33.08(\text{mm})$$

$$e_{ib}=\frac{b}{\sqrt{12}}\sqrt{\frac{1}{\varphi_0}-1}\left(\frac{e_b/b}{e_h/h+e_b/b}\right)$$

$$=\frac{490}{\sqrt{12}}\sqrt{\frac{1}{0.874}-1}\left(\frac{100/490}{120/620+100/490}\right)\approx 27.56(\text{mm})$$

（3）求 φ

$$\varphi=\frac{1}{1+12\times\left[\left(\frac{e_b+e_{ib}}{b}\right)^2+\left(\frac{e_h+e_{ih}}{h}\right)^2\right]}$$

$$=\frac{1}{1+12\times\left[\left(\frac{100+27.56}{490}\right)^2+\left(\frac{120+33.08}{620}\right)^2\right]}\approx 0.393$$

（4）承载力验算

由MU15和M5查表3-3得砌体抗压强度设计值f=1.83MPa，则

$$\varphi fA=0.393\times1.83\times490\times620\approx218.48\times10^3(\text{N})=218.48\text{kN}>200\text{kN}\quad（安全）$$

4.3 局部受压

当竖向压力作用在砌体的局部面积上时称为砌体局部受压。砌体局部受压按照竖向压力分布不同可分为两种情况，即砌体局部均匀受压和砌体局部非均匀受压。砌体局部均匀受压是指竖向压力均匀作用在砌体的局部受压面积上，如轴心受压钢筋混凝土柱或砌体柱（材料强度高于下部砌体）作用于下部砌体的情况［图4-9（a）］。砌体局部非均匀受压主要指钢筋混凝土梁端支撑处砌体的受压情况［图4-9（b）］。另外，嵌固于砌体中的悬挑构件在竖向荷载用下梁的嵌固端边缘砌体、门窗洞口钢筋混凝土过梁、墙梁等端部支撑处的砌体也处于局部受压的情况。

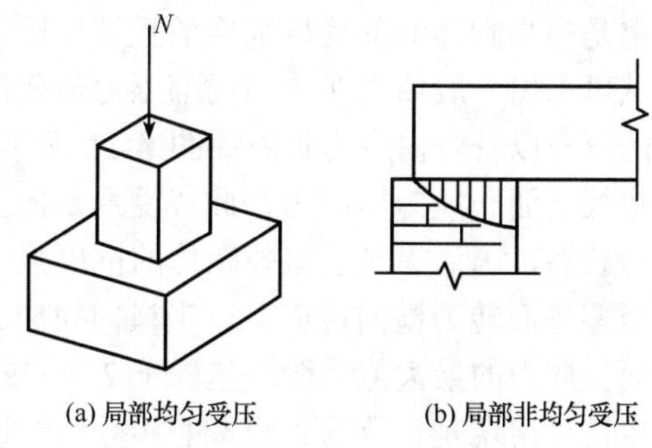

(a) 局部均匀受压　　(b) 局部非均匀受压

图4-9　砌体的局部受压

砌体局部受压是砌体结构中常见的受力形式，由于局部受压面积小，而上部传下来的荷载往往很大，当设计或施工不当时，可能酿成极其严重的工程事故。

4.3.1 砌体局部均匀受压

1. *砌体局部均匀受压的破坏形态*

通过对砌体墙段中部施加均匀局部压力的试验研究，发现砌体局部均匀受压一般有以下三种破坏形态。

1）竖向裂缝发展引起的破坏。如图4-10（a）所示的局部受压墙体，当局部压力达到一定数值时，在离局部受压垫板下2～3皮砖处首先出现竖向裂缝。随着局部压力的增大，竖向裂缝数量增多的同时，在局部受压板两侧附近还出现斜向裂缝。部分竖向裂缝向上、向下延伸并开展形成一条明显的主裂缝使砌体丧失承载力而破坏。这是砌体局压破坏中的基本破坏形态。

2）劈裂破坏。当砌体面积大而局部受压面积很小时，初裂荷载与破坏荷载很接近，砌体内一旦出现竖向裂缝，就立即成为一条主裂缝而发生劈裂破坏［图4-10（b）］。这种破坏为突然发生的脆性破坏，危害极大，在设计中应避免出现这种破坏。

3）当块体强度很低时，会出现垫板下块体受压破坏［图4-10（c）］。

2. *砌体局部受压应力状态分析*

局部受压试验证明，砌体局部受压的承载力大于砌体抗压强度与局部受压面积的乘

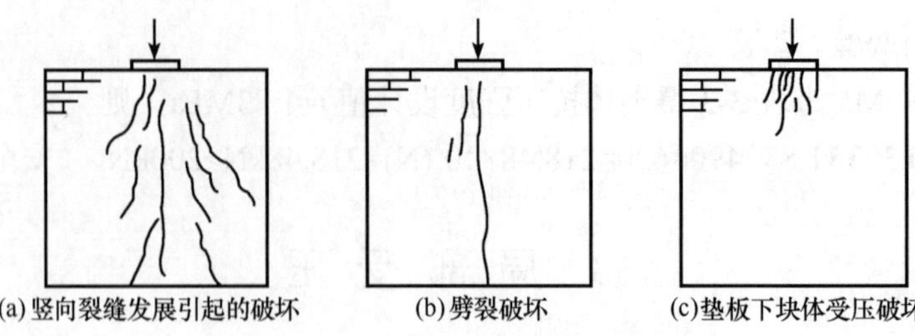

(a)竖向裂缝发展引起的破坏
(b)劈裂破坏
(c)垫板下块体受压破坏

图 4-10　砌体局部均匀受压的破坏形态

积，即砌体局部受压强度较普通受压强度有所提高。这是由于砌体局部受压时未直接受压的外围砌体对直接受压的内部砌体的横向变形具有约束作用，同时力的扩散作用也是提高砌体局部受压强度的重要原因。由砌体局部受压应力状态理论分析和试验测试可得出一般墙段在中部局部压力荷载作用下，试件中线上横向应力σ_x和竖向应力σ_y的分布以及竖向应力扩散如图 4-11 所示。由图 4-11（a）可以看出，横向应力σ_x在钢垫板下面一段为压应力，此段受局部压力的砌体处于双向或三向（当中心局压时）受力状态，因而提高了该处砌体的抗压强度。横向应力σ_x在垫板下最大，向下很快变小至零进而转为横向拉应力。当横向拉应力超过砌体的抗拉强度时即出现垂直裂缝。横向拉应力的最大值一般在垫板下 2～3 皮砖处，这与试验中竖向裂缝首先在垫板下 2～3 皮砖处出现是一致的。在试件中线上产生横向压应力和拉应力的原因，可从图 4-11（b）竖向应力扩散现象给出解释。图 4-11（b）中 0 点是力线的拐点，其上面曲线向内凹，说明有向内的压应力存在；拐点以下力线向外凹，说明有向外的拉应力存在。

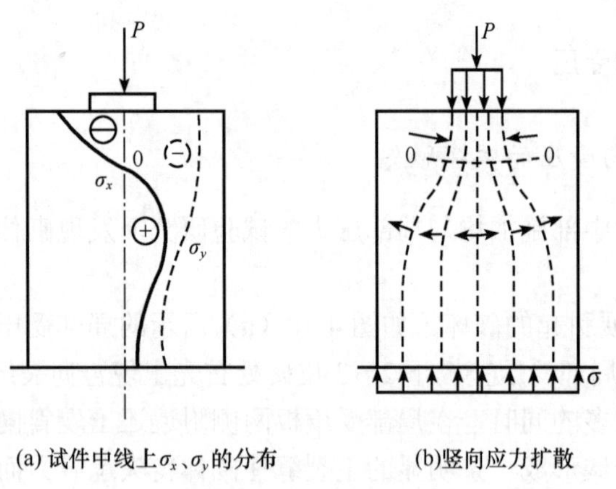

图 4-11　砌体局部均匀受压时的应力状态

当第一条竖向裂缝出现时，砌体并没有破坏，因为仅在小范围内砌体达到抗拉强度。随着荷载的增加，竖向裂缝向上、下发展并有新的竖向裂缝和斜裂缝产生，将砌体分割为许多条带，当条带达到其竖向承载能力时砌体破坏。

当砌体面积很大而局部受压面积很小时，砌体内横向拉应力分布趋于均匀，即沿纵向较长的一段同时达到砌体抗拉强度致使砌体发生突然的劈裂破坏。

3. 砌体局部抗压强度提高系数γ

砌体局部抗压强度提高系数γ为砌体局部抗压强度与砌体抗压强度之比。砌体的抗压强度为f，则砌体的局部抗压强度为γf。通过对各种均匀局部受压砌体的试验研究，砌体局部抗压强度提高系数γ为

$$\gamma = 1 + 0.35\sqrt{\frac{A_0}{A_l} - 1} \tag{4-27}$$

式中：A_0——影响砌体局部抗压强度的计算面积，按图 4-12 中相应情况的公式计算（其中h、h_1为墙厚或柱的较小边长，a、b为矩形局部受压面积的边长，c为矩形局部受压面积A_l的外边缘至构件边缘的较小距离，当大于h时，应取c=h）；

A_l——局部受压面积。

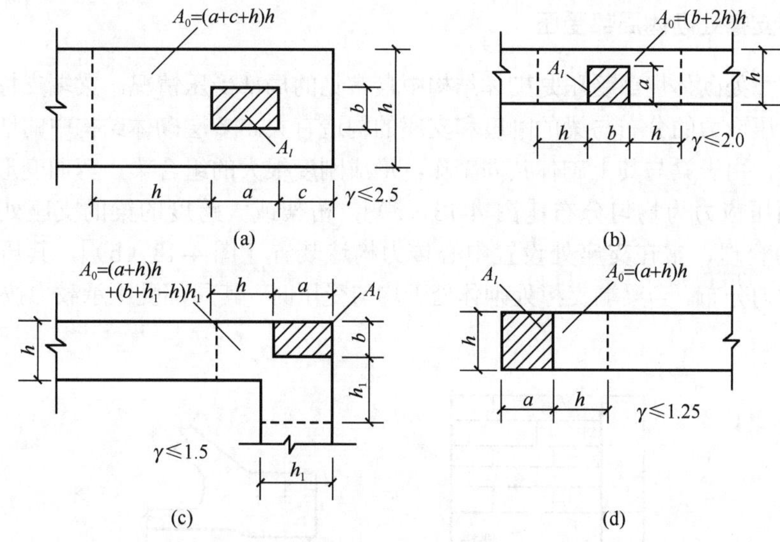

图 4-12　影响砌体局部抗压强度的面积

式（4-27）有着明确的物理意义。等号右边第一项可视为砌体处于一般受压状态下的抗压强度系数，第二项可视为砌体由于局部受压而提高的受压强度系数。影响砌体局部抗压强度提高系数的主要因素为影响砌体局部抗压强度的计算面积 A_0 与砌体局部受压面积A_l的比值A_0/A_l。A_0/A_l越大局部抗压强度提高越多。

由试验和理论分析知道当A_0/A_l过大时，砌体会发生突然的劈裂破坏。为了防止劈裂破坏和局部受压验算的安全，按式（4-27）计算的局部抗压强度提高系数γ值尚应符合下列规定。

1）在图 4-12（a）的情况下，$\gamma \leqslant 2.5$。

2）在图 4-12（b）的情况下，$\gamma \leqslant 2.0$。

3）在图 4-12（c）的情况下，$\gamma \leqslant 1.5$。

4）在图 4-12（d）的情况下，$\gamma \leqslant 1.25$。

5）对于多孔砖砌体以及按照砌体规范要求灌孔的砌块砌体，在图 4-12（a）、（b）

情况下，应符合$\gamma\leqslant1.5$。未灌孔混凝土砌块砌体，$\gamma=1.0$。

6）对多孔砖砌体孔洞难以灌实时，应按γ=1.0 取用；当设置混凝土垫块时，按垫块下的砌体局部受压计算。

4. *局部受压承载力计算*

砌体均匀局部受压承载力为

$$N_l\leqslant\gamma fA_l \tag{4-28}$$

式中：N_l——局部受压承载力设计值；

A_l——局部受压面积；

f——砌体抗压强度设计值，局部受压面积小于 0.3m^2，可不考虑调整系数γ_a的影响；

γ——砌体局部抗压强度提高系数。

4.3.2 梁端支撑处砌体局部受压

梁端支撑处砌体局部受压是砌体结构中最常见的局部受压情况。梁端支撑处砌体局部受压面上压应力的分布与梁的刚度和支座的构造有关。多层砌体结构中的墙梁或钢筋混凝土过梁，由于梁与其上砌体共同工作，形成刚度很大的组合梁，弯曲变形很小，可认为梁底面压应力为均匀分布［图 4-13（a）］；桁架或大跨度的梁的支座处为了传力可靠及受力合理，常在支座处设置中心传力构造装置［图 4-13（b）］，其压应力分布也可视为均匀分布。当梁端支撑处砌体处于均匀受压时，其局部受压承载力按式（4-28）计算。

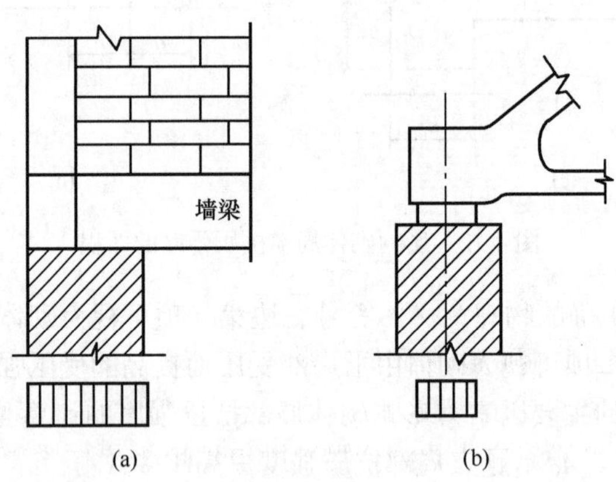

图 4-13　梁端砌体的均匀受压

支撑在砌体墙或柱上的普通梁，由于其刚度较小，在上部荷载作用下均发生明显的挠曲变形。下面着重讨论梁端下砌体处于不均匀受压状态时的局部受压承载力的计算问题。

1. *梁支撑在砌体墙或柱上时，梁端的有效支撑长度 a_0*

支撑在砌体墙或柱上的梁发生弯曲变形时梁端有脱离砌体的趋势，将梁端底面没有离开砌体的长度称为有效支撑长度 a_0。梁端局部承压面积为 $A_l=a_0b$。一般情况下 a_0 小于梁在砌体上的搁置长度 a，但也可能等于 a，如图 4-14 所示。

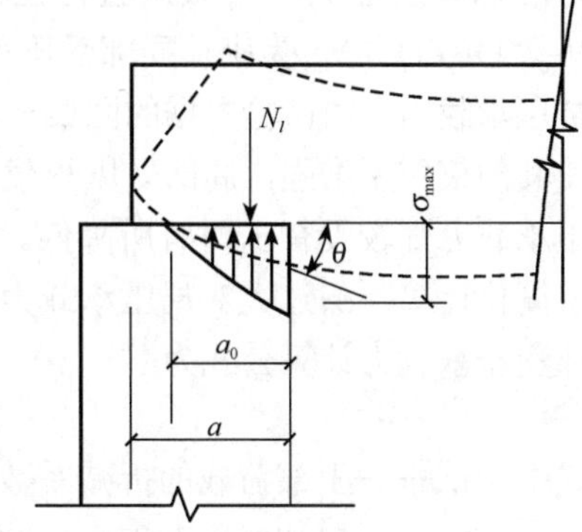

图 4-14　梁端砌体的非均匀受压

试验证明梁端有效支撑长度与梁端局部受压荷载的值、梁的刚度、砌体的强度、砌体的变形性能及局部受压面积的相对位置等因素有关。为了简化计算，假设梁下局部受压砌体各点的压缩变形与压应力成正比，砌体的变形系数为 K(N/mm³)，梁端转角为θ，则支撑内边缘的压缩变形为 $a_0\tan\theta$，该处的压应力为 $Ka_0\tan\theta$。由于砌体的塑性性能，在承载力极限状态假设压应力分布如图 4-14 所示的抛物线形曲线，并设压应力不均匀系数为η，由力的平衡条件可写出

$$N_l=\eta Ka_0\tan\theta a_0b \tag{4-29}$$

通过大量试验结果的反算，发现$\eta K/f$变化幅度不大，可近似取为 0.7mm^{-1}；对于均布荷载 q 作用下的简支梁，取 $N_l=\dfrac{1}{2}ql$，$\tan\theta=\dfrac{1}{24B_c}ql^3$；考虑到混凝土梁的裂缝以及长期荷载对刚度的影响，混凝土梁的刚度近似取 $B_c=0.3E_cI_c$；取混凝土强度等级为 C20，其弹性模量 $E_c=2.55\times10^4$MPa；$I_c=\dfrac{1}{12}bh_0^3$；假设$\dfrac{h_c}{l}=\dfrac{1}{11}$，由式（4-29）可得 a_0 的近似计算公式为

$$a_0=10\sqrt{\frac{h_c}{f}} \tag{4-30}$$

式中：a_0——梁端有效支撑长度，mm，当 $a_0>a$ 时，应取 $a_0=a$；

h_c——梁的截面高度，mm；

f——砌体抗压强度设计值，MPa。

2. 梁端支撑处砌体局部受压

多层砌体房屋楼面梁端底部砌体局部受压面上承受的荷载一般由两个部分组成：一部分为由梁传来的局部受压承载力 N_l；另一部分为梁端上部砌体传来的压力 N_0。设上部砌体内作用的平均压应力为σ_0，假设梁与墙上下界面紧密接触，那么梁端底部承受的上部砌体传来的压力 $N_0=\sigma_0A_l$。由于一般梁不可避免要发生弯曲变形，梁端下部砌体局部受压区在不均匀压应力作用下发生压缩变形，梁顶面局部和砌体脱开，使上部砌体传来的压应力通过拱作用由梁两侧砌体向下传递（图 4-15），从而减小了梁端直接传递的压力，这种内力重分布现象对砌体的局部受压是有利的，将这种工作机理称为砌体的内拱作用。将考虑内拱作用上部砌体传至局部受压面积上的压力用ψN_0表示，试验表明内拱作用与 A_0/A_l 值有关，当 $A_0/A_l\geqslant2$ 时，内拱的卸荷作用很明显，当 $A_0/A_l<2$，内拱作用逐渐减弱，当 $A_0/A_l=1$ 时，内拱作用消失，即上部压力 N_0 应全部考虑。

试验还表明，砌体的局部受压承载力与上部砌体的平均压应力σ_0有关。图 4-16 为哈尔滨工业大学所做试验得出的散点和相关曲线，图中横坐标为σ_0/f_m，纵坐标为$N_{l,u}/(A_l f_m)$，$N_{l,u}$为砌体局部受压承载力试验值（仅计入梁上荷载），$A_l f_m$为局压面积的抗压承载力。由试验数据的回归分析得知，当$\sigma_0/f_m \leqslant 0.435$时由于周围砌体受$\sigma_0$的作用，使其约束作用增强，局部受压承载力高于没有$\sigma_0$时的承载力。当$\sigma_0/f_m>0.435$时，局部受压承载力则较没有$\sigma_0$时有所降低。考虑到实际工程中一般不会出现$\sigma_0/f_m>0.435$情况，为了简化计算，$\sigma_0$过大对局压承载力的影响在砌体结构规范中未加考虑。这样梁下砌体局部受压承载力计算公式为

$$\psi N_0+N_l \leqslant \eta\gamma f A_l \tag{4-31}$$

式中：ψ ——上部荷载的折减系数，ψ=1.5–0.5 A_0/A_l，当$A_0/A_l \geqslant 3$时，应取ψ=0；

N_0——局部受压面积内上部轴向力设计值，$N_0=\sigma_0 A_l$，σ_0为上部平均压应力设计值［A_l为局部受压面积，$A_l=a_0 b$，a_0梁端有效支撑长度，按式（4-30）计算，b为梁的截面宽度］；

N_l——梁端局部受压承载力设计值；

η ——梁端底面压应力图形的完整系数，应取 0.7，对于过梁和墙梁应取 1.0；

γ ——砌体局部抗压强度提高系数，按式（4-27）计算；

f ——砌体抗压强度设计值。

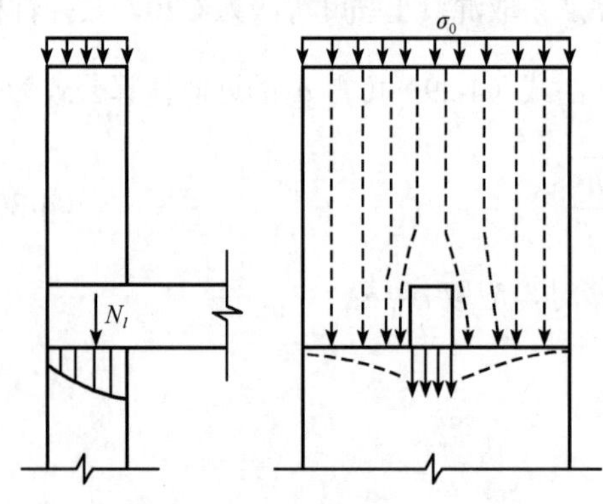

图 4-15 梁端砌体的内拱作用

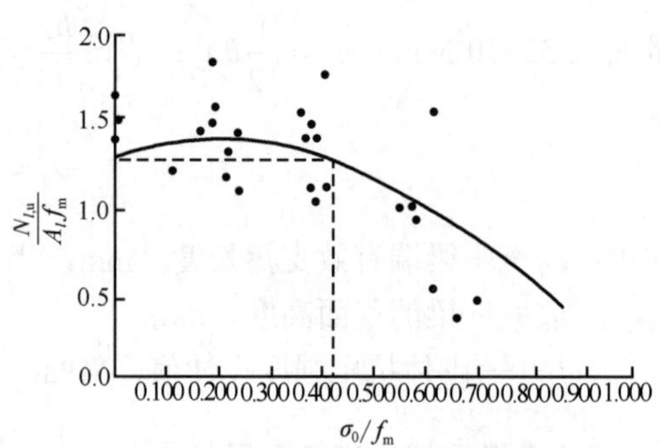

图 4-16 σ_0对局压承载力影响关系图

4.3.3 预制刚性垫块下的砌体局部受压承载力计算

当梁下砌体的局部抗压强度不满足承载力要求或当梁的跨度较大时，常在梁端设置预制刚性垫块。

预制刚性垫块是指厚度 $t_b \geqslant 1800$mm，宽度 $b_b \leqslant b+2t_b$ 且挑出梁边的长度 c 不大于厚度 t_b 的预制混凝土块体。在带壁柱墙的壁柱内设刚性垫块时（图 4-17），其计算面积应取壁柱范围内的面积，而不应计算翼缘部分，同时壁柱上垫块伸入翼墙内的长度不应小于 120mm。梁下设置预制刚性垫块不但增大了局部承压面积，而且还可使梁端的压力较均匀地传到垫块下砌体截面。

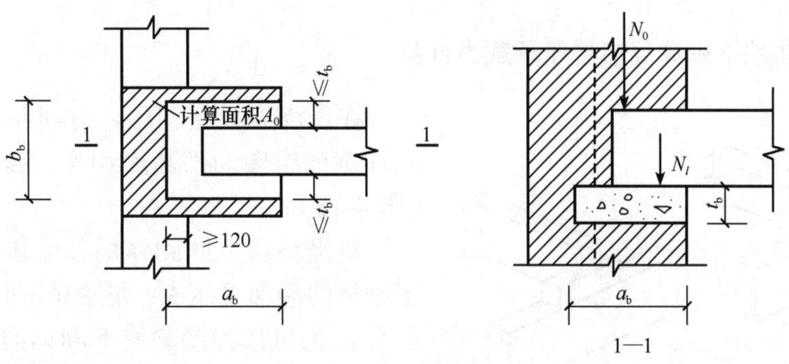

图 4-17　壁柱上设有刚性垫块时梁端局部受压

试验证明，预制刚性垫块下的砌体既具有局部受压的特点，又具有偏心受压的特点。由于处于局部受压状态，垫块外砌体面积的有利影响应当考虑，但是考虑到砌块底面压应力分布的不均匀性，为偏于安全，垫块外砌体面积的有利影响系数γ_1取为0.8γ。由于垫块下的砌体又处于偏心受压状态，可借用偏心受压短柱的承载力计算公式进行垫块下砌体局部受压承载力计算，即

$$N_0+N_l\leqslant\varphi\gamma_1 fA_b \tag{4-32}$$

式中：N_0——在垫块面积A_b内上部轴向力设计值，$N_0=\sigma_0A_b$，这里σ_0为上部平均压应力设计值，$\sigma_0=N_u/A_u$（N_u为上部荷载传来的轴向力设计值，A_u为上部墙体的面积）；

A_b——垫块底面积，$A_b=a_bb_b$，a_b为垫块伸入墙体内的长度，b_b为垫块宽度；

φ——考虑N_0、N_l合力对垫块形心偏心的影响系数［由于不考虑纵向弯曲的影响，故应按$\beta\leqslant3$及e/h查表 4-1～表 4-3，这里h为垫块伸入墙体内的长度（即a_b）］；

e——N_0、N_l合力对垫块形心的偏心距，即

$$e=\frac{N_l\left(\dfrac{a_b}{2}-0.4a_0\right)}{N_0+N_l} \tag{4-33}$$

其中：a_0——垫块上表面梁端的有效支撑长度，N_l在垫块上的作用位置可取$0.4a_0$处，a_0的计算为

$$a_0=\delta_1\sqrt{\frac{h_c}{f}} \tag{4-34}$$

其中：δ_1——刚性垫块的影响系数，按表 4-6 采用；

h_c——梁的截面高度；

f——砌体的抗压强度设计值。

表 4-6　影响系数δ_1

σ_0/f	δ_1	σ_0/f	δ_1
0	5.4	0.6	6.9
0.2	5.7	0.8	7.8
0.4	6.0		

注：表中其间的数值可采用插入法求得。

4.3.4 整浇垫块下砌体局部受压承载力计算

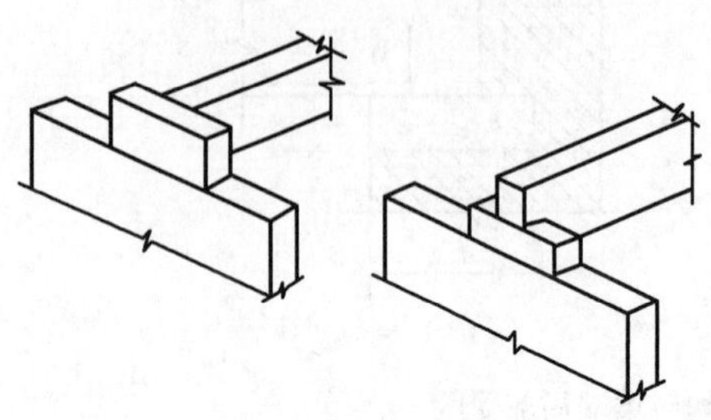

图 4-18 梁端现浇整体垫块示意图

在现浇梁板结构中，有时将梁端沿梁整高加宽或梁端局部高度加宽，形成整浇垫块（图 4-18）。

整浇垫块下的砌体局部受压与预制垫块下砌体的局部受压有一定的区别，但为简化计算，也可按预制垫块下砌体的局部受压计算，即用式（4-33）、式（4-34）确定局部受压承载力（N_0+N_l）在局部受压面积内的作用偏心距 e，用式（4-32）计算整浇垫块下砌体的局部受压承载力。

4.3.5 梁端设有长度大于 πh_0 的垫梁时，垫梁下砌体局部受压承载力计算

当梁支撑在长度大于 πh_0 的垫梁时，如利用与梁同时现浇的钢筋混凝土圈梁作为垫梁，垫梁可将梁端传来的压力分散到较大范围的砌体墙上。在分析垫梁下砌体的局部受压时，可将垫梁视作承受集中荷载的弹性地基梁，而砌体墙为支撑弹性地基梁的弹性地基。作用在垫梁上的局部荷载可分为沿砌体墙厚均匀分布和沿墙厚不均匀分布两种情况，前者如等跨连续梁中支座下的砌体局部受压；后者如单跨简支梁或连续梁端部支座下砌体的局部受压。

沿砌体墙厚均匀作用在垫梁上的梁端传来的压力可简化为一个沿垫梁和墙厚方向对称作用的集中荷载。假设垫梁宽度等于墙厚 h，由弹性力学分析可知，弹性地基梁下压应力分布与垫梁的抗弯刚度 E_bI_b 以及砌体的压缩刚度有关，梁下压应力分布如图 4-19（a）所示，其压应力峰值 σ_{max} 为

$$\sigma_{max}=\frac{0.31N_l}{b_b}\sqrt[3]{\frac{Eh}{E_bI_b}} \tag{4-35a}$$

式中：E——墙砌体的弹性模量；

b_b——垫梁在墙厚方向的宽度；

N_l——梁端受压承载力设计值；

E_b、I_b——垫梁的混凝土弹性模量和截面惯性矩。

假设墙厚与垫梁宽度 b_b 相同，将墙视为一般无限薄板，在板上边缘作用一集中力 N_l。由弹性理论可知板应力沿深度逐渐扩散在较大的范围，而集中力下的应力峰值在逐渐减小。在深度为 h_0 处的压应力峰值［图 4-19（b）］为

$$\sigma_{max}=\frac{2N_l}{\pi b_bh_0} \tag{4-35b}$$

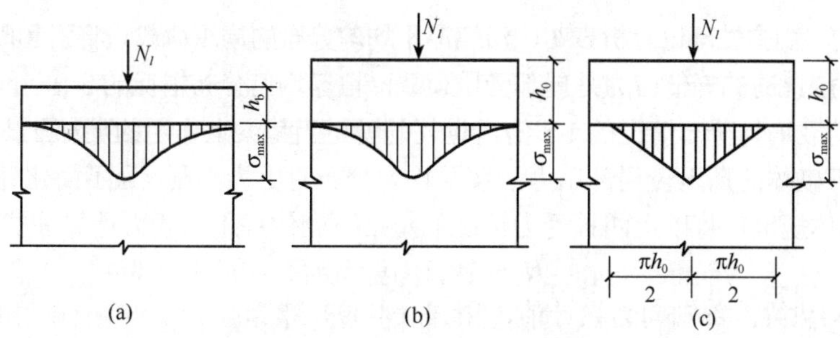

图 4-19　垫梁受力示意图

令深度 h_0 处的峰值应力与垫梁下峰值应力相等，即

$$\frac{0.31N_l}{b_b}\sqrt[3]{\frac{Eh}{E_b I_b}}=\frac{2N_l}{\pi b_b h_0}$$

由此可得

$$h_0 \approx 2\sqrt[3]{\frac{E_b I_b}{Eh}} \tag{4-36}$$

式中：h_0——将钢筋混凝土垫梁换算成墙体的“折算高度”。

为了简化计算，将图 4-19（b）用图 4-19（c）所示的三角形代替，并假定应力分布宽度为 s，由静力平衡条件

$$N_l=\frac{1}{2}\sigma_{max}sb_b=\frac{1}{2}\frac{2N_l}{\pi b_b h_0}sb_h$$

得

$$s=\pi h_0 \tag{4-37}$$

垫梁下砌体达到其局部受压承载力极限状态时，按弹性理论计算的垫梁下砌体压应力峰值 σ_{max} 与砌体抗压强度之比均在 1.5 以上，故可取垫梁下砌体局部受压强度提高系数为 1.5，当垫梁上还有上部墙体下传的均布压应力 σ_0 时，局部受压承载力验算条件为

$$\sigma_0+\sigma_{max}\leqslant 1.5f$$

代入式（4-35b），得

$$\sigma_0+\frac{2N_l}{\pi b_b h}\leqslant 1.5f$$

$$\sigma_0\left(\pi b_b\frac{h_0}{2}\right)+N_l\leqslant 1.5\pi b_b h_0\frac{f}{2}\approx 2.4b_b h_0 f$$

即

$$N_0+N_l\leqslant 2.4h_0 b_b f \tag{4-38}$$

式中：N_0——垫梁在 $1/2\pi h_0 b_b$ 范围内上部荷载产生的轴向力设计值，即

$$N_0=\pi b_b h_0\frac{\sigma_0}{2} \tag{4-39}$$

支撑在砌体墙上的单跨简支梁和连续梁的端部支座，其垫梁上作用的局部压力沿墙厚显

然是不均匀的。由弹性理论分析表明，沿墙厚不均匀分布的局压荷载，将引起砌体内三维不均匀分布应力，此时的峰值应力是局部受压荷载沿墙厚均匀分布情况的 3 倍，而砌体的抗压强度是局压荷载均匀分布情况的 1.5 倍，也就是说，当垫梁上作用的局部压力沿墙厚不均匀分布时梁下砌体的局压较局部压力沿墙厚均匀分布时更为不利。为了简化计算且偏于安全考虑，《砌体规范》将以上两种受力情况的垫梁下砌体局压承载力计算公式统一表达为

$$N_0+N_l \leqslant 2.4\delta_2 f b_b h_0 \tag{4-40}$$

式中：N_0——垫梁上部轴向力设计值，用式（4-39）计算；

b_b——垫梁在墙厚方向的厚度；

δ_2——垫梁底面压应力分布系数，当荷载沿墙厚方向均匀分布时δ_2取 1.0，不均匀时δ_2可取 0.8；

h_0——垫梁折算高度，用式（4-36）计算。

4.3.6 砌体局部受压承载力计算例题

【例 4-6】 一钢筋混凝土柱截面尺寸为 250mm×250mm，支撑在 370mm 宽的条形砖基础上，作用位置如图 4-20 所示。砖基础用 MU10 烧结普通砖和 M5 水泥砂浆砌筑，柱传至基础上的荷载设计值为 130kN。试验算柱下基础砌体的局部受压承载力。

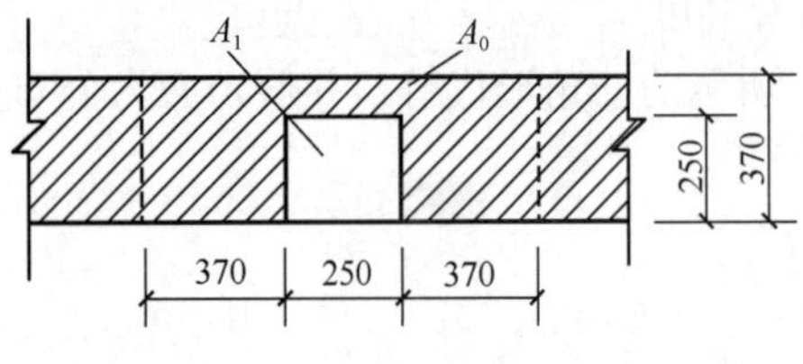

图 4-20 例 4-6 图（尺寸单位：mm）

【解】 局部受压面积

$$A_l=250\times250=62\ 500(\text{mm}^2)$$

影响砌体局部抗压强度的计算面积

$$A_0= h(b+2h) =370\times(250+2\times370) =366\ 300(\text{mm}^2)$$

局部受压强度提高系数

$$\gamma=1+0.35\sqrt{\frac{A_0}{A_l}-1}=1+0.35\sqrt{\frac{366\ 300}{62\ 500}-1}\approx1.77<2.0$$

查表 3-3 得砌体抗压强度设计值 f=1.50MPa。

由此得出砌体局部受压承载力为

$$\gamma f A_l=1.77\times1.5\times62\ 500=165\ 937.5\text{N}\approx165.9\text{kN}>130\text{kN} \quad （安全）$$

【例 4-7】 已知楼面梁的截面尺寸为 $b\times h$=200mm×450mm，支撑于 240mm 厚的外纵墙上。梁支撑长度为 a=240mm，荷载设计值产生的支座反力 N_l=55kN，梁底墙体截面由上部荷载产生的轴向力设计值 N_u=100kN。窗间墙截面尺寸为 240mm×1200mm。墙体采用 MU10 烧结普通砖及 M2.5 混合砂浆砌筑，试验算梁下砌体的局部受压承载力。

【解】 查得砌体抗压强度设计值 f=1.30MPa。

梁端有效支撑长度

$$a_0=10\sqrt{\frac{h_c}{f}}=10\sqrt{\frac{450}{1.30}}\approx186(\text{mm})<a=240\text{mm}$$

局部受压面积

$$A_l=a_0 b=186\times200=37\ 200(\text{mm}^2)$$

影响砌局部抗压强度的计算面积

$$A_0=h(b+2h)=240\times(200+2\times240)=163\ 200(\text{mm}^2)$$

局部受压强度提高系数

$$\gamma=1+0.35\sqrt{\frac{A_0}{A_l}-1}=1+0.35\sqrt{\frac{163\ 200}{37\ 200}-1}\approx1.64<2.0$$

梁端支撑处砌体局部受压承载力计算公式

$$\psi N_0+N_l\leqslant\eta\gamma fA_l$$

由 $\frac{A_0}{A_l}=\frac{163\ 200}{37\ 200}\approx4.39>3$，取$\psi$=0，有

$$\eta\gamma fA_l=0.7\times1.64\times1.3\times37\ 200\times10^{-3}\approx55.5(\text{kN})>55\text{kN}\quad（安全）$$

【例 4-8】 在例 4-7 题中，若墙体采用 MU10 烧结普通砖及 M2.5 混合砂浆砌筑时，N_l=60kN，经验算局部受压承载力不满足要求，在梁下设预制钢筋混凝土刚性垫块，垫块平面尺寸为 $a_b\times b_b$=240mm×500mm，垫块的厚度为 t_b=180mm。试验算垫块下砌体的局部受压承载力。

【解】 垫块面积

$$A_b=a_b\times b_b=240\times500=120\ 000(\text{mm}^2)$$

影响砌体局部抗压强度的计算面积

$$A_0=(500+2\times240)\times240=235\ 200(\text{mm}^2)$$

垫块面积 A_b 内上部轴向力设计值

$$\sigma_0=\frac{N_u}{A}=\frac{100\ 000}{1200\times240}\approx0.347(\text{N/mm}^2)$$

$$N_0=\sigma_0A_b=0.347\times120\ 000\approx41.6(\text{kN})$$

求梁在垫块上表面的有效支撑长度 a_0。由

$$\frac{\sigma_0}{f}=\frac{0.347}{1.3}\approx0.267$$

查表 4-3，得δ=5.80，则

$$a_0=\delta_1\sqrt{\frac{h}{f}}=5.80\sqrt{\frac{450}{1.3}}\approx107.9(\text{mm})$$

N_l 对垫块形心的偏心距

$$e_l=\frac{240}{2}-0.4\times107.9=76.84(\text{mm})$$

纵向力 N_0+N_l 对垫块形心的偏心距

$$e=\frac{N_le_l}{N_0+N_l}=\frac{60\times76.84}{41.6+60}\approx45.4(\text{mm})$$

由 $\beta\leqslant3$ 和 $\frac{e}{h}=\frac{e}{a_b}=\frac{45.4}{240}\approx0.19$，查表 4-2，得$\varphi$=0.7。

$$\gamma=1+0.35\sqrt{\frac{A_0}{A_b}-1}=1+0.35\sqrt{\frac{235\ 200}{120\ 000}-1}\approx1.34<2.0$$

$$\gamma_1=0.8\gamma=0.8\times1.34\approx1.07$$

垫块下砌体局部受压承载力计算公式为

$$N_0+N_l\leqslant\varphi\gamma_1 fA_b \qquad N_0+N_l=101.6(\text{kN})$$

$$\varphi\gamma_1 fA_b=0.7\times1.07\times1.3\times120\ 000\approx116.84\times10^3(\text{N})=116.84\text{kN}>101.6\text{kN} \quad （安全）$$

【例 4-9】 一钢筋混凝土简支梁，跨度 6.0m，截面尺寸为 $b\times h$=200mm×500mm，梁端支撑在带壁柱的窗间墙上，如图 4-21 所示，支撑长度 a=370mm。梁上荷载设计值产生的梁端支撑反力 N_l=75kN，梁底墙体截面由上部荷载设计值产生的轴向力 N_u=180kN，用 MU10 烧结普通砖及 M5 混合砂浆砌筑。试验算梁端支撑处砌体的局部受压承载力，如果不满足要求，应设预制刚性垫块，并验算垫块下砌体的局部受压承载力，使其满足要求。

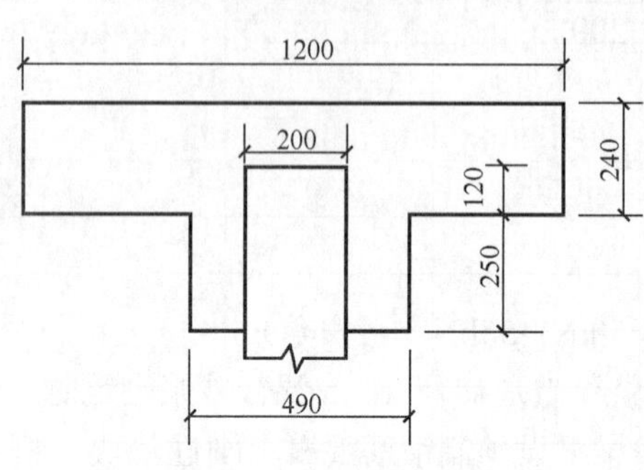

图 4-21 例 4-9 图（尺寸单位：mm）

【解】 查表 3-3 得砌体抗压强度设计值 f=1.50MPa。

梁端有效支撑长度

$$a_0=10\sqrt{\frac{h_c}{f}}=10\sqrt{\frac{500}{1.50}}\approx183(\text{mm})<370\text{mm}$$

局部受压面积

$$A_l=a_0b=183\times200=36\ 600(\text{mm}^2)$$

影响砌体局部抗压强度的计算面积

$$A_0=490\times490=240\ 100(\text{mm}^2)$$

梁端支撑处砌体局部受压承载力计算公式

$$\psi N_0+N_l\leqslant\eta\gamma fA_l \qquad \frac{A_0}{A_l}=\frac{240\,100}{36\,600}\approx6.56>3$$

所以上部荷载的折减系数 ψ=0，ψN_0+N_l=75kN。

局部受压强度提高系数

$$\gamma=1+0.35\sqrt{\frac{A_0}{A_l}-1}=1+0.35\sqrt{\frac{240\,100}{36\,600}-1}\approx1.83<2.0$$

$$\eta\gamma fA_l=0.7\times1.83\times1.5\times36\ 600\approx70.3(\text{kN})<75\text{kN}$$

所以局部承压不满足要求。

设预制刚性垫块，垫块面积 $A_b=a_b\times b_b=370\times370=136\ 900(\text{mm}^2)$，垫块厚度为 180mm。

影响砌体局部受压的面积

$$A_0=490\times490=240\ 100(\text{mm}^2)$$

局部受压强度提高系数

$$\gamma=1+0.35\sqrt{\frac{A_0}{A_l}-1}=1+0.35\sqrt{\frac{240\,100}{136\,900}-1}\approx1.30$$

$$\gamma_1=0.8\gamma=0.8\times1.30=1.04$$

由于上部轴向力设计值 N_u 作用在整个窗间墙上，故上部压应力平均值为

$$\sigma_0=\frac{180\,000}{240\times1200+250\times490}\approx0.44(\text{N/mm}^2)$$

垫块面积 A_b 内上部轴向力设计值

$$N_0=\sigma_0A_b=0.44\times136\,900\approx60.2(\text{kN})$$

求梁在垫块上表面的有效支撑长度 a_0

$$\frac{\sigma_0}{f}=\frac{0.44}{1.5}\approx0.29$$

查表 4-5 得 δ_1=5.84。

$$a_0=\delta_1\sqrt{\frac{h}{f}}=5.84\sqrt{\frac{500}{1.5}}\approx107(\text{mm})$$

N_l 对垫块形心的偏心距

$$e_l=\frac{370}{2}-0.4\times107=142.2(\text{mm})$$

N_0+N_l 对垫块形心的偏心距为

$$e=\frac{N_le_l}{N_0+N_l}=\frac{75\times142.2}{60.2+75}=78.9(\text{mm})$$

垫块下砌体局部受压承载力计算公式为

$$N_0+N_l\leqslant\varphi\gamma_1fA_b\qquad N_0+N_l=60.2+75=135.2(\text{kN})$$

由 $\frac{e}{h}=\frac{e}{a_b}=\frac{78.9}{370}\approx0.21$ 和 $\beta\leqslant3$，查表 4-1，得 φ=0.65，则

$$\varphi\gamma_1fA_b=0.65\times1.04\times1.5\times136\,900\approx138.3(\text{kN})>135.2\text{kN}\quad（安全）$$

【例 4-10】 一钢筋混凝土简支梁支撑在 240mm 厚砖墙的现浇钢筋混凝土圈梁上，圈梁的截面尺寸为 240mm（宽）×180mm（高）。混凝土强度等级为 C20。砖墙用 MU10 烧结普通砖和 M5 混合砂浆砌筑。梁支撑反力设计值为 N_l=100kN。圈梁上还作用有 σ_0=0.2N/mm² 的均布荷载。试验算梁支撑处垫梁下砌体的局部受压承载力。

【解】 M5 砂浆墙砌体的弹性模量为

$$E=1600f=1600\times1.5=2400(\text{MPa})$$

C20 混凝土的弹性模量为

$$E_b=2.55\times10^4\text{MPa}$$

垫梁的惯性矩为

$$I_b=\frac{b_bh_b^3}{12}=\frac{240\times180^3}{12}\approx1.1664\times10^8(\text{mm}^4)$$

垫梁的折算高度为

$$h_0=2\sqrt[3]{\frac{E_bI_b}{Eh}}=2\sqrt[3]{\frac{2.55\times10^4\times1.1664\times10^8}{2.4\times10^3\times240}}\approx346(\text{mm})$$

砌体局部受压承载力公式为

$$N_0+N_l \leqslant 2.4\delta_2 f b_b h_0$$

$$N_0=\frac{\pi b_b h_0 \sigma_0}{2}=\frac{3.14\times 240\times 346\times 0.2}{2}\times 10^{-3}\approx 26.1(\text{kN})$$

$$N_0+N_l=26.1+100=126.1(\text{kN})$$

$$2.4\delta_2 f b_b h_0=2.4\times 0.8\times 1.5\times 240\times 346\approx 239.2(\text{kN})>126.1\text{kN} \quad （安全）$$

4.4 轴心受拉、受弯和受剪构件

4.4.1 轴心受拉构件

砌体圆形水池的池壁在水压力作用下属于轴心受拉构件（图 4-22）。无筋砌体轴心受拉构件截面承载力计算为

$$N_t \leqslant f_t A \tag{4-41}$$

式中：N_t——轴心拉力设计值；

f_t——砌体的轴心抗拉强度设计值，应按表 3-10 采用；

A——砌体截面面积。

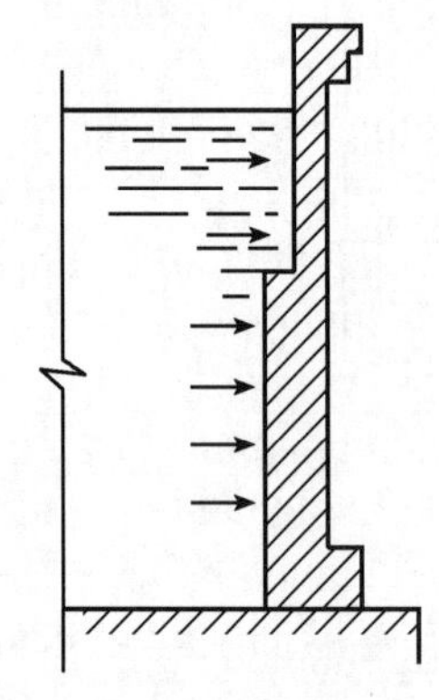

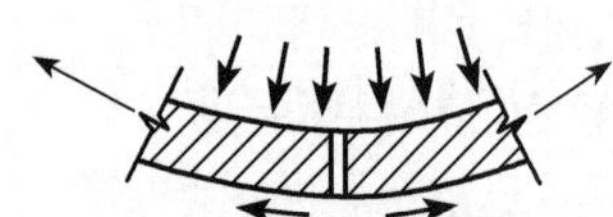

图 4-22 圆形水池壁受拉示意图

4.4.2 受弯构件

砌体过梁和不计墙自重的砌体挡土墙均属受弯构件。受弯构件除进行正截面受弯承载力计算外，还应进行斜截面受剪承载力计算。

1. 正截面受弯承载力计算

无筋砌体正截面受弯承载力计算为

$$M \leqslant f_{tm} W \tag{4-42}$$

式中：M——弯矩设计值；

f_{tm}——砌体弯曲抗拉设计值应按表 3-10 采用；

W——截面抵抗矩。

2. 斜截面受剪承载力计算

无筋砌体受弯构件的受剪承载力计算为

$$V \leqslant f_v b z \tag{4-43}$$

式中：V——剪力设计值；

f_v——砌体的抗剪强度设计值，按表 3-10 采用；

b——截面宽度；

z——内力臂，$z=I/S$，当截面为矩形时，$z=2/3h$（I 为截面惯性矩，S 为截面面积矩，h 为截面高度）。

4.4.3　受剪构件

1. 试验研究

砌体结构中单纯受剪的情况很少，工程中大量遇到的是剪压复合受力情况，即砌体在竖向压力作用下同时受剪。例如，砌体墙在竖向荷载作用的同时又受到水平地震作用［图 4-23（a）］，又如无拉杆的拱支座截面，既受水平剪力又受竖向压力［图 4-23（b）］。为了模拟这种受力状态下砌体发生剪切破坏的特征，国内外先后做过多种试验方案的剪压复合受力破坏试验，图 4-24 是其中比较有代表性的一种。

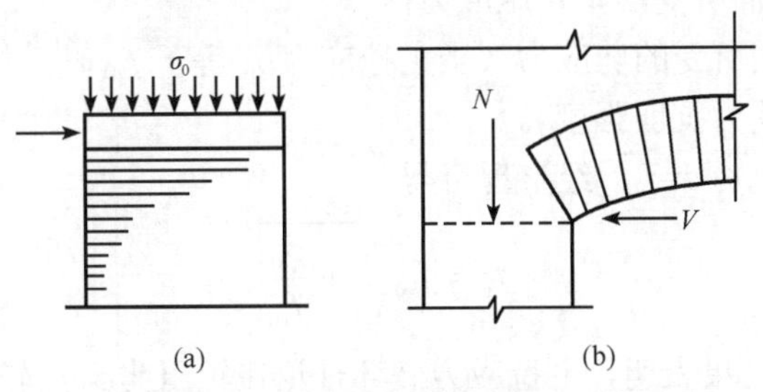

图 4-23　砌体构件的剪压复合受力

试验证明，沿通缝截面上法向压应力σ_y与剪应力τ的值不同，砌体破坏可分为以下三种剪切破坏形态。

1）剪摩破坏。当通缝与垂直方向夹角$\theta \leqslant 45°$时，通缝截面上剪应力τ较大，即σ_y/τ较小。砌体沿通缝发生滑移破坏。法向压应力σ_y的存在，使通缝截面上产生摩擦阻力，在一定程度上增大了砌体的抗剪能力，所以常称这种破坏为剪摩破坏［图 4-24（a）］。

2）剪压破坏。当通缝与垂直方向的夹角为 $45° < \theta \leqslant 60°$时，通缝截面$\sigma_y/\tau$较大，斜截面的主拉应力使砌体内出现阶梯形裂缝，发生剪压破坏［图 4-24（b）］。

3）斜压破坏。当通缝与垂直方向夹角$\theta > 60°$时，通缝截面上σ_y/τ很大，砌体将沿σ_y作用方向产生裂缝而破坏，即斜压破坏［图 4-24（c）］。

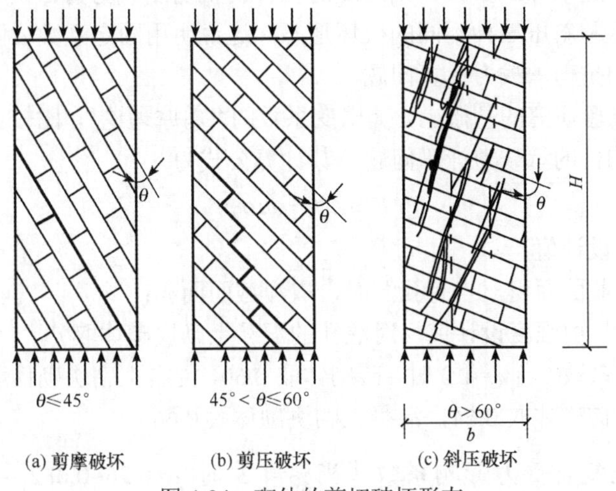

图 4-24　砌体的剪切破坏形态

2. 受剪构件受剪承载力计算

目前关于复合受力下砌体抗剪强度理论基本上有两种，即主拉应力破坏理论和剪摩理论。主拉应力破坏理论认为，砌体在复合受力下发生剪切破坏是由于其主拉应力超过砌体的抗拉强度（砌体截面上无垂直荷载作用时沿阶梯形截面的抗剪强度 f_{v0}）。为了避免发生这种破坏，主拉应力σ_{pt}应满足

$$\sigma_{pt}=-\frac{\sigma_0}{2}+\sqrt{\left(\frac{\sigma_0}{2}\right)^2+\tau^2}\leqslant f_{v0} \tag{4-44}$$

式中：σ_0——砌体截面所受的垂直压应力；

τ——砌体截面所受的剪应力（当主拉应力σ_{pt}等于 f_{v0} 时，相应的剪应力τ即为砌体复合受力抗剪强度f_v）。

在式（4-43）中，令$\tau=f_v$，经整理可得

$$f_v=f_{v0}\sqrt{1+\frac{\sigma_0}{f_{v0}}} \tag{4-45}$$

我国的试验研究结果表明，主拉应力破坏理论在轴压比σ_0/f_m较小时，计算结果往往偏高，σ_0/f_m 较大时，计算结果与试验结果符合较好。我国《建筑抗震设计规范（2016年版）》（GB 50011—2010）采用这一理论计算砖砌体的抗剪强度。

剪摩理论认为砌体复合受力的抗剪强度是砌体的黏结强度与法向压力产生的摩阻力之和，其一般表达式为

$$f_v=f_{v0}+\mu\sigma_0 \tag{4-46}$$

式中：μ——摩擦系数，我国 1988 年的《砌体结构设计规范》（GBJ 3—88）采用了这种计算模式。

近年的试验研究表明，在受剪构件中当有竖向压应力存在时，随着轴压比σ_0/f_m的增大，构件的抗剪承载力并不持续增大，而是在σ_0/f_m=0～0.6 区间增长逐步减慢；当σ_0/f_m>0.6后，抗剪承载力迅速下降，以致σ_0/f_m=1.0 时构件的抗剪承载力为零。相应情况下构件分别出现剪摩、剪压和斜压三种不同的破坏形态。这说明用固定系数μ不能很好反映砌体剪压复合受力下的抗剪承载力计算问题。

我国在大量试验研究的基础上，提出变系数的“剪摩理论”，比较合理地反映了剪压复合作用下受剪构件的承载力计算问题，其计算公式为

$$V\leqslant A(f_v+\alpha\mu\sigma_0) \tag{4-47}$$

式中：V——剪力设计值；

A——水平截面面积，当有孔洞时，取净截面面积；

f_v——砌体抗剪强度设计值，对灌孔的混凝土砌块砌体取 f_{vg}；

α——修正系数（当γ_G=1.2 时，砖砌体取 0.60，混凝土砌块砌体取 0.64；当γ_G=1.35 时，砖砌体取 0.64，混凝土砌块砌体取 0.66）；

μ——剪压复合受力影响系数［当γ_G=1.2 时 $\mu=0.26-0.082\frac{\sigma_0}{f}$，当$\gamma_G$=1.35 时

$\mu=0.23-0.065\dfrac{\sigma_0}{f}$（$\sigma_0$ 为永久荷载设计值产生的水平截面平均压应力，f 为砌体的抗压强度设计值，σ_0/f 为轴压比，且不大于 0.8)]。

为了方便计算，α与 μ 的乘积可查表 4-7。

表 4-7　当γ_G=1.2 及γ=1.35 时$\alpha\mu$ 值

γ_G		$\alpha\mu$							
		σ_0/f=0.1	σ_0/f=0.2	σ_0/f=0.3	σ_0/f=0.4	σ_0/f=0.5	σ_0/f=0.6	σ_0/f=0.7	σ_0/f=0.8
1.2	砖砌体	0.15	0.15	0.14	0.14	0.13	0.13	0.12	0.12
	砖块砌体	0.16	0.16	0.15	0.15	0.14	0.13	0.13	0.12
1.35	砖砌体	0.14	0.14	0.13	0.13	0.13	0.12	0.12	0.11
	砖块砌体	0.15	0.14	0.14	0.13	0.13	0.13	0.12	0.12

4.4.4　例题

【例 4-11】　一圆形砖砌水池，壁厚 370mm，采用 MU10 烧结普通砖和 M10 水泥砂浆砌筑，池壁单位高度承受的最大环向拉力设计值为 N=55kN。试验算池壁的受拉承载力。

【解】　查表 3-10 得砌体沿齿缝破坏的抗拉强度设计值为 0.19N/mm^2，故

$$f_tA=0.19\times1000\times370=70.3(\text{kN})>55\text{kN}\quad（满足要求）$$

【例 4-12】　一浅形矩形水池，池壁高 1.2m（图 4-25），采用 MU10 烧结普通砖和 M10 水泥砂浆砌筑，池壁厚 490mm。忽略池壁自重产生的垂直压力。试验算池壁的承载力。

【解】　沿池壁方向取 1m 宽度的竖向板带，当不考虑池壁自重影响时，此竖向板带相当一个上端自由、下端固定，承受三角形水压力的悬臂板。池壁固定端的弯矩设计值及剪力设计值计算（水荷载分项系数取 1.3）

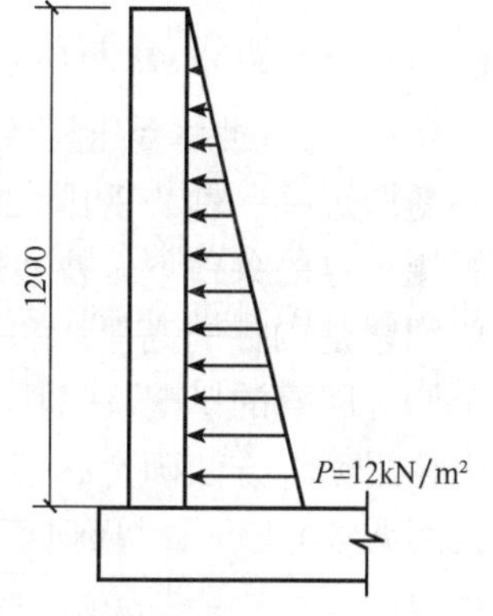

图 4-25　例 4-12 图
（尺寸单位：mm）

$$M=\frac{1}{6}PH^2=\frac{1}{6}\times1.3\times1.0\times12\times1.2^2=3.74(\text{kN}\cdot\text{m})$$

$$V=\frac{1}{2}PH=\frac{1}{2}\times1.3\times12\times1.2=9.36(\text{kN})$$

受弯承载力验算：

查表 3-2 得池壁沿通缝截面的弯曲抗拉强度为 0.17N/mm^2，故

$$f_{tm}W=0.17\times\frac{1}{6}\times1\times0.49^2\times10^3=6.80(\text{kN}\cdot\text{m})>M=3.74(\text{kN}\cdot\text{m})$$

受弯承载力满足要求。

受剪承载力验算：查表 3-10 得砌体抗剪强度为 0.17MPa。

$$bzf_{\mathrm{v}}=1\times\frac{2}{3}\times0.49\times0.17\times10^{3}$$
$$\approx55.53(\mathrm{kN})>V=9.36(\mathrm{kN})$$

受剪承载力满足要求。

【例 4-13】 已知砖砌拱过梁（图 4-26）在拱座处的水平推力设计值 V=16.0kN，受剪截面面积 A=370mm×490mm。作用在拱座水平截面 1—1 由永久荷载设计值产生的纵向力 N=22.5kN。墙体采用 MU10 烧结普通砖及 M2.5 混合砂浆砌筑。

要求：试验算拱座水平截面 1—1 受剪承载力。

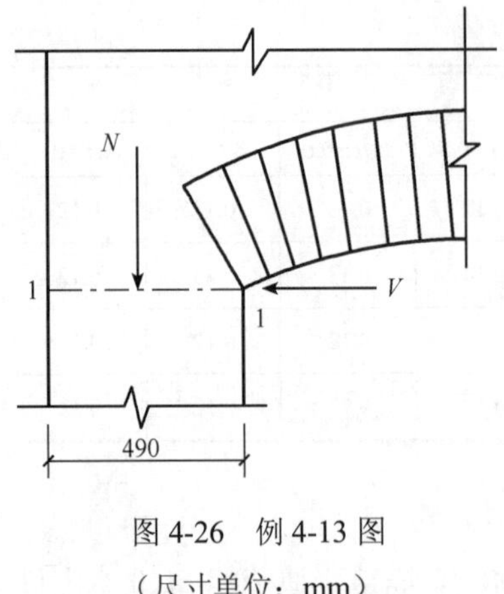

图 4-26 例 4-13 图

（尺寸单位：mm）

【解】 查表 3-10 得砌体抗剪强度设计值为 0.08MPa，抗压强度设计值为 1.30MPa。

$$\sigma_0=\frac{N}{A}=\frac{22\,500}{370\times490}\approx0.124(\mathrm{N/mm^2})$$

$$\frac{\sigma_0}{f}=\frac{0.124}{1.30}\approx0.1$$

查表 4-7 得 $\alpha\mu$=0.15，则

$(f_{\mathrm{v}}+\alpha\mu\sigma_0)A$=(0.08+0.15×0.124)×370×490=17 876.18N≈17.9(kN)>V=16.0kN（安全）

4.5 小　结

1）无筋砌体受压构件按照高厚比 β 的不同以及荷载作用偏心矩的有无，可分为轴心受压短柱、轴心受压长柱、偏心受压短柱和偏心受压长柱。在截面尺寸和材料强度等级一定的条件下，及在施工质量得到保证的前提下，影响无筋砌体受压承载力的主要因素是构件的高厚比和相对偏心距（e/h）。《砌体规范》用承载力影响系数 φ 考虑以上两种因素的影响。φ 可用公式计算也可根据高厚比 β 及相对偏心矩 e/h 直接查表确定，无论用哪种方法确定 φ 时，高厚比 β 必须考虑砌体不同材料的高厚比修正系数 γ_β。另外，在用式（4-13）计算 φ 时应注意，当 $\beta\leqslant3$ 时，式（4-13）中的 φ_0 取 1.0，即用式（4-16）计算。

2）在设计无筋砌体偏心受压构件时，偏心距过大，容易在截面受拉边产生水平裂缝，致使受力截面减小，构件刚度降低，纵向弯曲影响增大，构件的承载力明显降低，结构既不安全又不经济，所以《砌体规范》限制偏心距不应超过 0.6y（y 为截面重心到轴向力所在偏心方向截面边缘的距离）。为减小轴向力的偏心距，可采用设置中心垫块或设置缺口垫块等构造措施。

3）局部受压分为局部均匀受压和局部非均匀受压两种情况，前者如柱下砌体局部受压，后者如梁端下部砌体的局部受压。通过对砌体局部受压的试验表明，局部受压可能发生三种破坏：竖向裂缝发展引起的破坏、劈裂破坏和直接与垫板下块体受压破坏。其中，竖向裂缝发展引起的破坏是局部受压的基本破坏形态；劈裂破坏由于发生突然，在

设计中应避免发生这种破坏；第三种破坏仅在砌体材料强度过低时发生，一般通过限制材料的最低强度等级，可避免发生这种破坏。

4）砌体在局部受压时，由于未直接受压砌体对直接受压砌体的约束作用以及力的扩散作用，使砌体的局部受压强度提高。局部受压强度用局部抗压强度提高系数γ乘以砌体抗压强度f（即γf）表示。为了避免砌体截面较大而局压面积过小时引起的劈裂破坏，应限制γ不能过大（$\gamma \leqslant \gamma_{max}$）。

5）当局部受压承载力不满足要求时，一般采用设置刚性混凝土垫块的方法，满足设计要求。其中在梁端设置预制刚性垫块是应用最广泛的情况，垫块下的砌体局部承压可按不考虑纵向弯曲影响的偏心受压构件验算。当梁端设有现浇刚性垫块时，为简化计算，采用与预制垫块相同的方法验算垫块下砌体的局部受压承载力。

6）当梁端砌体局部受压承载力不足时，也可在梁端设置长度大于πh_0柔性垫块，也称垫梁。例如，与梁整浇的圈梁可作为垫梁。垫梁下砌体的局部受压承载力，可按集中力作用下半无限弹性地基梁计算。

7）砌体受拉、受弯构件的承载力按材料力学公式进行计算，受弯构件的弯曲抗拉强度的取值应根据构件的破坏特征取其相应的设计强度。受剪构件（实际是剪压复合构件）承载力计算采用变系数的剪摩理论。

思考与习题

4.1　影响无筋砌体受压构件承载力的主要因素有哪些？

4.2　对无筋砌体受压构件，为什么要控制轴向力偏心矩e不大于限值$0.6y$？设计中当$e>0.6y$时，一般采取什么措施进行调整？

4.3　砌体局部受压可能发生哪几种破坏形态？设计中如何避免这些破坏形态的发生？

4.4　影响砌体局部抗压强度提高系数γ的主要因素是什么？《砌体规范》为什么对γ取值给以限制？

4.5　什么是梁端砌体的内拱作用？在什么情况下应考虑内拱作用？

4.6　砌体受弯构件和受剪构件的受剪承载力计算有什么不同？为什么？

4.7　一无筋砌体砖柱，截面尺寸为370mm×490mm，柱的计算高度为3.3m，承受的轴向压力标准值N_k=150kN（其中永久荷载100kN，包括砖柱自重），结构的安全等级为二级（γ=1.0）。该柱用MU10烧结普通砖和M5水泥砂浆砌筑，试验算该柱受压承载力。

4.8　一混凝土小型空心砌块砌体独立柱，截面尺寸400mm×600mm，柱的计算高度为3.6m。柱承受轴向压力标准值N_k=200kN（其中永久荷载效应为140kN，已包括柱自重）。该柱用MU10混凝土小型空心砌块和Mb5混合砂浆砌筑，试验算柱受压承载力。

4.9　一偏心受压柱，截面尺寸为490mm×620mm，柱的计算高度为5.0m。承受的轴向压力设计值N=160kN，弯矩设计值M=20kN · m（弯矩沿长边方向）。该柱用MU10烧结普通砖和M5混合砂浆砌筑，但施工质量控制等级为C级，试验算该柱受压承载力。

4.10　一钢筋混凝土简支梁，跨度 6.0m，截面尺寸为 $b \times h$=200mm×500mm，梁端支撑在带壁柱的窗间墙上，如图 4-21 所示，支撑长度为 a=370mm。梁上荷载设计值产生的梁端支撑反力为 N_l=85kN，梁底墙体截面由上部荷载设计值产生的轴向力 N_u=180kN，用 MU10 烧结普通砖及 M5 混合砂浆砌筑。试验算梁端支撑处砌体的局部受压承载力。

第五章　配筋砌体构件的承载力计算

学习目的

1. 了解网状配筋砌体的受力特点，掌握其计算方法和构造要求。
2. 了解组合砖砌体的受力特点，掌握其计算方法和构造要求。
3. 了解砖砌体和钢筋混凝土构造柱组合墙的受力特点，掌握其计算方法和构造要求。
4. 了解配筋砌块砌体剪力墙的受力特点，掌握它的正截面、斜截面承载力和连梁承载力的计算方法和主要构造要求。

5.1　网状配筋砖砌体受压构件

砖砌体受压构件的承载力不足而截面尺寸又受限制时，可考虑采用网状配筋砖砌体。网状配筋砖砌体是在砌筑砖砌体时将事先制作好的钢筋网按一定的设计要求设置在砌体的灰缝内（图 5-1）。网状钢筋常用形式有方格形钢筋网［图 5-1（a)］和连弯形钢筋网［图 5-1（b)］，连弯钢筋交错置于两相邻灰缝内，其作用相当于一片钢筋网。连弯形钢筋网的间距是指相邻同方向网片之间的距离。

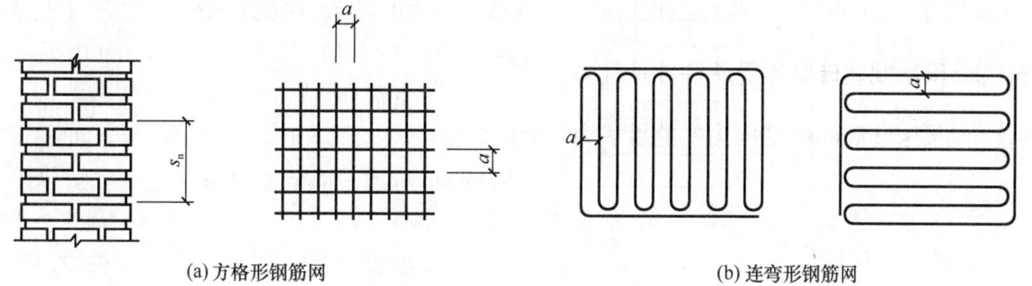

(a) 方格形钢筋网　　(b) 连弯形钢筋网

图 5-1　网状配筋砖砌体

5.1.1　网状配筋砖砌体受压构件的受力特点与破坏特征

网状配筋轴心受压构件从加荷至破坏与无筋砌体轴心受压构件类似，可分为三个阶段，但每个阶段的受力特点与无筋砌体有较大的差别。

第一阶段：从开始加荷至第一条（批）单砖出现裂缝为受力的第一阶段。试件在纵向压力作用下，纵向发生压缩变形的同时，横向发生拉伸变形，网状钢筋受拉。由于钢筋的弹性模量远大于砌体的弹性模量，故能约束砌体的横向变形，同时网状钢筋的存在，改善了单砖在砌体中的受力状态，从而推迟了第一条（批）单砖裂缝的出现。产生第一

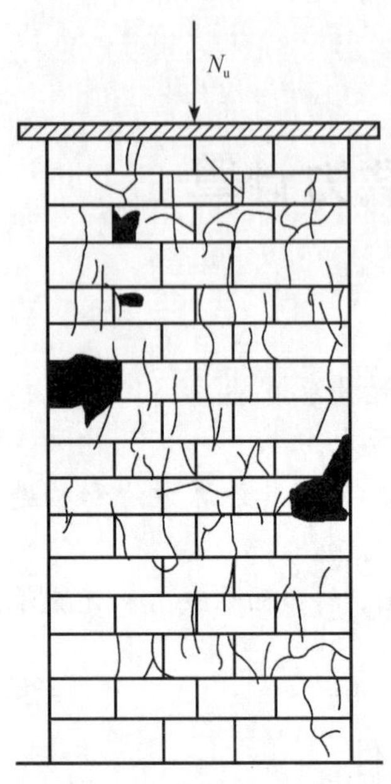

图 5-2　网状配筋砖砌体轴心受压构件的破坏特征

条（批）裂缝时的荷载约为极限荷载的 60%～75%，高于无筋砌体。

第二阶段：随着荷载的增大，裂缝数量增多。但由于网状钢筋的约束作用，裂缝发展缓慢，并且不沿试件纵向形成贯通连续裂缝。此阶段的受力特点与无筋砌体有明显的不同。

第三阶段：当荷载加至极限荷载时，在网状钢筋之间的砌体中，裂缝多而细，个别砖被压碎而脱落，宣告试件破坏（图 5-2）。由于网状钢筋的约束和连接作用，试件在破坏时没有被分隔成多个竖向小柱而发生失稳破坏，使砖的抗压强度能得到充分利用，因此砌体的极限承载力较无筋砌体明显提高。

试验表明，网状配筋砌体的承载力与砖砌体的抗压强度及横向钢筋的体积配筋率有关，在配筋率不是很高的情况下，横向钢筋的强度可充分利用，随体积配筋率的增高，承载力也提高。但是，当体积配筋率过高时，钢筋的强度不能充分发挥，再提高配筋率，对承载力提高影响很小。

试验还表明，偏心受压构件随着荷载偏心距的增大，压应力较小部位及受拉部位钢筋网约束横向变形的作用减弱乃至消失。当构件的长细比过大时，由于纵向弯曲产生过大的附加偏心距同样会使钢筋网的加强作用减弱。因此《砌体规范》规定下列情况不宜采用网状配筋砖砌体：①偏心距超过截面的核心范围，对于矩形截面即 $e/h>0.17$（e 为荷载偏心距，h 为截面高度）；②高厚比 $\beta>16$。

5.1.2　网状配筋砖砌体受压构件承载力计算

网状配筋砖砌体受压构件的承载力计算为

$$N \leqslant \varphi_n f_n A \tag{5-1}$$

式中：N——轴向力设计值；

A——截面面积；

f_n——网状配筋砖砌体的抗压强度设计值计算为

$$f_n = f + 2\left(1 - \frac{2e}{y}\right)\rho f_y \tag{5-2}$$

e——轴向力偏心距，$e=M/N$（M、N 分别为弯矩和轴向力设计值）；

y——自截面重心至轴向力所在偏心方向截面边缘的距离，对矩形截面 $y=h/2$（h 为偏心方向的截面高度）；

ρ——体积配筋率，$\rho=(V_s/V)\times 100$（V_s、V 分别为钢筋和砌体的体积），当采用截面面积为 A_s 的钢筋组成的格网，网格尺寸为 $a\times b$，钢筋网的竖向间距为 s_n 时，$\rho = \dfrac{(a+b)A_s}{abs_n}$；

f_y ——钢筋的抗拉强度设计值，当 f_y>320MPa 时，按 f_y=320MPa 采用；

φ_n——高厚比、配筋率和轴向压力偏心距对网状配筋砖砌体受压构件承载力的影响系数可计算为

$$\varphi_n = \frac{1}{1+12\left[\frac{e}{h}+\sqrt{\frac{1}{12}\left(\frac{1}{\varphi_{0n}}-1\right)}\right]^2} \tag{5-3}$$

φ_{0n} 为网状配筋砖砌体的稳定系数，可计算为

$$\varphi_{0n} = \frac{1}{1+(0.0015+0.45\rho)\beta^2} \tag{5-4}$$

承载力的影响系数 φ_n 也可直接查用表 5-1。

表 5-1　影响系数 φ_n

ρ/%	β	φ_n				
		e/h=0	e/h=0.05	e/h=0.10	e/h=0.15	e/h=0.17
0.1	4	0.97	0.89	0.78	0.67	0.63
	6	0.93	0.84	0.73	0.62	0.58
	8	0.89	0.78	0.67	0.57	0.53
	10	0.84	0.72	0.62	0.52	0.48
	12	0.78	0.67	0.56	0.48	0.44
	14	0.72	0.61	0.52	0.44	0.41
	16	0.67	0.56	0.47	0.40	0.37
0.3	4	0.96	0.87	0.76	0.65	0..61
	6	0.91	0.80	0.69	0.59	0.55
	8	0.84	0.74	0.62	0.53	0.49
	10	0.78	0.67	0.56	0.47	0.44
	12	0.71	0.60	0.51	0.43	0.40
	14	0.64	0.54	0.46	0.38	0.36
	16	0.58	0.49	0.41	0.35	0.32
0.5	4	0.94	0.85	0.74	0.63	0.59
	6	0.88	0.77	0.66	0.56	0.52
	8	0.81	0.69	0.59	0.50	0.46
	10	0.73	0.62	0.52	0.44	0.41
	12	0.65	0.55	0.46	0.39	0.36
	14	0.58	0.49	0.41	0.35	0.32
	16	0.51	0.43	0.36	0.31	0.29
0.7	4	0.93	0.83	0.72	0.61	0.57
	6	0.86	0.75	0.63	0.53	0.50
	8	0.77	0.66	0.56	0.47	0.43
	10	0.68	0.58	0.49	0.41	0.38

续表

ρ/%	β	φ_n				
		e/h=0	e/h=0.05	e/h=0.10	e/h=0.15	e/h=0.17
0.7	12	0.60	0.50	0.42	0.36	0.33
	14	0.52	0.44	0.37	0.31	0.30
	16	0.46	0.38	0.33	0.28	0.26
0.9	4	0.92	0.82	0.71	0.60	0.56
	6	0.83	0.72	0.61	0.52	0.48
	8	0.73	0.63	0.53	0.45	0.42
	10	0.64	0.54	0.46	0.38	0.36
	12	0.55	0.47	0.39	0.33	0.31
	14	0.48	0.40	0.34	0.29	0.27
	16	0.41	0.35	0.30	0.25	0.24
1.0	4	0.91	0.81	0.70	0.59	0.55
	6	0.82	0.71	0.60	0.51	0.47
	8	0.72	0.61	0.52	0.43	0.41
	10	0.62	0.53	0.44	0.37	0.35
	12	0.54	0.45	0.38	0.32	0.30
	14	0.46	0.38	0.33	0.28	0.26
	16	0.39	0.34	0.28	0.24	0.23

对于矩形截面构件，当轴向力偏心方向的边长大于另一方向的边长时，除按偏心受压计算外，还应对较小边长方向按轴心受压进行验算。

当网状配筋砖砌体构件下端与无筋砌体交接时，尚应验算交接处无筋砌体的局部受压承载力。

5.1.3　网状配筋砖砌体的构造要求

网状配筋砖砌体除了满足承载力计算要求外，为保证钢筋与砂浆的黏结力，避免钢筋锈蚀，灰缝不致过厚，并能充分发挥钢筋的作用，还应符合下列构造要求。

1）网状钢筋的体积配筋率不应小于 0.1%，并不应大于 1%。因为配筋率太小，砌体强度提高有限；配筋率过大，当砌体强度接近块体强度时钢筋的强度不能充分发挥。

2）当采用钢筋网时，钢筋的直径宜为 3～4mm；当采用置于相邻两个灰缝的连弯钢筋网时，钢筋的直径不应大于 8mm。因为钢筋网砌筑在灰缝砂浆内，易于被锈蚀，设置较粗的钢筋比较有利，但是钢筋直径大将使灰缝加厚，对砌体的受力不利，所以要限制钢筋的直径不能过细，也不能过粗。

3）钢筋网中钢筋的间距，不应大于 120mm，也不应小于 30mm。钢筋间距太大，钢筋网对砌体的横向变形约束能力降低。钢筋间距太小，砂浆不易密实，影响钢筋与砂浆间的黏结力，也使钢筋更易于被锈蚀。

4）钢筋网沿竖向的间距不应大于 5 皮砖，并不应大于 400mm。因为钢筋网沿竖向的间距过大，对砖砌体承载力的提高很有限。

5）网状配筋砖砌体中砖的强度等级不应低于 MU10，砂浆的强度等级不应低于 M7.5。有钢筋网的砖砌体灰缝厚度应保证钢筋上下至少各有 2mm 的砂浆层。这样有利于保证钢筋与砂浆的黏结力并可避免钢筋的锈蚀。

5.1.4　例题

【例 5-1】 一网状配筋砖砌体柱，截面尺寸为 490mm×490mm，柱的计算高度 H_0=4.5m，柱采用 MU10 烧结普通砖及 M7.5 混合砂浆砌筑。承受轴向压力设计值 N=480kN。网状配筋选用ϕ4（单位为 mm）冷拔低碳钢丝方格网，f_y=430N/mm^2，A_s=12.6mm^2，s_n=240mm（四皮砖），a×b=50mm×50mm。试验算该柱承载力。

【解】 A=0.49×0.49=0.24(m^2)>0.2m^2

故不需考虑砌体强度调整系数γ_a，有

$$\beta=\frac{H_0}{h}=\frac{4.5}{0.49}\approx 9.2<16,\ \frac{e}{h}=0$$

查表 3-3 得f=1.69MPa，有

$$f_y=430\text{N/mm}^2>320\text{N/mm}^2$$

取f_y=320N/mm^2。

配筋率

$$\rho=\frac{(a+b)A_s}{abs_n}=\frac{(50+50)\times 12.6}{50\times 50\times 240}\times 100\%=0.21\%>0.1\%\text{且小于}1\%$$

$$f_n=f+2\rho f_y\left(1-\frac{2e}{y}\right)=1.69+2\times 0.21\%\times 320\times(1-0)=3.03(\text{MPa})$$

根据β=9.2，ρ=0.21%，$\frac{e}{h}$=0，查表 5-1 得φ_n=0.83，也可用式（5-3）计算，得

$$\varphi_n f_n A=0.83\times 3.03\times 0.24\times 10^3=604(\text{kN})>480\text{kN}\quad（安全）$$

【例 5-2】 一偏心受压网状配筋砖砌体柱，截面尺寸为 490mm×620mm，柱采用 MU10 烧结普通砖及 M7.5 水泥砂浆砌筑。柱的计算高度 H_0=4.2m，承受的轴向压力设计值 N=180kN，弯矩设计值 M=18kN · m（沿截面长边），网状配筋选用ϕ4 冷拔低碳钢丝方格网，网格尺寸为 60mm×60mm，f_y=430N/mm^2，A_s=12.6mm^2，s_n=180mm（三皮砖）。试验算该柱的承载力。

【解】（1）按偏心受压计算

$$A=0.49\times 0.62=0.304(\text{m}^2)>0.2\text{m}^2$$

故不需考虑砌体强度调整系数γ_a，有

$$\beta=\frac{H_0}{h}=\frac{4.2}{0.62}=6.77$$

$$e=\frac{M}{N}=\frac{18}{180}=100(\text{mm})<0.17h=105.4\text{mm},\ \frac{e}{h}=\frac{100}{620}=0.161$$

查表 3-3 并考虑采用水泥砂浆，得

$$f=1.69\text{MPa}$$

$$f_y=430\text{N/mm}^2>320\text{N/mm}^2$$

取 $f_y=320\text{N/mm}^2$。

配筋率为

$$\rho=\frac{(a+b)A_s}{abs_n}=\frac{(60+60)\times12.6}{60\times60\times180}\times100\%=0.233\%>0.1\%\text{且小于}1\%$$

$$f_n=f+2\left(1-\frac{2e}{y}\right)\rho f_y=1.69+2\times\left(1-\frac{2\times100}{310}\right)\times0.233\%\times320=2.22(\text{MPa})$$

考虑到查表需多次内插，可按式（5-4）和式（5-3）计算，即

$$\varphi_{0n}=\frac{1}{1+(0.0015+0.45\rho)\beta^2}=\frac{1}{1+(0.0015+0.45\times0.00233)\times6.77^2}=0.895$$

$$\varphi_n=\frac{1}{1+12\left[\frac{e}{h}+\sqrt{\frac{1}{12}\left(\frac{1}{\varphi_{0n}}\right)}\right]^2}=\frac{1}{1+12\left[\frac{100}{620}+\sqrt{\frac{1}{12}\left(\frac{1}{0.895}-1\right)}\right]^2}=0.55$$

$$\varphi_n f_n A=0.55\times2.22\times0.304\times10^3\approx371.2(\text{kN})>180\text{kN}\quad（满足要求）$$

（2）对较小边长方向，按轴心受压进行验算

$$A=0.49\times0.62=0.304(\text{m}^2)>0.2\text{m}^2$$

不需考虑砌体强度调整系数 γ_a，有

$$\beta=\gamma_\beta\frac{H_0}{h}=1.0\times\frac{4.2}{0.49}\approx8.57<16,\quad\frac{e}{h}=0$$

查表 3-3 得

$$f=1.69\text{MPa}$$

$$f_y=430\text{N/mm}^2>320\text{N/mm}^2，取 f_y=320\text{N/mm}^2$$

配筋率

$$\rho=\frac{(a+b)A_s}{abs_n}=\frac{(60+60)\times12.6}{60\times60\times180}\times100\%=0.233\%>0.1\%\text{且小于}1\%$$

$$f_n=f+2\left(1-\frac{2e}{y}\right)\rho f_y=1.69+2\times\frac{0.233}{100}\times320=3.18(\text{MPa})$$

根据 $\beta=8.57$，$\rho=0.23\%$，$\frac{e}{h}=0$，查表 5-1 得 $\varphi_n=0.844$，也可用式（5-3）计算

$$\varphi_n f_n A=0.844\times3.18\times0.304\times10^3\approx815.9(\text{kN})>180\text{kN}$$

所以满足要求。

5.2　组合砖砌体受压构件

当无筋砌体的截面尺寸受到限制，或轴向压力偏心距过大时，设计成无筋砌体不经济，这时可采用组合砖砌体。我国当前常用的组合砖砌体是指由砖砌体和钢筋混凝土面

层或钢筋砂浆面层组成的组合砖砌体。图 5-3 为几种常用的组合砖砌体构件截面。为了简化计算，对于砖墙与组合砌体一同砌筑的 T 形截面构件，可按矩形截面组合砌体构件计算，但构件的高厚比 β 仍按 T 形截面考虑，其截面的翼缘宽度取法同砌体带壁柱墙的计算截面翼缘宽度 b_f 的取法。

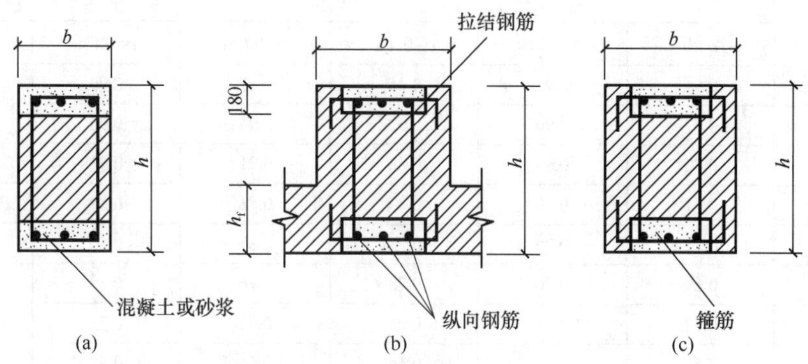

图 5-3　组合砖砌体构件截面（尺寸单位：mm）

5.2.1　组合砖砌体轴心受压构件

用外设钢筋混凝土面层的组合砖砌体试件做轴心受压试验。当荷载较小时，钢筋、混凝土和砖砌体均处于弹性阶段共同工作，因为三种材料的弹性模量各不相同，所以在变形协调的条件下，各自的压应力不同。随着荷载的增大，第一批裂缝大多出现于砖砌体和钢筋混凝土的交界处。荷载进一步加大，砖砌体内首先产生单砖裂缝，进而逐渐形成贯通竖向裂缝。由于钢筋混凝土对砖砌体的约束作用，砖砌体内的裂缝发展较缓慢。荷载继续增加，竖向钢筋在箍筋范围内压屈，面层混凝土及砌体内的砖局部脱落或被压碎，组合砌体构件破坏（图 5-4）。

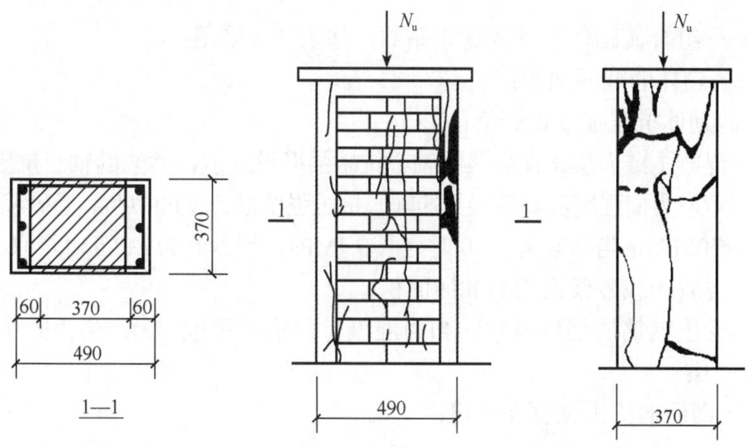

图 5-4　轴心受压组合砖柱的破坏特征（尺寸单位：mm）

组合砖砌体轴心受压构件与无筋砌体构件一样应考虑纵向弯曲的影响，其纵向弯曲的影响用稳定系数 φ_{com} 表示。φ_{com} 应介于无筋砌体的稳定系数 φ_0 与钢筋混凝土构件的稳定系数φ之间。试验表明，φ_{com}主要与构件的高厚比β和配筋率ρ有关，可按表 5-2 直接查用。表 5-2 中$\rho = A_s' / bh$，A_s'为受压钢筋的截面面积，b、h分别为矩形构件的截面宽和高。

表 5-2　组合砖砌体构件的稳定系数φ_{com}

高厚比β	φ_{com}					
	ρ=0	ρ=0.2%	ρ=0.4%	ρ=0.6%	ρ=0.8%	ρ≥1.0%
8	0.91	0.93	0.95	0.97	0.99	1.0
10	0.87	0.90	0.92	0.94	0.96	0.98
12	0.82	0.85	0.88	0.91	0.93	0.95
14	0.77	0.80	0.83	0.86	0.89	0.92
16	0.72	0.75	0.78	0.81	0.84	0.87
18	0.67	0.70	0.73	0.76	0.79	0.81
20	0.62	0.65	0.68	0.71	0.73	0.75
22	0.58	0.61	0.64	0.66	0.68	0.70
24	0.54	0.57	0.59	0.61	0.63	0.65
26	0.50	0.52	0.54	0.56	0.58	0.60
28	0.46	0.48	0.50	0.52	0.54	0.56

试验结果表明，用外设钢筋混凝土面层的组合砌体轴心受压构件，达到极限承载力时钢筋可以达到屈服强度，但外设砂浆层的组合砌体轴心受压构件，当面层砂浆达到其抗压强度时，钢筋尚未达到屈服强度，即组合砌体破坏时，钢筋强度不能充分利用。这主要是因为砂浆的变形能力较混凝土小。根据试验资料统计，砂浆面层中钢筋的强度利用系数平均为 0.93。

组合砖砌体轴心受压构件的承载力计算为

$$N \leqslant \varphi_{com}(fA + f_c A_c + \eta_s f_y' A_s') \tag{5-5}$$

式中：φ_{com}——组合砖砌体构件的稳定系数，按表 5-2 采用；

A——砖砌体的截面面积；

f——砖砌体抗压强度设计值；

f_c——混凝土或面层水泥砂浆的轴心抗压强度设计值，砂浆的轴心抗压强度设计值可取为同强度等级混凝土的轴心抗压强度设计值的 70%，当砂浆为 M15 时取 5.0MPa；当砂浆为 M10 时，取 3.4MPa；当砂浆为 M7.5 时，取 2.5MPa；

A_c——混凝土或砂浆面层的截面面积；

η_s——受压钢筋的强度系数，当为混凝土面层时可取 1.0，当为砂浆面层时可取 0.9；

f_y'——钢筋的抗压强度设计值；

A_s'——受压钢筋的截面面积。

5.2.2　偏心受压组合砖砌体构件

外设钢筋混凝土或钢筋砂浆层的矩形截面偏心受压组合砖砌体构件承载能力和变形

性能与钢筋混凝土偏压构件类似。根据偏心距的不同以及受拉区钢筋配置的不同，构件的破坏可分为大偏心破坏和小偏心破坏两种形态。

当偏心距较大且受拉钢筋配置不过多时，发生大偏心破坏，即受拉钢筋先屈服，然后受压区的混凝土（砂浆）及受压砖砌体被压坏。当面层为钢筋混凝土时，破坏时受压钢筋可达屈服强度，当面层为钢筋砂浆时，破坏时受压钢筋达不到屈服强度。

当荷载作用的偏心距较小，或荷载作用的偏心距较大但受拉钢筋配置过多时，发生小偏压破坏，即受压区混凝土或砂浆面层及部分受压砌体受压破坏，而受拉钢筋没有达到屈服。

组合砖砌体偏心受压构件的承载力计算公式为

$$N \leqslant fA' + f_c A_c' + \eta_s f_y' A_s' - \sigma_s A_s \tag{5-6}$$

或

$$Ne_N \leqslant fS_s + f_c S_{c,s} + \eta_s f_y' A_s'(h_0 - a_s') \tag{5-7}$$

此时受压区的高度 x 可计算为

$$fS_N + f_c S_{c,N} + \eta_s f_y' A_s' e_N' - \sigma_s A_s e_N = 0 \tag{5-8}$$

式中：A'——砖砌体受压部分的面积；

A_c'——混凝土或砂浆面层受压部分的面积；

A_s——距轴向力 N 较远侧钢筋的截面面积；

S_s——砖砌体受压部分的面积对钢筋 A_s 重心的面积矩；

$S_{c,s}$——混凝土或砂浆面层受压部分的面积对钢筋 A_s 重心的面积矩；

S_N——砖砌体受压部分的面积对轴向力 N 作用点的面积矩；

$S_{c,N}$——混凝土或砂浆面层受压部分的面积对轴向力 N 作用点的面积矩；

h_0——组合砖砌体构件截面的有效高度，取 $h_0=h-a_s$；

a_s、a_s'——钢筋 A_s 和 A_s' 重心至截面较近边的距离；

σ_s——钢筋 A_s 的应力；

e_N、e_N'——钢筋 A_s 和 A_s' 重心至轴向力 N 作用点的距离（图 5-5），可计算为

$$e_N' = e + e_a - (h/2 - a_s') \tag{5-9}$$

$$e_N = e + e_a + (h/2 - a_s) \tag{5-10}$$

其中：e——轴向力的初始偏心矩，按荷载设计值计算，当 e 小于 $0.05h$ 时应取 e 等于 $0.05h$；

e_a——组合砖砌体构件在轴向力作用下的附加偏心矩，计算为

$$e_a = \frac{\beta^2 h}{2200}(1 - 0.022\beta) \tag{5-11}$$

其中：h——偏心力所在方向的截面高度；

β——偏心所在方向的构件高厚比。

小偏心受压时，即 $\xi > \xi_b$，σ_s 有

$$\sigma_s = 650 - 800\xi \tag{5-12}$$

且 σ_s 应满足

$$-f_y' \leqslant \sigma_s < f_y$$

大偏心受压时，$\xi \leqslant \xi_b$，σ_s 有

$$\sigma_s=f_y \tag{5-13}$$

其中：ξ——组合砖砌体构件截面受压区的相对高度，$\xi=x/h_0$；

f_y——受拉钢筋的强度设计值；

ξ_b——界限受压区相对高度（对于 HPB300 级钢筋取 ξ_b=0.47，对于 HRB335 级钢筋取 ξ_b=0.44），对于 HRB400 级钢筋，应取 0.36。

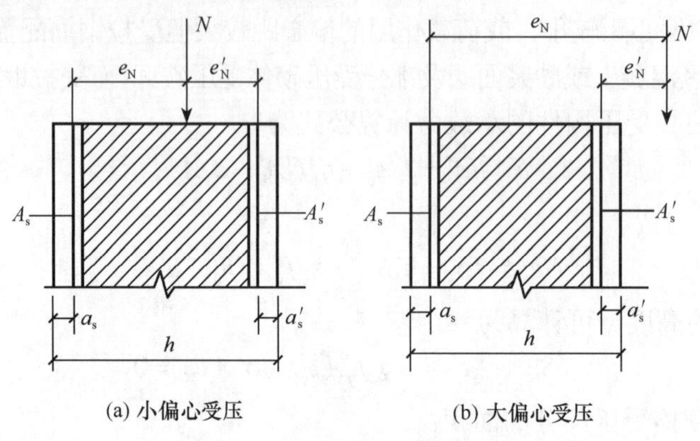

图 5-5　组合砖砌体受压构件

5.2.3　组合砖砌体受压构件的构造要求

为了满足承载力和耐久性要求，组合砖砌体受压构件尚应符合下列构造要求。

1）面层混凝土强度等级宜采用 C20。面层水泥砂浆强度等级不宜低于 M10。为了不使砖砌体的强度过低，砌筑砂浆的强度等级不宜低于 M7.5。

2）砂浆面层的厚度可为 30～45mm。当面层厚度大于 45mm 时，宜采用混凝土。

3）竖向受力钢筋宜采用 HPB300 级钢筋，对于混凝土面层也可采用 HRB335 级钢筋。受压钢筋一侧的配筋率，对砂浆面层不宜小于 0.1%，对混凝土面层不宜小于 0. 2%。受拉钢筋的配筋率不应小于 0.1%。竖向受力钢筋的直径不应小于 8mm，钢筋的净距不应小于 30mm。竖向钢筋的混凝土保护层厚度不应小于表 5-3 中的规定。当面层为水泥砂浆时，对于柱子，表 5-3 中规定的保护层厚度可减小 5mm。竖向受力钢筋距砖砌体表面的距离不应小于 5mm。

表 5-3　混凝土保护层最小厚度

构件类别	最小厚度/mm	
	室内正常环境	露天或室内潮湿环境墙
墙	15	20
柱子	20	25

4）箍筋的直径不宜小于 4mm 及 0.2 倍的受压钢筋的直径，并不宜大于 6mm。箍筋的间距不应大于 20 倍受压钢筋的直径及 500mm，并不应小于 120mm。当组合砖砌体构件一侧的竖向受力钢筋多于 4 根时，应设置附加箍筋或拉结钢筋。

5）对于截面长短边相差较大的构件如墙体等，应采用穿通墙体的拉结钢筋作为箍筋，同时设置水平分布钢筋，水平分布钢筋的竖向间距及拉结钢筋的水平间距，均不应大于 500mm（图 5-6）。

6）组合砖砌体构件的顶部及底部，以及牛腿部位，必须设置钢筋混凝土垫块。竖向受力钢筋伸入垫块的长度，必须满足锚固要求。

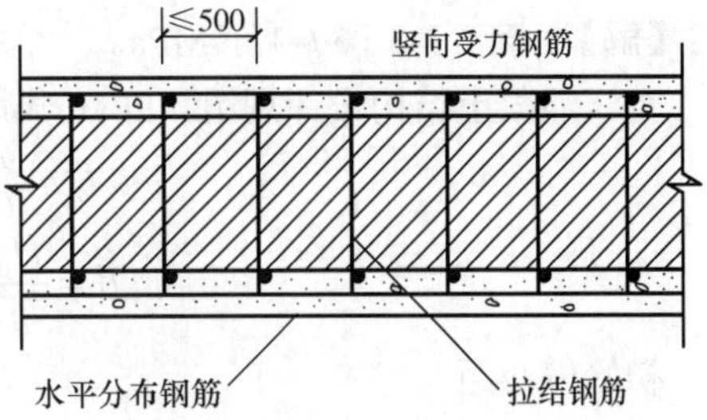

图 5-6　混凝土或砂浆组合墙（尺寸单位：mm）

5.2.4　组合砖砌体受压构件例题

【例 5-3】 截面尺寸为 370mm×490mm 的组合砖柱，柱的计算高度 H_0=5.7m，承受的轴向力设计值 N=270kN，采用 MU10 烧结普通砖及 M7.5 混合砂浆砌筑，采用 C20（f_c=9.6N/mm^2）混凝土面层（图 5-7），钢筋采用 HPB300（$f_y = f_y'$ =270N/mm^2），$A_s = A_s'$ =615mm^2（4ϕ14），试验算该柱的承载力。

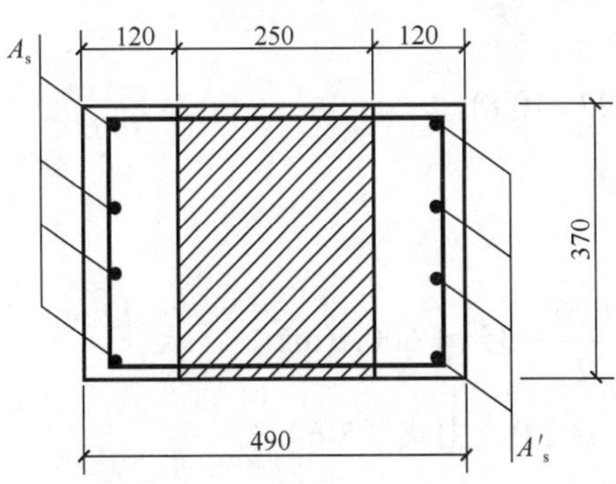

图 5-7　例题 5-3 图（尺寸单位：mm）

【解】 砖砌体截面面积

$$A=0.25\times0.37=0.0925(\text{m}^2)<0.2\text{m}^2$$

需考虑砌体强度调整系数γ_a，有

$$\gamma_a=0.8+0.0925\approx0.892$$

混凝土截面面积

$$A_c=2\times120\times370=88\,800(\text{mm}^2)$$

查表 3-3 得 f=1.69N/mm^2。

$$\beta=\frac{H_0}{h}=\frac{5.7}{0.37}=15.4$$

配筋率

$$\rho=\frac{A_s}{bh}=\frac{615}{370\times490}=0.339\%$$

根据 β=15.4，ρ=0.339%，查表 5-2 得φ_{com}=0.78，则

$$\begin{aligned}&\varphi_{com}(fA+f_cA_c+\eta_s f_y'A_s')\\&=0.78\times(1.69\times0.892\times92\,500\\&\quad+9.6\times88\,000+1.0\times270\times615)\\&\approx897.2(\text{kN})>720\text{kN}\end{aligned}$$

满足要求。

【例 5-4】 如图 5-8 所示的组合砖柱，截面尺寸为 490mm×620mm，柱计算高度 H_0=6.7m。钢筋采用 HPB300 级，采用 C20 混凝土面层，砌体用 MU10 烧结普通砖及 M7.5 混合砂浆砌筑，承受的轴向力设计值为 N=400kN，弯矩设计值为 M=120kN · m。采用对称配筋，试确定钢筋面积 $A_s = A_s'$。

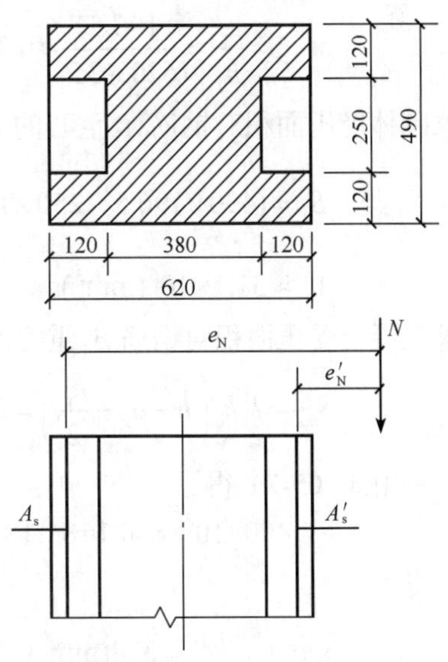

图 5-8　例题 5-4 图（尺寸单位：mm）

【解】 查表 3-3 得 f=1.69MPa。

查《混凝土结构设计规范（2016 年版）》（GB 50010—2010），f_c=9.6N/mm^2。

$$f_y = f_y' = 270\text{N/mm}^2$$

$$\beta = \frac{H_0}{h} = \frac{6.7}{0.62} \approx 10.8$$

初始偏心距

$$e = \frac{M}{N} = \frac{120}{400} = 0.3(\text{m}) = 300\text{mm} > 0.05h = 24.5\text{mm}$$

附加偏心距 e_a

$$\begin{aligned} e_a &= \frac{\beta^2 h}{2200}(1 - 0.022\beta) \\ &= \frac{10.8^2 \times 620}{2200} \times (1 - 0.022 \times 10.8) \\ &\approx 25.06(\text{mm}) \end{aligned}$$

钢筋 A_s 至轴向力作用点的距离 e_N

$$e_N = e + e_a + \left(\frac{h}{2} - a_s\right) = 300 + 25.06 + \left(\frac{620}{2} - 35\right) \approx 600.1(\text{mm})$$

假设该柱为大偏压，则σ_s=f_y=270N/mm^2 混凝土面层η_s=1.0，由式（5-6）得

$$N = fA' + f_c A_c$$

设受压区高度为 x，且 x>h_c=120mm。为方便计算令 x'=x−120，则得

$$400 \times 10^3 = 1.69 \times (2 \times 120 \times 120 + 490x') + 9.6 \times 250 \times 120$$

解得

$$x' \approx 76.5(\text{mm}) \qquad x = 120 + 76.5 = 196.5(\text{mm})$$

$$\xi = \frac{x}{h_0} \approx \frac{196.5}{620 - 35} \approx 0.336 < \xi_b = 0.55 \quad （说明大偏压假定成立）$$

求砌体受压面积对钢筋 A_s 重心的面积矩 S_s

$$\begin{aligned} S_s &= (490 \times 196.5 - 250 \times 120) \times \left[620 - 35 - \frac{490 \times 196.5^2 - 250 \times 120^2}{2 \times (490 \times 196.5 - 250 \times 120)}\right] \\ &\approx 31.1 \times 10^6 (\text{mm}^3) \end{aligned}$$

求混凝土受压面积对钢筋 A_s 重心的面积矩 $S_{c,s}$

$$S_{c,s} = b_c h_c \left(h - a_s - \frac{h_c}{2}\right) = 250 \times 120 \times \left(620 - 35 - \frac{120}{2}\right) \approx 15.75 \times 10^6 (\text{mm}^3)$$

由式（5-7）得

$$400 \times 10^3 \times 600.1 = 31.1 \times 10^6 \times 1.69 + 15.75 \times 10^6 \times 9.6 + (585 - 35) \times 210 A_s'$$

解得

$$A_s' \approx 314(\text{mm}^2) \qquad \rho = \frac{A_s'}{bh} = \frac{314}{490 \times 620} \approx 0.1\% < 0.2\%$$

取ρ=0.2%，则 A_s'=A_s=607.6mm^2。

*5.3 砖砌体和钢筋混凝土构造柱组合墙

5.3.1 砖砌体和钢筋混凝土构造柱组合墙的受力性能

在砖混结构墙体设计中，当砖砌体墙的竖向受压承载力不满足而墙体厚度又受到限制时，在墙体中设置一定数量的钢筋混凝土构造柱形成砖砌体和钢筋混凝土构造柱组合墙（图 5-9）。这种墙体在竖向压力作用下，由于构造柱和砖砌体墙的刚度不同，以及内力重分布的结果，构造柱分担较多墙体上的荷载，并且构造柱和圈梁形成的“构造框架”约束了砖砌体的横向和纵向变形。这些不但使墙的开裂荷载和极限承载力提高，而且加强了墙体的整体性，提高了墙体的延性，增强了墙体抵抗侧向地震作用的能力。

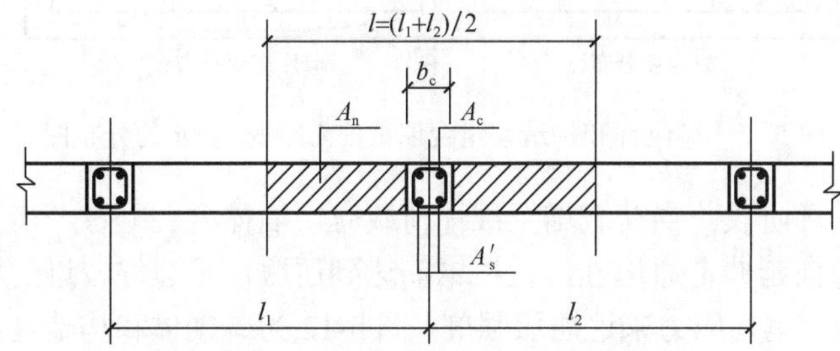

图 5-9 砖砌体和构造柱组合墙截面

用图 5-10 所示的带构造柱和圈梁的组合墙试件进行轴心加荷试验，发现这种墙体自加荷到破坏也可分为以下三个阶段。

从开始加荷至第一批裂缝出现为第一阶段。在裂缝出现前，砌体和构造柱中的应力和应变基本呈线性关系。当荷载加至极限荷载的 60%～75%时，在上部边构造柱与中构造柱之间，砌体与圈梁交界处出现短小的垂直裂缝，同时在边构造柱附近的中部墙体也出现微小近似垂直的裂缝。与无筋砖墙轴压试验比较，这种墙体的开裂荷载提高，因为构造柱和圈梁形成的“构造框架”约束了砖砌体的横向变形。

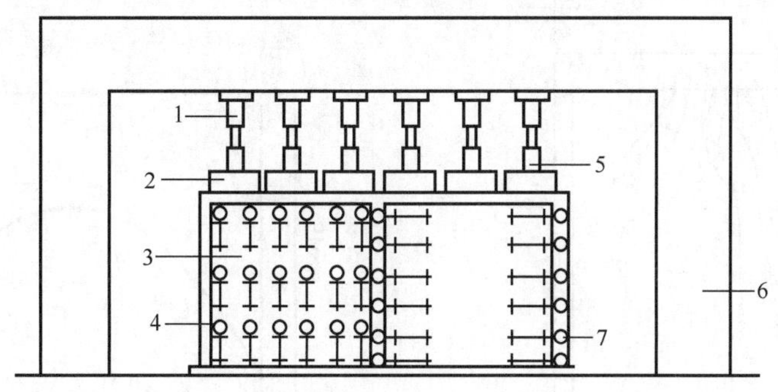

1—500kN 千斤顶；2—钢筋混凝土分配梁；3—试件；4—百分表；

5—500kN 荷载传感器；6—大型刚架；7—千分表。

图 5-10 砖砌体和构造柱组合墙轴心受压试验装置图

第二阶段为裂缝开展阶段。随着荷载的增加，裂缝向着边构造柱脚延伸，同时也有新裂缝出现。但是裂缝的发展缓慢，说明构造柱对墙的约束作用明显。随着荷载的增大，墙体中高处距边构造柱较近处的裂缝开展加快，说明边柱的约束作用减弱。图 5-11 为试验所测轴心受压试件接近破坏前边柱和中柱的横向应变ε_x和砌体墙竖向应变ε_y的分布图。

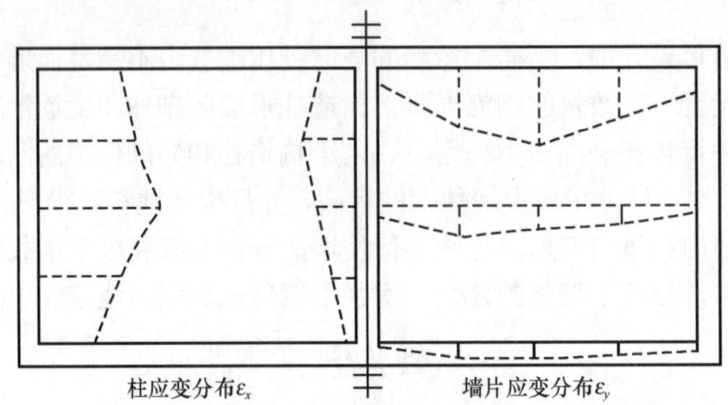

图 5-11　砖砌体和构造柱组合墙试件内应变ε_x、ε_y的分布图

第三阶段为破坏阶段。当荷载增至破坏荷载时，墙体内裂缝进一步扩展并增多，边柱下部墙体裂缝斜向延伸贯通边柱，边柱钢筋达到屈服，距边柱较近的墙体压坏。中构造柱上未发现裂缝，钢筋应力未达屈服强度，图 5-12 为砖砌体和构造柱组合墙破坏时裂缝分布图。这种破坏特征说明在砖砌体和构造柱组合墙中，边构造柱与中构造柱的受力不同，用本章 5.2 节讲述的组合砖砌体轴心受压构件计算这种墙是不合适的，有必要建立符合该类墙受力特点的承载力计算公式。

试验结果和有限元分析表明，构造柱的间距是影响砖砌体和钢筋混凝土构造柱组合墙承载力的重要因素。承载力随构造柱间距的减小而增大。图 5-13 为有限元分析的砖砌体和构造柱组合墙试件竖向压应力分布图，即在两相邻构造柱之间砌体墙压应力分布曲线的峰值在砌体墙中部，构造柱间距越大峰值越突出，构造柱间距越小，应力分布曲线越平缓。试验结果还表明，构造柱的存在提高了墙体的稳定性。

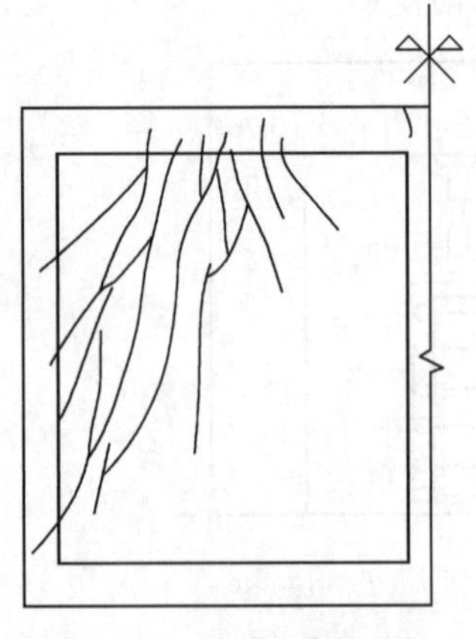

图 5-12　砖砌体和构造柱组合墙破坏时裂缝分布图

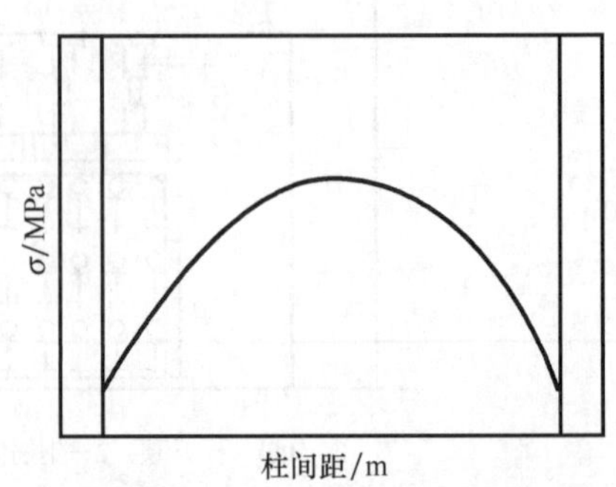

图 5-13　有限元分析的砖砌体和构造柱组合墙试件竖向压应力分布图

5.3.2　砖砌体和钢筋混凝土构造柱组合墙的受压承载力

《砌体规范》给出的轴心受压砖砌体和钢筋混凝土构造柱组合墙承载力计算公式为

$$N \leqslant \varphi_{com}[fA+\eta(f_c A_c+f_y' A_s')] \tag{5-14}$$

式中：φ_{com}——组合墙的稳定系数，可按组合砖砌体的稳定系数取用，见表 5-2；

A——砖砌体的净截面面积；扣除孔洞和构造柱的砖砌体截面面积；

A_c——构造柱的截面面积；

η——强度系数，按下式计算，当$\frac{l}{b_c}<4$时，取$\frac{l}{b_c}=4$。

$$\eta=\left[\frac{1}{\frac{l}{b_c}-3}\right]^{\frac{1}{4}} \tag{5-15}$$

其中：l——沿墙长方向构造柱的间距；

b_c——沿墙长方向构造柱的宽度。

5.3.3　砖砌体和钢筋混凝土构造柱组合墙的构造要求

砖砌体和钢筋混凝土构造柱组合墙的构造要求如下。

1）砂浆的强度等级不应低于 M5，构造柱的混凝土强度等级不宜低于 C20。

2）柱内竖向受力钢筋的混凝土保护层厚度，应符合表 5-3 的规定。

3）构造柱的截面尺寸不宜小于 240mm×240mm，其厚度不应小于墙厚，边柱、角柱的截面宽度宜适当放大。柱内竖向受力钢筋，对于中柱，不宜少于 4ϕ12；对于边柱、角柱，不宜少于 4ϕ14。构造柱的竖向受力钢筋的直径也不宜大于 16mm。其箍筋，一般部位宜采用ϕ6、间距 200mm，楼层上下 500mm 范围内宜采用ϕ6、间距 100mm。构造柱的竖向受力钢筋应在基础梁和楼层圈梁中锚固，并应符合受拉钢筋的锚固要求。

4）组合砖墙砌体房屋，应在纵横墙交接处、墙端部和较大洞口的洞边设置构造柱，其间距不宜大于 4m。各层洞口宜设置在相应位置，并宜上下对齐。

5）组合砖墙砌体结构房屋应在基础顶面、有组合墙的楼层处设置现浇钢筋混凝土圈梁。圈梁的截面高度不宜小于 240mm；纵向钢筋不宜小于 4ϕ12，纵向钢筋应伸入构造柱内，并应符合受拉钢筋的锚固要求；圈梁的箍筋宜采用ϕ6、间距 200mm。

6）砖砌体与构造柱的连接处应砌成马牙槎，并应沿墙高每隔 500mm 设 2ϕ6 拉结钢筋，且每边伸入墙内不宜小于 600mm。

7）增加构造柱可不单独设置基础，但应伸入室外地坪下 500mm，或与埋深小于 500mm 的基础梁相连。

8）组合砖墙的施工顺序应为先砌墙后浇混凝土构造柱。

*5.4　配筋砌块砌体构件

配筋砌块砌体是在普通混凝土小型空心砌块砌体芯柱和水平灰缝中配置一定数量的

钢筋而形成的一种新型砌体。这种砌体不但具有普通混凝土小型空心砌块砌体所具有的节土、节能、节约建筑材料、取材方便和施工速度快等优点，而且具有类似钢筋混凝土强度高、整体性好、延性好和抗震性能强等优点。这种砌体的技术经济指标与普通钢筋混凝土比具有较大的优势，因此在多层和高层住宅建筑中有广阔的应用前景。

配筋砌块砌体在国外应用已有较长的历史。早在 1943 年，英国首先将配筋砌体墙应用于工程实际中，并加强了对配筋砌块砌体结构的设计研究工作。20 世纪 60 年代以后，美国、比利时、新西兰和意大利等国也加强了对配筋砌块砌体结构的研究和应用。配筋砌块砌体在多、高层建筑中广泛应用，不少国家在地震区建造的高层房屋经受了强烈地震的考验。

长期以来，黏土砖砌体在我国房屋建筑特别在住宅建筑中占据主导地位，配筋砌块砌体的研究和应用相对起步较晚。我国于 1983 年和 1986 年在广西南宁相继修建了配筋砌块砌体 10 层住宅楼和 11 层办公楼试点工程。由于高强混凝土砌块的高速批量生产等问题有待解决，当时大面积推广应用时机还不成熟。随着我国改革开放的深入发展，自行研制和从国外引进的混凝土空心砌块生产线使高强砌块的高速、批量生产问题得到解决，配筋砌块砌体房屋的发展进入新的阶段。自 1997 年以来，在辽宁盘锦、抚顺和上海等地已经建成高层配筋砌块剪力墙结构房屋多栋。配筋砌块砌体房屋的发展进程明显加快。

本节重点介绍配筋砌块砌体剪力墙、柱和连梁的承载力计算以及对这些构件的设计构造要求。

5.4.1　轴心受压配筋砌块砌体剪力墙、柱的承载力

试验研究表明，轴心受压配筋砌块砌体剪力墙、柱的受力特点和破坏形态与普通轴心受压钢筋混凝土剪力墙及柱类似，但考虑到纵向钢筋在注芯孔中的受力情况受施工因素的影响，在对大量试验结果分析研究的基础上，《砌体规范》给出了轴心受压配筋砌块砌体柱、剪力墙，当配有箍筋和水平分布筋时，其正截面受压承载力计算为

$$N \leqslant \varphi_{0g}(f_g A + 0.8 f_y' A_s') \tag{5-16}$$

式中：N ——轴向力设计值；

f_g ——灌孔混凝土的抗压强度设计值，应按式（3-10）计算；

f_y' ——钢筋的抗压强度设计值；

A ——构件的截面面积；

A_s' ——全部竖向钢筋的截面面积；

φ_{0g}——轴心受压构件的稳定系数，即

$$\varphi_{0g} = \frac{1}{1+0.001\beta^2} \tag{5-17}$$

其中：β——构件的高厚比，计算高度 H_0 可取层高。

当构件中无箍筋或水平分布钢筋时，其正截面承载力仍可用式（5-16）计算，但应取 $f'_yA'_s=0$。

配筋砌块砌体剪力墙，当竖向钢筋仅配在中间时，其平面外偏心受压承载力可按无筋砌体受压构件计算［式（4-17)］，但应采用灌孔砌体的抗压强度设计值。

5.4.2　矩形截面偏心受压配筋砌块砌体剪力墙正截面承载力计算

原哈尔滨建筑大学通过 2 批 12 片高悬臂配筋砌块砌体剪力墙的低周反复荷载试验及 2 片小偏压试件的静力试验，比较系统地对这种剪力墙的正截面承载力计算方法进行了研究。图 5-14 为部分高悬臂配筋砌块砌体剪力墙试件详图，图 5-15 为 2 片小偏压试件详图。

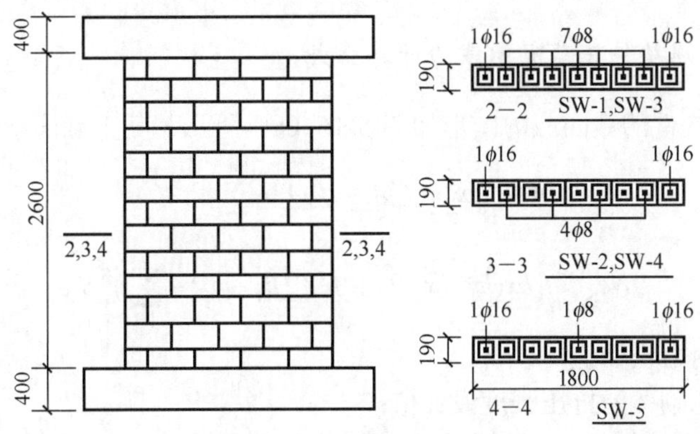

图 5-14　高悬臂配筋砌块砌体剪力墙试件详图（尺寸单位：mm）

高悬臂配筋砌块砌体剪力墙在固定的竖向荷载下，施加低周反复水平荷载，12 片墙体试件中有 10 片发生延性弯曲破坏，2 片发生弯剪破坏。

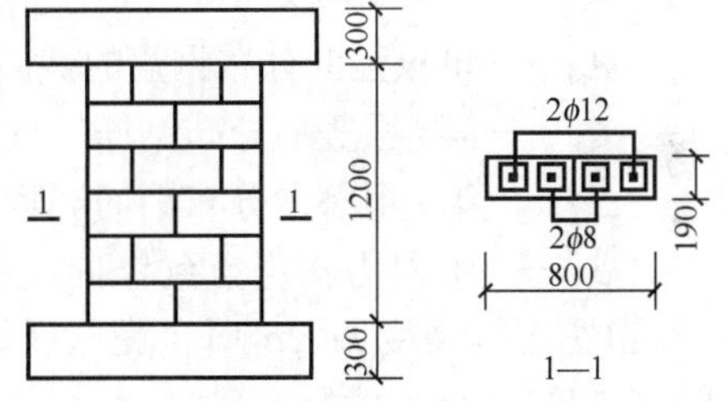

图 5-15　小偏压试件详图（尺寸单位：mm）

发生延性弯曲破坏的主要特点：随着水平荷载的增加，试件一端下部几皮灰缝首先出现水平裂缝，水平荷载反向作用时，试件另一端下部几皮灰缝也出现水平裂缝。荷载进一步增加，受拉端的纵筋屈服，最后受压区的混凝土被压碎脱落，试件破坏。这种破坏类似于钢筋混凝土剪力墙的大偏压破坏。

发生弯剪破坏的主要特点：与上述情况类似，随着水平荷载的增加，试件下部首先出现水平裂缝。但在受拉纵筋屈服前后，试件下部陆续出现弯剪裂缝，并随荷载增加形成弯剪主裂缝。破坏时，受压区混凝土被压碎脱落，试件破坏。

小偏心受压试件的破坏特点与普通钢筋混凝土小偏压类似。

根据我国多个单位的研究成果，将矩形截面偏心受压配筋砌块砌体剪力墙正截面承载力计算分为大偏心受压和小偏心受压。大小偏心受压界限：当 $x \geqslant \xi_b h_0$ 时，为大偏心受压；当 $x<\xi_b h_0$ 时，为小偏心受压。其中 ξ_b 为界限相对受压区高度，对 HPB300 级钢筋取 ξ_b 等于 0.57，对 HRB335 级钢筋取 ξ_b 等于 0.55；对 HRB400 级钢筋取 ξ_b 等于 0.52。x 为截面受压区高度；h_0 为截面有效高度。

5.4.3 大偏心受压构件正截面承载力计算

1. 基本假定

1）截面符合平截面假定。

2）不考虑砌体、灌孔混凝土的抗拉强度；竖向钢筋与其毗邻的砌体，灌孔混凝土的应变相同。

3）不考虑受压区分布钢筋的作用。

4）砌体受压区的应力图形为矩形。

5）受拉区分布钢筋考虑在（h_0–1.5x）范围内达到屈服。

2. 大偏心受压构件正截面承载力计算公式

大偏心受压构件的截面应力图形如图 5-16（a）所示，其正截面承载力计算公式为

$$N \leqslant f_g bx + f'_y A'_s - f_y A_s - \sum_{i=1}^{n} f_{si} A_{si} \tag{5-18}$$

$$Ne_N \leqslant f_g bx(h_0 - x/2) + f'_y A'_s (h_0 - a'_s) - \sum_{i=1}^{n} f_{si} S_{si} \tag{5-19}$$

式中：N——轴向力设计值；

f_g——灌孔砌体的抗压强度设计值；

f_y、f'_y——竖向受拉、受压主筋的强度设计值；

A_s、A'_s——竖向受拉、受压主筋的截面面积；

A_{si}——单根竖向分布钢筋的截面面积；

f_{si}——第 i 根竖向分布钢筋的抗拉强度设计值；

S_{si}——第 i 根竖向分布钢筋对竖向受拉主筋的面积矩；

e_N——轴向力作用点到竖向受拉主筋合力点之间的距离，按式（5-11）计算。

当受压区高度 $x<2a'_s$ 时，受压区钢筋达不到钢筋抗压强度设计值，此时可近似按式（5-20）计算正截面承载力

$$Ne'_N \leqslant f_y A_s (h_0 - a'_s) \tag{5-20}$$

式中：e'_N——轴向力作用点至竖向受压主筋合力点之间的距离，按式（5-10）计算。

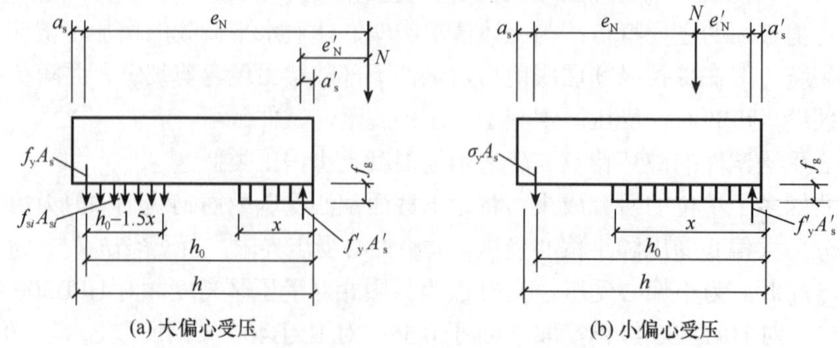

图 5-16　矩形截面偏心受压正截面承载力计算简图

5.4.4　小偏心受压构件正截面承载力计算

1. 基本假定

1）截面符合平截面假定。

2）不考虑砌体受拉。

3）不考虑竖向分布钢筋的作用。

计算简图如图 5-16（b）所示。

2. 小偏心受压构件正截面承载力计算公式

$$N \leqslant f_g bx + f_y' A_s' - \sigma_s A_s \tag{5-21}$$

$$Ne_N \leqslant f_g bx(h_0 - x/2) + f_y' A_s'(h_0 - a_s') \tag{5-22}$$

$$\sigma_s = \frac{f_y}{\xi_b - 0.8}\left(\frac{x}{h_0} - 0.8\right) \tag{5-23}$$

当受压区竖向受压主筋无箍筋或无水平钢筋约束时，可不考虑竖向受力主筋的作用，即取 $f_y' A_s' = 0$。

矩形截面对称配筋砌块砌体剪力墙小偏心受压时，钢筋截面面积可近似计算为

$$A_s = A_s' = \frac{Ne_N - \xi(1-0.5\xi) f_g bh_0^2}{f_y'(h_0 - a_s')} \tag{5-24}$$

式中：ξ——相对受压区高度，即

$$\xi = \frac{x}{h_0} = \frac{N - \xi_b f_g bh_0}{\dfrac{Ne_N - 0.43 f_g bh_0^2}{(0.8-\xi_b)(h_0 - a_s')} + f_g bh_0} + \xi_b \tag{5-25}$$

5.4.5　配筋砌块砌体剪力墙斜截面受剪承载力计算

根据国内所做的配筋砌块砌体剪力墙斜截面抗剪承载力试验结果，并参考了国外有关规范，《砌体规范》给出了其斜截面抗剪承载力计算方法。

1）截面尺寸限制。偏心受压和偏心受拉配筋砌块砌体剪力墙，截面尺寸应满足

$$V \leqslant 0.25 f_g bh_0 \tag{5-26}$$

式中：V——剪力墙的剪力设计值；

b——剪力墙截面宽度或 T 形、倒 L 形截面腹板宽度；

h_0——剪力墙的截面有效高度。

2）剪力墙在偏心受压时的斜截面受剪承载力应计算为

$$V \leqslant \frac{1}{\lambda - 0.5}\left(0.6 f_{vg} bh_0 + 0.12N\frac{A_w}{A}\right) + 0.9 f_{yh}\frac{A_{sh}}{s}h_0 \tag{5-27}$$

式中：V——计算截面剪力设计值；

f_{vg}——灌孔砌体抗剪强度设计值，按式（3-14）采用；

A——剪力墙的截面面积，其中翼缘的计算宽度，按表 5-4 确定；

A_w——T 形或倒 L 形截面腹板的截面面积，对矩形截面取 A_w 等于 A；

λ——计算截面的剪跨比，$\lambda=M/Vh_0$，M 为计算截面的弯矩设计值；

N——计算截面的轴向力设计值（当 $N>0.25f_gbh$ 时取 $N=0.25f_gbh$，当$\lambda<1.5$ 时取 1.5，当λ大于等于 2.2 时取 2.2）；

h_0——剪力墙截面的有效高度；

A_{sh}——配置在同一截面内水平分布钢筋或网片的全部截面面积；

s——水平分布钢筋的竖向间距；

f_{yh}——水平钢筋的抗拉强度设计值。

3）剪力墙在偏心受拉时的斜截面受剪承载力为

$$V\leqslant\frac{1}{\lambda-0.5}\left(0.6f_{vg}bh_0-0.22N\frac{A_w}{A}\right)+0.9f_{yh}\frac{A_{sh}}{s}h_0 \tag{5-28}$$

式中：N——轴向力设计值。

表 5-4　T 形、倒 L 形截面偏心受压构件翼缘计算宽度 b_f'

考虑情况	b_f'	
	T 形截面	倒 L 形截面
按构件计算高度 H_0 考虑	$H_0/3$	$H_0/6$
按腹板间距 L 考虑	L	$L/2$
按翼缘厚度 h_f' 考虑	$b+12h_f'$	f_b+6h_f'
按翼缘的实际宽度 b_f' 考虑	b_f'	b_f'

5.4.6　配筋砌块砌体剪力墙连梁的受剪承载力计算

1）当连梁采用钢筋混凝土时，连梁的正截面和斜截面承载力应按现行国家标准《混凝土结构设计规范（2016 年版）》（GB 50010—2010）的有关规定进行计算。

2）当连梁采用配筋砌块砌体时，其正截面承载力计算可按《混凝土结构设计规范（2016 年版）》（GB 50010—2010）的有关规定进行计算，但应采用配筋砌块砌体的相应参数和指标。其斜截面承载力按下列规定计算：

① 连梁的截面应满足

$$V_b\leqslant0.25f_gbh_0 \tag{5-29}$$

② 梁的斜截面受剪承载力计算为

$$V_b\leqslant0.8f_{vg}bh_0+f_{vg}\frac{A_{sv}}{s}h_0 \tag{5-30}$$

式中：V_b——连梁的剪力设计值；

b——连梁的截面宽度；

h_0——连梁的截面有效高度；

A_{sv}——配置在同一截面内箍筋各肢的全部截面面积；

f_{vg}——箍筋的抗拉强度设计值；

s——沿构件长度方向箍筋的间距。

5.4.7 配筋砌块砌体剪力墙的构造规定

为了保证配筋砌块砌体剪力墙的可靠工作性能，除了满足设计计算要求外，还应符合《砌体规范》规定的一系列构造要求。构造要求主要包括以下内容。

1）钢筋的规格和设置。

① 钢筋的直径不宜大于25mm，设置在灰缝中的钢筋直径不宜大于灰缝厚度的1/2，但不应小于4mm，在其他部位不应小于10mm。

② 两平行的水平钢筋间的净距不应小于50mm；柱和壁柱中的竖向钢筋的净距不宜小于40mm（包括接头处钢筋间的净距）。

③ 配置在孔洞或空腔中的钢筋面积不应大于孔洞或空腔面积的6%。

2）钢筋在灌孔混凝土中的锚固。

① 当计算中充分利用竖向受拉钢筋强度时，其锚固长度 L_a，对 HRB335 级钢筋不宜小于 $30d$；对 HRB400 和 RRB400 级钢筋不宜小于 $35d$；在任何情况下钢筋（包括钢丝）锚固长度不应小于300mm。

② 竖向受拉钢筋不宜在受拉区截断。如必须截断时，应延伸至按正截面受弯承载力计算不需要该钢筋的截面以外，延伸的长度应不小于 $20d$。

③ 竖向受压钢筋在跨中截断时，必须伸至按计算不需要该钢筋的截面以外，延伸的长度应不小于 $20d$；对绑扎骨架中末端无弯钩的钢筋，不应小于 $25d$。

④ 钢筋骨架中的受力光面钢筋，应在钢筋末端作弯钩，在焊接骨架、焊接网以及轴心受压构件中，可不作弯钩；绑扎骨架中的受力变形钢筋，在钢筋的末端可不作弯钩。

3）钢筋的接头。

① 钢筋的接头位置宜设置在受力较小处；受拉钢筋的搭接接头长度不应小于 $1.1L_a$，受压钢筋的搭接接头长度不应小于 $0.7L_a$，但不应小于300mm。

② 当相邻接头钢筋的间距不大于75mm时，其搭接接头长度应为 $1.2L_a$。当钢筋间的接头错开 $20d$ 时，搭接长度可不增加。

4）水平受力钢筋（网片）的锚固和搭接长度。

① 在凹槽砌块混凝土带中钢筋的锚固长度不宜小于 $30d$，且其水平或垂直弯折段的长度不宜小于 $15d$ 和200mm；钢筋的搭接长度不宜小于 $35d$。

② 在砌体水平灰缝中，钢筋的锚固长度不宜小于 $50d$，且其水平或垂直弯折段的长度不宜小于 $20d$ 和250mm；钢筋的搭接长度不宜小于 $55d$。

③ 在隔皮或错缝搭接的灰缝中为 $55d+2h$，d 为灰缝受力钢筋的直径；h 为水平灰缝的间距。

5）钢筋的最小保护层厚度。

① 灰缝中钢筋外露砂浆保护层不宜小于15mm。

② 位于砌块孔槽中的钢筋保护层，在室内正常环境不宜小于 20mm；在室外或潮湿环境不宜小于 30mm。对安全等级为一级或设计使用年限大于 50 年的配筋砌块砌体结构构件，钢筋的保护层应比以上的规定厚度至少增加 5mm，或采用经防腐处理的钢筋、抗渗混凝土砌块等措施。

6）配筋砌块砌体柱、剪力墙和连梁的砌体材料强度等级。

① 砌块的强度等级不应低于 MU10。

② 砌筑砂浆的强度等级不应低于 Mb7.5。

③ 灌孔混凝土的强度等级不应低于 Cb20。

对于安全等级为一级或设计使用年限大于 50 年的配筋砌块砌体房屋，所用材料的最低强度等级应较以上规定至少提高一级。

7）配筋砌块砌体剪力墙、连梁和柱的有关尺寸应符合下列规定。

① 配筋砌块砌体剪力墙厚度、连梁截面宽度不应小于 190mm。

② 按壁式框架设计的配筋砌块窗间墙的墙宽不应小于 800mm，也不宜大于 2400mm，墙净高与墙宽之比不宜大于 5。

③ 配筋砌块砌体柱截面边长不宜小于 400mm，柱高度与截面短边之比不宜大于 30。

8）配筋砌块砌体剪力墙的构造配筋。

① 应在墙的转角、端部和孔洞的两侧配置竖向连续的钢筋，钢筋直径不宜小于 12mm。

② 应在洞口的底部和顶部设置不小于 $2\phi10$ 水平钢筋，其伸入墙内的长度不宜小于 $40d$ 和 600mm。

③ 应在楼（屋）盖的所有纵横墙处设置现浇钢筋混凝土圈梁，圈梁的宽度和高度宜等于墙厚和块高，圈梁主筋不应少于 $4\phi10$，圈梁的混凝土强度等级不宜低于同层混凝土块体强度等级的 2 倍，或该层灌孔混凝土的强度等级，也不应低于 C20。

④ 剪力墙其他部位的竖向和水平钢筋的间距不应大于墙长、墙高的 1/3，也不应大于 900mm。对局部灌孔的砌体，竖向钢筋的间距不应大于 600mm。

⑤ 剪力墙沿竖向和水平方向的构造钢筋配筋率均不宜小于 0.07%。

⑥ 按壁式框架设计的配筋砌块窗间墙中的竖向钢筋在每片墙中沿全高不应少于 4 根；沿墙的全截面应配置足够的抗弯钢筋；窗间墙中的竖向钢筋的含钢率不宜小于 0.2%，也不宜大于 0.8%。

⑦ 按壁式框架设计的配筋砌块窗间墙中的水平分布钢筋应在墙端纵筋处下弯折 90°标准钩，或采取等效的措施；水平分布钢筋的间距在距梁边 1 倍墙宽范围内不应大于 1/4 墙宽，其余部位不应大于 1/2 墙宽；水平分布钢筋的配筋率不宜小于 0.15%。

9）配筋砌块砌体剪力墙边缘构件的设置。

① 当利用剪力墙端的砌体时，在距墙端至少 3 倍墙厚范围内的孔中设置不小于 $\phi12$ 通长竖向钢筋；当剪力墙端部的设计压应力大于 $0.6f_g$ 时，除按本条规定设置竖向钢筋外，尚应设置间距不大于 200mm、直径不小于 6mm 的水平钢筋（钢箍），该水平钢筋宜设置在灌孔混凝土中。

② 当在剪力墙墙端设置混凝土柱时，柱的截面宽度宜不小于墙厚，柱的截面高度宜为 1～2 倍的墙厚，并不应小于 200mm；柱的混凝土强度等级不宜低于该墙体块体强度等级的 2 倍，或该墙体灌孔混凝土的强度等级，也不应低于 Cb20；柱的竖向钢筋不宜小于 4ϕ12，箍筋宜为ϕ6、间距 200mm；墙体中的水平箍筋应在柱中锚固，并应满足钢筋的锚固要求；柱的施工顺序宜为先砌砌块墙体，后浇捣混凝土。

10）配筋砌块砌体剪力墙中，当连梁采用钢筋混凝土时连梁混凝土的强度等级不宜低于同层墙体块体强度的 2 倍，或不低于同层墙体灌孔混凝土的强度等级，也不应低于 C20；其他构造尚应符合现行国家标准《混凝土结构设计规范（2016 年版）》（GB 50010—2010）的有关规定。

11）配筋砌块砌体剪力墙中，当连梁采用配筋砌块砌体时：

① 连梁的高度不应小于两皮砌块的高度和 400mm；连梁应采用 H 形砌块或凹槽砌块组砌，孔洞应全部浇灌混凝土。

② 连梁上、下水平受力钢筋宜对称、通长设置，在灌孔砌体内的锚固长度不应小于 40d 和 600mm；连梁水平受力钢筋的含筋率不宜小于 0.2%，也不宜大于 0.8%。

③ 连梁箍筋的直径不应小于 6mm，箍筋的间距不宜大于 1/2 梁高和 600mm；在距支座等于梁高范围内的箍筋间距不应大于 1/4 梁高，距支座边缘第一根箍筋的间距不应大于 100mm。

④ 箍筋的面积配筋率不宜小于 0.15%。

⑤ 箍筋宜为封闭式，双肢箍末端弯钩为 135°；单肢箍末端弯钩为 180°；或弯 90°加 12 倍箍筋直径的延长段。

12）配筋砌块砌体柱的配筋构造。

① 柱的纵向钢筋直径不宜小于 12mm，数量不应少于 4 根，全部纵向受力钢筋的配筋率不宜小于 0.20%。

② 当纵向钢筋的配筋率大于 0.25%，且柱承受的轴向力大于受压承载力设计值的 25%时，应设置箍筋；当配筋率≤0.25%时，或柱承轴向力小于受压承载力设计值的 25%时，柱中可不设置箍筋；箍筋直径不宜小于 6mm；箍筋的间距不应大于 16 倍的纵向钢筋直径、48 倍箍筋直径及柱截面短边尺寸中较小者；箍筋应封闭，端部应弯钩；箍筋应设置在灰缝或灌孔混凝中。

5.4.8 例题

【例 5-5】 某配筋砌块砌体墙段，长 2.0m，高 2.9m，厚 190mm，由 MU20 小型混凝土空心砌块（空心率为 45%），Mb10 混合砂浆砌筑，灌孔混凝土为 Cb30（灌孔率为 100%），竖向及水平钢筋皆为 HRB335 级。墙段所受的内力设计值为：N=1600kN，M=620kN · m，水平剪力 V=320kN。当采用对称配筋时，试确定该墙段的纵向钢筋和水平钢筋。

【解】 （1）确定灌孔砌块砌体的抗压及抗剪强度设计值

未灌孔的空心砌块砌体的抗压强度设计值 f=4.95MPa；

Cb30 灌孔混凝土轴心抗压强度设计值 f_c=14.3MPa；

灌孔砌块砌体的抗压强度设计值为

$$f_g = f + 0.6\alpha f_c = 4.95 + 0.6\times0.45\times14.3$$
$$\approx 8.81(\text{MPa}) < 2f = 2\times4.95 = 9.9(\text{MPa})$$

灌孔砌块砌体的抗剪强度设计值为

$$f_{vg} = 0.2 f_g^{0.55} = 0.2\times8.81^{0.55} \approx 0.66(\text{MPa})$$

（2）墙段正截面承载力计算

假设墙段为大偏心受压，由式（5-18）得

$$N = f_g bx - \sum_{i=1}^{n} f_{si} A_{si}$$

为简化计算，令$\sum f_{si}A_{si} = (h_0 - 1.5x)bf_y\rho_w$代入前式，取竖向分布筋为$\phi10@200$，则$\rho_w=0.002$。

按构造要求，每端暗柱截面高度取 600mm，故

$$h_0=2000-300=1700(\text{mm})$$

已知$f_y = f_y' = 300\text{N/mm}^2$，则有

$$x = \frac{N + f_y bh_0\rho_w}{f_g b + 1.5 f_y b\rho_w} = \frac{1\,500\,000 + 300\times190\times1700\times0.002}{8.81\times190 + 1.5\times300\times190\times0.002}$$
$$\approx 918(\text{mm}) < 0.55h_0 = 935\text{mm}$$

故假设为大偏心受压成立。

初始偏心距计算

$$e = \frac{M}{N} = \frac{620}{1500} \approx 0.413(\text{m}) = 413\text{mm}$$

附加偏心距e_a计算：由于墙段的高厚比$\beta = \dfrac{2900}{2000} = 1.45$很小，可忽略附加偏心距的影响。

由式（5-11）可求得轴向力到受拉主筋合力作用点的距离

$$e_N = e + e_a + (h/2 - a_s) = 413 + 0 + (2000/2 - 300) = 1113(\text{mm})$$

由式（5-19）

$$Ne_N = f_g bx(h_0 - x/2) + f_y' A_s'(h_0 - a_s') - \sum_{i=1}^{n} f_{si} S_{si}$$

计算钢筋面积

$$f_g bx(h_0 - x/2) = 8.81\times190\times918\times(1700 - 918/2) \approx 1907(\text{kN}\cdot\text{m})$$

$$\sum_{i=1}^{n} f_{si} S_{si} = \frac{1}{2}(h_0 - 1.5x)^2 \times 190\times f_y\rho_w$$
$$= \frac{1}{2}(1700 - 1.5\times918)^2 \times190\times300\times0.002$$
$$\approx 5.9(\text{kN}\cdot\text{m})$$

$$A_s = A_s' = \left[Ne_N + \sum_{i=1}^{n} f_{si} S_{si} - f_g bx(h_0 - x/2) \right] \Big/ [f_y'(h_0 - a_s')]$$
$$= (1500 \times 10^3 \times 1113 + 5.9 \times 10^6 - 1907 \times 10^6) / [300 \times (1700 - 300)] < 0$$

按构造配筋。

（3）斜截面承载力计算

1）截面限制条件：

$$V \leqslant 0.25 f_g bh_0 = 0.25 \times 8.81 \times 190 \times 1700 = 711\,407.5(\text{N}) > V = 320\,000(\text{N})$$

截面尺寸满足要求。

2）配筋计算：

$$\lambda = \frac{M}{Vh_0} = \frac{620 \times 10^6}{320 \times 10^3 \times 1700} \approx 1.14 < 1.5$$

取λ=1.5，因 $N>0.25f_g bh$，则取 $N=0.25f_g bh$。

按式（5-27）

$$V \leqslant \frac{1}{\lambda - 0.5}\left(0.5 f_{vg} bh_0 + 0.12N \frac{A_w}{A}\right) + 0.9 f_{yh} \frac{A_{sh}}{s} h_0$$

则

$$\frac{A_{sh}}{s} = \frac{V - \dfrac{1}{\lambda - 0.5}(0.6 f_{vg} bh_0 + 0.12N)}{0.9 f_{yh} h_0}$$
$$= \frac{320 \times 10^3 - \dfrac{1}{1.5 - 0.5}(0.6 \times 0.66 \times 190 \times 1700 + 0.12 \times 711\,407.5)}{0.9 \times 300 \times 1700}$$
$$\approx 0.23$$

取 s=400mm，则 A_{sh}=92.0mm^2。取ϕ12@400，A_{sh}=113.1mm^2。

（4）墙段最终配筋

竖向：按构造要求两端暗柱（各 3 个孔洞）配 3ϕ14，竖向分布钢筋为ϕ10@200。

水平：水平抗剪钢筋为ϕ12@400。

5.5　小　　结

1）网状配筋砖砌体轴心受压时，由于钢筋网约束砌体的横向变形，推迟第一条（批）裂缝的出现，避免砌体破坏时形成若干独立小柱，能较大地提高砌体的承载力。当荷载作用的偏心距较大、或构件高厚比较大时，不宜采用网状配筋砖砌体。

2）组合砖砌体由于在混凝土（或砂浆）面层内配置有纵向钢筋和拉结钢筋、水平分布钢筋组成的封闭的箍筋体系，具有较好的抗弯抗剪能力。因此，当无筋砌体受压构件的截面尺寸受到限制，或设计不经济，以及当轴向力的偏心距超过规定的限值（e>0.6y）时，可采用组合砖砌体构件。

3）当砖砌体墙的竖向受压承载力不满足而墙体的厚度又受到限制时，采用砖砌体和钢筋混凝土构造柱组合墙，可使墙的开裂荷载和极限承载力提高，并且加强了墙体的整体性，提高了墙体的延性和抗震性能。

4）配筋砌块砌体具有节土、节能、节约建筑材料、取材方便和施工速度快等优点。配筋砌块砌体剪力墙、柱受力特性和破坏特点与普通钢筋混凝土剪力墙、柱类似，所以配筋砌块砌体剪力墙、柱承载力计算方法与普通钢筋混凝土剪力墙、柱大同小异。

5）对以上各种配筋砌体构件进行设计时，除满足承载力的要求外，还应满足各自的构造要求，才能保证构件安全可靠地工作。

思考与习题

5.1　网状配筋砖砌体抗压强度较无筋砖砌体抗压强度有所提高，其原因何在？

5.2　在什么情况下宜采用网状配筋砖砌体？在什么情况下不宜采用网状配筋砖砌体？

5.3　网状配筋砖砌体受压构件承载力如何计算？

5.4　在什么情况下宜采用组合砖砌体？

5.5　组合砖砌体轴心受压构件的承载力如何计算？

5.6　组合砖砌体偏心受压构件的承载力如何计算？

5.7　一般在什么情况下采用砖砌体和钢筋混凝土构造柱组合墙？

5.8　砖砌体和钢筋混凝土构造柱组合墙承载力计算与组合砖砌体轴心受压构件承载力计算有什么相同点和不同点？

5.9　何为配筋砌块砌体构件？这种类型构件目前在我国应用情况如何？

5.10　一网状配筋砖柱，截面尺寸为 490mm×490mm 柱的计算高度 H_0=4.5m，柱采用 MU10 烧结普通砖及 M7.5 水泥砂浆砌筑。承受轴向压力设计值 N=480kN。网状配筋选用ϕ4 冷拔低碳钢丝方格网，f_y=430N/mm^2，A_s=12.3mm^2，S_n=240mm^2（四皮砖），a=50mm。试验算其承载力。

5.11　一偏心受压网状配筋柱，截面尺寸为 490mm×620mm，柱采用 MU10 烧结普通砖及 M7.5 混合砂浆砌筑。柱的计算高度 H_0=4.2m，承受的轴向压力设计值 N=180kN，弯矩设计值 M=180kN·m（沿截面长边），网状配筋选用ϕ4 冷拔低碳钢丝方格网，f_y=430kN/mm^2，A_s=12.6mm^2，S_n=180mm（三皮砖），a=60mm。试验算其承载力。

5.12　截面尺寸为 370mm×490mm 的组合砖柱，柱的计算高度 H_0=4.2m，承受的轴向压力设计值 N=620kN，采用 MU10 烧结普通砖及 M7.5 混合砂浆砌筑，采用 C20（f_c=9.6N/mm^2）混凝土面层（图 5-17），钢筋采用 HPB300（f_y= f'_y =270N/mm^2），试确定纵向钢筋面积。

5.13　如图 5-18 所示的组合砖柱，截面尺寸为 490mm×620mm，柱计算高度 H_0=5.7m。钢筋采用 HPB300 级，采用 C20 混凝土面层，砌体用 MU10 烧结普通砖及 M7.5 混合砂浆砌筑，承受的轴向压力设计值为 N=390kN，弯矩设计值为 M=118kN·m。采用对称配筋，试确定钢筋面积 $A_s = A_s'$。

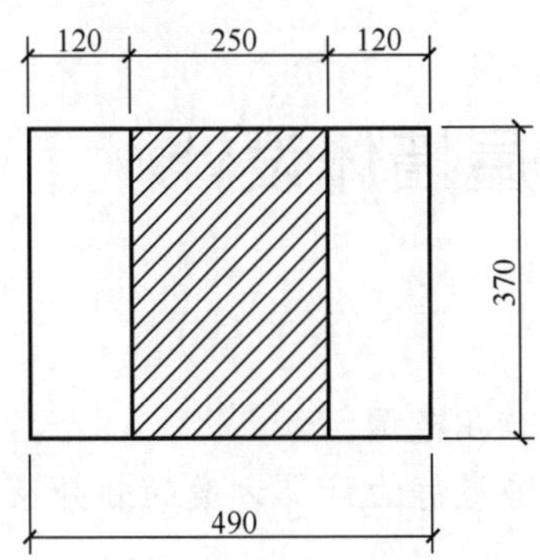

图 5-17　思考与习题 5.12 图（尺寸单位：mm）

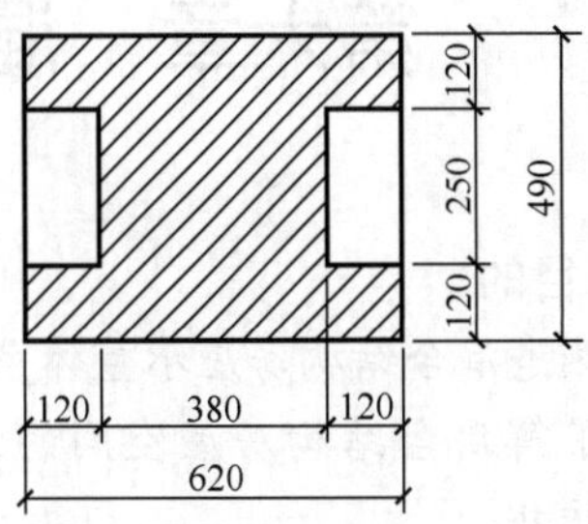

图 5-18　思考与习题 5.13 图（尺寸单位：mm）

第六章　混合结构房屋墙体设计

学习目的

1. 熟悉混合结构房屋承重体系的类型、特点及使用范围。
2. 了解混合结构房屋空间的工作性质，掌握房屋静力计算方案的划分及划分的依据。
3. 熟练掌握墙、柱高厚比的计算方法。
4. 熟练掌握各种静力计算方案单层混合结构房屋的墙体设计。
5. 熟练掌握刚性方案多层混合结构房屋的墙体设计。
6. 了解弹性、刚弹性方案多层混合结构房屋墙体设计。
7. 了解混合结构房屋地下室墙的计算方法。
8. 了解墙体的构造要求及防止墙体裂缝的措施。

6.1　混合结构房屋的结构布置

6.1.1　概述

混合结构房屋通常是指主要承重构件由不同材料组成的房屋，如房屋的楼（屋）盖采用钢筋混凝土结构、轻钢结构或木结构，而墙体、柱、基础等承重构件采用砌体（砖、石、砌块）材料。

混合结构房屋应具有足够的承载力、刚度、稳定性与整体性，在地震区还应有良好的抗震性能。此外，混合结构房屋还应有良好的抵抗温度、收缩变形和不均匀沉降的能力。

位于房屋外围的墙称外墙，位于房屋内部的墙称内墙。沿房屋平面较短方向布置的墙体为横墙，房屋两端的横墙则为山墙。布置在房屋平面较长方向的墙体为纵墙。混合结构房屋的墙体既是承重结构又是围护结构，因此墙体设计必须同时考虑结构和建筑两方面的要求。墙体材料的选用通常符合因地制宜、就地取材、充分利用工业废料的原则，因而混合结构房屋造价较低，应用范围较为广泛。

混合结构房屋中的楼盖、屋盖、纵墙、横墙、柱、基础及楼梯等主要承重构件互相连接共同构成承重体系，组成空间结构。墙、柱、梁、板等构件的合理布置应根据房屋的使用要求，以及气象、地质、材料供应和施工等条件，按照安全可靠、技术先进、经济合理的原则，对多种可能的承重方案进行比较后确定，所以房屋结构布置方案的选择是保证房屋结构安全可靠和良好使用性能的重要条件，是整个结构设计的关键。

6.1.2　墙体承重体系

混合结构房屋的墙体承重体系一般是指承受竖向荷载的体系。根据墙、柱的不同受力情况，混合结构房屋有以下几种承重体系。

1. 横墙承重体系

房屋的全部开间都设置横墙，楼板和屋面板沿房屋纵向搁置在横墙上（图 6-1）。板传来的竖向荷载全部由横墙承受，并由横墙传至基础和地基，纵墙仅承受墙体自重。因此这类房屋称为横墙承重体系。横墙承重体系的特点如下。

1）横墙是主要的承重墙。纵墙的作用主要围护、隔断以及与横墙拉结在一起，保证横墙的侧向稳定。由于纵墙是非承重墙，对纵墙上设置门、窗洞口的限制较少，其外纵墙的立面处理比较灵活。

2）横墙数量多、间距小，一般为 3～4.5m，同时又有纵墙在纵向拉结，形成良好的空间受力体系，刚度大、整体性好，具有良好的抗风、抗震性能及调整地基的不均匀沉降的能力。

3）楼盖结构较简单，用材较少，施工较方便，但墙体及基础材料用量较大，且墙体占用房屋的有效空间较多。横墙承重体系多适用于多层宿舍、住宅、旅馆等居住建筑和由小开间组成的办公楼等。

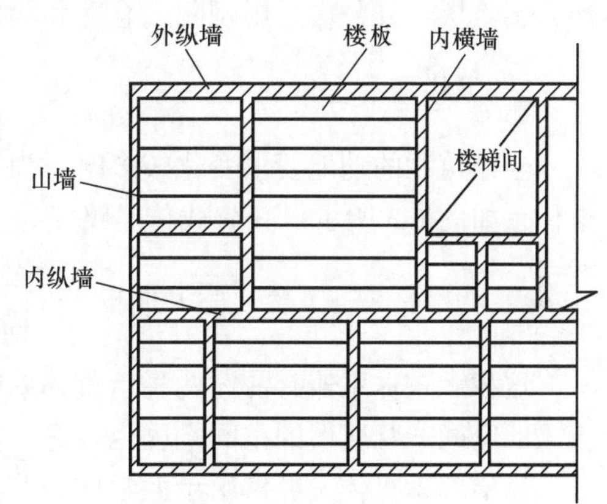

图 6-1　横墙承重体系

2. 纵墙承重体系

房间的进深相对较小而宽度相对较大时，将楼板沿横向布置，直接放置在纵向承重墙（外纵墙）上［图 6-2（a)］，或者将楼板沿纵向铺设在大梁进深梁上，而大梁搁置在纵向承重墙上［图 6-2（b)］。其楼面荷载（竖向）传递路线：楼板→梁（或屋面梁）→纵墙→基础→地基。

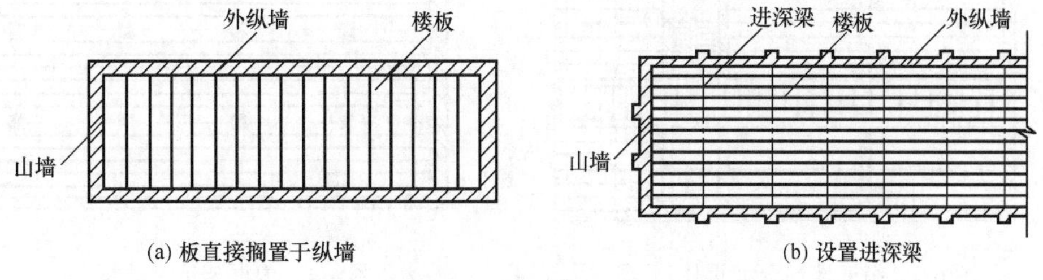

图 6-2　纵墙承重体系

在这类房屋中，纵墙承受板或梁传来的竖向荷载，并传至基础和地基，因此称为纵墙承重体系。纵墙承重体系的特点如下。

1）纵墙是主要的承重墙。横墙的设置主要是为了满足房间的使用要求，保证纵墙的侧向稳定和房屋的整体刚度，因而房屋的划分比较灵活，可布置大开间的用房。

2）由于纵墙承受的荷载较大，在纵墙上设置的门、窗洞口的尺寸及位置都受到一定的限制。

3）纵墙间距一般比较大，横墙数量相对较少，房屋的空间刚度不如横墙承重体系，整体性差。

4）与横墙承重体系相比，楼盖材料用量相对较多，墙体的材料用量较少。

纵墙承重体系适用于使用上要求有较大空间或开间尺寸有较大变化的房屋，如教学楼、实验楼、办公楼、影剧院、仓库和单层工业厂房等。

3. 纵横墙承重体系

当建筑物的功能要求变化较多时，为了结构布置的合理性，通常采用纵横墙混合承重体系如图 6-3 所示。其荷载传递路线为

$$\text{楼（屋）面板}\rightarrow\left\{\begin{matrix}\text{梁}\rightarrow\text{纵墙}\\\text{横墙}\end{matrix}\right\}\rightarrow\text{基础}\rightarrow\text{地基}$$

这种承重体系兼有前述两种承重体系的特点，房屋平面布置比较灵活，房间可以有较大的空间，且房屋的空间刚度也较好，能更好地满足建筑功能上的要求。

纵横墙承重体系经常用于教学楼、办公楼及医院等建筑中。

4. 内框架承重体系

内框架承重体系（图 6-4）是在房屋内部设置钢筋混凝土柱，与楼面梁及承重墙（一般为房屋的外墙）组成。结构布置是楼板铺设在梁上，梁端支撑在外墙，中间支撑在柱上。当承重梁沿房屋的横向布置时，其竖向荷载的传递路线为

$$\text{楼（屋）面板}\rightarrow\text{梁}\rightarrow\left\{\begin{matrix}\text{纵外墙}\rightarrow\text{外纵墙基础}\\\text{柱}\rightarrow\text{柱基础}\end{matrix}\right\}\rightarrow\text{地基}$$

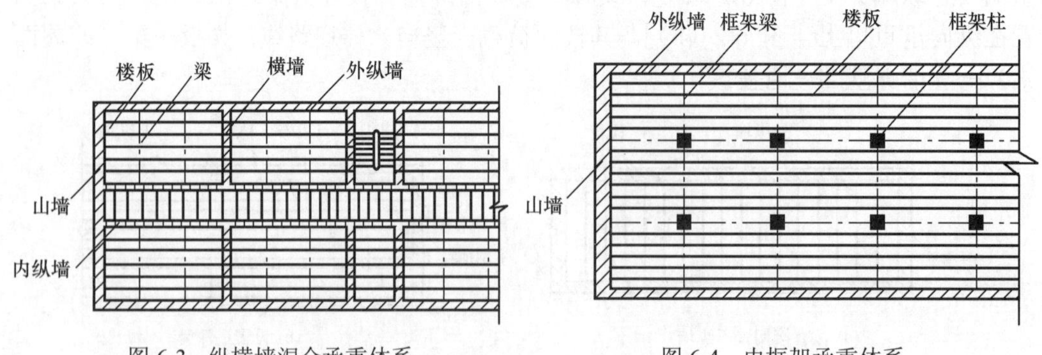

图 6-3　纵横墙混合承重体系　　图 6-4　内框架承重体系

内框架承重体系的特点如下。

1）可使房屋在不增加梁（或板）跨度的条件下，获得较大的使用空间。

2）钢筋混凝土柱和砖墙的压缩性能不同，柱基础和墙基础的沉降量也不一致，因而结构容易产生不均匀的竖向变形，使构件产生较大的附加内力，甚至出现裂缝。

3）与全框架房屋相比，可充分利用外墙的承载力，节约钢筋和水泥，降低房屋的造价。

4）横墙较少，房屋的空间刚度及整体性较差。

内框架承重体系一般用于层数不多的工业厂房、仓库和商店等需要有较大空间的房屋。必须指出，对内框架承重房屋应充分注意两种不同结构材料所引起的不利影响，并在设计中选择符合实际受力情况的计算简图，精心地进行承重墙、柱的设计。

5. 底部框架承重体系

房屋有时由于底部需设特大空间，在底部则可用钢筋混凝土框架结构同时取代内外承重墙，成为底部框架承重方案，如图 6-5 所示。框架与上部结构之间的楼层为结构转换层。其竖向荷载的传递路线为上部几层梁板荷载→内外墙体→结构转化层→钢筋混凝土梁→柱→基础→地基。

底部框架体系的特点有以下几个。

1）墙和柱都是主要承重构件。以柱代替内外墙体，在使用上可以取得较大的使用空间。

2）由于底部结构形式的变化，房屋底层空旷、横墙间距较大，其抗侧刚度发生了明显的变化，成为上部刚度较大，底部刚度较小的上刚下柔多层房屋。房屋结构沿竖向抗侧刚度在底层和第二层之间发生突变，对抗震不利，因此《建筑结构抗震规范（2016年版）》（GB 50011—2010）对房屋上、下层抗侧移刚度的比值做了规定。

底部框架承重体系适用于底层为商店、展览厅、食堂，而上面各层为宿舍、办公室等的房屋。

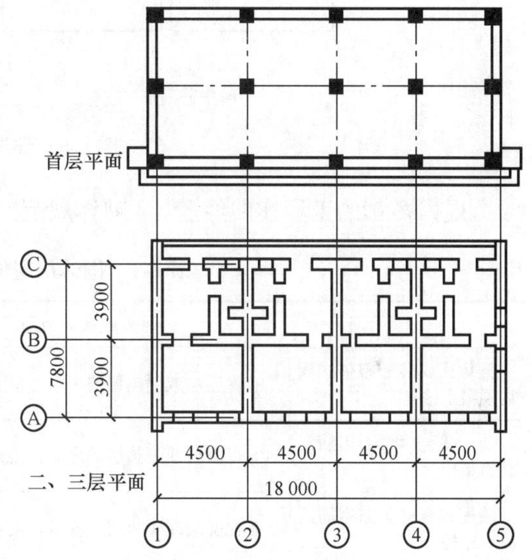

图 6-5　底部框架承重方案（尺寸单位：mm）

以上是从大量工程实践中概括出来的几种承重体系，在实际工程设计中，究竟采用哪一种结构布置方案，应根据各方面具体条件综合考虑确定，有时还要做几种方案的比较分析。此外，在一个比较复杂的混合结构中，依据建筑功能区的不同，还可以考虑同时采用不同的结构布置方案。

6.1.3　变形缝设置和承重墙体布置的一般原则

1. 变形缝

变形缝包括伸缩缝、沉降缝和防震缝三种。

如果混合结构房屋过长，由于温差和墙体的收缩，在墙体内会产生过大的温度应力和收缩应力，使墙体中部或某些薄弱部位产生竖向裂缝，影响房屋的正常使用。钢筋混凝土屋盖和楼盖有较大的温度变形，也会使墙体受拉开裂。因此，当房屋的长度超过规定值时，应设置伸缩缝，将房屋分为若干长度较小的单元，以防止或减轻墙的开裂。

伸缩缝应设置在温度变形和收缩变形可能引起应力集中、砌体产生裂缝可能性最大的部位，如平面转折和体形变化处、房屋的中间部位［图 6-6（a）］以及房屋的错层［图 6-6（b）］等地方。

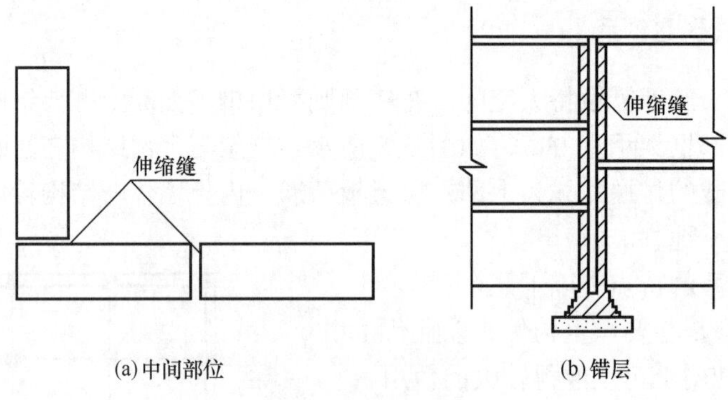

图 6-6　伸缩缝的设置

根据多年的工程实践经验，《砌体规范》规定的伸缩缝最大间距可按表 6-1 采用。

表 6-1　砌体房屋伸缩缝的最大间距

屋盖或楼盖类别		间距/m
整体式或装配整体式钢筋混凝土结构	有保温层或隔热层的屋盖、楼盖 无保温层或隔热层的屋盖	50 40
装配式无檩体系钢筋混凝土结构	有保温层或隔热层的屋盖、楼盖 无保温层或隔热层的屋盖	60 50
装配式有檩体系钢筋混凝土结构	有保温层或隔热层的屋盖、楼盖 无保温层或隔热层的屋盖	75 60
瓦材屋盖、木屋盖或楼盖、轻钢屋盖		100

对烧结普通砖、多孔砖、配筋砌块砌体取表 6-1 中数值。对石砌体、蒸压灰砂砖和混凝土砌块取表 6-1 中数值乘以 0.8 的系数；在钢筋混凝土屋面上挂瓦的屋盖应按钢筋混凝土屋盖采用。

当地基土层分布不均匀，房屋的体形复杂或高差较大时，地基受荷后可能产生过大的不均匀沉降，引起房屋墙体开裂。如果不均匀沉降继续发展，裂缝将不断扩大，影响结构的正常使用，甚至危及结构安全。设置沉降缝是消除过大的不均匀沉降对房屋造成危害的有效措施。沉降缝将建筑物从屋盖到基础全部断开，分成若干个单元，使各单元能独立地沉降而不致引起墙体开裂。一般宜在下列部位设置沉降缝。

1）建筑物平面的转折处。

2）地基的压缩性有显著差异处。

3）房屋高度差异或荷载差异较大处。

4）分期建造房屋的交界处。

5）建筑结构、地基或基础类型不同的交界处。

房屋沉降缝宽度可按表 6-2 选用。

表 6-2　房屋沉降缝宽度

房屋层数	沉降缝宽度/mm
2～3 层	50～80
4～5 层	80～120
5 层以上	不小于 120

注：沉降缝内一般不填塞材料，必须填塞材料时，应保证两侧房屋内倾时不互相挤压。

设置防震缝是减轻震害的一种措施。房屋的平、立面复杂或结构高度、刚度相差很大时，应设置防震缝将房屋分割为若干平立面规整、刚度分布均匀的单元。防震缝应沿房屋全高设置，基础可不分开。防震缝的宽度按地震设防烈度和结构相邻部分可能产生的位移确定，以防止地震时相邻单元相互碰撞。地震区的房屋，其伸缩缝和沉降缝的宽度应符合防震缝的要求。

2. 墙体布置的一般原则

混合结构房屋的墙体布置，除应合理选择墙体承重体系外，还宜遵守下列原则。

1）在满足使用要求的前提下，尽可能采用横墙承重体系，有困难时，也应尽量减少横墙间的距离，以增加房屋的整体刚度。

2）承重墙布置力求简单、规则，纵墙宜拉通，避免断开和转折，每隔一定距离设置一道横墙，将内外纵墙拉结在一起，形成空间受力体系，增加房屋的空间刚度和增强调整地基不均匀沉降的能力。

3）承重墙所承受的荷载力求明确，荷载传递的途径应简捷、直接。当墙体有门窗或各种管道的洞口时，应使各层洞口上下对齐，这有助于各层荷载的直接传递。

4）结合楼盖、屋盖的布置，使墙体避免承受偏心距过大的荷载或过大的弯矩。

6.2　混合结构房屋空间刚度和静力计算方案

6.2.1　房屋的受力分析与空间刚度

混合结构房屋由于屋盖、楼盖与墙体的连接以及纵、横墙的相互拉结而形成一个空间结构体系，承受各种竖向荷载、水平风荷载和地震作用。整个承重体系在竖向荷载和水平荷载作用下的工作性能将直接影响房屋各承重构件的受力情况。现以受风作用的单层房屋为例来说明水平力的传递及墙体和楼盖的工作状态，从而分析混合结构房屋空间刚度。

1）第一种情况为两端无山墙的单层房屋（图 6-7），外纵墙承重，采用装配式钢筋混凝土屋盖，两端没有设置山墙。该房屋的水平风荷载传递路线：风荷载→纵墙→纵墙基础→地基。

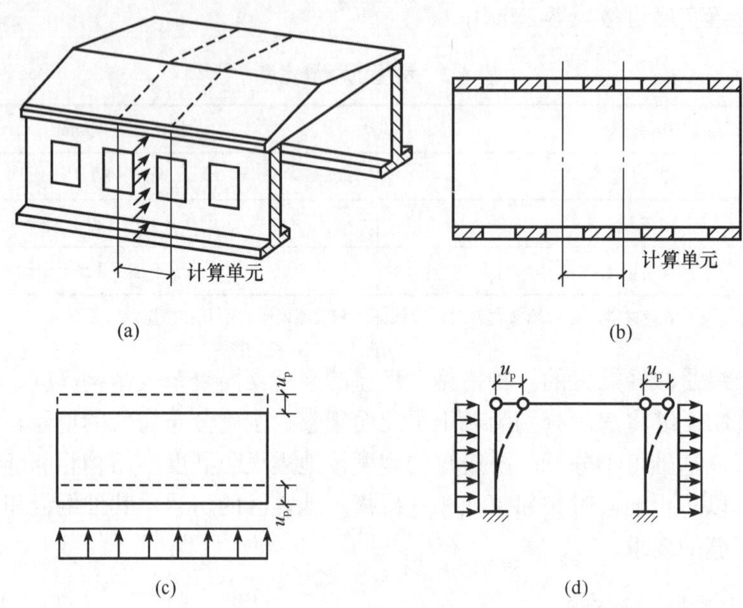

图 6-7　两端无山墙的单层房屋

假定墙上的窗户均匀排列，则外纵墙承受均匀分布的风荷载。因此，计算单元可取两相邻窗口中线间的区段。在水平风荷载作用下，房屋计算单元产生相同水平变位（柱顶水平位移为 u_p），如果把计算单元的纵墙比拟为排架柱，屋盖结构比拟为横梁，把基础看成柱的固定端支座，屋盖结构和墙的连接点看成铰结点，则计算单元的受力状态就如同一个单跨平面排架，属于平面受力体系，其静力分析可采用结构力学方法分析墙、柱内力。

2）第二种情况是两端有山墙的单层房屋（图 6-8），由于两端山墙的约束，其传力路径发生了变化。在均匀的水平荷载作用下，整个房屋墙顶的水平位移不再相同。距山墙距离越远的墙顶水平位移越大，距山墙距离越近的墙顶水平位移越小。其原因就是水平风荷载不仅是在纵墙和屋盖组成的平面排架内传递，而且还通过屋盖向山墙传递。这种在房屋空间上的内力传播与分布，一般称为房屋的空间工作，相应的房屋整体刚度可称为空间刚度，即组成了空间受力体系，其风荷载传递路线为

$$\text{风荷载} \rightarrow \text{纵墙} \rightarrow \left\{\begin{array}{l}\text{纵墙基础} \\ \text{屋盖结构} \rightarrow \text{山墙} \rightarrow \text{山墙基础}\end{array}\right\} \rightarrow \text{地基}$$

设两端山墙在房屋横向水平力作用下的最大水平位移为 $u_{w,max}$，$u_{w,max}$ 即屋盖的支座位移。根据变形协调条件，排架柱顶的侧移 u 应为

$$u=u_r+u_{w,max} \tag{6-1}$$

式中：u_r——屋盖平面内产生的弯曲变形［取决于屋盖刚度及横（山）墙间距，屋盖刚度越大，横（山）墙间距越小，u_r 越小］。

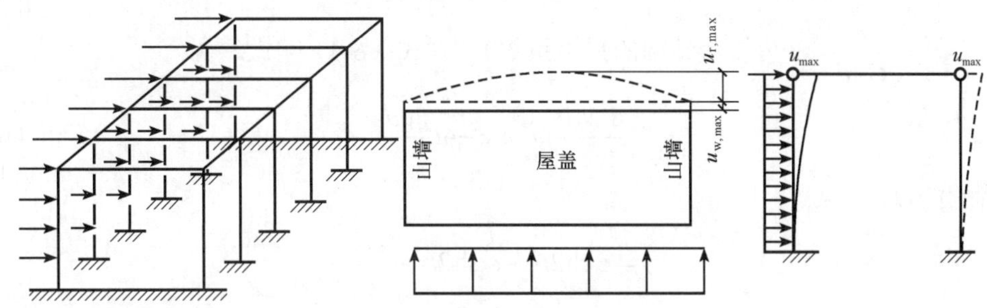

图 6-8　两端有山墙的单层房屋

中间排架的侧移，即房屋的最大侧移为

$$u_{max}=u_{r,max}+u_{w,max}\leqslant u_p \tag{6-2}$$

式中：$u_{r,max}$——中间排架处产生最大水平位移；

u_p——在外荷载作用下，平面排架的水平位移。

以上分析表明，由于山墙或横墙的存在，改变了水平荷载的传递路线，房屋有了空间工作性能，而且两端山墙的距离越近，或者增加越多的横墙，屋盖的水平刚度越大，房屋的空间作用越大，即空间工作性能越好，房屋水平位移 u_{max} 越小。

房屋空间作用可以用空间性能影响系数η表示。其值为具有空间工作性能的排架和平面排架之间柱顶水平位移的比值。由式（6-2）可知空间性能影响系数为

$$\eta=\frac{u_{max}}{u_p}\leqslant 1 \tag{6-3}$$

为了便于计算，《砌体规范》考虑屋盖类型和横墙间距两个主要影响因素，采用简化的计算模型分析空间性能影响系数η。将屋盖比拟为弹性地基上的剪切深梁，在水平荷载作用下屋盖主要发生剪切变形，而将有限个横向排架无限化为剪切深梁的弹性地基，剪切深梁的两端简支于具有无限刚性的支座（横墙）上。当承受均布荷载时，其计算简图如图 6-9 所示。

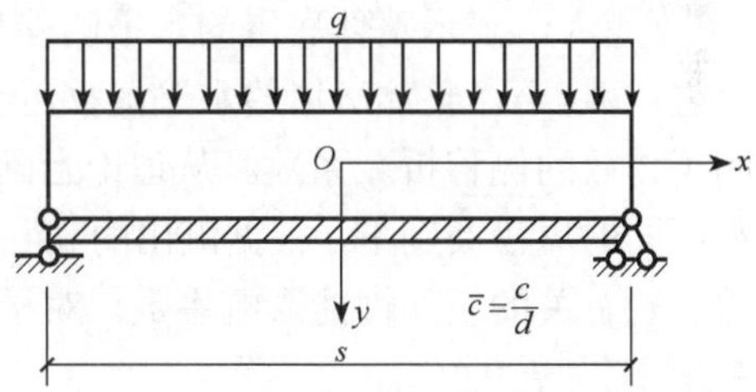

图 6-9　空间性能影响系数η的分析模型

对于弹性地基上的剪切深梁，可建立位移曲线微分方程为

$$GA\frac{d^2y}{dx^2}-\frac{c}{d}y=-q \tag{6-4}$$

式中：c——排架刚度系数（即排架柱顶产生单位水平位移时，在排架柱顶所需施加的水平力）；

d——相邻排架间的距离；

GA——屋盖的等效剪变刚度；

q——作用于屋盖单位长度上的水平力。

设 $4t^2=\dfrac{c}{GAd}$（t 为屋盖结构的弹性系数），则式（6-4）可改写为

$$\frac{\mathrm{d}^2 y}{\mathrm{d}x^2}-4t^2 y=-4t^2\frac{qd}{c} \tag{6-5}$$

微分方程的解为

$$y=c_1\mathrm{ch}2tx+c_2\mathrm{sh}2tx+\frac{qd}{c} \tag{6-6}$$

由边界条件 x=0，$V=GAx\dfrac{\mathrm{d}y}{\mathrm{d}x}=0$；$x$=±$s/2$，$y$=0，解得

$$y=\frac{qd}{c}\left(1-\frac{\mathrm{ch}2tx}{\mathrm{ch}ts}\right) \tag{6-7}$$

式中：$t=\dfrac{1}{2\sqrt{\dfrac{c}{GAd}}}$；

s——横墙间距，m。

当 x=0 时，可求得屋盖的最大水平位移，即考虑空间工作时，在水平荷载 q 作用下房屋的最大位移为

$$y_{\mathrm{man}}=u_{\max}=\frac{qd}{c}\left(1-\frac{1}{\mathrm{ch}ts}\right) \tag{6-8}$$

注意到平面排架的柱顶位移 $u_{\mathrm{p}}=qd/c$，可得空间性能影响系数为

$$\eta=\frac{u_{\max}}{u_{\mathrm{p}}}=1-\frac{1}{\mathrm{ch}ts}\leqslant 1 \tag{6-9}$$

t 越大，表示整体房屋的水平侧移与平面排架的侧移越接近，即房屋空间作用越小；反之，t 越小，整体房屋的水平侧移越小，房屋的空间作用越大。因此，t 又称为考虑空间工作后的侧移折减系数。从理论上确定屋盖系统的弹性系数较困难，因此通过试验，在不同的屋盖类别下，根据测出的 u_{p}、$u_{\max}$ 算出 t。结合实践经验，最后得出与屋盖或楼盖类别有关的空间性能影响系数。对于 1 类屋盖，t=0.03；对于 2 类屋盖，t=0.05；对于 3 类屋盖，t=0.065。

将各类屋盖或楼盖的 t 和横墙间距 s 代入式（6-9），即可求得不同横墙间距 s 时多层房屋各层的空间性能影响系数 η_i，见表 6-3。

表 6-3　不同横墙间距 s 时多层房屋各层的空间性能影响系数 η_i

屋盖或楼盖类别	η_i														
	16m	20m	24m	28m	32m	36m	40m	44m	48m	52m	56m	60m	64m	68m	72m
1	—	—	—	—	0.33	0.39	0.45	0.50	0.55	0.60	0.64	0.68	0.71	0.74	0.77
2	—	0.35	0.45	0.54	0.61	0.68	0.73	0.78	0.82	—	—	—	—	—	—
3	0.37	0.49	0.60	0.68	0.75	0.81	—	—	—	—	—	—	—	—	—

注：i 取 1～n（n 为房屋的层数）。

6.2.2 房屋的静力计算方案

影响房屋空间性能的因素很多，除上述的屋盖刚度和横墙间距外，还有屋架的跨度、排架的刚度、荷载类型及多层房屋层与层之间的相互作用等。我国学者曾对各类单层和多层混合结构房屋的空间工作性能进行了一系列现场测定，并以实测参数为依据对大量的房屋实例进行了理论分析。为方便设计，《砌体规范》以屋盖或楼盖类型（刚度值）及横墙间距作为主要因素。混合结构房屋的静力计算方案划分为三种（表 6-4）。

表 6-4 房屋的静力计算方案

序号	屋盖或楼盖类别	刚性方案	刚弹性方案	弹性方案
1	整体式、装配整体和装配式无檩体系钢筋混凝土屋盖或钢筋混凝土楼盖	$s<32$	$32\leqslant s\leqslant 72$	$s>72$
2	装配式有檩体系钢筋混凝土屋盖、轻钢屋盖和有密铺望板的木屋盖或木楼盖	$s<20$	$20\leqslant s<48$	$s<48$
3	瓦材屋面的木屋盖和轻钢屋盖	$s<16$	$16\leqslant s\leqslant 36$	$s>36$

注：1）表中 s 为房屋横墙间距，其长度单位为 m。

2）上柔下刚多层房屋的顶层可按单层房屋确定计算方案。

3）对无山墙或伸缩缝处无横墙的房屋，应按弹性方案考虑。

1. 刚性方案

当房屋的空间刚度很大时，在水平荷载或不对称竖向荷载作用下，房屋的最大位移 u_{max} 很小，因而可以忽略房屋水平位移的影响，这类房屋称为刚性房屋。其计算简图是将屋盖、楼盖看成是墙体的不动铰支座，墙、柱内力按支座无侧移的竖向构件进行计算[图 6-10（a）]。通过计算分析，当房屋的空间性能影响系数 $\eta<0.33$ 时，墙、柱内力可按刚性方案计算。

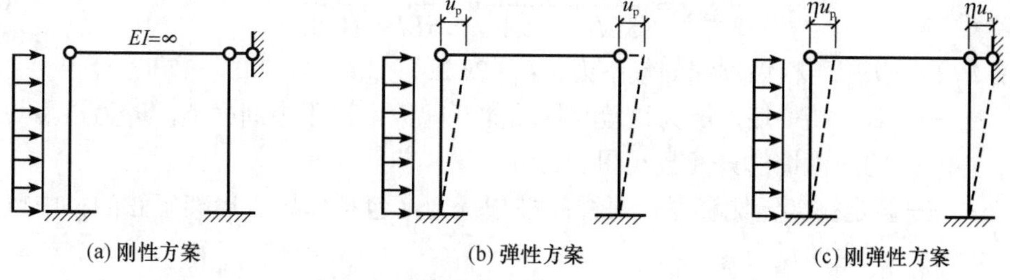

(a) 刚性方案　(b) 弹性方案　(c) 刚弹性方案

图 6-10 单层混合结构房屋的计算简图

2. 弹性方案

当房屋的空间刚度很差时，在水平荷载或不对称竖向荷载作用下，房屋的最大位移 u_{max} 已经接近平面排架或框架的水平位移 u_p，这时应按不考虑空间工作的平面排架或框架进行墙、柱内力分析。具有这种受力与变形特点的房屋，称为弹性方案房屋［图 6-10（b）］。计算表明，当空间性能影响系数η>0.77 时，墙、柱内力可按弹性方案计算。

3. 刚弹性方案

当房屋的空间刚度在刚性方案与弹性方案房屋之间，在荷载作用下，纵墙顶端水平位移比弹性方案要小，但又不可忽略不计，这类房屋称为刚弹性方案房屋［图 6-10（c）］。在静力计算时，应按考虑空间工作的平面排架或框架计算。其计算方法是将楼盖或屋盖视为平面排架或框架的弹性水平支撑，将其水平荷载作用下的反力进行折减，然后按平面排架或框架进行计算。

6.2.3 刚性和刚弹性方案房屋的横墙

为了保证房屋的刚度，《砌体规范》规定刚性和刚弹性方案房屋的横墙应符合以下要求。

1）横墙中开有洞口时，洞门的水平截面面积不应超过横墙截面面积的 50%。

2）横墙的厚度不宜小于 180mm。

3）单层房屋的横墙长度不宜小于其高度，多层房屋的横墙长度不宜小于 $H/2$（H 为横墙总高度）。

注：① 当横墙不能同时符合上述要求时，应对横墙的刚度进行验算。如其最大水平位移 $u_{w,max} \leqslant H/4000$ 时，仍可视作刚性或刚弹性方案房屋的横墙。

② 凡符合注①刚度要求的一段横墙或其他结构构件（如框架等），也可视作刚性或刚弹性方案房屋的横墙。

因横墙的水平截面高度很大，计算横墙在水平荷载作用下的最大水平位移 $u_{w,max}$ 时，由剪切变形产生的水平位移不应忽略。

对于单层房屋的横墙，在水平风荷载作用下，$u_{w,max}$ 为

$$u_{w,max} = \frac{P_1 H^3}{3EI} + \frac{\xi P_1 H}{GA} = \frac{nPH^3}{6EI} + \frac{\xi nPH}{0.8EA} \tag{6-10}$$

式中：P_1——作用于横墙顶端的集中力，$P_1=Pn/2$；

n——对于端横墙，n 为该墙与横墙的开间数，对于中间横墙，n 为该墙与相邻的两横墙的开间数（图 6-11）；

P——假定排架无侧移时，每开间柱顶反力（包括作用于屋架下弦的集中风荷载产生的反力）；

H——从基础顶面算起的横墙高度；

E——砌体的弹性模量（按第二章表 2-11）；

G——砌体的剪变模量（近似取 G=0.4E）；

I——横墙计算截面的惯性矩；

A——横墙计算截面的面积；

ξ——剪应力分布不均匀系数。

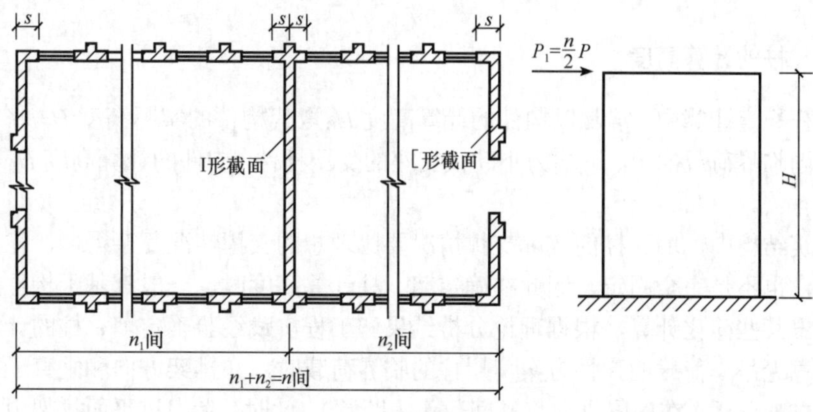

图 6-11　单层房屋横墙简图

考虑到纵墙部分截面与横墙共同作用，山墙的计算截面可按［形，内横墙可按 I 形截面采用。作为截面翼缘的纵墙长度，每侧可近似取 $b_{f1}\leqslant 0.3H$，且两侧之和不大于窗间墙宽度。计算横墙面积 A 时，则不考虑纵墙的作用。

为了计算简便，当门窗洞口的水平截面不超过横墙截面（不包括翼缘面积）的 75% 时，横墙计算截面面积 A 和截面惯性矩 I 均可按毛面积计算，并近似取剪应力分布不均匀系数 ζ=2.0，以考虑洞口对剪切变形的不利影响，可得

$$u_{\mathrm{w,max}}=\frac{nPH^3}{6EI}+\frac{2.5nPH}{EA} \tag{6-11}$$

当没有纵墙参与横墙共同工作时，如果门窗洞口较大，墙体截面削弱过多，对横墙变形将有较大的影响。计算 $u_{\mathrm{w,max}}$ 时，横墙截面应按实际截面采用。对多层房屋的横墙，仍按上述原理计算 $u_{\mathrm{w,max}}$，此时横墙承受各层楼盖及屋盖传来的集中风荷载，其计算公式为

$$u_{\mathrm{w,max}}=\frac{n}{6EI}\sum_{i=1}^{m}P_iH_i^3+\frac{2.5n}{EA}\sum_{i=1}^{m}P_iH_i \tag{6-12}$$

式中：m——房屋总层数；

P_i——假定每开间框架各层均为不动铰支座时，第 i 层的支座反力；

H_i——第 i 层楼面至基础上顶面的高度。

6.3　墙、柱的高厚比验算

混合结构房屋中的墙、柱均是受压构件，除了满足承载力要求外，还必须保证其稳定性。《砌体规范》中规定用验算墙、柱高厚比的方法进行墙、柱稳定性的验算，这是保证砌体结构在施工阶段和使用阶段稳定性的一项重要构造措施。

高厚比验算包括两个方面，一是允许高厚比的限值，二是墙、柱实际高厚比的确定。

6.3.1 墙、柱的计算高度

在压杆稳定计算中，常常以构件的计算高度 H_0 取代构件的实际高度 H，将构件换算为具有相同临界荷载的上、下端为不动铰支座的受压杆件，构件的计算高度 H_0 与构件的支撑条件有关。

在建筑结构中，墙、柱的实际支撑情况要比理想的支撑情况复杂得多，往往既不是完全铰接，也不是完全固定，因此在确定墙、柱计算高度时，一般都基于构件的实际支撑情况做出某些简化计算，根据理论分析结果和工程实践经验确定墙、柱的计算高度。例如，计算无吊车荷载的弹性方案房屋柱的临界荷载时，在排架方向和垂直于排架方向墙按平面排架分析（在房屋纵向将开间数作为跨数），此时，考虑该平面排架中其余各柱对此柱的弹性支撑作用。又如，对于刚性方案房屋，在有吊车荷载的情况下，承受最大吊车荷载的某柱在排架方向失稳时，由于房屋的空间工作，房屋的其余各柱都将起到支撑作用，柱上端可按不动铰支座考虑。计算垂直于排架方向纵向弯曲的临界荷载时，由于柱间支撑和连系梁的设置，柱顶及变截面处墙可按不动支座考虑。对于刚性方案房屋的带壁柱墙或周边拉结的墙，可按弹性薄板稳定理论分析，墙体两侧拉结墙的间距越小，稳定性越好，计算高度 H_0 也就越小。受压构件计算高度 H_0 可按表 4-5 采用。

变截面柱的高厚比可按上、下截面分别计算。对有吊车的房屋，当荷载组合不考虑吊车作用时，变截面柱上端的计算高度可按表 4-5 的规定采用；变截面柱下段的计算高度可采用下列规定。

1）当 $\dfrac{H_u}{H} \leqslant \dfrac{1}{3}$ 时，取无吊车房屋的 H_0。

2）当 $\dfrac{1}{3} < \dfrac{H_u}{H} < \dfrac{1}{2}$ 时，取无吊车房屋的 H_0 乘以修正系数 μ，$\mu=1.3-0.3I_u/I_l$，其中 I_u 为变截面柱上段的惯性矩，I_l 为变截面柱下段的惯性矩。

3）当 $\dfrac{H_u}{H} \geqslant \dfrac{1}{2}$ 时，取无吊车房屋 H_0，但在确定 β 时，应采用上柱截面。

表 4-5 中的数值是根据弹性稳定理论推导结果和实际工程经验而规定的。

6.3.2 允许高厚比及影响高厚比的因素

1. 允许高厚比

允许高厚比限值［β］主要取决于一定时期内材料的质量和施工水平，其取值是根据实践经验确定的。《砌体规范》给出了不同砂浆砌筑的砌体允许高厚比限值［β］（表 6-5）。

表 6-5 墙柱的允许高厚比限值［β］

砌体类型	砂浆强度等级	墙	柱
无筋砌体	M2.5	22	15
	M5.0 或 Mb5.0、Ms5.0	24	16

续表

砌体类型	砂浆强度等级	墙	柱
无筋砌体	≥M7.5 或 Mb7.5、Ms7.5	26	17
配筋砌块砌体	—	30	21

注：1）毛石墙、柱允许高厚比按表中数值降低 20%。

2）组合砖砌体构件允许高厚比限值［β］可按表中数值提高 20%，但不大于 28。

3）验算施工阶段砂浆尚未硬化的新砌砌体时，允许高厚比对墙取 14，对柱取 11。

2. 影响高厚比的因素

影响墙、柱高厚比的因素很复杂，很难用理论公式来推导。相关规范中给出的验算方法，是综合考虑下列因素后，结合我国工程经验确定的。

1）砂浆强度等级 M。砂浆强度直接影响砌体的弹性模量，而砌体弹性模量又直接影响砌体的刚度。砂浆强度是影响允许高厚比的重要因素，砂浆强度越高，允许高厚比也相应增大。

2）砌体截面刚度。截面惯性矩较大，稳定性越好。当墙上有门窗洞口削弱时，允许高厚比值降低，可通过修正系数考虑。

3）砌体类型。毛石墙比一般砌体墙刚度差，允许高厚比要降低，而组合砌体由于钢筋混凝土的刚度好，允许高厚比可提高。

4）构件重要性和房屋使用情况。对次要构件，如自承重墙允许高厚比可以增大，可通过修正系数考虑。但对于使用时有振动的房屋，则高厚比应酌情降低。

5）构造柱间距及截面。构造柱间距越小，截面越大，对墙体的约束越大，因此墙体稳定性越好，允许高厚比提高。验算时也可通过修正系数考虑。

6）横墙间距。横墙间距越小，墙体稳定性和刚度越好。验算时用改变墙体的计算高度 H_0 来考虑这一因素。

7）支撑条件。刚性方案房屋的墙、柱在楼、屋盖支撑处可取为不动铰支座，刚性好，而弹性和刚弹性房屋的墙、柱在屋（楼）盖处侧移较大，稳定性差。验算时用改变其计算高度 H_0 来考虑。

6.3.3 高厚比验算

1. 一般墙、柱的高厚比验算

$$\beta=H_0/h\leqslant\mu_1\mu_2[\beta] \tag{6-13}$$

式中：$[\beta]$——墙、柱的允许高厚比限值（应按表 6-5 采用）；

H_0——墙、柱的计算高度（应按表 4-5 确定）；

h——墙厚或矩形柱与 H_0 相对应的边长；

μ_1——自承重墙允许高厚比的修正系数（h=240mm，μ_1=1.2；h=90mm，μ_1=1.5；90mm<h<240mm，μ_1 可按插入法取值。上端为自由端墙的允许高厚比，除按上述规定提高外，还可提高 30%；对厚度小于 90mm 的墙，当双面

用不低于 M10 的水泥砂浆抹面，包括抹面层的墙厚不小于 90mm 时，可按墙厚等于 90mm 验算高厚比）；

μ_2——有门窗洞口墙允许高厚比的修正系数，有

$$\mu_2 = 1 - 0.4\frac{b_s}{s} \tag{6-14}$$

b_s——在宽度 s 范围内的门窗洞口总宽度（图 6-12）；

s——相邻窗间墙、壁柱之间或构造柱之间的距离。

当按式（6-14）算得的 μ_2 值小于 0.7 时，应采用 0.7。当洞口高度等于或小于墙高的 1/5 时，可取 μ_2 等于 1.0。当洞口高度大于或等于墙高的 4/5 时，可按独立墙段验算高厚比。

当与墙连接的相邻两横墙间的距离 $s \leqslant \mu_1\mu_2[\beta]h$ 时，墙的高度可不受高厚比限制；变截面柱的高厚比可按上、下截面分别验算，其计算高度可按表 4-5 的规定采用。验算上柱的高厚比时，墙、柱的允许高厚比可按表 6-5 的数值乘以 1.3 后采用。

2. 带壁柱墙高厚比验算

带壁柱墙高厚比验算应包括两部分，即横墙之间整片墙的高厚比验算和壁柱间墙的高厚比验算（图 6-13）。

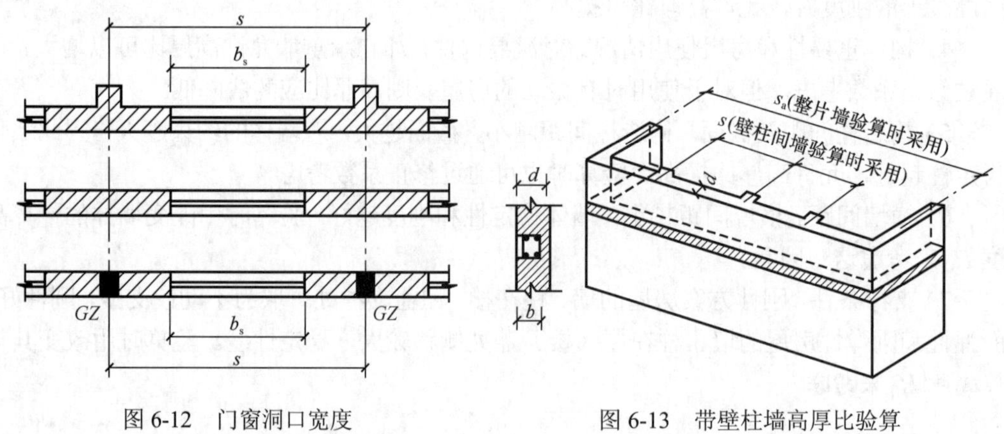

图 6-12 门窗洞口宽度　　图 6-13 带壁柱墙高厚比验算

（1）带壁柱整片墙的高厚比验算

$$\beta = H_0/h_T \leqslant \mu_1\mu_2[\beta] \tag{6-15}$$

式中：h_T——带壁柱墙截面的折算厚度，$h_T=3.5i$；

i——带壁柱截面的回转半径，$i=\sqrt{\dfrac{I}{A}}$；

I、A——带壁柱墙截面的惯性矩和截面面积；

H_0——墙、柱的计算高度（应按表 4-5 确定）。

在计算带壁柱截面的回转半径时，翼缘宽度对于多层房屋，无窗洞口的墙面每侧翼缘宽度可取壁柱高度的 1/3；对于单层房屋，无窗洞口的墙面取壁柱宽加 2/3 壁柱高度，同时不得大于壁柱间距；有门窗洞口时，取窗间墙宽度。

（2）壁柱间墙的高厚比验算

壁柱间墙的高厚比可按无壁柱式（6-13）进行验算，此时壁柱可视为墙的侧向不动铰支座。计算 H_0 时，s 取相邻壁柱间距离。

设有钢筋混凝土圈梁的带壁柱墙或带构造柱墙，当 $b/s \geqslant 1/30$ 时，圈梁可视为壁柱间墙或构造柱间墙的不动铰支点（b 为圈梁宽度）。如不允许增加圈梁宽度，可按墙体平面外等刚度原则增加圈梁高度，以满足壁柱间墙或构造柱间墙不动铰支点的要求。

3. 带构造柱墙的高厚比验算

（1）整片墙高厚比验算

为了考虑设置构造柱后的有利作用，当构造柱的截面宽度不小于墙厚时，可将墙的允许高厚比［β］乘以 μ_c，即

$$\beta = H_0/h_T \leqslant \mu_1\mu_2\mu_c[\beta] \tag{6-16}$$

式中：μ_c——带构造柱墙允许高厚比［β］提高系数，即

$$\mu_c = 1 + \gamma \times \frac{b_c}{l} \tag{6-17}$$

γ——系数（对细料石、半细料石砌体，γ=0；对混凝土砌块、粗料石及毛石砌体，γ=1.0；其他砌体，γ=1.5）；

b_c——构造柱沿墙长方向的宽度；

l——构造柱的间距。

当 $b_c/l>0.25$ 时，取 $b_c/l=0.25$；当 $b_c/l<0.05$ 时，取 $b_c/l=0$。

式（6-16）中，h 可取墙厚，确定 H_0 时，应取相邻横墙间的距离。

（2）构造柱间墙高厚比验算

构造柱间墙的高厚比仍可按式（6-15）验算，验算时可将构造柱视为构造柱间墙的不动铰支座。在计算 H_0 时，取构造柱间距，而且不论带构造柱墙体的静力计算方案计算时属何种计算方案，一律按表 6-4 中刚性方案考虑。

【例 6-1】 某办公楼平面布置图如图 6-14 所示，采用装配式钢筋混凝土楼盖，M10 砖墙承重。纵墙及横墙厚度为 240mm，砂浆强度等级 M5，底层墙高 H=4.5m（从基础顶面算起），隔墙厚 120mm，试验算底层各墙高厚比。

【解】（1）确定房屋静力计算方案

由横墙最大间距 s=12m<32m 和楼盖类型，查表 6-4，可判断为刚性方案。

（2）外纵墙高厚比验算

计算高度 H_0，s=12m>2H=2×4.5=9(m)，由表 4-5 查得，有

$$H_0 = 1.0H$$

由表 6-5 查得允许高厚比［β］=24，又

$$\mu_2 = 1 - 0.4\frac{b_s}{s} = 1 - 0.4 \times \frac{2}{4} = 0.8 > 0.7$$

$$\beta = \frac{H_0}{h} = \frac{4.5}{0.24} = 18.75 < \mu_2[\beta] = 0.8 \times 24 = 19.2$$

满足要求。

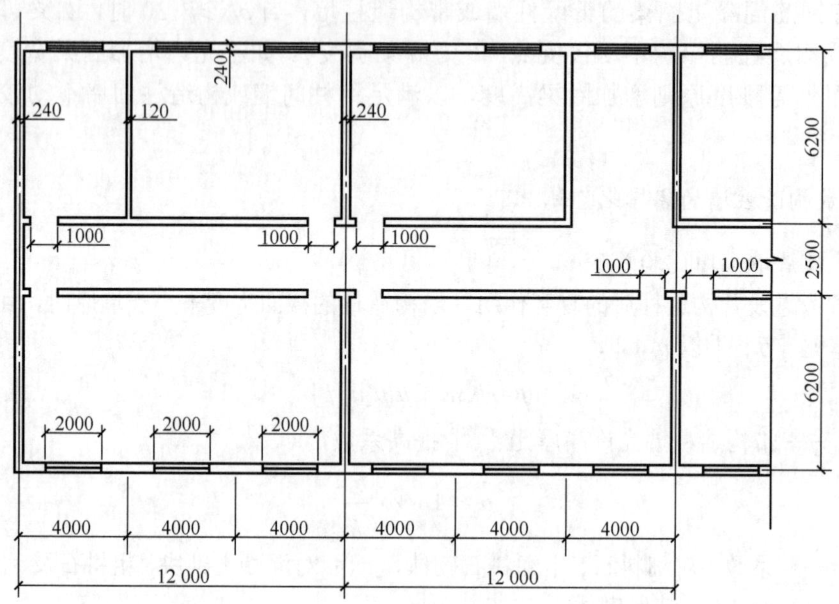

图 6-14　某办公楼平面布置图（尺寸单位：mm）

（3）内纵墙高厚比验算

内纵墙 s=12m，在 s 范围内门窗洞口 b_s=2m，有

$$\mu_2 = 1 - 0.4\frac{b_s}{s} = 1 - 0.4 \times \frac{2}{12} \approx 0.933 > 0.7$$

$$\beta = \frac{H_0}{h} = \frac{4.5}{0.24} = 18.75 < \mu_2[\beta] = 0.933 \times 24 \approx 22.4$$

满足要求。

（4）承重横墙高厚比验算

因 s=6.2m，H=4.5m<s<2H=9m

$$H_0=0.4s+0.2H=0.4\times6.2+0.2\times4.5=3.38(\text{m})$$

$$\beta = \frac{H_0}{h} = \frac{3.38}{0.24} \approx 14.08 < [\beta] = 24$$

满足要求。

（5）隔墙高厚比验算

因隔墙上端在砌筑时，一般用斜放立砖顶住楼板，故可按顶端为不动铰支点考虑。设隔墙与纵墙咬搓拉接，则

$$s=6.2\text{m}，2H=9\text{m}>s>H=4.5\text{m}$$

由表 4-5 查得

$$H_0=0.4s+0.2H=0.4\times6.2+0.2\times4.5=3.38(\text{m})=3380\text{mm}$$

由隔墙是非承重墙

$$\mu_1=1.2+\frac{1.5-1.2}{240-90}\times(240-120)=1.44$$

$$\beta=\frac{H_0}{h}=\frac{3380\text{mm}}{240\text{mm}}\approx14.08<\mu_1[\beta]=1.44\times24=34.56$$

满足要求。

【例 6-2】 某单层单跨无吊车厂房采用装配式无檩体系屋盖，其纵横承重墙采用 MU10 砖、M5 砂浆砌筑，砖柱距 4.5m，每开间有 2.0m 宽的窗洞，车间长 27m。两端设山墙，每边山墙上设有 4 个 240mm×240mm 构造柱，如图 6-15 所示。自基础顶面算起墙高 5.4m 纵墙，壁柱为 370mm×250mm，墙厚 240mm。试验算外纵墙和山墙高厚比。

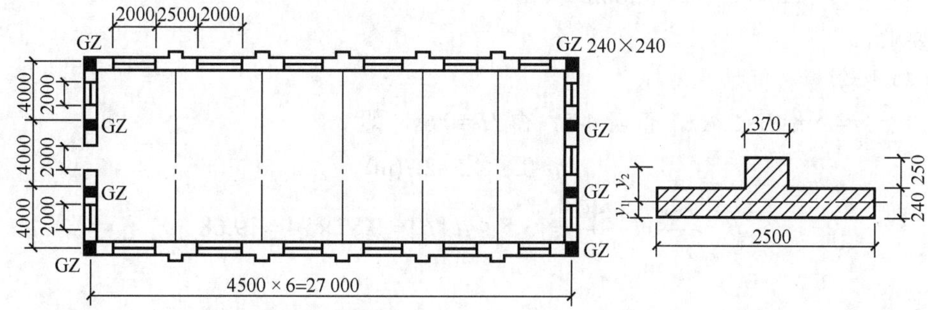

图 6-15　某单层单跨无吊车厂房平面、壁柱墙截面示意图（尺寸单位：mm）

【解】 （1）确定静力计算方案

该厂房为 1 类屋盖，查表 6-4，横墙间距 s=27m<32m，属刚性方案。由表 6-5 查得砂浆强度等级 M5 时，允许高厚比限值［β］=24。

带壁柱墙计算截面翼缘宽度 b_f 为

$$b_\text{f}=b+\frac{2}{3}H=370+\frac{2}{3}\times5400=3970(\text{mm})>\text{窗间墙宽度}=2500\text{mm}$$

故取

$$b_\text{f}=2500\text{mm}$$

（2）确定壁柱截面的几何特征

截面面积

$$A=240\times2500+370\times250=692\,500(\text{mm}^2)$$

形心位置

$$y_1=\frac{240\times2500\times120+250\times370\times(240+250\div2)}{692\,500}=152.70(\text{mm})$$

$$y_2=(240+250)-152.7=337.30(\text{mm})$$

惯性矩

$$I = \frac{2500}{3} \times 152.7^3 + \frac{2500-370}{3} \times (240-152.7)^3 + \frac{370}{3} \times 337.3^3$$

$$\approx 8172.44 \times 10^6 (\text{mm}^4)$$

$$i = \sqrt{\frac{I}{A}} = \sqrt{\frac{8172.44 \times 10^6}{692\,500}} \approx 108.02(\text{mm})$$

$$h_{\text{T}} = 3.5i = 3.5 \times 108.02 = 378.07(\text{mm})$$

（3）验算带壁柱墙高厚比

查表 4-5 得

$$H_0 = 1.0H = 5.4(\text{m})$$

$$\mu_2 = 1 - 0.4\frac{b_{\text{s}}}{s} = 1 - 0.4 \times \frac{2.0}{4.5} \approx 0.82 > 0.7$$

$$\beta = \frac{H_0}{h_{\text{T}}} = \frac{5400}{380.2} \approx 14.20 < \mu_2[\beta] = 0.82 \times 24 = 19.68$$

满足要求。

（4）验算壁柱间墙高厚比

由于 s=4.5m<H=5.4m，查表 4-5，得 H_0=0.6s，即

$$H_0 = 0.6 \times 4.5 = 2.7(\text{m})$$

$$\beta = \frac{H_0}{h_{\text{T}}} = \frac{3240}{240} = 13.5 < \mu_2[\beta] = 0.82 \times 24 = 19.68$$

满足要求。

（5）验算山墙高厚比

1）整片墙高厚比验算。山墙截面为厚 240mm 的矩形截面，但设置了钢筋混凝土构造柱

$$\frac{b_{\text{c}}}{l} = \frac{240}{4000} = 0.06 > 0.05,\ s = 12\text{m} > 2H = 10.8(\text{m})$$

查表 4-5 H_0=1.0H=5.4m，即

$$\mu_2 = 1 - 0.4\frac{b_{\text{s}}}{s} = 1 - 0.4 \times \frac{2}{4} = 0.8 > 0.7$$

$$\mu_{\text{c}} = 1 + \gamma\frac{b_{\text{c}}}{l} = 1 + 1.5 \times 0.06 = 1.09$$

$$\beta = \frac{H_0}{h} = \frac{5400}{240} = 22.5 < \mu_2\mu_{\text{c}}[\beta] = 0.8 \times 1.09 \times 24 \approx 20.93$$

满足要求。

2）构造柱间墙高厚比验算。构造柱间距 s=4m<H=5.4m，查表 4-5 得 H_0=0.6s=0.6×4000=2400（mm），有

$$\mu_2 = 1 - 0.4\frac{b_s}{s} = 1 - 0.4 \times \frac{2}{4} = 0.8 > 0.7$$

$$\beta = \frac{H_0}{h} = \frac{2400}{240} = 10 < \mu_2[\beta] = 0.8 \times 24 = 19.2$$

满足要求。

6.4 单层混合结构房屋的计算

6.4.1 计算单元及荷载

单层混合结构房屋计算承重纵墙时，一般取一个开间为计算单元。作用在计算单元上的荷载一般有屋面恒荷载、屋面活荷载、风荷载、墙、柱自重等。对于有吊车的厂房，还应考虑吊车荷载，各类荷载均应按现行的《建筑结构荷载规范》（GB 50009—2012）进行计算。

6.4.2 内力分析

1. 单层刚性方案房及承重纵墙的计算

单层刚性方案房屋的纵墙、柱顶都具有不动铰支座，因此在各种荷载用下，纵墙、柱的内力都可按下端固定、上端铰支的独立杆件进行计算，如图 6-16 所示。M_lN_l 作用于结构上的荷载及内力如下所述。

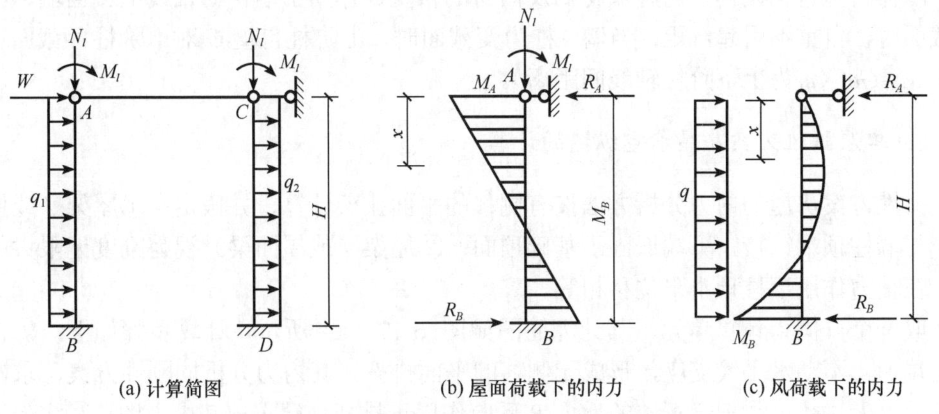

图 6-16　单层刚性方案纵墙计算简图

（1）屋面荷载作用

屋面荷载作用包括屋盖恒载（屋面防水保温层、屋架、屋面板等自重）、屋面活荷载或雪荷载，这些荷载通过屋架或屋面梁以集中力形式作用于墙体顶端。通常情况下，屋架传至墙面的集中力 N_l，作用点对墙体中心线有一个偏心距 e_l，所以墙体顶端的屋盖荷载由轴压力 N_l、弯矩 $M_l=N_le_l$，组成，由此可计算出其内力为

$$\begin{cases} R_A = -R_B = -\dfrac{3M_l}{2H} \\ M_A = M_l \\ M_B = -\dfrac{M_l}{2} \end{cases} \tag{6-18}$$

（2）风荷载作用

风荷载作用由作用于屋面以上和屋面以下两个部分组成。屋面以上（包括女儿墙上）的风荷载一般简化为作用于墙、柱顶端的集中荷载 W。对于刚性方案房屋，W 直接通过屋盖传至横墙，再由横墙传至基础和地基。墙面风荷载为墙布荷载 q，按迎风面（压力）、背风面（吸力）分别考虑。在 q 作用下，墙体的内力为

$$\begin{cases} R_A = \dfrac{3}{8}H_{\mathrm{q}} \\ R_B = \dfrac{5}{8}H_{\mathrm{q}} \\ M_B = \dfrac{q}{8}H^2 \end{cases} \tag{6-19}$$

当 $x=\dfrac{3}{8}H$ 时，$M_{\max}=-\dfrac{9qH^2}{128}$。

对迎风面　$q=q_1$

对背风面　$q=q_2$

（3）墙体自重

墙体自重包括砌体、内外墙粉刷及门窗的自重，作用于墙体的轴线上。当墙、柱为等截面时，自重不引起弯矩；当墙、柱为变截面时，上阶柱自重 G 对下阶柱各截面产生弯矩 $M_l=Ge_l$（e_l 为上下阶柱轴线间距离）。

2. *单层弹性方案房屋承重纵墙的计算*

弹性方案房屋的内力分析方法按有侧移的平面排架计算，并假定：①屋架（或屋面梁）与墙柱顶端铰接，下端嵌固于基础顶面；②屋架（或屋面梁）视为刚度无限大的系杆，在轴力作用下柱顶水平位移相等。

取一个开间为计算单元，其计算简图如图 6-17（a）所示，计算步骤如下：①在排架上端加一不动水平铰支座，形成无侧移的平面排架，其内力分析同刚性方案，求出支座反力 R 及内力；②把已求出的反力 R 反向作用于排架顶端求出其内力图；③将上述两种内力进行叠加，则可得到按弹性方案计算的结果。

现以单层单跨等截面墙的弹性方案房屋为例，说明其内力计算方法。

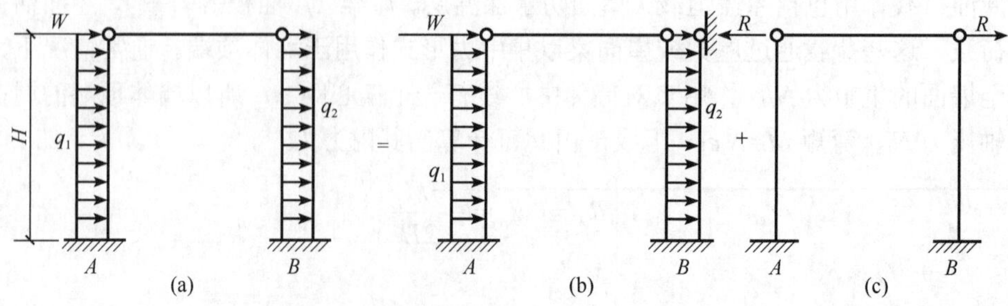

图 6-17　单层弹性方案房屋简图及计算方法

（1）屋盖荷载

如图 6-18 所示，当屋盖荷载对称时，排架柱顶将不产生侧移，因此内力计算与刚性方案相同，即

$$\begin{cases} M_a = M_b = M \\ M_A = M_B = -\dfrac{M}{2} \\ M_x = \dfrac{M}{2}\left(2-3\dfrac{x}{H}\right) \end{cases} \tag{6-20}$$

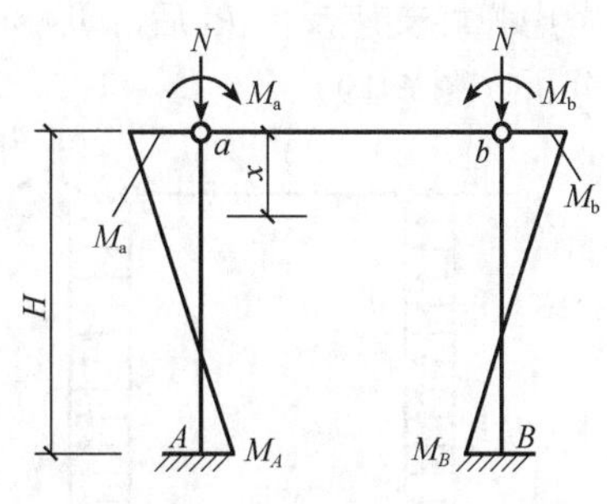

图 6-18　屋盖荷载下内力

（2）风荷载

在风荷载作用下，排架产生侧移。假定在排架顶端加一个不动铰支座，与刚性方案相同。由图 6-17（b）可得

$$\begin{cases} R = W + \dfrac{3}{8}(q_1+q_2)H \\ M_{A(b)} = \dfrac{1}{8}q_1H^2 \\ M_{B(b)} = \dfrac{1}{8}q_2H^2 \end{cases} \tag{6-21}$$

将反力 R 作用于排架顶端，由图 6-17（c）可得

$$\begin{cases} M_{A(c)} = \dfrac{1}{2}RH = \dfrac{H}{2}\left[W + \dfrac{3}{8}(q_1+q_2)H\right] \\ \qquad = \dfrac{W}{2}H + \dfrac{3}{16}H^2(q_1+q_2) \\ M_{B(c)} = -\dfrac{1}{2}RH = -\left[\dfrac{W}{2}H + \dfrac{3}{16}H^2(q_1+q_2)\right] \end{cases} \tag{6-22}$$

叠加图 6-17 中（b）和（c）可得内力

$$\begin{cases} M_A = M_{A(b)} + M_{A(c)} = \dfrac{WH}{2} + \dfrac{5}{16}q_1H^2 + \dfrac{3}{16}q_2H^2 \\ M_B = M_{B(b)} + M_{B(c)} = -\left(\dfrac{WH}{2} + \dfrac{5}{16}q_2H^2\right) + \dfrac{3}{16}q_1H^2 \end{cases} \tag{6-23}$$

3. 单层刚弹性方案房屋承重纵墙的计算

刚弹性方案房屋按考虑空间工作的平面排架进行分析，其计算简图采用在平面排架（弹性方案）的柱顶加一个弹性支座（图 6-19），该支座刚度用空间性能影响系数η反映，按表 6-4 采用。

与弹性方案平面铰接排架相比，在刚弹性方案房屋中，平面铰接排架在柱顶处还存在抗侧力结构的弹性支撑反力 R_1，有

$$R_1 = R - R_2 = R\left(1-\frac{R_2}{R}\right) = R(1-\eta) \tag{6-24}$$

考虑弹性支座反力 R_1 后，即可与弹性方案房屋计算相似，按以上步骤进行墙、柱的内力分析（图 6-19）。

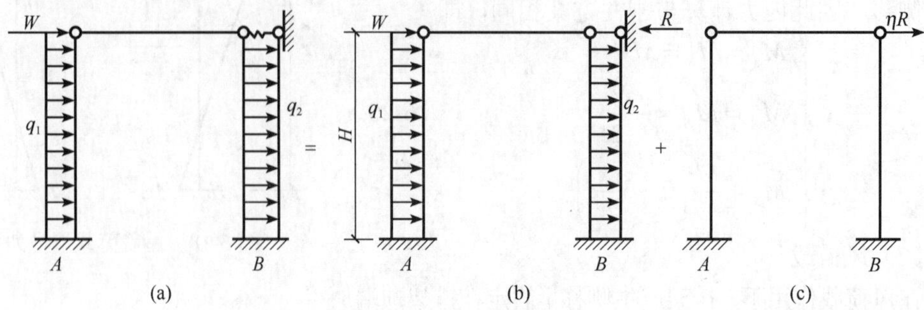

图 6-19　单层刚弹性方案房屋简图及计算方法

1）在排架柱顶加设不动铰支座，计算受荷排架柱的不动铰支座反力 R 和相应的内力。

2）撤除附加的不动铰支座。为消除附加的不动铰支座的影响，将不动铰支座的反力 R 反向作用于排架柱顶，由于空间作用，同时还产生弹性支座反力 $R_1=R(1-\eta)$。故受荷排架实际承受的水平力为 $R-R(1-\eta)=\eta R$，因此计算时只需将 ηR 反向作用于排架柱顶，求得各柱的柱顶反力及各柱的内力。

3）将上述两个步骤所得的柱内力相应叠加，即可得出排架柱的实际内力。

以单层单跨等截面同材料墙、柱的刚弹性房屋为例，说明内力计算步骤。

1）屋盖荷载。完全同弹性方案的计算方法。

2）风荷载。计算方法同弹性方案，由图 6-19（b）、（c）两个部分内力叠加得到

$$\begin{cases} M_A = \dfrac{\eta WH}{2} + \left(\dfrac{1}{8} + \dfrac{3\eta}{16}\right) q_1 H^2 + \dfrac{3\eta}{16} q_2 H^2 \\ M_B = -\left[\dfrac{\eta WH}{2} + \left(\dfrac{1}{8} + \dfrac{3\eta}{16}\right) q_2 H^2 + \dfrac{3\eta}{16} q_1 H^2\right] \end{cases} \tag{6-25}$$

6.4.3　墙、柱的内力组合与承载力验算

在进行单层混合结构房屋设计时，需要求出墙、柱各控制截面的最不利的内力，作为墙、柱截面设计的依据。

1. 控制截面的位置

单层无吊车房屋：取柱上端Ⅰ—Ⅰ截面，柱高中部某截面处产生与基础顶面反号的最大弯矩的Ⅳ—Ⅳ截面和轴力最大的基础顶面Ⅱ—Ⅱ截面。

单层有吊车房屋：上柱取上柱下端截面Ⅰ—Ⅰ，下柱取下柱上、下端截面Ⅱ—Ⅱ和Ⅲ—Ⅲ。

墙、柱的控制截面如图 6-20 所示。

Ⅰ—Ⅰ截面既按偏压承载力验算，同时还需验算梁下的砌体局部受压承载力；Ⅱ—Ⅱ、Ⅲ—Ⅲ、Ⅳ—Ⅳ截面均按偏心受压验算承载力。

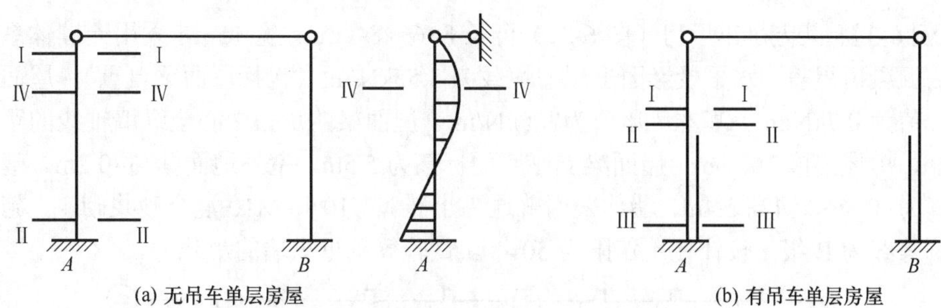

(a) 无吊车单层房屋　(b) 有吊车单层房屋

图 6-20　墙、柱的控制截面

2. *内力组合*

在进行内力组合时，根据《建筑结构荷载规范》(GB 50009—2012) 考虑相应的荷载组合系数，把各种荷载单独作用下控制截面的内力加以组合。最后选出各控制截面的最不利内力进行墙、柱承载力验算。

3. *承载力验算*

求得最不利的内力后，即可对承重墙、柱进行承载力验算。

除了对屋架（大梁）支撑截面进行局部受压承载力验算外，对各控制截面均应按偏心受压构件进行验算。纵墙承重的单层房屋，由于纵墙承受的内力较大，一般均设置扶壁柱。当纵墙有门窗洞口时，为简化计算且偏于安全，在基础顶面的墙、柱截面可不考虑窗间墙以外的部分截面参加工作，仍取由窗间墙的截面面积作为计算截面。当纵墙上没有门窗洞口时，考虑到纵墙参与壁柱共同工作的宽度自屋架（大梁）底向下以某个扩散角度逐步加大，因此根据《砌体结构设计规范》(GB 50003—2001) 的建议，对基础顶面的带壁柱纵墙的翼缘计算宽度取为 $b_{\mathrm{f}}=b+2/3H$，其中 b 为壁柱宽度，H 为纵墙高度，且 b_{f} 不大于窗间墙宽度和相邻壁柱间的距离。

6.4.4　端横墙（山墙）的计算

1）单层混合结构房屋的横墙除自重外，主要承受作用在山墙上的水平风荷载。当端开间的屋面构件（檩条、屋面板）直接搁置在山墙上时，山墙还承受部分屋盖竖向荷载。

2）计算山墙时，房屋的纵墙可视为山墙受荷后的抗侧力结构。山墙按下端固定于基础顶面、上端铰支于屋盖的竖向杆件计算。

3）带壁柱山墙的计算截面可参照带壁柱纵墙的规定取用。计算时，应分别考虑风压力和风吸力的作用。

最后还需指出的是，进行单层混合结构墙、柱设计时，一般还需要进行施工阶段的验算。如在屋架（大梁）安装前，墙体为独立的悬臂构件，需要进行稳定验算。此时，一片墙应同时考虑风压力和风吸力的作用。当不满足稳定性要求时，则应采取必要的技术措施，保证施工时墙体的稳定。

【例 6-3】 某无吊车厂房（图 6-21）全长 8×6=48（m），宽 15m，采用无檩体系装配式钢筋混凝土屋盖，水平投影面上屋盖恒载为 3.55kN/m^2（包括屋面梁自重），屋面活荷载标准值为 0.7kN/m^2，基本风压值为 0.5kN/m^2。屋面梁的反力中心至纵墙轴线的距离为 150mm，房屋出檐 700mm，屋面梁支座底面标高为 5.5m，室外地面标高−0.2m，基础顶面标高为−0.5m，窗高 3.4m，墙体采用普通黏土砖 MU10 和 M10 混合砂浆砌筑，施工质量控制等级为 B 级，设计使用年限为 50 年。试验算承重纵墙的承载力。

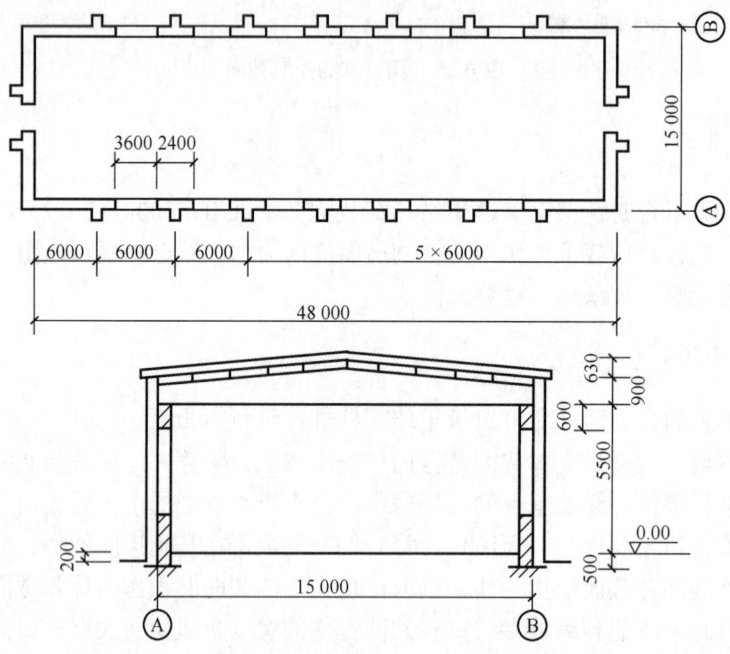

图 6-21 厂房的平面与剖面图（尺寸单位：mm）

【解】（1）计算方案及计算简图的确定

该厂房采用无檩体系钢筋混凝土屋盖，属第一类屋盖，横墙间距 s=48m>32m，由表 6-4 可知，房屋为刚弹性方案房屋。

取一个标准开间 6m 为计算单元，取窗间墙截面作为带壁柱墙的计算截面，纵墙高度 H=5.5+0.5=6.0（m），计算简图如图 6-22 所示。

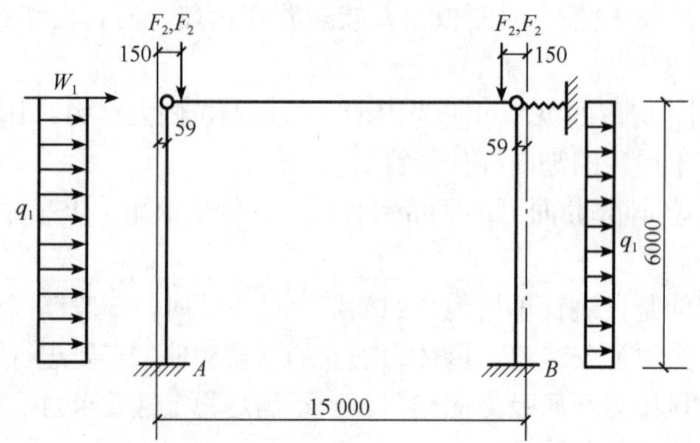

图 6-22 厂房的计算简图（尺寸单位：mm）

（2）荷载计算

1）屋面荷载。屋面恒载标准值为

$$F_{1k}=3.55\times6\times(15+2\times0.7)/2=174.66(\text{kN})$$

屋面活载标准值为

$$F_{2k}=0.7\times6\times(15+2\times0.7)/2=34.44(\text{kN})$$

2）墙体自重（圈梁自重近似按墙体计算）。墙砌体容重标准值 19kN/m^3。

窗间墙自重（自基础顶面至屋面板底面）标准值为

$$19\times0.7166\times(6+0.9)=93.95(\text{kN})\text{（0.7166 为墙截面面积）}$$

窗上墙自重标准值为

$$19\times3.6\times0.24\times(0.6+0.9)\approx24.62(\text{kN})$$

窗自重（采用钢窗）：$3.6\times3.4\times0.4\approx4.90$(kN)（钢窗高 3.4m，自重 0.4kN/m^2），则基础顶面以上墙体自重标准值（窗下墙自重直接传至条形基础）为

$$93.95+24.62+4.90=123.47(\text{kN/m})$$

3）风荷载：

$$W=\mu_s\mu_z w_0\text{，基本风压 }w_0=0.5\text{kN/m}^2$$

其中 μ_z 为风压高度变化系数。计算柱顶屋盖集中风荷载时，μ_z 按柱顶和屋脊的平均高度取值，即 $H=0.2+5.5+1.53/2=6.456$（m）。由《建筑结构荷载规范》（GB 50009—2012）可知，对建造在中、小城镇，属 B 类地面粗糙度的厂房 $\mu_z=1.0$，μ_s 为风荷载体形系数，根据《建筑结构荷载规范》（GB 50009—2012）所确定的厂房风荷载体形系数如图 6-23 所示。由此可得柱顶的集中荷载标准值

$$W_{1k}=(0.8+0.5)\times1.0\times0.5\times6\times0.9=3.51(\text{kN})$$

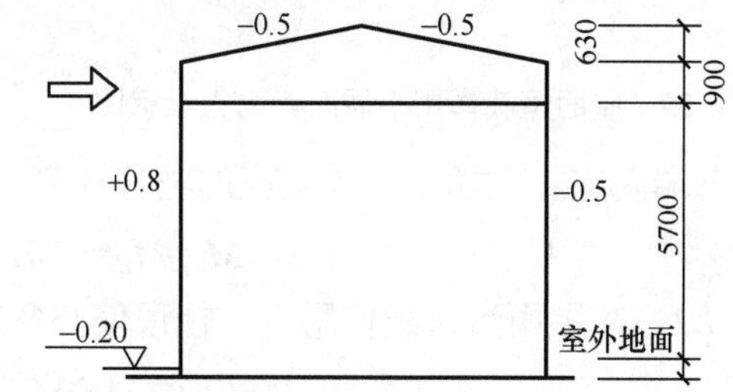

图 6-23　厂房风荷载体形系数（尺寸单位：mm）

迎风面的均布荷载为

$$q_{1k}=0.8\times1.0\times0.5\times6=2.4(\text{kN})$$

背风面的均布荷载为

$$q_{2k}=0.5\times1.0\times0.5\times6=1.5(\text{kN/m})$$

（3）墙截面尺寸确定及高厚比验算

根据经验，设纵墙截面尺寸如图 6-24 所示。

计算截面特征值，得

$$A=716\,600\text{mm}^2\quad h_T=512\text{mm}\quad y_1=181\text{mm}\quad y_2=439\text{mm}$$

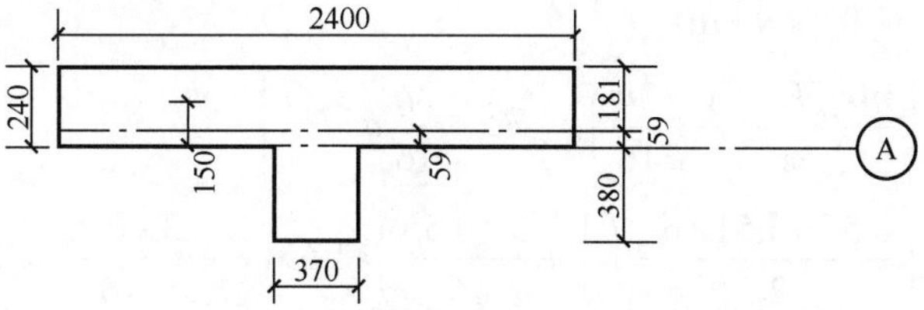

图 6-24　纵墙截面尺寸（尺寸单位：mm）

1）验算带壁柱墙高厚比。对于单层刚弹性方案房屋，由表 4-5 可知

$$H_0=1.2H=1.2\times6=7.2(\mathrm{m})$$

$$\mu_1=1 \qquad \mu_2=1-0.4\frac{b_s}{s}=1-0.4\times\frac{3.6}{6}=0.76>0.7$$

由表 6-5 对 M7.5 查得［β］=26

$$\beta=\frac{H_0}{h_T}=\frac{7200}{512}\approx14.06<\mu_2[\beta]=0.76\times26=19.76$$

满足要求。

2）验算壁柱间墙高厚比。由于 $s=H=6\mathrm{m}$，查表 4-5，得 $H_0=0.6s$，即

$$H_0=0.6\times6=3.6(\mathrm{m})$$

$$\beta=\frac{H_0}{h}=\frac{3600}{240}=15<\mu_2[\beta]=0.76\times26=19.76$$

满足要求。

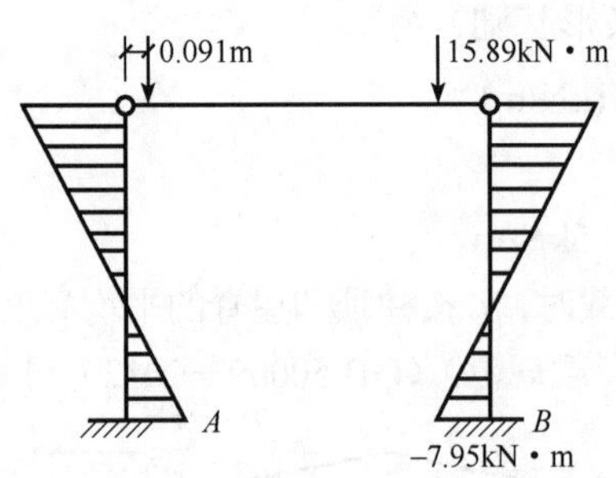

图 6-25　屋面恒载作用下屋面梁内力示意图

（4）排架内力计算

经查表 6-3 得 η=0.55。

1）在屋面恒载作用下屋面梁内力如图 6-25 所示。屋面梁支撑反力作用点至截面形心的距离为

$$e=181-(240-150)=91(\mathrm{mm})$$

柱顶偏心弯矩标准值为

$$M=F_{1k}e=174.66\times0.091=15.89(\mathrm{kN\cdot m})$$

由于荷载和排架均匀对称，排架无侧移，可按下端固定、上端不动铰支座的竖杆计算。柱底弯矩标准值为

$$M_A=M_B=-M/2=-7.95(\mathrm{kN\cdot m})$$

2）在屋面活荷载作用下，柱顶偏心弯矩标准值为

$$M=F_{2k}e=34.44\times0.091\approx3.13(\mathrm{kN\cdot m})$$

柱底截面弯矩标准值为

$$M_A=M_B=-M/2=-1.57(\mathrm{kN\cdot m})$$

3）风荷载标准值作用下：

$$\begin{aligned}M_A&=\frac{\eta W_k H}{2}+\left(\frac{1}{8}+\frac{3\eta}{16}\right)q_{1k}H^2+\frac{3\eta}{16}q_{2k}H^2\\&=\frac{0.55\times3.51\times6}{2}+\left(\frac{1}{8}+\frac{3\times0.55}{16}\right)\times2.4\times6^2+\frac{3\times0.55}{16}\times1.5\times6^2\\&\approx31.07(\mathrm{kN\cdot m})\end{aligned}$$

$$\begin{aligned}M_B&=-\left[\frac{\eta W_k H}{2}+\left(\frac{1}{8}+\frac{3\eta}{16}\right)q_{2k}H^2+\frac{3\eta}{16}q_{1k}H^2\right]\\&=-\left[\frac{0.55\times3.51\times6}{2}+\left(\frac{1}{8}+\frac{3\times0.55}{16}\right)\times1.5\times6^2+\frac{3\times0.55}{16}\times2.4\times6^2\right]\\&\approx-27.02(\mathrm{kN\cdot m})\end{aligned}$$

右风作用下与左风（图 6-26）反对称，即

$$M_A=-27.02\text{kN}\cdot\text{m}$$

$$M_B=-31.07\text{kN}\cdot\text{m}$$

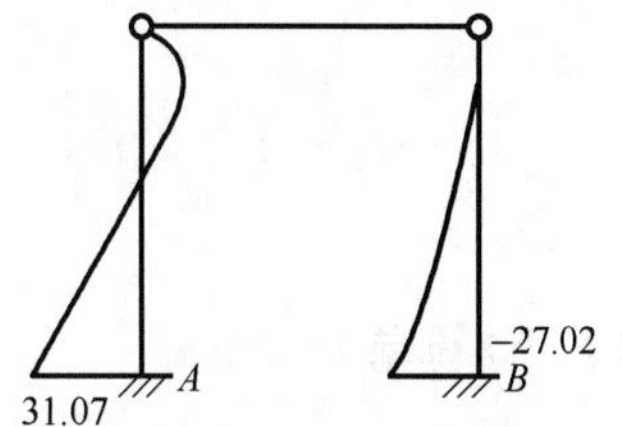

图 6-26　风内力图（单位：kN·m）

（5）内力组合

由于排架对称，仅对 *A* 柱进行内力组合即可。

柱顶截面最不利内力由可变荷载控制的组合

$$M_{A1}^{上}=1.3M_{Gk}+1.5M_{Qk}=1.3\times15.89+1.5\times3.13\approx25.35(\text{kN}\cdot\text{m})$$

$$N_{A1}^{上}=1.3N_{Gk}+1.5N_{Qk}=1.3\times174.66+1.5\times34.44\approx278.72(\text{kN})$$

由可变荷载控制的组合 $M_{A1}^{上}$、$N_{A1}^{上}$ 为 I — I 截面控制内力。

本例中柱底弯矩主要由风荷载产生，其他活荷载产生的弯矩很小，对柱底截面组合见表 6-6。

表 6-6　柱底截面组合

荷载组合	荷载情况	柱底内力	
		M/（kN·m）	N/kN
恒载	①	−7.95	174.66
活载	②	−1.57	34.44
墙自重	③	0	123.47
左风	④	31.07	0
右风	⑤	−27.02	0
荷载+风荷载（可变荷载控制的组合） 荷载+活荷载+风荷载 （左风或右风）	1.3（①+③）+1.5④	36.27	387.57
	1.3（①+③）+1.5⑤	−50.87	387.57
	1.3（①+③）+1.5（④+0.7②）	34.62	423.73
	1.3（①+③）+1.5（⑤+0.7②）	−52.51	423.73
	简化法		
	①+③+0.9（④+②）	27.63	401.15
	①+③+0.9（⑤+②）	−35.27	401.15

A 柱 II — II 截面内力组合略。

（6）承载力验算

根据内力组合结果，选取 N=423.73kN、M=52.51kN·m 内力对 *A* 柱截面进行受压承载力验算。

N=423.73kN，M=52.51kN·m，则

$$e=\frac{M}{N}=\frac{52.51}{423.73}\approx0.124(\text{m})=124\text{mm}$$

$$\frac{e}{h_T}=\frac{125}{512}\approx0.244$$

$$\beta=\gamma_\beta H_0/h_T=1.2H/h_T=7200\div512\approx14.06$$

查表 4-2，得 φ=0.341；根据砖和砂浆的强度等级查得 f=1.89MPa，则

$$\varphi Af=0.341\times716\,600\times1.89\approx461.84(\text{kN})>N=423.73\text{kN}$$

满足要求。

6.5 多层混合结构房屋的计算

6.5.1 计算单元

混合结构纵墙一般较长，设计时可取一段有代表性的墙段（一个开间）作为计算单元。一般情况下，计算单元的受荷宽度为一个开间$\frac{l_1+l_2}{2}$，如图 6-27 所示。当纵墙上有门窗洞口，内外墙的计算截面宽度 B 一般取一个开间的门间墙或窗间墙，承受计算单元范围内的竖向荷载和水平荷载；无门窗洞口时，计算截面宽度 B 取$\frac{l_1+l_2}{2}$；如壁柱间的距离较大且层高较小时，可取

$$B=\left(b+\frac{2}{3}H\right)\leqslant\frac{l_1+l_2}{2} \tag{6-26}$$

式中：b——壁柱宽度。

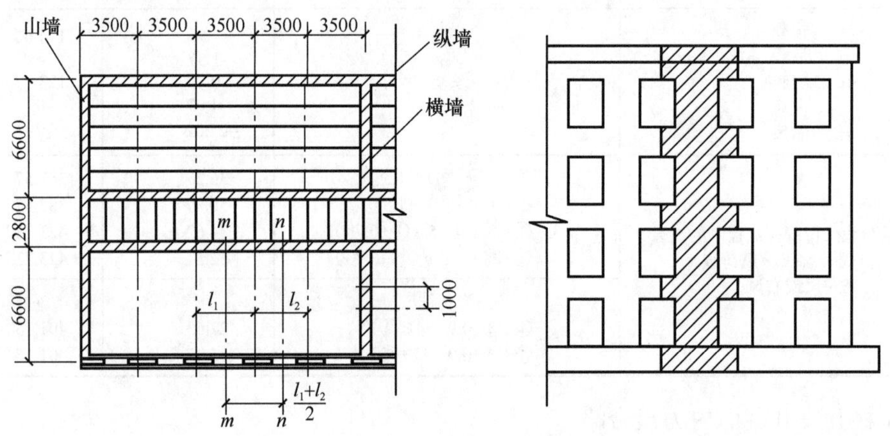

图 6-27 多层刚性方案计算单元（尺寸单位：mm）

6.5.2 计算简图

多层混合结构房屋与单层混合结构房屋一样，按其空间刚度分为刚性、刚弹性及弹性方案房屋。对刚性方案房屋，屋盖或楼盖可视为墙、柱的不动铰支撑；对刚弹性方案房屋，由于空间刚度减弱，只能考虑屋盖或楼盖所具有的弹性支撑作用，而弹性方案房屋已不能考虑房屋的空间工作，应按平面结构体系计算。

6.5.3 刚性方案房屋承重墙的计算

1. 竖向荷载作用下的内力分析

多层民用房屋，如办公楼、教学楼、医院和图书馆等，由于横墙间距较小，一般属

于刚性方案房屋，这类房屋梁与墙的连接可以按铰接分析，如图 6-28（a）所示，房屋、楼盖及基础顶面作为连续梁的支撑点。由于梁或板伸入墙内搁置，使墙体在楼盖处的连续性受到削弱，为了简化计算，忽略墙体的连续性，假定墙体在各层楼盖处均为铰接。此时，由于在多层刚性方案房屋中，基础顶面对墙体承载能力起控制作用的内力主要是轴向力，而弯矩对承载能力的影响很小，可以将墙与基础的连接视为铰接，忽略弯矩的影响。在竖向荷载作用下刚性方案房屋墙体在承受竖向荷载时的多跨连续梁就可简化为多跨的简支梁［图 6-28（b）］，分层按简支梁分析墙体内力，其偏心荷载引起的弯矩如图 6-28（b）所示。

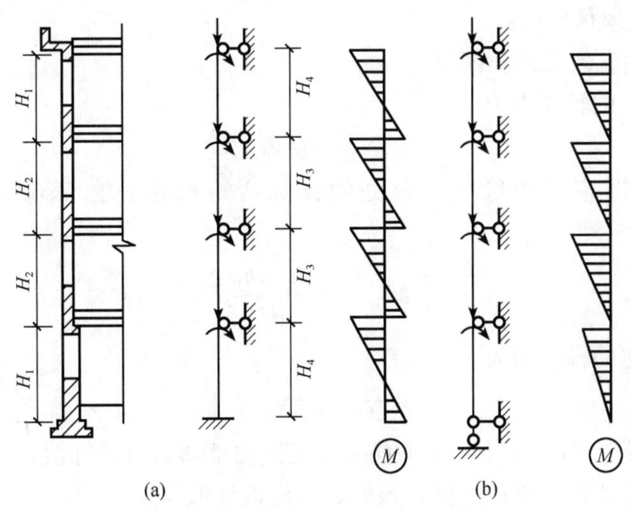

图 6-28　竖向荷载作用下承重墙内力分析简图

多层房屋外墙每一层墙体各截面的轴力和弯矩都是变化的，轴力是上小下大，弯矩是上大下小。有门窗洞口的外墙，截面面积沿层高也是变化的。对每层墙体一般有下列几种截面比较危险：本层楼盖底面Ⅰ—Ⅰ、窗口上边缘Ⅱ—Ⅱ、窗台下边边缘Ⅲ—Ⅲ以及下层楼盖顶面Ⅳ—Ⅳ，如图 6-29 所示。

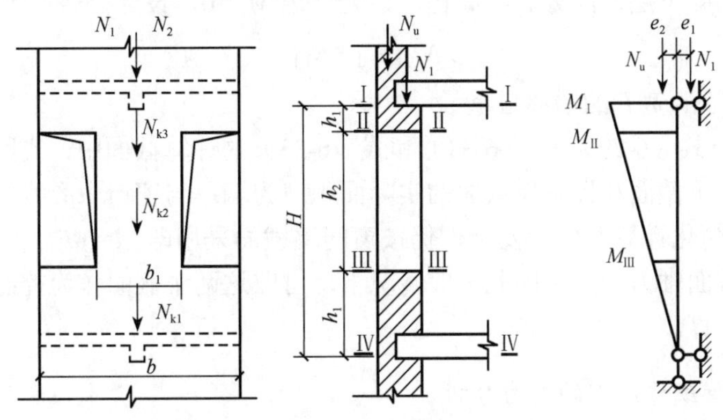

图 6-29　外墙最不利计算截面位置及内力图

Ⅰ—Ⅰ截面即本层楼盖底面处。该处在竖向荷载作用下弯矩最大，其弯矩设计值为

$$M_{\mathrm{I}} = N_l e_1 - N_{\mathrm{u}} e_2 \tag{6-27}$$

式中：N_l——计算层墙体的梁或板传来的荷载设计值；

N_{u}——计算层以上各层传来的荷载设计值；

e_2——上层墙体重心对该层墙体中心的偏心距（如果上下层墙体厚度相同，则 e_2=0）；

e_1——N_l对计算层墙体形心轴的偏心距，有

$$e_1 = \frac{h}{2} - 0.4a_0$$

其中：h——该层墙体厚度；

a_0——梁端有效支撑长度；

设计荷载产生的轴向力为

$$N_{\mathrm{I}} = N_l + N_{\mathrm{u}} \tag{6-28}$$

Ⅱ—Ⅱ截面即窗口边缘处。该处的计算弯矩可由三角形弯矩按内插法求得（图 6-29）。

$$M_{\mathrm{II}} = M_1 \frac{h_1 + h_2}{H} \tag{6-29}$$

设计荷载产生的轴向力为

$$N_{\mathrm{II}} = N_{\mathrm{I}} + N_{\mathrm{h3}} \tag{6-30}$$

式中：N_{h3}——该计算截面至Ⅰ—Ⅰ截面高度范围内墙体自重设计值。

Ⅲ—Ⅲ截面处即窗口下边缘处。该处的弯矩设计值为

$$M_{\mathrm{III}} = M_1 \frac{h_1}{H} \tag{6-31}$$

设计荷载产生的轴向力为

$$N_{\mathrm{III}} = N_{\mathrm{II}} + N_{\mathrm{h2}} \tag{6-32}$$

式中：N_{h2}——高 h_2 宽 b_1 的墙体自重。

Ⅳ—Ⅳ截面即下层顶面处。经简化，该处弯矩 M_{IV}=0，设计荷载产生的轴向力为

$$N_{\mathrm{IV}} = N_{\mathrm{II}} + N_{\mathrm{h1}} \tag{6-33}$$

式中：N_{h1}——高 h_1 宽 b 的墙体自重。

式（6-27）、式（6-29）、式（6-31）和式（6-33）的计算截面中，实际的截面面积是不相等的，Ⅰ—Ⅰ截面和Ⅳ—Ⅳ截面的实际面积应为墙厚与窗口中心线间距的乘积，但《砌体规范》为简化计算并偏于安全，仍按窗间墙截面采用即 $A=b_1h$，而Ⅰ—Ⅰ截面 M 最大，Ⅳ—Ⅳ截面轴力最大，因此一般情况下，可取这两个截面作为控制截面进行墙体的竖向承载力计算。

2. 水平风荷载作用下的内力分析

在水平荷载作用下，纵墙可按竖向连续梁分析内力，如图 6-30 所示。为简化计算，由风荷载引起的各层纵墙上下端的弯矩可按两端固定梁计算，即

$$M = \frac{1}{12} q H_i^2 \tag{6-34}$$

式中：q——计算单元范围内，沿每米墙高的风荷载设计值（风压力或风吸力）；

H_i——第 i 层墙高。

根据设计经验，在一定条件下风荷载在墙截面中引起的弯矩较小，对截面承载力没有显著影响，所以风荷载引起的弯矩可以忽略不计。《砌体规范》规定，多层刚性房屋的外墙，当符合下列条件时，可以不考虑风荷载的影响，而仅按竖向荷载验算墙体的承载力。

1）洞口水平截面面积不超过全截面面积的 2/3。

2）房屋的层高和总高不超过表 6-7 的规定。

3）屋面自重不小于 0.8kN/m^2。

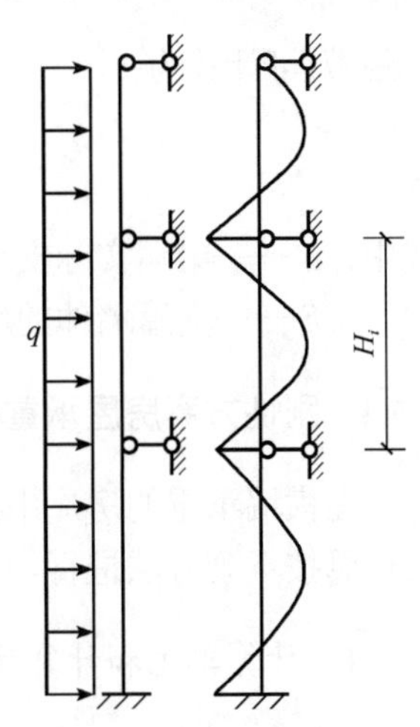

图 6-30　水平风荷载作用下纵墙计算简图

表 6-7　刚性方案多层房屋外墙不考虑风荷载影响时的最大高度

基本风压值/（kN/m^2）	层高/m	总高/m
0.4	4.0	28
0.5	4.0	24
0.6	4.0	18
0.7	3.5	18

注：对于多层砌体房屋 190mm 厚的外墙，当层高不大于 2.8m，总高度不大于 19.6m，基本风压不大于 0.7kN/m^2 时，可不考虑风荷载的影响。

3. 内力组合和截面承载力验算

根据上述方法求出最不利截面的轴向力设计值 N 和弯矩 M 之后，按偏心受压和局部受压承载力验算。

每层墙取两个控制截面，上截面可取墙体顶部位于大梁（或板）底的砌体截面。该截面承受弯矩和轴力，因此需进行偏心受压承载力和梁下局部受压承载力验算。下截面可取墙体下部位于大梁（或板）底端上的砌体截面。底层墙则取基础顶面，该截面轴力 N 最大，仅考虑竖向荷载时弯矩为零按轴向受压计算。水平风荷载作用下产生的弯矩应与竖向荷载作用下产生的弯矩进行组合，风荷载取正风压（压力），还是取负风压（吸力）应以组合弯矩的代数和增大来决定。当风荷载、永久荷载、可变荷载进行组合时，应按《建筑结构荷载规范》（GB 50009—2012）的有关规定考虑组合系数。若 n 层墙体的截面及材料强度相同时，则只需验算最下一层即可。

当楼面梁支撑于墙体时，梁端上下的墙体对梁端转动有一定的约束作用，因而梁端也有一定的约束弯矩。当梁的跨度较小时，约束弯矩可以忽略；但当梁的跨度较大时，约束弯矩将在梁端上下墙体内产生弯矩，使墙体偏心距增大。为防止这种情况，对于梁跨度大于 9m 的墙承重的多层房屋，除按上述方法计算墙体外，宜再按梁两端固结计算梁端弯矩，再将其乘以修正系数γ后，按墙体线形刚度分到上层墙底部和下层墙顶部，修

正系数γ可计算为

$$\gamma = 0.2\sqrt{\frac{a}{h}} \tag{6-35}$$

式中：a——梁端实际支撑长度；

h——支撑墙体的墙厚（当上下墙厚不同时取下部墙厚，当有壁柱时取 h_T）。

6.5.4 刚性方案房屋承重横墙的计算

在横墙承重的房屋中，由于横墙间距较小，一般情况均属于刚性方案房屋。其承载力计算按下列方法进行。

1. 计算单元和计算简图的确定

由于横墙大多承受屋面板或楼板传来的均布荷载，因而可沿墙长取 1m 宽作为计算单元。计算简图为每层横墙视为两端不动铰接的竖向构件，构件的高度为层高。但对顶层，如为坡屋顶，可取层高加山尖的平均高度；对底层，墙下端支点的位置，可取在基础顶面，当埋置较深且有刚性地坪时，可取室外地面 500mm 处，如图 6-31 所示。

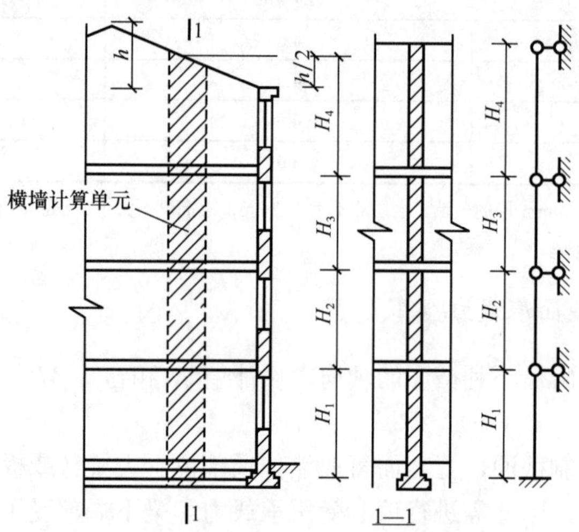

图 6-31 承重横墙的计算单元和计算简图

2. 控制截面和内力计算

1）横墙承受荷载。所计算层以上各层传来的轴向力 N_u，包括屋盖和楼盖的恒载和活荷载以及上部墙体自重，还有本层两边楼盖传来的竖向荷载。

2）当房屋的开间相同或相差不大，而且楼面活荷载不大时，内横墙两侧由屋盖或楼盖传来的纵向力相等或接近，内横墙可近似按轴心受压构件进行计算。此时仅需验算各层墙底截面承载力。

3）如果横墙两侧开间尺寸相差悬殊，或活荷载较大且仅一侧作用有活荷载，均会使横墙承受较大的偏心弯矩，应按偏心受压验算横墙的上部截面。计算偏心弯矩时，楼盖支座反力合力作用点的位置与承重纵墙计算时的规定相同（图 6-32），其作用点均作用于距墙边 $0.4a_0$ 处。

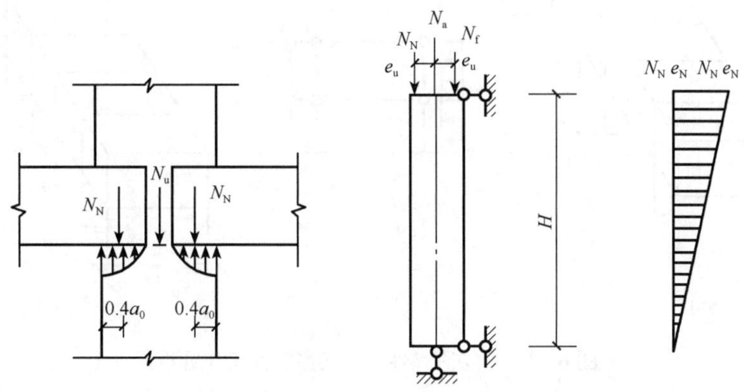

图 6-32　横墙两侧荷载不同时墙体计算简图及弯矩图

4）当横墙上开有洞口时，可取洞间墙作为计算截面。若横墙上仅有一个洞口，则计算洞边墙时应考虑过梁传来的荷载。如有支撑梁应考虑梁传来的集中荷载，计算截面，自梁两侧各取 1/3 层高。此外，还需验算梁端砌体局部受压承载力。

5）当纵横墙的转角墙段角部作用有集中荷载时，计算截面的长度可近似从角点算起每侧取层高的 1/3。当上述墙体范围内有门窗洞口时，计算截面取至洞边，但不大于层高的 1/3。计算简图仍可参照竖向荷载作用下承载纵墙的计算简图，即以上各层的竖向集中荷载传至本层时，可按均匀受压考虑，压应力的合力通过角形截面的形心。转角墙段可按角形截面偏心受压构件进行承载力验算。

6.5.5　刚弹性方案多层房屋的计算

1. 多层房屋的空间性能影响系数 η

多层混合结构房屋刚弹性静力计算与单层房屋不同，不仅存在着房屋平面各开间之间的空间工作，而且沿房屋高度在各层之间也存在着空间作用。当多层房屋某开间受有水平荷载时，考虑其空间工作进行内力分析，可分为两步叠加。

1）取多层房屋受水平荷载的平面单元，在其各层横梁与柱连接处加水平支杆，求得各层反力 $R_1,\cdots,R_n$。

2）将 $R_1,\cdots,R_n$ 反向作用在房屋空间体系上求得其内力。

如图 6-33 所示一两层房屋，在某一开间承受水平风荷载，取有水平荷载开间的平面单元，各梁与柱间加上水平支杆后，在水平荷载作用下各层都没有侧移，求出支杆反力 R_1、R_2。再将支杆反力 R_1、R_2 反向作用在房屋的空间体系上。由于屋盖、楼盖、纵墙与横墙等的作用，R_1、R_2 分别沿纵向传递至各平面单元及山墙，并分别沿高度向其他各层传递。由此计算平面单元只承受 R_1 与 R_2 的一部分，以下讨论 R_1 与 R_2 反向作用于房屋后，框架的受力情况。

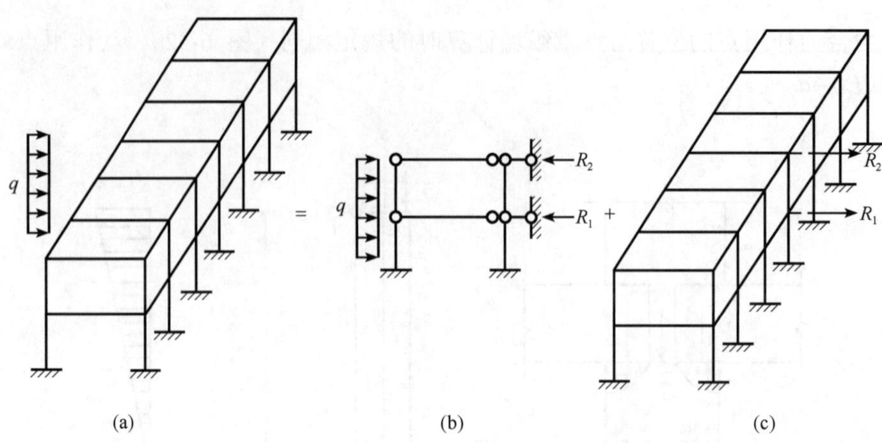

图 6-33　多层刚弹性方案房屋空间工作分析

图 6-34（a）是平面单元仅在 R_1 作用下，计算平面单元受力情况。其中 V_{11} 为计算平面单元第一层左右两侧楼盖纵向体系的空间作用（同层空间作用）引起的总剪力；V_{21} 为计算平面单元第二层左右两侧屋盖纵向体系的空间作用（层间空间作用）引起的总剪力。此时，作用于计算平面单元一层的实际反力将为$\eta_{11}R_1$，其值为

$$\eta_{11}R_1 = R_1 - V_{11} \tag{6-36}$$

$$\eta_{11} = 1 - \frac{V_{11}}{R_1}$$

而作用于顶层的约束反力为$\eta_{21}R_1$，其值为

$$\eta_{21}R_1 = V_{21} \tag{6-37}$$

$$\eta_{21} = \frac{V_{21}}{R_1}$$

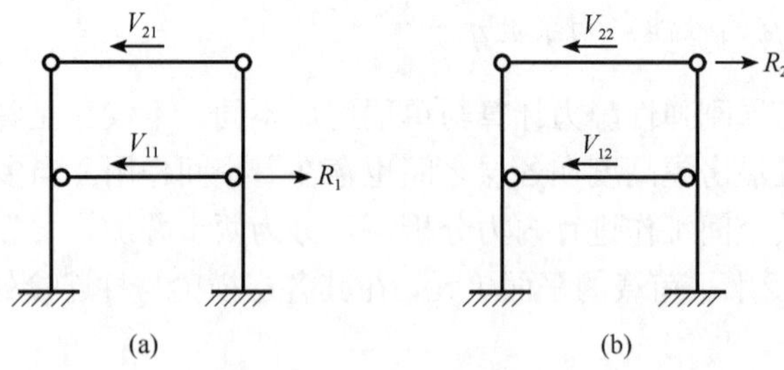

图 6-34　刚弹性方案多层房屋计算内力图

同理，如图 6-34（b）所示。当仅考虑 R_2 作用有

$$\eta_{22} = 1 - \frac{V_{22}}{R_2} \tag{6-38}$$

$$\eta_{12} = \frac{V_{12}}{R_2} \tag{6-39}$$

式中：η_{11}、η_{22}、η_{12}、η_{21}——小于 1 的系数，称为空间作用系数，或空间性能影响系数。其中η_{11}、η_{22}为主空间作用系数，η_{12}、η_{21}为副空间作用系数；副空间作用系数是由于各层之间的相互作用而产生的；η_{11}与η_{21}分别表示当房屋在计算框架第一层楼盖处施加单位力（R_1=1）时，计算平面单元第一层与第二层承受的荷载，相应的一层和顶层位移为δ_{11}和δ_{21}；η_{22}与η_{12}为当房屋第二层屋盖处施加单位力（R_2=1）时，计算单元第二层与第一层实际承受的荷载，相应的一层和顶层位移为δ_{12}和δ_{22}，如图 6-35 所示。

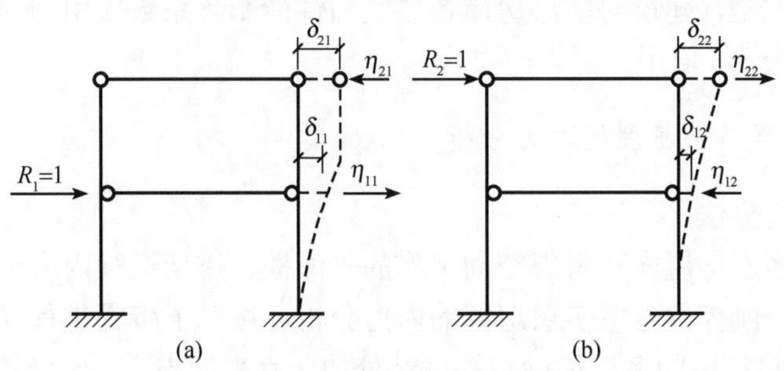

图 6-35　主、副空间性能影响系数

由力学原理可得

$$\begin{cases}\eta_{11}=\overline{\gamma}_{11}\delta_{11}+\overline{\gamma}_{12}\delta_{21}\\ \eta_{21}=\overline{\gamma}_{21}\delta_{11}+\overline{\gamma}_{22}\delta_{21}\\ \eta_{22}=\overline{\gamma}_{21}\delta_{12}+\overline{\gamma}_{22}\delta_{22}\\ \eta_{12}=\overline{\gamma}_{11}\delta_{12}+\overline{\gamma}_{12}\delta_{22}\end{cases} \tag{6-40}$$

式中：$\overline{\gamma}_{11}$、$\overline{\gamma}_{12}$、$\overline{\gamma}_{21}$、$\overline{\gamma}_{22}$——所计算平面单元体系的反力系数（其中$\overline{\gamma}_{11}$、$\overline{\gamma}_{12}$分别表示平面框架第一层和顶层所产生单位位移时，在第一层所施加的水平力；$\overline{\gamma}_{21}$、$\overline{\gamma}_{22}$则为第一层和顶层所产生单位位移时，在顶层所施加的水平力）。

通过对空间受力体系的实测可得到δ_{11}、δ_{21}、δ_{12}和δ_{22}，进而求得空间作用系数。把上述两种情况叠加，可得

第一层

$$\eta_{11}R_1-\eta_{12}R_2=\left(\eta_{11}-\eta_{12}\frac{R_2}{R_1}\right)R_1=\eta_1R_1 \tag{6-41}$$

第二层

$$\eta_{22}R_2-\eta_{21}R_1=\left(\eta_{22}-\eta_{21}\frac{R_1}{R_2}\right)R_2=\eta_2R_2 \tag{6-42}$$

有

$$
\begin{cases}
\eta_1 = \eta_{11} - \eta_{12}\dfrac{R_2}{R_1} \\
\eta_2 = \eta_{22} - \eta_{21}\dfrac{R_1}{R_2}
\end{cases}
\tag{6-43}
$$

式中：η_1、η_2——第一层和第二层的综合空间性能影响系数，简称空间性能影响系数。

可以看出，由于多层房屋不仅在房屋同层平面内存在空间作用，而且在各层之间也存在着空间作用，因此多层房屋的空间工作状况要比单层房屋复杂得多。房屋层数越多，主、副空间性能影响系数越多，综合空间性能影响系数的计算就越复杂。《砌体规范》为简化计算和偏于安全，建议对多层房屋各层空间性能影响系数采用与对应单层房屋相同的数值，仍可按表 6-3 取用。

2. 刚弹性方案多层房屋的内力分析

（1）内力分析方法

刚弹性方案多层房屋应按考虑空间工作的平面框、排架进行内力分析。与刚弹性方案单层房屋相似，刚弹性方案多层房屋的内力分析可按以下步骤进行（图 6-36）。

1）在平面计算简图的多层横梁与柱联结处加一水平铰支杆，计算其在水平荷载作用下无侧移时的内力和各支杆反力 R_i（i=1,2,…,n）。

2）将支杆反力 R_i 乘以η，反向作用框、排架的各横梁处，按有侧移框、排架分析内力。

3）将上述两步所得的相应内力叠加，即得荷载作用下框、排架的最终内力。

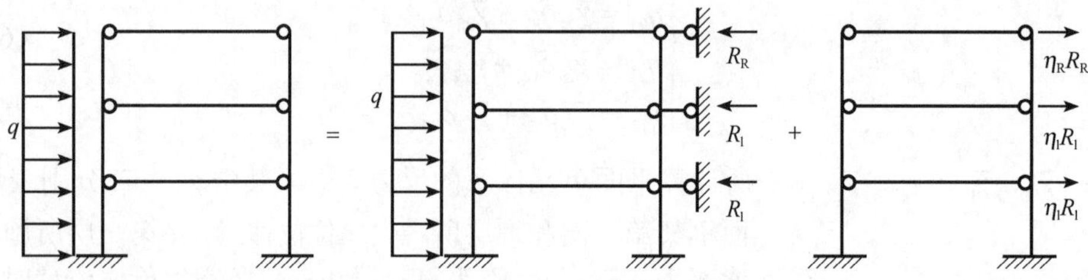

图 6-36　刚弹性方案多层房屋计算简图

（2）上柔下刚多层房屋计算

对于顶层为会议室、俱乐部等横墙间距较大，而以下各层为办公楼、宿舍等开间较小、横墙较密的多层房屋顶层只能满足刚弹性方案要求，下面各层的横墙间距则可满足刚性方案要求时，一般称此类房屋为上柔下刚多层房屋。这类房屋的顶层可近似按单层刚弹性方案房屋进行分析，其空间性能影响系数按表 6-3 取用，下面各层仍按刚性方案进行计算。但应注意，下面各层的墙、柱截面尺寸应不小于顶层的墙、柱截面尺寸。

（3）下柔上刚多层房屋的计算

当多层房屋底层空旷、横墙间距较大，仅能满足刚弹性方案要求，而上面各层横墙间距较小符合刚性方案要求，这类房屋为上刚下柔多层房屋，如底层为商店、展览厅、食堂而上面各层为宿舍、办公室等的房屋。

下柔上刚多层房屋在水平荷载作用下的内力可按以下方法进行分析。

由于上面各层的刚度很大，可将其视为不变形的刚体，首先，在各层横梁处加设不动铰支座，求出在水平风荷载作用下的不动铰支座的水平支座反力 R_i（i=1～n，为层数）以及底层墙、柱的弯矩［图 6-37（b）］；其次，按一类屋盖及底层的横墙间距由表 6-3 取用空间性能影响系数η，将$\eta\sum_{i=1}^{n}R_i$ 反向作用于底层楼盖处［图 6-37（c）］，求出底层墙、柱的弯矩。将上面两步所得的底层墙、柱弯矩叠加即为风荷载作用下墙、柱的实际弯矩。

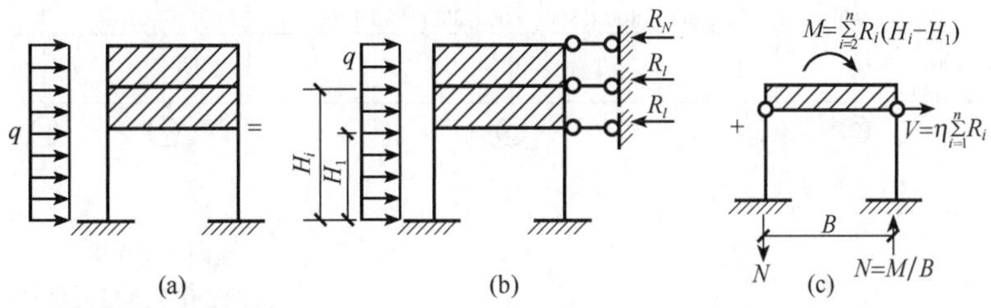

图 6-37　上刚下柔多层房屋的计算简图

水平荷载在底层墙、柱顶面引起的轴力可由作用在底层顶面的弯矩求得，即

$$M=\sum_{i=2}^{n}R_i(H_i-H_1) \tag{6-44}$$

水平荷载作用下底层墙、柱的轴力为

$$N=\pm M/B \tag{6-45}$$

3. *内力组合和截面承载力验算*

刚弹性方案多层房屋墙、柱的内力组合和截面承载力验算与刚性方案多层房屋的组合原则及截面设计方法基本相同，仅在刚弹性房屋中必须考虑风荷载的影响。在进行最不利内力组合时，应按荷载组合的原则考虑相应的荷载组合系数；在进行受压承载力验算时，注意应按刚弹性方案房屋选取构件的计算高度。

6.5.6　例题

【例 6-4】 某 5 层砖混结构办公楼设计使用年限为 50 年，其平面、剖面图如图 6-38 所示。图 6-38 中梁 L-1 截面为 $b_c\times h_c$=200mm×550mm，梁端伸入墙内 240mm，一层纵墙厚为 370mm，2～5 层纵墙厚 240mm，横墙厚均为 240mm。墙体拟采用双面粉刷并采用 MU10 实心烧结黏土砖，1 层、2 层采用 M10 混合砂浆砌筑；3～5 层采用 M7.5 混合砂浆砌筑，试验算承重墙的承载力。

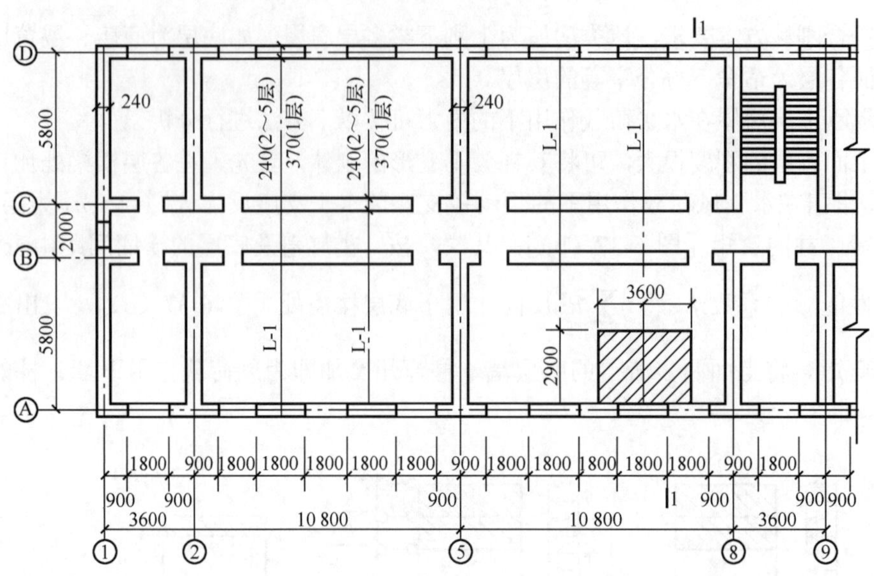

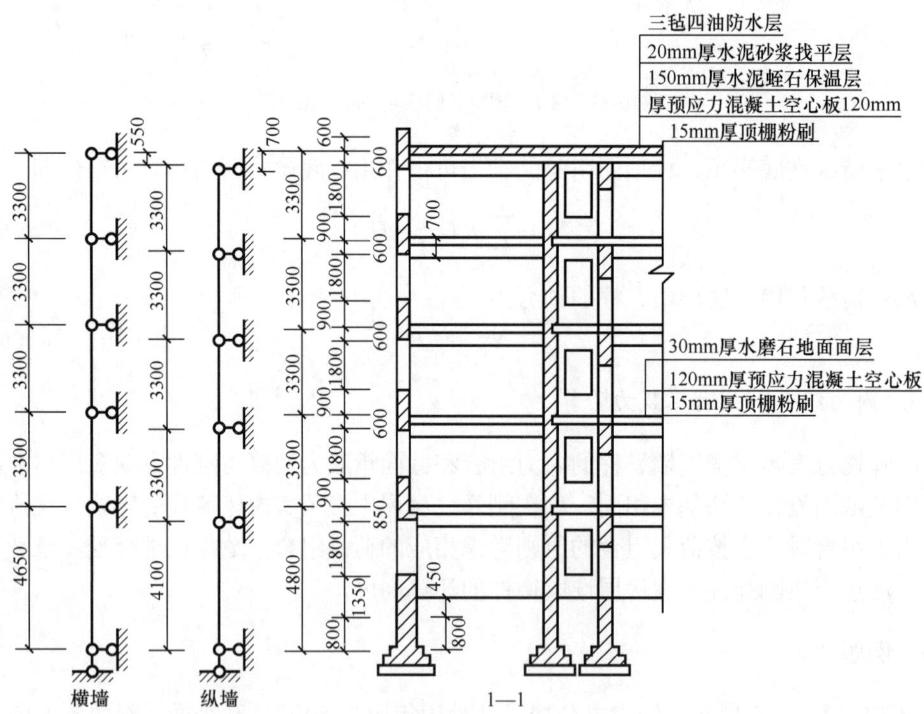

图 6-38　某 5 层砖混结构办公楼的平面、剖面图（尺寸单位：mm）

【解】　（1）计算单元的选取

纵墙选开间中心至开间中心的墙段作为计算单元。比较 A、B 轴线墙体受力情况可知，纵墙承载力由 A 轴线控制，故选 A 轴线进行计算。横墙选取 1m 宽墙体作为计算单元。

（2）静力计算方案和计算简图

屋盖及楼盖为一类，最大横墙间距为 10.8m，由表 6-2 可确定房屋为刚性方案。

（3）荷载计算

1）屋面荷载。

① 屋面恒载标准值：

三毡四油防水层	0.4kN/m
20mm 厚水泥砂浆找平层	0.02×20=0.40（kN/m^2）
150mm 厚水泥蛭石保温层	0.15×6=0.90（kN/m^2）
120mm 预应力混凝土空心板	1.87kN/m^2
15mm 天棚抹灰	0.26kN/m^2
	3.83kN/m^2

作用在纵墙上的荷载：

板传来的荷载	3.83×3.6×2.9≈39.99（kN）
屋面梁自重（包括侧面粉刷）	25×0.2×0.55×2.9+0.26×0.55×2.9×2≈8.80（kN）
	48.79kN

作用在横墙上的荷载　3.83×3.6×1≈13.79（kN）

② 屋面活荷载标准值 0.7kN/m^2。

作用在纵墙上的荷载　0.7×3.6×2.9≈7.31（kN）

作用在横墙上的荷载　0.7×3.6×1=2.52（kN）

屋面大梁传给纵墙荷载的设计值：

可变荷载效应控制的组合

$$N_{15}=1.3S_{G_k}+1.5S_{Q_k}=1.3\times48.79+1.5\times7.31=74.39(\text{kN})$$

屋面荷载传到计算横墙的荷载设计值：

可变荷载效应控制的组合

$$N_{G5}=1.3S_{G_k}+1.5S_{Q_k}=1.3\times13.79+1.5\times2.52=21.70(\text{kN})$$

2）楼面荷载。

① 楼面恒载标准值：

10mm 水磨石地面面层	0.25kN/m^2
20mm 水泥砂浆打底	0.50kN/m^2
120mm 预应力混凝土空心板	1.87kN/m^2
15mm 天棚抹灰	0.26kN/m^2
	2.88kN/m^2

作用在纵墙上的荷载：

板传来的荷载	2.88×3.6×2.9≈30.07（kN）
楼面梁自重（同屋面梁）	8.80kN
	38.87kN

作用在横墙上的荷载　2.88×3.6×1≈10.37（kN）

② 楼面活荷载标准值 2.0kN/m^2。

作用在纵墙上的荷载 2×3.6×2.9≈20.88（kN）

作用在横墙上的荷载 2×3.6×1=7.20（kN）

楼盖大梁传给纵墙荷载的设计值：

可变荷载效应控制的组合

$$N_{l4}=N_{l3}=N_{l2}=N_{l1}=1.2S_{G_k}+1.4S_{Q_k}$$
$$=1.3\times 38.87+1.5\times 20.88=81.85(\text{kN})$$

楼盖荷载传到计算横墙的荷载设计值：

可变荷载效应控制的组合

$$N_{G4}=N_{G3}=N_{G2}=N_{G1}=1.3S_{G_k}+1.5S_{Q_k}$$
$$=1.3\times 10.37+1.5\times 7.20\approx 24.28(\text{kN})$$

3）墙体自重。

双面粉刷 240mm 厚砖墙自重标准值 5.24kN/m^2

双面粉刷 370mm 厚砖墙自重标准值 7.62kN/m^2

塑钢玻璃窗自重标准值 0.40kN/m^2

女儿墙重［厚 240mm、高度 600+120（板厚）=720mm］

$$N_{w7k}=0.72\times 3.6\times 5.24\approx 13.58(\text{kN})$$

女儿墙重设计值：

由可变荷载效应控制的组合

$$N_{w7}=1.3N_{w7k}=1.3\times 13.58\approx 17.65(\text{kN})$$

女儿墙跟部至计算截面（即进深梁底面）高度范围内的墙体

$$N_{w6k}=0.55\times 3.6\times 5.24\approx 10.38(\text{kN})$$

上述墙体荷载设计值：

由可变荷载效应控制的组合时

$$N_{w6}=1.3N_{w6k}=1.3\times 10.38\approx 13.49(\text{kN})$$

计算每层墙体自重时，应扣除窗口面积，加上窗自重。2 层、3 层、4 层、5 层为 240mm 厚砖墙，层高 3.3m，每层墙体重

$$N_{w2k}=N_{w3k}=N_{w4k}=N_{w5k}$$
$$=(3.6\times 3.3-1.8\times 1.8)\times 5.24+1.8\times 1.8\times 0.4\approx 46.57(\text{kN})$$

设计值：

由可变荷载效应控制的组合

$$N_{w2}=N_{w3}=N_{w4}=N_{w5}=1.3\times 46.57\approx 60.54(\text{kN})$$

1 层为 370mm 厚墙，层高 4.1m

$$N_{w1k}=(3.6\times 4.1-1.8\times 1.8)\times 7.62+1.8\times 1.8\times 0.4\approx 89.08(\text{kN})$$

设计值：

由可变荷载效应控制的组合时

$$N_{w1}=1.3N_{w1k}=1.3\times 89.09\approx 115.82(\text{kN})$$

横墙 2～5 层墙体自重

$$N_{w2}=N_{w3}=N_{w4}=N_{w5}=5.24\times3.3\times1\approx17.29(\text{kN})$$

设计值：

由可变荷载效应控制的组合

$$N_2=N_3=N_4=N_5=1.3\times17.29\approx22.78(\text{kN})$$

1 层横墙自重

$$N_{1k}=5.24\times4.65\times1\approx24.37(\text{kN})$$

由可变荷载效应控制的组合时

$$N_1=1.3N_{1k}=1.3\times24.37\approx31.68(\text{kN})$$

（4）内力分析

1）梁端有效支撑长度的计算。屋盖及 2 层、3 层、4 层楼盖大梁截面 $b_c\times h_c$=200mm×550mm，梁端伸入墙内 240mm，下设 $b_b\times a_b\times t_b$=240mm×500mm×180mm 的刚性垫块，1 层纵墙为 370mm，下设 $b_b\times a_b\times t_b$=370mm×550mm×180mm 的刚性垫块，则梁端垫块上表面有效支撑长度采用下式计算为

$$a_0=\delta_1\sqrt{\frac{h}{f}}$$

外纵墙的计算面积为窗间墙的面积 2～5 层 A=1.8×0.24=0.432(m^2)，1 层 A=1.8×0.37=0.666（m^2），由可变荷载控制的组合计算结果见表 6-8。

表 6-8　由可变荷载控制下的梁端有效支撑长度计算

楼层	h/mm	f/MPa	N_u/kN	σ_0/（N/mm^2）	σ_0/f	δ_1	a_0/mm
5	550	1.69	31.14	0.073	0.043	5.50	99.22
4	550	1.69	166.07	0.384	0.227	5.74	103.45
3	550	1.69	308.46	0.714	0.422	6.10	110.04
2	550	1.89	450.85	1.044	0.552	6.68	114.03
1	550	1.89	593.24	0.891	0.471	6.32	107.83

2）外纵墙控制截面的内力计算。进行梁传递荷载对外墙的偏心距 $e=h/2-0.4a_0$，各层Ⅰ—Ⅰ、Ⅳ—Ⅳ截面的内力按可变荷载控制的组合分别列于表 6-9。

表 6-9　由可变荷载控制的纵向墙体内力的计算

楼层	上层传荷		本层楼盖荷载		截面Ⅰ—Ⅰ		截面Ⅳ—Ⅳ
	N_u/kN	e_2/mm	N_l/kN	e_1/mm	M/（kN·mm）	N/kN	N/kN
5	31.14	0	74.39	80.31	5.97	105.53	166.07
4	166.07	0	81.85	78.62	6.44	247.92	308.46
3	308.46	0	81.85	75.98	6.22	390.31	450.85
2	450.85	0	81.85	74.39	6.10	532.70	593.24
1	593.24	−65	81.85	141.87	−26.95	675.09	790.91

注：$N_1=N_u=N_{l1}$；$M=N_ue_2+N_1e_1$（负值表示方向相反）；$N_4=N_1+N_w$。

（5）墙体承载力验算

1）纵墙承载力验算。承载力验算一般可以对截面Ⅰ—Ⅰ进行，但对多层砖房的底部可能Ⅳ—Ⅳ截面更不利，计算结果列于表 6-10 中。

表 6-10 纵向墙体由可变荷载控制时的组合承载力验算

楼层		M/（kN·m）	N/kN	e/mm	h/mm	e/h	β
第 5 层		5.97	105.53	56.57	240	0.236	13.75
第 4 层		6.44	247.92	25.98	240	0.108	13.75
第 3 层		6.22	390.31	15.94	240	0.048	13.75
第 2 层	截面Ⅰ—Ⅰ	6.10	532.70	11.45	240	0.048	13.75
	截面Ⅳ—Ⅳ	0	593.24	0	240	0	13.75
第 1 层	截面Ⅰ—Ⅰ	26.95	675.09	39.92	370	0.108	11.08
	截面Ⅳ—Ⅳ	0	790.91	0	370	0	11.08

楼层		φ	A/mm²	砖 MU	砂浆 M	f/MPa	φAf/kN	φAf/N
第 5 层		0.352	430 000	10	7.5	1.69	256.99	2.4>1
第 4 层		0.571	432 000	10	7.5	1.69	416.88	1.68>1
第 3 层		0.676	432 000	10	7.5	1.69	551.94	1.04>1
第 2 层	截面Ⅰ—Ⅰ	0.676	432 000	10	7.5	1.89	551.94	1.04>1
	截面Ⅳ—Ⅳ	0.779	432 000	10	7.5	1.89	636.04	1.07>1
第 1 层	截面Ⅰ—Ⅰ	0.621	666 000	10	7.5	1.89	781.68	1.16>1
	截面Ⅳ—Ⅳ	0.845	666 000	10	7.5	1.89	1063.64	1.35>1

2）横墙内力计算和截面承载力验算。取 1m 宽墙体作为计算单元，沿纵向取 3.6m 为受荷宽度，由于房间开间、荷载均相同，因此近似按轴压验算。

$$N_{33}=138.60\text{kN}$$

$$s=5.8\text{m}，H<s<2H，H=3.3\text{m}$$

$$H_0=0.4s+0.2H=0.4\times5.8+0.2\times3.3=2.98(\text{m})$$

$$\beta=\frac{H_0}{h}=\frac{2.98}{0.24}=12.42$$

查表 4-1 得

$$\varphi=0.812$$

$$\varphi Af=0.812\times240\times1.69=329.35(\text{kN})>N=138.60\text{kN}$$

满足要求。

1 层Ⅳ—Ⅳ截面处的内力及承载力验算。

由可变荷载控制的组合设计值

$$\begin{aligned}N_{13}&=N_{33}+N_{G2}+N_{G1}+N_2+N_1\\&=138.60+24.28\times2+22.78+31.68=241.62(\text{kN})\end{aligned}$$

由永久荷载控制的组合设计值

$$N_{13}=N_{33}+N_{G2}+N_{G1}+N_2+N_1$$
$$=138.60+24.28\times2+22.78+31.68=241.62(\text{kN})$$

取

$$N=241.62\text{kN}$$

$$s=5.8\text{m}\qquad H<s<2H\qquad H=4.65\text{m}$$

$$H_0=0.4s+0.2H=0.4\times5.8+0.2\times4.65\approx3.25(\text{m})$$

$$\beta=\frac{H_0}{h}=\frac{3.25}{0.24}\approx13.54$$

查表 4-2 得

$$\varphi=0.782$$

$$\varphi Af=0.782\times370\times1.89\approx546.85(\text{kN})>N=241.62\text{kN}$$

满足要求。

（6）砌体的局部承压

以上述窗间墙第 1 层为例，窗间墙截面为 370mm×1800mm，混凝土梁截面为 $b_c\times h_c$=200mm×550mm，梁端伸入墙内 240mm，根据规范要求，在梁下设 370mm×550mm×180mm（宽×长×厚）的混凝土垫块。根据内力计算，当由可变荷载控制时，本层梁的支座反力为 N_{l1}=75.87kN，墙体的上部荷载 N_u=548.67kN；当由永久荷载控制时，本层梁的支座反力 N_{l1}=73.36kN，墙体的上部荷载 N_u=577.08kN，墙体采用 MU10 烧结普通砖，M10 混合砂浆砌筑。

$$A_0=(b+2h)=(550+2\times370)\times370$$
$$=477\,300(\text{mm}^2)<1800\times370=666\,000(\text{mm}^2)$$

计算垫块上纵向力的偏心距，取 N_{l1} 作用点位于墙内表面 $0.4a_0$ 处。

由可变荷载控制的组合

$$N_0=\sigma_0A_b=\frac{593\,240}{1800\times370}\times370\times550\approx181.27(\text{kN})$$

$$e=\frac{81.85\times(185-0.4\times107.83)\times10^3}{75.87+167.65}\approx44.63(\text{mm})$$

$$\frac{e}{a_b}=\frac{44.13}{370}\approx0.119$$

查表 4-1 得

$$\beta\leqslant3\qquad\varphi=0.852$$

$$\gamma=1+0.35\sqrt{\frac{A_0}{A_b}-1}=1+0.35\sqrt{\frac{477\,300}{203\,500}-1}\approx1.406$$

$$\gamma=0.8\gamma=1.125$$

垫块下局压承载力按下列公式验算

$$N_0+N=181.27+81.85=263.12(\text{kN})<\varphi\gamma_1A_bf$$
$$=0.852\times1.125\times370\times550\times1.89\approx368.65(\text{kN})$$

由永久荷载控制的组合下

$$N_0 = \sigma_0 A_b = \frac{558\,270}{1800 \times 370} \times 370 \times 550 \approx 170.58(\text{kN})$$

$$e = \frac{71.41 \times (185 - 0.4 \times 105.71)}{71.41 + 170.58} \approx 42.11(\text{mm})$$

$$\frac{e}{a_b} = \frac{42.11}{370} \approx 0.113$$

查表 4-1 得

$$\gamma = 1 + 0.35\sqrt{\frac{A_0}{A_b} - 1} = 1 + 0.35\sqrt{\frac{477\,300}{203\,500} - 1} \approx 1.406$$

$$\gamma_1 = 0.8\gamma = 1.125$$

垫块下局压承载力按下列公式验算

$$\begin{aligned} N_0 + N &= 170.58 + 71.47 = 242.05(\text{kN}) < \varphi\gamma_1 A_b f \\ &= 0.862 \times 1.125 \times 370 \times 550 \times 1.89 \approx 372.98(\text{kN}) \end{aligned}$$

满足要求。

（7）水平风荷载作用下的承载力计算

由于第 1 层计算高度大于 4m，故需对底层外墙进行水平风荷载作用下的承载力验算。第 1 层墙体在竖向荷载作用下产生的弯矩使外墙皮受拉，在正风压作用下墙面支座处的弯矩也使墙体外皮受拉，所以按正风压进行计算。

地区风压标准值为 0.45kN/m^2，正风体形系数为 0.8，忽略风压沿高度的变化，计算单元的宽度取 3.6m，则

$$q = 0.8 \times 0.45 \times 3.6 \approx 1.30(\text{kN/m})$$

底层楼层高度为 4.1m，所以由风荷载标准值引起的墙体弯矩标准值为

$$M_w = \frac{1}{12} \times 1.30 \times 4.1^2 \approx 1.82(\text{kN} \cdot \text{m})$$

由永久荷载控制的组合，竖向荷载产生的弯矩设计值为 27.05kN·m，其中永久荷载、可变荷载产生的弯矩设计值分别为 25.48kN·m、1.57kN·m，则

$$M = 27.05\text{kN} \cdot \text{m}, \quad N = 650.44\text{kN}$$

由可变荷载控制的组合，竖向荷载弯矩设计值 M=26.95kN·m，轴力 N=675.09kN，则

$$M = 26.95 + 1.5 \times 0.6 \times 1.82 \approx 28.59(\text{kN} \cdot \text{m})$$

$$N = 675.09\text{kN}$$

由表 6-10 可知

$$\beta = 11.08, \quad e = \frac{M}{N} = 42.35(\text{mm}), \quad \frac{e}{h} = \frac{42.35}{370} \approx 0.114$$

查表 4-1 得

$$\varphi = 0.650, \quad \varphi A f = 0.650 \times 660\,000 \times 1.89 \approx 818.18\text{kN}$$

$$\frac{\varphi A f}{N} = \frac{818.18}{675.09} \approx 1.21 > 1$$

其承载力是满足要求的。

可见，水平荷载的影响是很小的，也说明表 6-5 的规定是足够安全的。

【例 6-5】 某两层混合结构房屋（工业用仓库）采用线浇单向板肋梁楼盖，设计使用年限为 50 年，结构平面布置及外纵墙如图 6-39 和图 6-40 所示（楼梯在此平面之外）。墙体采用 MU10 普通黏土砖，M10 混合砂浆砌筑。楼面面层为水泥地面，内墙面及天花板均为 15mm 厚混合砂浆，外墙面为清水墙原浆勾缝。窗户采用普通钢窗（0.45kN/m^2），其洞口为 1800mm×3000mm（高×宽）。屋面、楼面做法如图 6-40 所示。屋面为不上人屋面（活荷载标准值为 0.5kN/m^2，组合值系数φ_c=0.7），楼面活荷载标准值为 6kN/m^2（组合值系数φ_c=0.7），基本风压值为 0.45kN/m^2。试验算外墙的受压承载力和主梁端部局部受压承载力。

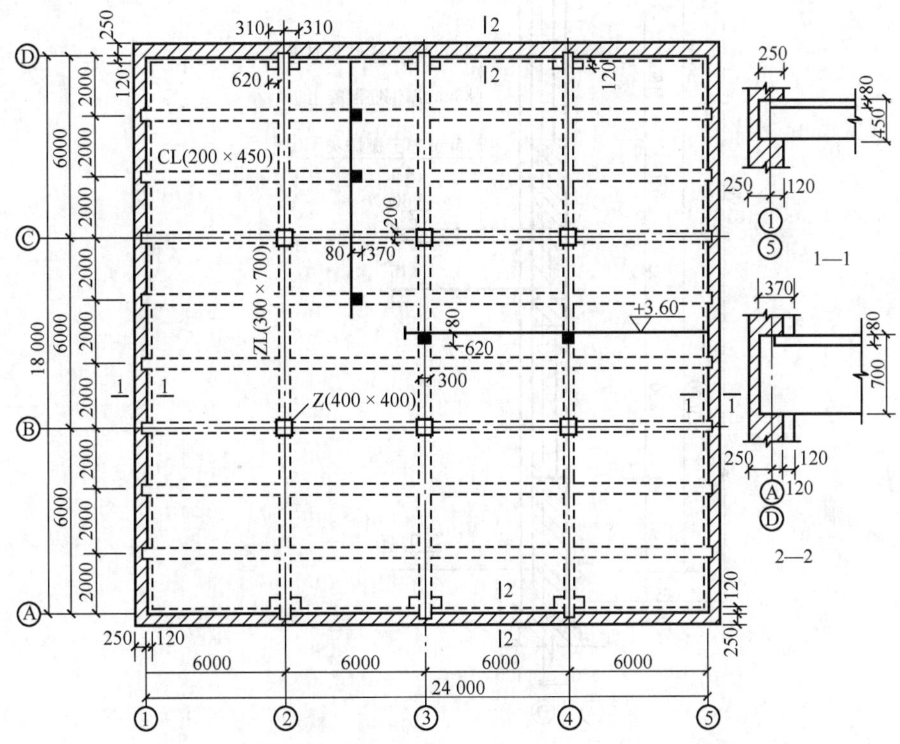

图 6-39　现浇单向板肋梁楼盖结构平面布置图（尺寸单位：mm）

【解】（1）计算单元的选取

该结构为纵墙承重，取一墙垛为计算单元，屋盖及楼盖为一类。最大横墙间距为 24.00m，由表 6-2 可确定该房屋为刚性方案。由于房屋的总高小于 24m，层高又小于 4m，根据表 6-7 规定可不考虑风荷载的作用。

（2）竖向何在计算

1）楼盖、屋盖传给纵墙的荷载。

① 计算简图。图 6-41 为楼（屋）盖主梁的计算简图，图中 G、Q 分别为主梁永久荷载、活荷载的设计值，G'为主梁边支座永久荷载设计值，N_l为主梁支座反力设计值。

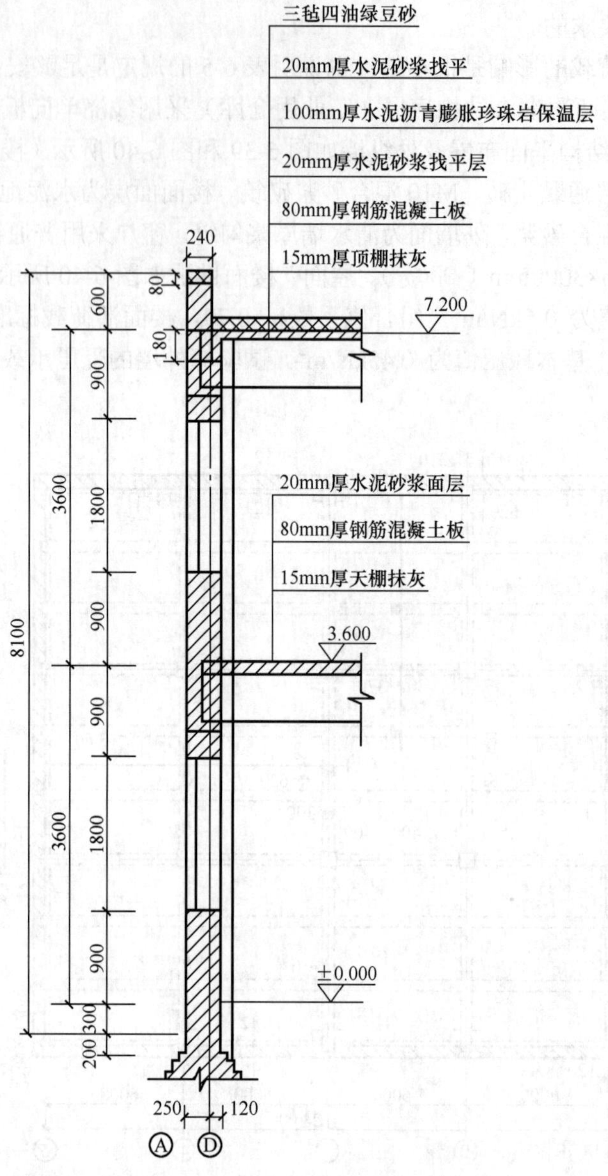

图 6-40　纵墙剖面图（尺寸单位：mm）

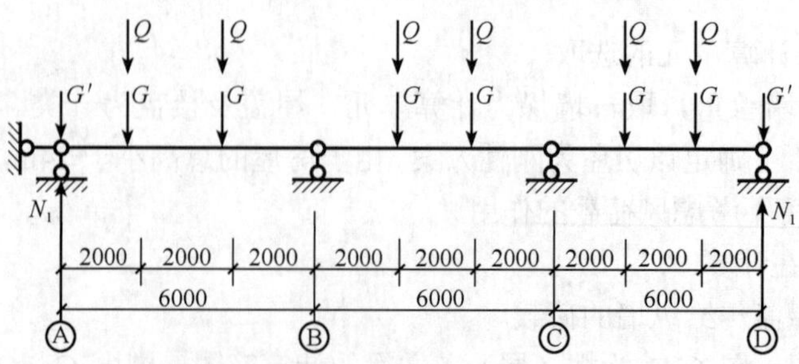

图 6-41　楼（屋）盖主梁的计算简图（尺寸单位：mm）

② 楼盖传给纵墙的荷载。经计算，楼盖传给主梁荷载为

$$G_k=54.09\text{kN},\ Q_k=72.00\text{kN},\ G'_k=4.97\text{kN}\quad（过程略）$$

楼盖主梁传给纵墙的荷载设计值：

可变荷载效应控制的组合

$$\begin{aligned}N_{l1}&=\gamma_G S_{G_k}+\gamma_Q S_{Q_k}=1.3\times(0.733G_k+G'_k)+1.5\times0.866Q_k\\&=1.3\times(0.733\times54.09+4.97)+1.5\times0.866\times72\\&\approx151.53(\text{kN})\end{aligned}$$

式中：0.733、0.866——计算三跨连续梁支座反力的系数，可从相关混凝土结构设计教材或从相关静力计算手册中查得。

楼盖板直接传给纵墙的荷载设计值：

由可变荷载效应控制的组合

$$N'_{l1}=(1.3\times2.66+1.5\times6)\times6\times2/2\approx74.75(\text{kN})$$

③ 屋盖传给纵墙的荷载。经计算，屋盖主梁荷载为

$$G_k=73.29\text{kN}\quad Q_k=6.00\text{kN}\quad G'_k=4.97\text{kN}\quad（过程略）$$

屋盖主梁传给纵墙的荷载设计值：

由可变荷载效应控制的组合

$$N_{l2}=84.09\text{kN}$$

屋盖板直接传给纵墙的荷载设计值：

由可变荷载效应控制的组合

$$N'_{l2}=25.25\text{kN}$$

2）纵墙自重。图 6-42 是纵墙自重计算单元。

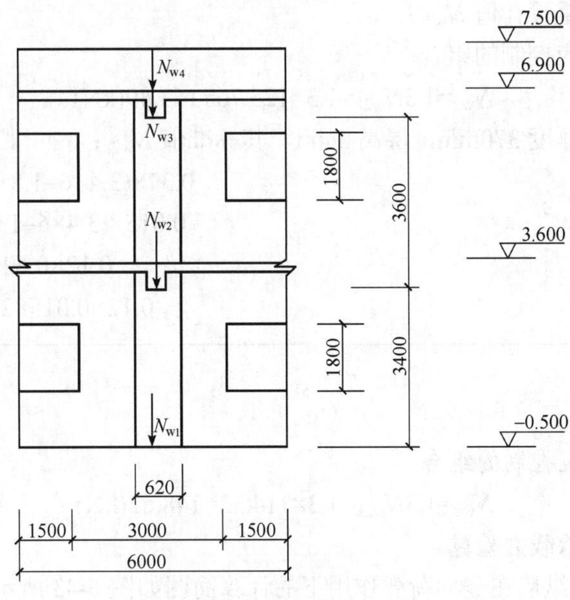

图 6-42　纵墙自重计算单元（尺寸单位：mm）

女儿墙（厚 240mm，高度 600mm）内侧抹灰 15mm，其标准值为

$$N_{lk} = 25\times6.0\times0.24\times0.08+19\times6.0\times(0.6-0.08)\times0.24$$
$$+17\times6.0\times0.6\times0.015\approx18.03(\text{kN})$$

设计值：

由可变荷载效应控制的组合

$$N_{w4}=1.3N_{4k}=1.3\times18.03\approx23.44(\text{kN})$$

女儿墙根部至计算截面（即大梁底面）高度范围内的墙体

$$N_{w3k} = 25\times6.00\times0.37\times0.18+19\times6.00\times0.37\times(0.7-0.18)$$
$$+17\times6\times0.7\times0.015\approx33.00(\text{kN})$$

设计值：

由可变荷载效应控制的组合

$$N_{w3}=1.3N_{w3k}=1.3\times33.00\approx43.90(\text{kN})$$

计算每层墙体自重时，应扣除窗口面积，加上窗自重，墙体厚度应考虑内墙抹灰增加 15mm，普通钢窗自重按 0.45kN/m^2 计算。

对二层墙体厚 370mm，计算高度 3.60m，自重标准值 N_{w2k}：

砖墙自重	$19\times0.37\times(3.6\times6-1.8\times3)\approx113.89(\text{kN})$
砖墙粉刷	$17\times0.015\times(3.6\times6-1.8\times3)\approx4.13(\text{kN})$
壁柱自重	$19\times0.12\times0.62\times3.6\approx5.09(\text{kN})$
壁柱粉刷	$17\times0.12\times0.015\times2\times3.6\approx0.22(\text{kN})$
窗	$0.45\times1.8\times3.0=2.43(\text{kN})$
	125.76kN

二层墙体窗自重设计值 N_{w2k}：

由可变荷载效应控制的组合

$$N_{w2}=1.3N_{w2k}=1.3\times125.76=163.49(\text{kN})$$

对于一层墙体厚度 370mm，层高 3.4m，其标准值 N_{w2k}：

砖墙自重	$0.37\times(3.4\times6-1.8\times3)\times19=105.45(\text{kN})$
砖墙粉刷	$0.015\times(3.4\times6-1.8\times3)\times17\approx3.83(\text{kN})$
壁柱自重	$0.12\times0.62\times3.4\times19\approx4.81(\text{kN})$
壁柱粉刷	$0.12\times0.015\times2\times3.4\times19\approx0.23(\text{kN})$
	114.32kN

设计值：

由可变荷载效应控制的组合

$$N_{w2}=1.3N_{w2k}=1.3\times114.32=148.62(\text{kN})$$

（3）纵墙受压承载力验算

1）计算简图。纵墙在竖向荷载作用下的计算简图如图 6-43 所示。

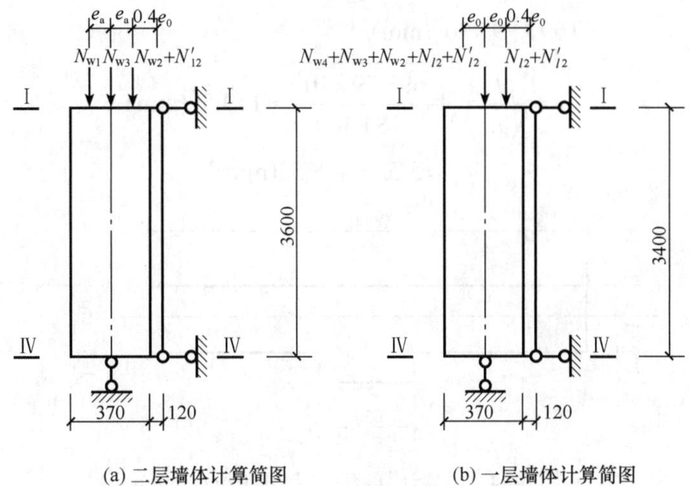

图 6-43　纵墙在竖向荷载作用下的计算简图（尺寸单位：mm）

2）主梁端部有效支撑长度 a_0。楼盖、屋盖大梁截面 $b_c \times h_c$=300mm×700mm，梁端在外墙的支撑长度为 370mm，根据《砌体规范》第 6.2.7 条，下设 $a_b \times b_b \times t_b$=490mm×500mm×1800mm 的刚性垫块。外墙的计算面积为窗间墙的面积 A=3000×370+620×120=1 184 400（mm^2），由可变荷载控制及永久荷载控制的组合计算主梁端部有效支撑长度 a_0 见表 6-11。

表 6-11　主梁端有效支撑长度 a_0

项目	单位	有效支撑长度 a_0	
		屋盖主梁	楼盖荷载
屋盖、楼盖主梁 N_u	kN	91.59	399.03
$\sigma_0=N_u/A$	N/mm	0.077	0.337
σ_0/f	—	0.046	0.199
δ_1	mm	5.469	5.700
$a_0=\delta_1\sqrt{\frac{h_c}{f}}$		111.30	116.00

注：屋盖主梁 $N_u=n_{w4}+N_{w3}+N'_{l2}$；楼盖主梁：$N_u=N_{w4}+N_{w3}+N_{w2}+N_{l2}+N'_{l2}+N'_{l1}$；$f$=1.69MPa；$h_c$=700mm。

3）计算截面的几何特征。墙体在竖向荷载作用的计算截面如图 6-44 所示。

$$y_1=\frac{370\times3000\times\frac{370}{2}+620\times120\times\left(370+\frac{120}{2}\right)}{1184\,400}\approx200.39(\text{mm})$$

$$y_2=(370+120)-200.39=289.61(\text{mm})$$

$$I=\frac{1}{12}\times3000\times370^3+3000\times370\times(200.39-185)^2$$
$$+\frac{1}{12}\times620\times120^3+620\times120\times(289.61-60)^2$$

$$=1693.79\times10^7 (\text{mm})$$

$$i=\sqrt{\frac{I}{A}}=\sqrt{\frac{1693.79\times10^7}{1184\,400}}\approx119.59(\text{mm})$$

$$h_\text{T}=3.5i=418.55(\text{mm})$$

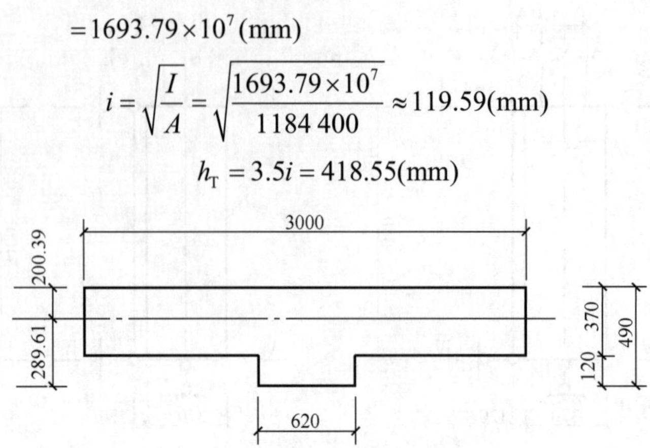

图 6-44　纵墙计算截面（尺寸单位：mm）

4）控制截面内力。表 6-12 为 2 层、1 层墙体控制截面内力计算值。

表 6-12　2 层、1 层墙体控制截面内力

楼层	截面	内　力	单位	可变荷载组合
2	Ⅰ—Ⅰ	$e_{l2}=y_2-0.4a_0$	mm	245.09
		$N_1=N_{W4}+N_{W3}+N_{l2}+N'_{l2}$	kN	175.68
		$M_1=(N_{l2}+N'_{l2})e_{l2}-N_{w4}e_{w4}$	kN · m	24.92
	Ⅱ—Ⅱ	$N_{\text{II}}=N_1+N_{w2}$	kN	324.28
		M_{II}	kN · m	0
1	Ⅰ—Ⅰ	$e_{l1}=y_2-0.4a_0$	mm	243.21
		$N_1=N_{w4}+N_{w3}+N_{l2}+N'_{l2}+N_{l1}+N'_{l1}$	kN	401.96
		$M_1=(N_{l1}+N'_{l1})e_{l1}$	kN · m	55.03
	Ⅱ—Ⅱ	$N_{\text{II}}=N_1+N_{w1}$	kN	550.56
		M_{II}	kN · m	0

5）墙体受压承载力计算。承载力计算一般可对截面Ⅰ—Ⅰ进行，但多层砖房的底部Ⅳ—Ⅳ截面可能更不利，计算结果列于表 6-13 中。

表 6-13　纵向墙体受压承载力计算

项目	可变荷载效应控制组合			
	第 2 层		第 1 层	
	截面Ⅰ—Ⅰ	截面Ⅳ—Ⅳ	截面Ⅰ—Ⅰ	截面Ⅳ—Ⅳ
M/（kN · m）	24.92	0	55.03	0
N/kN	175.68	324.28	401.96	550.56
e/mm	141.85	0	136.90	0
h_T/mm	418.55	418.55	418.55	418.55
e/h_T	0.339	0	0.327	0

续表

项目	可变荷载效应控制组合			
	第 2 层		第 1 层	
	截面Ⅰ—Ⅰ	截面Ⅳ—Ⅳ	截面Ⅰ—Ⅰ	截面Ⅳ—Ⅳ
β	8.60	8.06	8.12	8.12
φ	0.291	0.900	0.339	0.910
A/mm^2	1184	118 440	1184	118 440
f/MPa	1.89	1.89	1.89	1.89
φAf/kN	651.41	2414.66	758.86>	2037.05>
结论	$N<\varphi Af$　满足要求			

（4）梁端下砌体局部受压验算

根据砌体规范要求，在主梁下设 490mm×500mm×180mm（长×宽×厚）的混凝土垫块，如图 6-45 所示。A_b=490mm×500mm=245 000mm^2，A_0=490mm×620mm=303 800mm^2。屋盖主梁与楼盖主梁下砌体局部受压验算见表 6-14。经验算屋盖主梁与楼盖主梁下砌体局部受压满足设计要求。

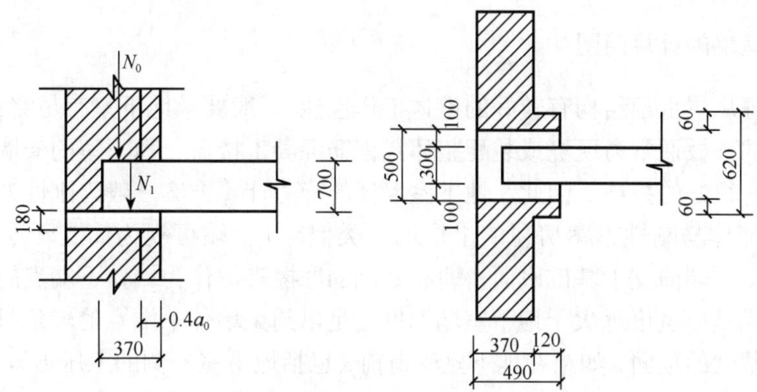

图 6-45　主梁端部下设预制刚性垫块示意图（尺寸单位：mm）

表 6-14　屋盖主梁与楼盖主梁下砌体局部受压验算表

项目	单位	屋盖主梁	楼盖主梁
		可变荷载组合	可变荷载组合
σ_0	N/mm^2	0.077	0.337
$N_0=\sigma_0 A_b$	kN	18.87	82.57
N_l（屋盖 N_{l2}，楼盖 N_{l1}）	kN	84.09	151.53
N_0+N_l	kN	102.96	234.10
$e=\dfrac{N_l\left(\dfrac{a_b}{2}-0.4a_0\right)}{N_0+N_l}$	mm	163.74	129.69

续表

项目	单位	屋盖主梁	楼盖主梁
		可变荷载组合	可变荷载组合
$\varphi=\dfrac{1}{1+12\left(\dfrac{e}{a_b}\right)^2}$	—	0.427	0.543
A_0	mm^2	303 800	303 800
$\gamma=1+0.35\sqrt{\dfrac{A_0}{A_b}-1}\leqslant 2$	—	1.17	1.17
$\gamma_1=0.8\gamma\geqslant 1$	—	1	1
$\varphi\gamma_1 fA_b$	kN	179.72	251.44
结论	$N_0+N_l\leqslant\varphi\gamma_1 fA_b$　满足要求		

*6.6　混合结构房屋地下室墙的计算

混合房屋结构房屋需要布置地下室时，应对地下室墙进行承载力验算。

6.6.1　地下室墙的计算简图

为了保证房屋上部结构有较好的整体工作性能，一般要求地下室有足够的空间刚度，因而地下室的顶板通常为现浇或装配整体式钢筋混凝土楼盖。地下室的横墙布置较密，纵横墙之间有很好的拉结。因此，地下室墙体的静力计算方案一般为刚性方案。

地下室墙体与刚性方案房屋的上层墙体类似，其上端可视为简支于地下室顶盖梁或板的底面，下端简支于基础底面，即靠基础的摩擦支撑作为墙体下端点的不动铰支点（图 6-46）。当基础宽度远大于地下室墙厚度，足以约束墙体下端点的转角时，也可取下端点固接于基础的顶面。如果在地下室受荷前（包括地下室外侧的上压力），混凝土地面已具有足够的强度，也可取地下室墙简支于地下室的混凝土地面。

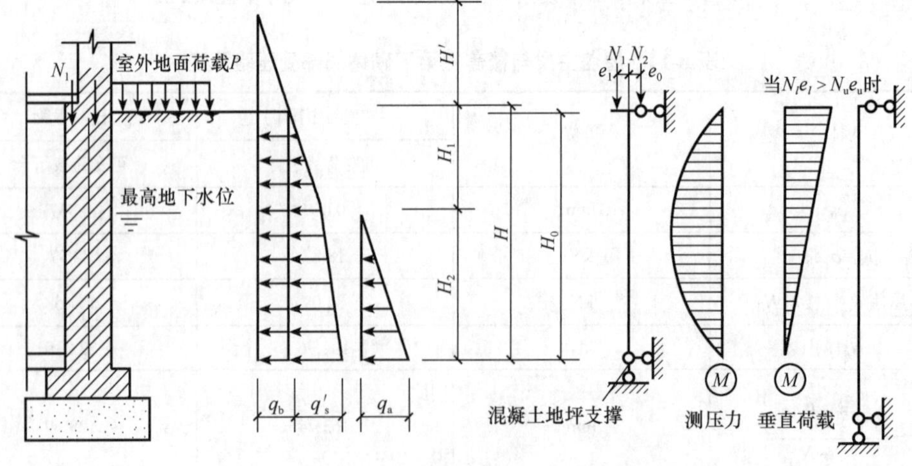

图 6-46　地下室的荷载及计算简图

6.6.2　地下室墙的荷载计算

由上部墙体和地下室顶盖梁、板传来的荷载计算方法与上部墙体相同。除此以外，地下室墙还承受土壤侧压力、静水压力和室外地面荷载等荷载作用。

1. 土壤侧压力 q_s

由土力学可知，土壤侧压力可计算为

$$q_s=\gamma_s HB\tan^2(45°-\varphi/2) \tag{6-46}$$

式中：γ_s——土壤的天然重力密度；

H——地面以下产生侧压力的土的深度；

B——计算单元宽度；

φ——土壤的内摩擦角（按地质勘察报告确定）。

地下水位以下的土壤侧压力应考虑水的浮力影响，地下水位以下部分的土壤压力应按土的单位自重减去水的单位自重计算，基础地面处的压力 q_s'（图 6-46）为

$$\begin{aligned} q_s' &= \gamma_s BH_1 \tan^2(45° - \varphi/2) + (\gamma_s - \gamma_w)BH_2 \tan^2(45° - \varphi/2) \\ &= (\gamma_s H_2 - \gamma_w H_2)B\tan^2(45° - \varphi/2) \end{aligned} \tag{6-47}$$

式中：γ_w——地下水的单位自重。

2. 静水压力 q_w

$$q_w=\gamma_w BH_2 \tag{6-48}$$

3. 室外地面荷载 P

室外地面的可变荷载有堆积的建筑材料、煤炭、车辆荷载等，如无特殊要求一般可取 P=10kN/m^2。计算时可将荷载 P 换算成当量土层厚度 $H'=P/\gamma_s$，并近似认为当量土层产生的侧压力沿地下室墙体高度均匀分布，其值为

$$q_h=\gamma_s BH'\tan^2(45°-\varphi/2) \tag{6-49}$$

6.6.3　内力计算和截面承载力验算

由上部墙体和地下室顶盖传来的竖向荷载在地下室墙引起的弯矩和轴力，与由土的侧压力在墙中引起的弯矩组合时，对于上、下端均为简支的地下室墙，将在墙体顶端产生最大弯矩，下端产生最大轴力，在墙体中部某个截面产生跨中最大弯矩。因此，除与上部墙体一样验算墙顶和墙底截面承载力外，还应按跨中的最大弯矩和相应的轴力验算该截面的承载力。对有窗洞的地下室墙，宜取窗间墙截面作为计算截面，否则还应验算窗洞削弱截面的承载力。

【例 6-6】 某 4 层办公楼的地下室，其开间尺寸为 3.6m，进深尺寸为 5.7m（均为轴线间距），最高地下水位在地下室基础以下。地下室顶盖大梁尺寸为 200mm×500mm，梁底到基础底面的高度为 3.26m，室外地面到梁底的土层厚度为 190mm（图 6-47），地下

室墙厚 490mm，采用烧结普通砖 MU10 和水泥砂浆 MU10 砌筑，厚单面水泥砂浆粉刷。按地质勘察报告，土壤的内摩擦角为 22°。经计算上部结构传来的荷载如下：

上部荷载由可变荷载控制组合的　　N_u=530kN

上部荷载由永久荷载控制组合的　　N_u=551.89kN

第一层地面由可变荷载控制组合的　　N_l=68kN

第一层地面由永久荷载控制组合的　　N_l=69.11kN

地面活荷载标准值

$$p=10\text{kN/m}^2$$

试计算墙的承载力 N_u+N_l。

【解】 取一开间为计算单元，计算简图如图 6-47 所示。墙体采用水泥砂浆 M10 砌筑。

$$f=1.89(\text{N/mm}^2)$$

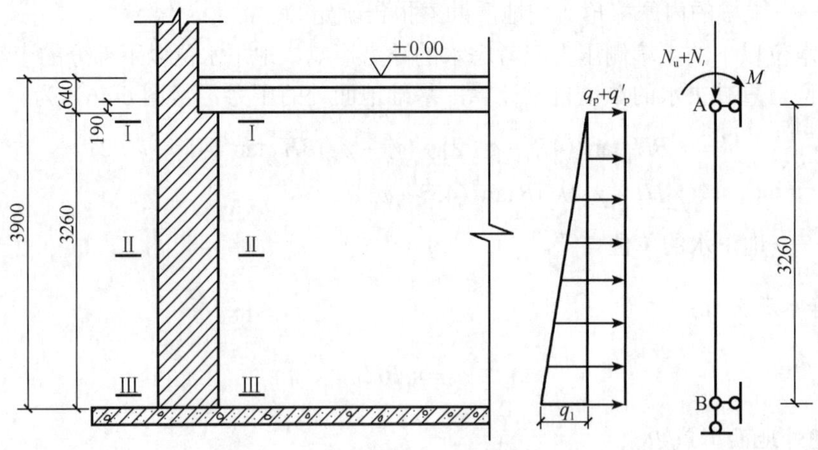

图 6-47　某 4 层办公楼地下室墙计算简图（尺寸单位：mm）

（1）荷载计算

1）土压力（标准值）为计算方便将堆积物换算为黏土，其当量土层厚度为

$$H'=\frac{P}{\gamma_s}=\frac{10}{20}=0.5(\text{m})$$

2）一开间宽度内的土侧压力标准值为

$$q'_p=20\times3.6\times0.5\times\tan^2(45°-22°/2)\approx16.38(\text{kN/m})$$

$$q_p=20\times3.6\times0.19\times\tan^2(45°-22°/2)\approx6.22(\text{kN/m})$$

$$q_1=20\times3.6\times3.26\times\tan^2(45°-22°/2)\approx106.79(\text{kN/m})$$

3）地下室墙体自重

$$G=0.49\times19+0.02\times20=9.71(\text{kN/m}^2)$$

（2）内力计算

1）截面Ⅰ—Ⅰ内力。由可变荷载效应控制组合的轴向力，即

$$N_I=N_u+N_l=530+68=598(\text{kN})$$

第一层地面有可变荷载效应控制的组合 N_l=68kN，假定砂浆强度等级为 MU10，即

$$a_1 = 10\sqrt{\frac{h_c}{f}} = 10\sqrt{\frac{500}{1.89}} \approx 162.65(\text{mm})$$

$$e_l = \frac{490}{2} - 0.4 \times 162.65 \approx 179.94(\text{mm})$$

由可变荷载效应控制的弯矩

$$M = N_l e_l = 68 \times 179.94 = 12\,235.92(\text{kN} \cdot \text{mm})$$

上层墙体与地下室墙轴心偏心距为

$$e_u = \frac{1}{2} \times (0.49 - 0.37) = 0.06(\text{m})$$

上部荷载由可变荷载控制产生的弯矩为

$$M_1 = N_u e_u = -530 \times 0.06 = -31.8(\text{kN} \cdot \text{mm})$$

因此，有可变荷载控制在Ⅰ—Ⅰ截面引起弯矩为

$$M_1 = 12.236 - 31.8 \approx -19.56(\text{kN} \cdot \text{mm})$$

2）截面Ⅱ—Ⅱ内力。

① 土压力为矩形分布荷载时，支座反力标准值：

q_p 作用时

$$R_A = R_B = \frac{1}{2} \times 6.22 \times 3.26 \approx 10.14(\text{kN})$$

q_p' 作用时

$$R_A = R_B = \frac{1}{2} \times 16.38 \times 3.26 \approx 26.70(\text{kN})$$

当可变荷载控制组合时，支座反力设计值为

$$R_A = 1.3 \times 10.14 + 1.5 \times 26.7 \approx 49.55(\text{kN})$$

② 土压力为三角形荷载时（q_1=106.79kN/m）支座反力标准值为

$$R_A = \frac{1}{6} \times 106.79 \times 3.26 \approx 58.02(\text{kN})$$

$$R_B = \frac{1}{3} \times 106.79 \times 3.26 \approx 116.05(\text{kN})$$

当可变荷载控制组合时支座反力设计值为

$$R_A = 1.3 \times 58.02 = 75.43（\text{kN}）\quad R_B = 1.3 \times 116.05 = 150.87（\text{kN}）$$

③ 当 A 端弯矩作用下支座反力设计值：

当可变荷载控制组合时

$$R_A = -R_B = -\frac{19.56}{3.26} = -6.00(\text{kN})$$

④ 全部荷载作用下，铰支点总反力如下：

当可变荷载控制组合时

$$R_A=53.23+75.43-6.00=122.66(\text{kN})$$

在可变荷载组合下，地下室墙中任意截面产生的弯矩为

$$M=122.66y-\frac{1}{2}\times(1.3\times6.22+1.5\times16.38)y^2-\frac{1}{6}\times1.3\times106.79\times\frac{y^3}{3.26}+19.56$$

令 $Q=\frac{\mathrm{d}M}{\mathrm{d}x}=122.66-32.66y-21.29y^2=0$，得

$$y=1.75(\text{m})$$

即

$$M_{\max}=122.66\times1.75-\frac{1}{2}\times32.66\times1.75^2-\frac{1}{6}\times138.83\times\frac{1.75^3}{3.26}+19.56$$
$$=146.17(\text{kN}\cdot\text{m})$$

相应的轴力设计值为

$$N_1=530+68+1.3\times9.71\times1.75\times3.6=677.52(\text{kN})$$

3）III—III截面。

由可变荷载控制的轴力设计值

$$N_2=677.52+(3.26-1.75)\times1.3\times9.71\times3.6=746.14(\text{kN})$$

（3）地下室

地下室墙体承载力验算结果列于表 6-15。

表 6-15　控制截面由可变荷载控制时承载力验算表

类型	截面		
	I—I	II—II	III—III
M/（kN·m）	19.56	146.17	0
N/kN	598	677.52	746.14
e/mm	32.71	215.74	0
H/mm	490	490	490
H_0/mm	3.26	3.26	3.26
β	6.65	6.65	6.65
φ	0.805	0.318	0.938
A/mm²	1 764 000	1 764 000	1 764 000
砖 MU	10	10	10
砂浆 M	10	10	10
f/MPa	1.89	1.89	1.89
φAf/kN	2 683.84	1 060.20	3 127.26
φAf/N	4.49>1	1.59>1	4.19>1

6.7　墙体的构造要求和防止墙体开裂的措施

6.7.1　墙、柱的一般构造要求

工程实践经验表明在砌体结构房屋设计中，除应对墙体截面承载力和高厚比进行验算外，还必须采取合理的构造措施，使房屋的墙、柱和屋盖之间有可靠的拉结，以保证房屋有足够的耐久性和良好的整体工作性能，满足房屋的正常使用功能要求。

块材和砂浆强度等级的选择除应满足第 2 章 2.1 节中关于材料强度等级的规定的要求外，根据我国长期的工程实践经验，在房屋设计中还必须满足以下的主要构造要求。

1. 截面最小尺寸

1）承重独立砖柱的截面尺寸不应小于 240mm×370mm，毛石墙的厚度不宜小于 350mm。毛料石柱截面的较小边长不宜小于 400mm。当有振动荷载时，墙、柱不宜采用毛石砌体。

2）夹心墙的夹层厚度不宜大于 120mm，夹心墙外叶墙的最大横向支撑间距宜采用以下规定：设防烈度为 6 度时不宜大于 9m，7 度时不宜大于 6m，8 度、9 度时不宜大于 3m。

2. 支撑和连接

1）跨度大于 6m 的屋架，砖砌体上跨度大于 4.8m 的梁，砌块和料石砌体上跨度大于 4.2m 的梁，以及毛石砌体上跨度大于 3.9m 的梁设置混凝土或钢筋混凝土垫块。当墙中设有圈梁时，垫块与圈梁宜浇成整体。

2）240mm 厚的砖墙梁跨度大于或等于 6m、对 180mm 厚的砖墙梁跨度大于或等于 4.8m、砌块和料石墙梁跨度大于或等于 4.8m 时，其支撑处宜加设壁柱或采取其他加强措施对墙体予以加强。

3）预制钢筋混凝土板的支撑长度（图 6-48）在墙上不宜小于 100mm，在钢筋混凝土圈梁上不宜小于 80mm。当利用板端伸出钢筋拉结和混凝土灌缝时，其支撑长度可为 40mm，但板端缝宽不小于 80mm，灌缝混凝土不宜低于 Cb20。

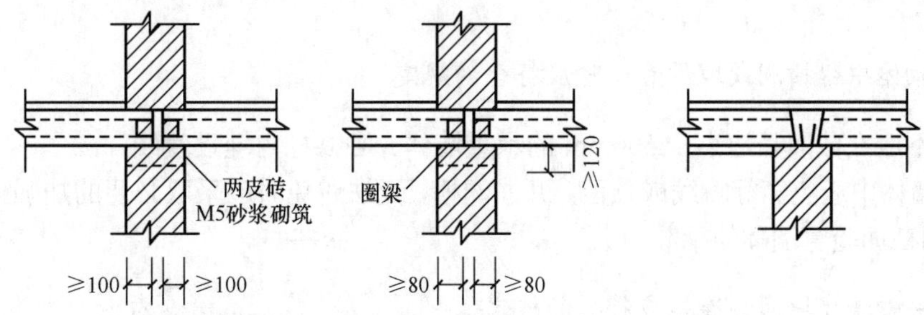

图 6-48　预制钢筋混凝土板的支撑长度（尺寸单位：mm）

4）支撑在墙、柱上的吊车梁、屋架以及砖墙上跨度大于或等于 9m 的预制梁、砌块和料石砌体上大于或等于 7.2m 的预制梁，其端部应采用锚固件与墙、柱上的垫块锚固。

5）填充墙、隔墙应分别采取措施与周边构件可靠连接。一般是在钢筋混凝土结构中预埋拉结筋，在砌筑墙体时，将拉结筋砌入水平灰缝内。

6）山墙处的壁柱宜砌至山墙顶部，山墙与屋面构件应可靠拉结。

3. *砌块砌体房屋*

1）砌块砌体应分皮错缝搭砌，上下皮搭砌长度不得小于 90mm。当搭砌长度不满足上述要求时，应在水平通缝内设置不少于 2ϕ4 的焊接钢筋网片（图 6-49）（横向钢筋的间距不宜大于 200mm），网片每端均应超过该垂直缝，其长度不得小于 300mm。

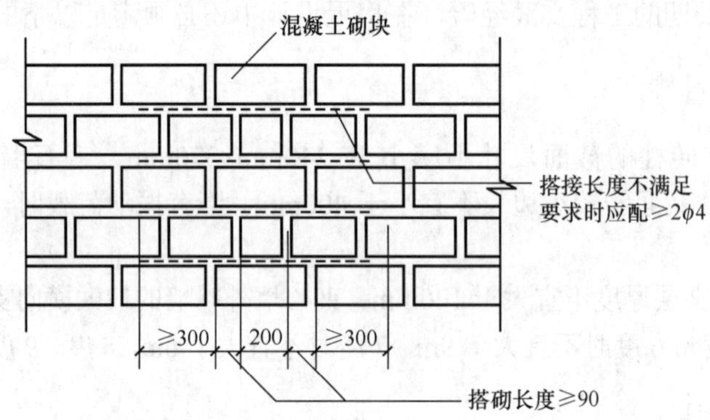

图 6-49　砌块墙与后砌隔墙交接处钢筋网片（尺寸单位：mm）

2）砌块墙与后砌隔墙交接处，应沿墙高每 400mm 在水平通缝内设置不少于 2ϕ4、横筋间距不宜低于 200mm 的焊接钢筋网片。

3）混凝土砌块房屋，宜将纵横墙交接处、距墙中心线每边不小于 300mm 范围内的孔洞，采用不低于 Cb20 灌缝混凝土灌实，灌实高度应为全部墙身高度。

4）混凝土砌块墙体的下列部位，如未设圈梁或混凝土垫块，应采用不低于 Cb20 灌孔混凝土将孔洞灌实：①搁栅、檩条和钢筋混凝土楼板的支撑面下，高度不应小于 200mm 的砌体；②屋架、大梁等构件的支撑面下，高度不用小于 600mm，长度不应小于 600mm 的砌体；③挑梁支撑面下，距墙中心线每边不应小于 300mm，高度不应小于 600mm 的砌体。

4. *砌体中留槽洞或埋设管道时应符合的规定*

1）不应在截面长边小于 500mm 的承重墙体、独立柱内埋设管线。

2）墙体中避免穿行暗线或预留、开凿沟槽，无法避免时应采取必要的加强措施或按削弱后的截面验算墙体的承载力。

5. *夹心墙叶墙间的连接应符合的规定*

1）叶墙应用经防腐处理的拉结件或钢筋网片连接。

2）当采用环形拉结件时，钢筋直径不小于 4mm，当采用 Z 形拉结件时，钢筋直径不应小于 6mm。拉结件应沿梅花形布置，拉结件的水平和竖向最大间距分别不宜大于 800mm 和 600mm；对有振动或有抗震设防要求时，其水平和竖向最大间距分别不宜大于 800mm 和 400mm。

3）当采用钢筋网片作拉结件时，网片横向钢筋的直径不应小于 4mm，其间距不应大于 400mm；网片的竖向间距不宜大于 600mm，对有振动或有抗震设防要求时，不宜大于 400mm。

4）拉结件在叶墙上的搁置长度，不应小于叶墙厚度的 2/3，并不应小于 60mm。

5）门窗洞口周边 300mm 范围内应设附加间距不大于 600mm 的拉结件。

6）对安全等级为一级或设计使用年限大于 50 年的房屋，夹心叶墙间宜采用不锈钢拉结件。

6.7.2　防止或减轻墙体开裂的措施

砌体结构房屋，由于结构布置或构造处理不当，往往在不同部位产生各种墙体裂缝，如在房屋的高度、重量、刚度有较大变化处；地质条件剧变处；基础底面或埋深变化处；房屋平面形状复杂的转角处；屋盖房屋顶层的墙体处；房屋底层两端部的纵横墙交接处；老房屋中邻近新建房屋的墙体部位等。这些裂缝不仅有损建筑物外观，更重要的是使房屋的整体性、耐久性以及使用性能受到很大的影响，严重时会危及结构的安全。

引起砌体结构墙体裂缝的原因很多，除了设计质量、材料质量、施工质量达不到要求等内在因素以外，主要外因有两个：一是温度和收缩变形引起的墙体裂缝；二是地基不均匀沉降产生的墙体裂缝。因此，在进行混合结构房屋设计时，应采取相应的有效措施，防止或减轻裂缝的产生。

1. 由温度和收缩变形引起的墙体裂缝

当外界温度变化引起的墙体温度变形受到约束，或者由于房屋地下和地上、室内和室外的温度差异而使墙体各部分具有不同的温度变形时，都会在墙体中产生温度应力。

对砖砌体房屋，钢筋混凝土和砌体材料的线膨胀系数有很大差异，钢筋混凝土的线性膨胀系数为（$1.0\sim1.4$）$\times10^{-5}$℃，砖石砌体的线性膨胀系数约为砌体的2倍，为（$0.5\sim0.8$）$\times10^{-5}$℃。在混合结构房屋中，当温度变化时，钢筋混凝土屋盖或楼盖以及墙体会因为温度变形的相互制约而产生较大的温度应力，而两种材料又是抗拉强度很弱的非匀质材料，所以当构件中产生的拉应力超过其抗拉强度极限值时，不同的裂缝就会出现，这也是造成墙体开裂的主要原因。这些裂缝一般要经过数个冬夏才逐渐稳定，裂缝的宽度随着温度变化而略有变化。

当室外气温高于房屋施工期间的气温时，钢筋混凝土屋盖，特别是现浇屋盖和有刚性面层的装配式屋盖受热而伸长，其温度变形受到墙体的约束，在屋盖中引起压应力，在墙体中引起拉应力和剪应力。当墙体中的主拉应力或剪应力超过砌体的抗拉或抗剪强度时，就会在墙体中产生斜裂缝和水平裂缝。最常见的裂缝大多集中在房屋顶层端部的内、外纵墙和横墙的正八字斜裂缝［图 6-50（a）、（b）］；外纵墙在屋盖下缘附近的水平裂缝和包角裂缝［图 6-50（c）］；当房屋空旷高大时，由于墙体弯曲在截面薄弱处引起的水平裂缝［图 6-50（d）］。

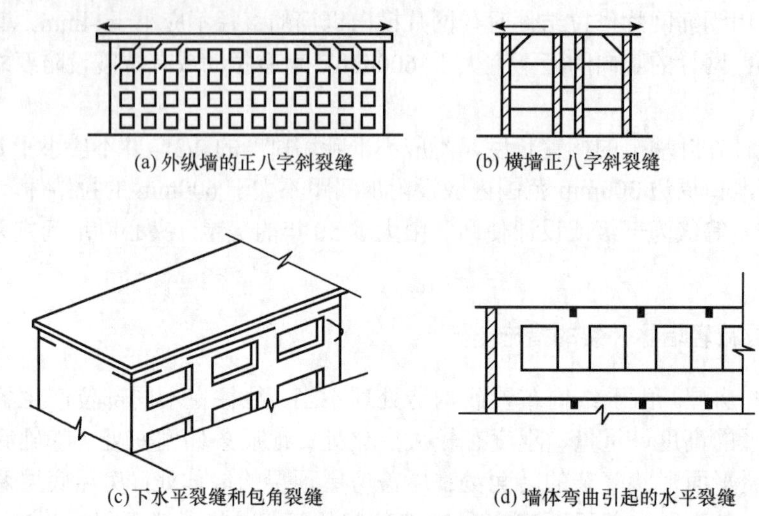

(a) 外纵墙的正八字斜裂缝
(b) 横墙正八字斜裂缝
(c)下水平裂缝和包角裂缝
(d) 墙体弯曲引起的水平裂缝

图 6-50　温度变形引起的墙体裂缝

当温度降低时，钢筋混凝土屋盖和楼盖产生的温度收缩受到墙体阻碍，在屋盖和楼盖中引起拉应力。当房屋较长，或因现浇钢筋混凝土屋、楼盖已由拉应力产生了贯通裂缝而将屋、楼盖分割为两个或多个区段时，墙体会由于各收缩区段的相反方向的收缩变形而产生竖向裂缝［图 6-51（a）、（b）］。同理，当房屋错层且错层部位未设置伸缩缝时，墙体也可能在错层部位出现竖向裂缝［图 6-51（c）］。

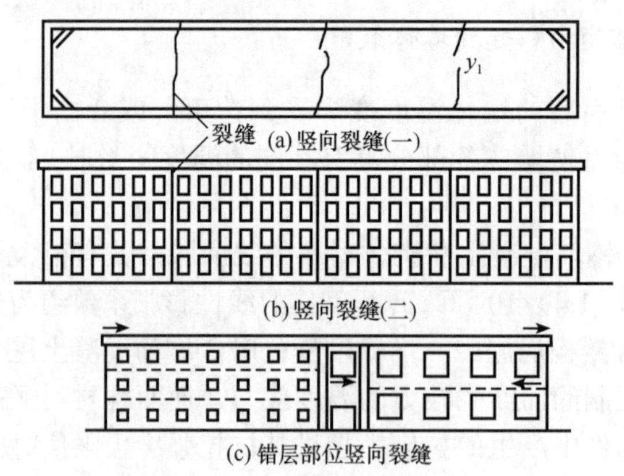

图 6-51　收缩变形引起的裂缝

混凝土内部自由水蒸发所引起的体积的减小称干缩变形，混凝土中水和水泥化学作用所引起的体积减小成为凝缩变形，两者的总和成为收缩变形。钢筋混凝土最大的收缩值为（2～4）$\times10^{-4}$，大部分在凝固初期完成，凝固 10d 后完成约为 1/3，28d 完成 50%，而烧结黏土砖（包括其他材料的烧结制品）的干缩很小，且变形完成比较快，在正常温度下的收缩现象不甚明显。但对于砌块砌体房屋，混凝土空心砌块的干缩性大，在形成砌体后还约有 0.02%的收缩率，使得砌块房屋在下部几层墙体上较易产生收缩裂缝，因而在非烧结类块体（砌块、灰砂砖、粉煤灰砖等）砌体中，往往同时存在温度和干缩共同引起的裂缝，一般情况是墙体中两种裂缝都有，或因具体条件不同而呈现不同的裂缝现象，其裂缝的发展往往较单一因素更严重。

另外，不同材料和构件的差异变形也会导致墙体开裂，如楼板错层处常出现的裂缝和框架填充墙或柱间墙因差异变形出现的裂缝等。

房屋长度过大时，也可能由于夏季暴晒后骤冷收缩，在外纵墙门窗洞口边缘或块体搭接不良的薄弱部位出现贯通房屋全高的竖向裂缝。

为了防止或减轻房屋在正常使用条件下，由温度和砌体干缩引起的墙体裂缝，应按表 6-1 所述，在结构布置时，合理设置伸缩缝。但由于屋盖的温度变形较大，仅设置伸缩缝仍然难以避免顶层墙体裂缝的产生。为了防止或减轻因温度和收缩变形引起的顶层墙体裂缝，可以根据具体情况，采取以下措施。

1）屋盖上设置保温层或隔热层，以减小屋盖的温度变形。

2）屋面保温（隔热）层或屋面刚性面层及砂浆找平层应设置分割缝，分割缝间距不宜大于 6m，并与女儿墙隔开，其缝宽不小于 30mm。

3）采用装配式有檩体系钢筋混凝土屋盖和瓦材屋盖。

4）顶层屋面板下设置现浇钢筋混凝土圈梁，并沿内外墙拉通，房屋两端圈梁下的墙内宜适当设置水平钢筋。

5）顶层墙体有门窗等洞口时，在过梁上的水平灰缝内设置 2～3 道焊接钢筋网片或 2ϕ6 钢筋，并应伸入过梁两端墙内不小于 600mm。

6）顶层及女儿墙砂浆强度等级不低于 M7.5（Mb7.5、Ms7.5）。

7）女儿墙应设置构造柱，构造柱间距不宜大于 4m，构造柱应伸直女儿墙顶并与现浇钢筋混凝土压顶整浇在一起。

8）对顶层墙体施加竖向预应力。

2. 由地基不均匀沉降引起的墙体裂缝

当房屋的长高比较大、地基土较软，或地基土层分布不均匀、土质差别很大，或房屋高差较大、荷载分布极不均匀时，都可能产生过大的不均匀沉降，使墙体产生附加应力，引起墙体裂缝。房屋发生不均匀沉降，一般发生弯、剪变形而产生主拉应力，因此裂缝一般为斜向的阶梯裂缝。斜裂缝大多集中在局部倾斜较大及弯、剪应力较大的部位。当由于地基土较软且房屋长高比较大或其他原因在房屋中部产生过大沉降时，斜裂缝一般出现在房屋的下部，呈八字形分布，如图 6-52（a）所示。当由于地基土分布或荷载分布不均匀而在房屋的一端产生较大的沉降时，斜裂缝主要集中在沉降曲率较大的部位［图 6-52（b）］。

为了防止地基不均匀沉降引起的墙体裂缝，除了按 6.1 节的要求，合理设置沉降缝外，在进行结构设计时，还应注意下列问题。

1）进行地基与基础设计时，尽可能地减少可能发生的不均匀沉降。

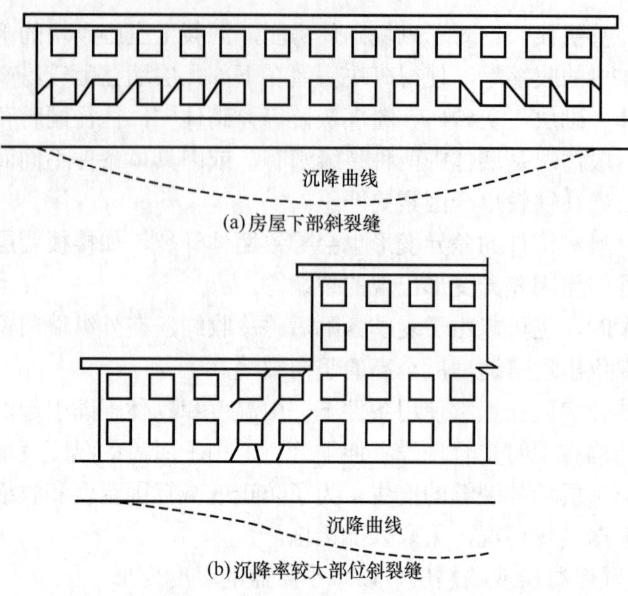

图 6-52　地基不均匀沉降引起的墙体裂缝

2）采用合理的建筑体形。在软土地基上尽量避免立面高低变化，建筑物荷载力求分布均匀。同时，房屋的长高比不宜过大，以保证房屋有足够的抗弯刚度，减小可能发生的不均匀沉降。

3）加强房屋结构的整体刚度。合理布置承重墙体，应尽量将纵墙拉通，并隔一定距离（不大于房屋宽度的 1.5 倍）设置一道横墙且与纵墙可靠连接；设置钢筋混凝土圈梁是增强房屋整体刚度的有效措施，必要时应增加基础圈梁的刚度。

4）宜在房屋底层的窗台下墙体灰缝内设置三道焊接钢筋网片或 2ϕ6 钢筋，并伸入两边窗间墙内不小于 600mm。

5）采用钢筋混凝土窗台板，窗台板嵌入窗间墙内不小于 600mm。

6）合理安排施工顺序，分期施工，如先建较重单元，后建较轻单元；埋置较深的基础先施工，宜受相邻建筑物影响的基础后施工等，都可以减少建筑物各部分的不均匀沉降。

3. 采取的措施

为了防止或减轻轻集料混凝土空心砌块、灰砂砖或其他非烧结砖房屋的墙体裂缝宜采用以下各项措施。

1）当房屋刚度较大时，可在窗台下或窗台角处墙体内设置竖向控制缝。在墙体高度或厚度突变处也宜设竖向控制缝。缝的构造和嵌缝材料应满足墙体平面外传力和防护的要求。

2）砌体房屋顶层两端和底层第一、二开间窗洞处，可在门窗洞口两侧的第一孔洞中设置不小于 1ϕ12 的钢筋，钢筋应在楼层圈梁或基础锚固，并用不低于 Cb20 混凝土灌实；在门窗洞口两侧墙体的水平灰缝中，设置长度不小于 900mm、竖向间距为 400mm 的 2ϕ4

焊接钢筋网片；在顶层和底层设置通长钢筋混凝土窗台梁，高度宜为块高的模数，纵筋不少于 4ϕ10，箍筋ϕ6@200，混凝土等级不低于 C20。

4. 其他

1）墙体转角处和纵横墙交接处宜沿竖向每隔 400～500mm 设拉结钢筋，其数量为每 120mm 墙厚不小于 1ϕ6 或焊接钢筋网片，埋入长度从墙的转角或交接处算起，对实心砖墙每边不小于 500mm，对多孔砖墙和砌块墙不小于 700mm。

2）在各层门、窗过梁上方的水平灰缝内及窗台下第一和第二道水平灰缝内宜设置焊接钢筋网片或 2ϕ6 拉接筋，并应伸入两边窗间墙内大于等于 600mm。

3）当实体墙长大于 5m 时，宜在每层墙高度中部设置 2～3 道焊接钢筋网片或 3ϕ6 通长拉接筋，其竖向间距宜为 500mm。

6.8　小　　结

1）混合结构房屋墙体设计的内容和步骤是：进行墙体布置、确定静力计算方案（计算简图），验算高厚比以及计算墙体的内力并验算其承载力。

2）混合结构房屋的结构布置方案分为：横墙承重体系、纵墙承重体系、纵横墙混合承重体系、内框架承重体系和底框架承重体系。它们在房屋的使用功能、刚度、整体性等诸方面各具特点。

3）混合结构房屋根据空间作用不同，可分为三种静力计算方案：刚性方案、刚弹性方案和弹性方案。其划分的主要根据是刚性横墙的间距及屋盖、楼盖的类型。

4）墙、柱高厚比验算的目的是保证墙、柱在施工阶段和使用阶段的稳定性。验算的基本条件是墙、柱的计算高度 H_0 与墙厚或柱的边长 h 之比应小于《砌体规范》规定的允许高厚比［β］，其计算方法为

① 一般墙、柱高厚比验算

$$H_0/h \leqslant \mu_1\mu_2[\beta]$$

② 壁柱墙高厚比验算整片墙

$$\begin{cases}\text{整片墙}\beta = H_0 / h_T \leqslant \mu_1\mu_2[\beta] \\ \text{壁柱间墙}\beta = H_0 / h \leqslant \mu_1\mu_2[\beta]\end{cases}$$

③ 构造柱墙高厚比验算

$$\begin{cases}\text{整片墙}\beta = H_0 / h \leqslant \mu_1\mu_2\mu_c[\beta] \\ \text{构造柱间墙}\beta = H_0 / h \leqslant \mu_1\mu_2[\beta]\end{cases}$$

5）在单层混合结构房屋中，刚性、刚弹性和弹性静力计算方案的计算简图分别是：排架下端与基础固结；上端分别为刚性约束、弹性约束和无约束；纵墙、柱下端在基础顶面固接，上端与屋面梁为不动水平支撑的排架；柱顶有弹性支撑的排架和柱顶无水平支撑的排架。

6）在多层混合结构房屋中，多数设计成刚性方案，其计算简图在竖向荷载作用下每

层墙、柱视作两端为不动水平支撑的竖向构件。在水平荷载作用下，墙、柱视为以每层楼盖及屋盖为不动水平支撑的竖向构件。计算时应注意竖向力作用位置以及是否考虑水平荷载的具体条件。多层混合结构房屋有时也设计成上刚下柔或下刚上柔的静力计算方案房屋。

7）对于刚弹性方案房屋主要通过各层空间性能影响系数η_i反映房屋的空间工作。在水平荷载作用下内力可采用两步叠加进行。先按在各层楼盖（屋盖）处为无侧移的结构进行分析，并求出不动铰支处的水平反力R_i；然后，在各铰支处反向作用$\eta_i R_i$按有侧移结构分析；最后，叠加这两种状态，即可求得刚弹性方案房屋墙、柱的内力。

8）地下室墙体计算按刚性方案，其计算简图为两端铰接的竖向构件，荷载需要考虑上部墙体传来的、本层楼盖梁传来的、室外地面荷载及土、水侧压力。

9）引起墙体开裂的主要原因是温度收缩变形和地基的不均匀沉降。为了防止和减轻墙体的开裂，除了在房屋的适当部位设置沉降和伸缩缝外，还可根据房屋的实际情况采取有效的构造措施。

思考与习题

6.1 混合结构房屋的承重体系有哪几种？它们各有什么特点？

6.2 什么叫房屋的空间刚度？房屋的空间性能影响系数的含义是什么？主要影响因素有哪些？

6.3 如何判别房屋的静力计算方案？在什么情况下，需对刚性和刚弹性方案的横墙最大水平位移进行验算？

6.4 墙、柱高厚比验算的目的是什么？

6.5 如何进行带壁柱墙及构造柱墙的高厚比验算？

6.6 混合结构房屋有哪三种静力计算方案？试以单层房屋为例，绘出相应的三种计算简图。

6.7 多层刚性方案承重墙的计算简图，为什么假定在楼盖处和基础顶面处为铰接？对承重横墙，在什么情况下按偏压进行验算？

6.8 绘制两层、单跨的刚弹性方案在风荷载作用下的计算简图，并简述内力计算的过程。

6.9 在进行砌体结构房屋设计时，为什么除进行承载力计算和验算外，还要满足构造要求？

6.10 引起墙体开裂的主要因素是什么？

6.11 为了防止或减轻房屋顶层墙体的开裂，可采取什么措施？

6.12 若例6-4（图6-38）中房屋层高第一层为3.6m，第二、第三、第四和第五层为3.3m。房屋进深轴线的距离为6.3m，其他条件不变。试验算A、B轴线外纵墙的高厚比及承载力。

第七章 混合结构房屋其他结构构件设计

学习目的

1. 了解圈梁的作用和构造要求。
2. 了解过梁的类型、受力机理及破坏特征。
3 掌握过梁荷载的取值及承载力计算方法。
4. 了解墙梁的分类、受力特点及破坏特征。
5. 掌握墙梁的承载力计算方法及主要的构造要求。
6. 了解挑梁的破坏特征。
7. 掌握挑梁的计算方法及构造要求。

7.1 圈 梁

7.1.1 圈梁的作用和布置

为了增强砌体房屋的整体刚度，防止由于地基不均匀沉降或较大振动荷载等对房屋的不利影响，应根据地基情况、房屋的类型、层数以及所受的振动荷载等情况决定圈梁的布置。具体规定如下。

1）车间、仓库、食堂等空旷的单层房屋应按下列规定设置圈梁。

① 砖砌体房屋，檐口标高为 5～8m 时，应在檐口标高处设置圈梁一道，檐口标高大于 8m 时，应增加设置数量。

② 砌块及料石砌体房屋，檐口标高为 4～5m 时，应在檐口标高处设置圈梁一道，檐口标高大于 5m 时，应增加设置数量。

③ 对有吊车或较大振动设备的单层工业厂房，除在檐口或窗顶标高处设置现浇钢筋混凝土圈梁外，尚应增加设置数量。

2）多层砌体工业房屋，应每层设置现浇钢筋混凝土圈梁。

3）住宅、宿舍、办公楼等多层砌体民用房屋，当层数为 3～4 层时，应在底层和檐口标高处各设置圈梁。当层数超过 4 层时，应在所有纵横墙上隔层设置圈梁。

4）设置墙梁的多层砌体房屋，应在托梁、墙梁顶面和檐口标高处设置现浇钢筋混凝土圈梁，其他楼层处应在所有纵横墙上每层设置圈梁。

5）采用现浇钢筋混凝土楼（屋）盖的多层砌体结构房屋，当层数超过 5 层时，除在檐口标高处设置一道圈梁外，可隔层设置圈梁，并与楼（屋）面板一起现浇。未设置圈梁的楼面板嵌入墙内的长度不应小于 120mm，沿墙长设置的纵向钢筋不应小于 $2\phi10$。

6）建筑在软弱地基或不均匀地基上的砌体房屋，除应按以上有关规定设置圈梁外，尚应符合《建筑地基基础设计规范》（GB 50007—2011）的有关规定。

7.1.2 圈梁的构造要求

为了保证圈梁发挥应有的作用，圈梁必须满足以下构造要求。

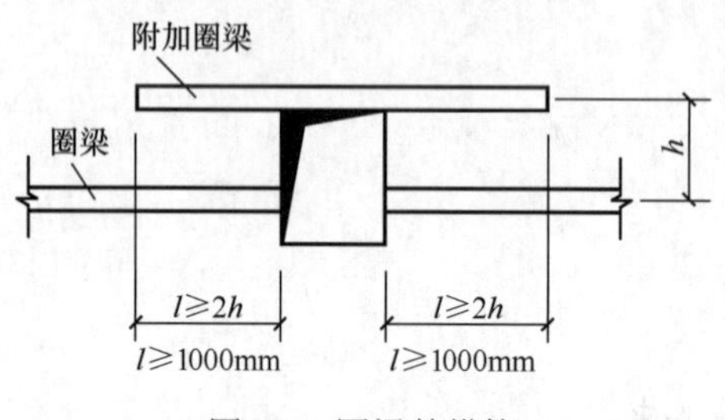

图 7-1 圈梁的搭接

1）圈梁宜连续地设在同一水平面上，并形成封闭状。当圈梁被门窗洞口截断时，应在洞口上部增设相同截面的附加圈梁。附加圈梁和圈梁的搭接长度不应小于其中到中垂直间距的2倍，且不得小于1m（图 7-1）。

2）纵横墙交接处的圈梁应有可靠的连接（图 7-2）。刚弹性和弹性方案房屋，圈梁应与屋架、大梁等构件可靠连接。

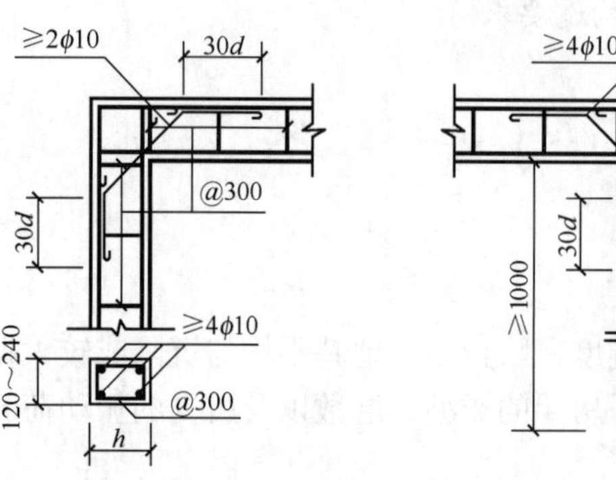

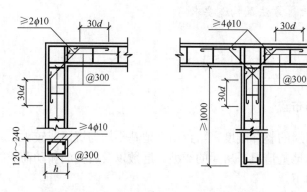

图 7-2 纵横墙交接处圈梁连接构造（尺寸单位：mm）

3）钢筋混凝土圈梁的宽度宜与墙厚相同，当墙厚 h≥240mm 时，其宽度不宜小于2h/3。圈梁高度不应小于 120mm，纵向钢筋不宜小于 $4\phi10$，绑扎接头的搭接长度按受拉钢筋考虑，箍筋间距不应大于 300mm。

4）圈梁兼作过梁时，过梁部分的钢筋应按计算用量配置。

7.2 过 梁

7.2.1 过梁的类型及其适用范围

过梁按照所采用材料的不同可分为砖砌平拱过梁、钢筋砖过梁和钢筋混凝土过梁（图 7-3）。砖砌平拱过梁是用竖砖和侧砖砌筑的过梁，竖转砌筑部分的高度不应小于240mm，过梁计算高度范围内的砂浆强度等级不宜低于 M5。钢筋砖过梁是在梁底水平砂浆层内设置纵向钢筋的过梁，钢筋的直径不应小于 5mm，间距不宜大于 120mm，钢筋伸入支座砌体内的长度不宜小于 240mm，砂浆层的厚度不宜小于 30mm，计算高度范围内的砂浆强度等级不应低于 M5。

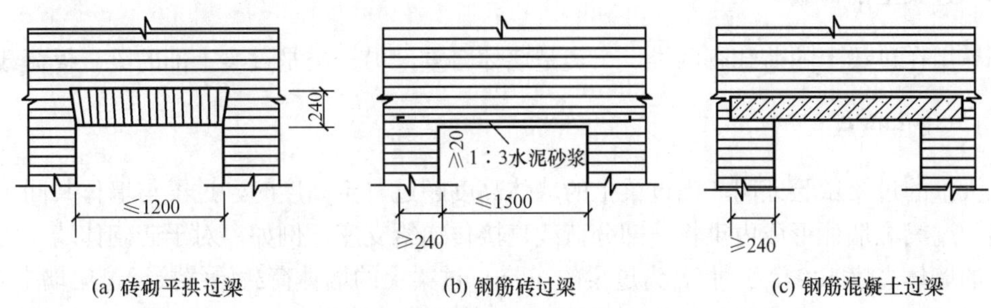

图 7-3　过梁的常用类型（尺寸单位：mm）

砖砌平拱过梁和钢筋砖过梁具有节约钢材和水泥的优点，但是承载力较低，对地基的不均匀沉降及振动荷载比较敏感，因此对其使用范围应加以限制。《砌体规范》规定，对于砖砌平拱过梁，跨度不应超过 1.2m；钢筋砖过梁跨度不应超过 1.5m。

对有较大振动荷载或可能产生不均匀沉降的房屋，应采用钢筋混凝土过梁。

7.2.2　过梁的破坏特点

砖砌平拱过梁和钢筋砖过梁在上部荷载作用下，和一般受弯构件类似，下部受拉，上部受压。随着荷载的增大，一般在跨中受拉区先出现垂直裂缝，然后在支座处出现大约为 45°方向的阶梯形裂缝（图 7-4）。这时过梁犹如拱一样工作。对于砖砌平拱过梁，过梁下部的拉力由两端砌体提供的水平推力平衡。对于钢筋砖过梁，下部拉力由钢筋承受。过梁的破坏形态主要有两种：过梁跨中正截面因受弯承载力不足破坏；过梁支座截面因受剪承载力不足沿大约 45°方向阶梯形裂缝破坏。对砖砌平拱过梁，当洞口距墙外边缘太小时，有可能发生沿水平灰缝滑移破坏。钢筋混凝土过梁受力和破坏特点与一般简支受弯构件相同。

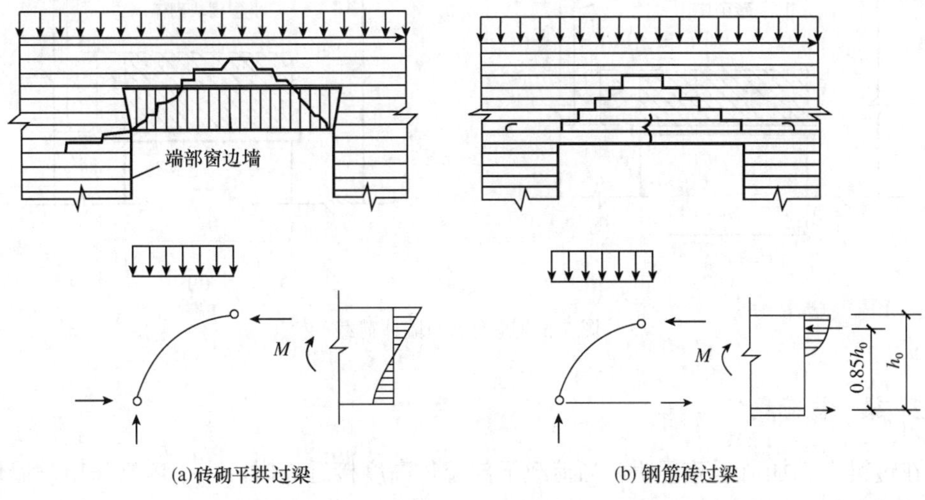

图 7-4　过梁的破坏特点

7.2.3　过梁上的荷载

作用在过梁上的荷载有两类，一类是墙体自重，另一类是过梁上部的梁、板荷载。

1. 墙体荷载

大量的过梁试验证明，当过梁上的墙体高度超过一定高度时，过梁与墙体共同工作明显，过梁上墙体形成内拱将一部分荷载直接传递给支座。例如，对于砖砌体墙，当过梁上的墙体高度 $h_w \geqslant l_n/3$ 时（l_n 为过梁的净跨），过梁上的墙体荷载始终接近过梁墙上 45°三角形范围内的墙体自重。按简支梁跨中弯矩相等的原则，可将以上 45°三角形范围墙体自重等效为 $l_n/3$ 高墙体自重，通常称 $l_n/3$ 的墙体自重为砖砌体的当量荷载。在试验研究基础上，《砌体规范》规定了过梁墙体的自重荷载如下。

1）对砖砌体，当过梁上的墙体高度 $h_w<l_n/3$ 时，应按墙体的均布自重计算。当墙体高度 $h_w \geqslant l_n/3$ 时，应按高度为 $l_n/3$ 墙体的均布自重计算［图 7-5（a）］。

2）对混凝土砌块砌体，当过梁上的墙体高度 $h_w<l_n/2$ 时，应按墙体的均布自重计算。当墙体高度 $h_w \geqslant l_n/2$ 时，应按高度为 $l_n/2$ 墙体的均布自重计算［图 7-5（b）］。

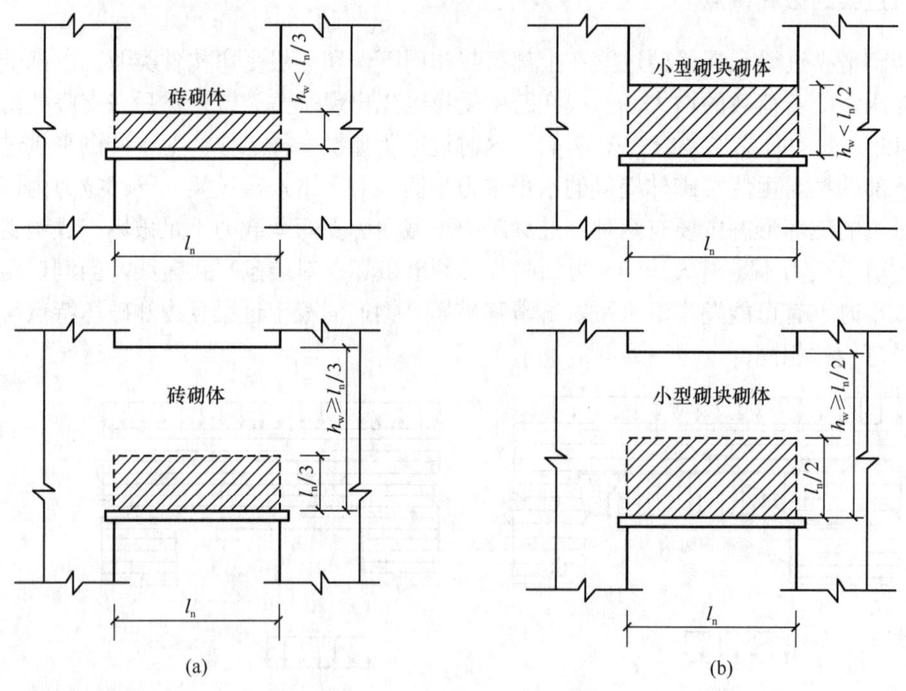

图 7-5　过梁上的墙体荷载

2. 梁、板荷载

在过梁上部加荷试验证明，当荷载下部墙体高度接近 l_n 时，由于内拱作用，墙体上荷载对过梁的挠度几乎没有影响。因此，《砌体规范》规定：对砖和小型砌块砌体，当梁、板下的墙体高度 $h_w<l_n$ 时，过梁荷载应计入梁、板传来的荷载；当梁、板下的墙体高度

$h_w \geqslant l_n$ 时，可不考虑梁、板荷载（图 7-6）。

7.2.4 过梁的承载力计算

1. 砖砌平拱过梁

1）正截面受弯承载力计算为

$$M \leqslant W f_{tm} \tag{7-1}$$

式中：M——按简支梁取净跨计算的跨中弯矩设计值；

W——过梁截面抵抗矩（过梁的截面计算高度取过梁底面以上的墙体高度，但不大于 $l_n/3$）；

f_{tm}——砌体弯曲抗拉强度设计值［考虑到支座水平推力的存在，将延缓过梁垂直裂缝的发展，提高过梁的受弯承载力，因此《砌体规范》规定，按砌体沿齿缝截面的弯曲抗拉强度计算（表 3-10）］。

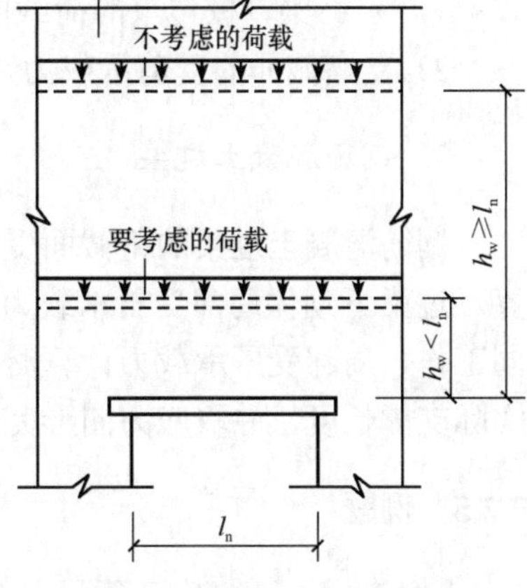

图 7-6　过梁上的梁、板荷载

2）斜截面受剪承载力计算为

$$V \leqslant f_v b z \tag{7-2}$$

式中：V——剪力设计值；

f_v——墙体抗剪强度设计值（按表 3-10 采用）；

b——截面宽度；

z——内力臂

$$z = \frac{I}{S}$$

$$z = \frac{2h}{3} \quad （当截面为矩形时）$$

其中：I——截面惯性矩；

S——截面的面积矩；

h——截面高度。

2. 钢筋砖过梁

1）正截面受弯承载力按式（7-3）计算为

$$M \leqslant 0.85 h_0 f_y A_s \tag{7-3}$$

式中：M——按简支梁取净跨计算的跨中弯矩设计值；

f_y——钢筋的抗拉强度设计值；

A_s——受拉钢筋的截面面积；

h_0——过梁截面的有效高度，即

$$h_0 = h - a_s$$

其中：a_s——受拉钢筋重心至截面下边缘的距离；

h ——过梁的截面计算高度（取过梁底面以上的墙体高度，但不大于 $l_n/3$；当考虑梁、板传来的荷载时，按梁、板下的高度采用）。

2）支座截面的受剪承载力，按式（7-2）计算。

3. 钢筋混凝土过梁

钢筋混凝土过梁的正截面受弯承载力和斜截面受剪承载力按钢筋混凝土受弯构件计算。过梁下砌体局部受压承载力，按第四章式（4-31）计算。由于过梁与上部墙体的共同工作，局部受压承载力计算时可不考虑上层荷载的影响。其有效支撑长度可取过梁的实际支撑长度，并取应力图形完整系数 η=1.0。

7.2.5 例题

【例 7-1】 已知某墙窗洞宽 l_n=1.2m，墙厚 240mm，采用砖砌平拱过梁，过梁的构造高度为 240mm，用 MU10 烧结普通砖，M5 混合砂浆砌筑。求砖砌平拱过梁能承受的均布荷载设计值 q。

【解】 查表 3-9 得 M5 砂浆 f_{tm}=0.23MPa，f_v=0.11MPa。

平拱过梁计算高度为

$$h=\frac{l_n}{3}=\frac{1.2}{3}\approx 0.4(\text{m})$$

受弯承载力：

由式（7-1）得

$$f_{tm}W=0.23\times\frac{1}{6}\times 240\times 400^2\approx 1\,472\,000(\text{N}\cdot\text{mm})$$

平拱的允许均布荷载设计值为

$$q_1=\frac{8\times 1\,472\,000\times 10^{-6}}{1.2^2}\approx 8.18(\text{kN/m})$$

受剪承载力：

由式（7-2）得

$$z=\frac{2}{3}h=\frac{2}{3}\times 400\approx 267(\text{mm})$$

$$f_v bz=0.11\times 240\times 267\approx 7049(\text{N})=7.049\text{kN}$$

平拱的允许均布荷载设计值为

$$q_2=\frac{2\times 7.049}{1.2}\approx 11.75(\text{kN/m})$$

取 q_1 与 q_2 中的较小值，则

$$q=8.18\text{kN/m}$$

【例 7-2】 已知某墙窗洞宽 l_n=1.5m，墙厚 240mm，双面粉刷（2mm 厚水泥石灰砂浆，容重为 17kN/m^3），墙体自重为 5.24kN/m^2（包括抹灰），采用 MU10 烧结普通砖、M5 混合砂浆砌筑。在距洞口顶面 0.6m 处作用楼板传来的荷载标准值 10kN/m（其中活荷载 4kN/m）。试设计该窗过梁。

【解】　（1）采用钢筋砖过梁

采用 HPB300 级钢筋，f_y=270N/mm^2，由于 h_w=0.6m<l_n=1.5m，故必须考虑板传来的荷载，即

$$q=\left(\frac{1.5}{3}\times5.24+6\right)\times1.3+4\times1.5=17.21(\text{kN/m})$$

由于考虑板传来的荷载，取过梁的计算高度为 600mm。

1）按受弯承载力公式计算：

$$h_0=600-25=575(\text{mm})$$

$$M=\frac{1}{8}ql_n^2=\frac{1}{8}\times17.21\times1.5^2\approx4.84(\text{kN}\cdot\text{m})$$

$$A_s=\frac{M}{0.85f_yh_0}=\frac{4\,840\,000}{0.85\times270\times575}\approx36.67(\text{mm}^2)$$

取 3ϕ6 钢筋，则

$$A_s=85\text{mm}^2$$

2）受剪承载力公式计算：

支座处剪力设计值为

$$V=\frac{1}{2}\times17.21\times1.5\approx12.91(\text{kN})$$

查表 3-10 得

$$f_v=0.11\text{MPa},\quad z=\frac{2}{3}\times600=400(\text{mm})$$

$$f_vbz=0.11\times240\times400=10\,560(\text{N})=10.56(\text{kN})<12.91\text{kN}$$

斜截面受剪承载力不满足要求，改用钢筋混凝土过梁。

（2）采用钢筋混凝土过梁

过梁截面采用 $b\times h$=240mm×180mm，混凝土强度等级采用 C20，采用 HPB300 级钢筋，过梁的搁置长度为 240mm。

均布荷载设计值为

$$\begin{aligned}q&=[5.24\times(0.6-0.18)+0.24\times0.18\times25+0.02\\&\quad\times(0.18\times2+0.24)\times17+6]\times1.3+4\times1.5\\&=18.33(\text{kN/m})\end{aligned}$$

1）正截面受弯承载力计算。计算跨度：

$$l_0=1.05l_n=1.05\times1.5=1.58(\text{m})$$

$$M=\frac{1}{8}\times18.33\times1.58^2=5.72(\text{kN}\cdot\text{m})$$

$$\alpha_s=\frac{M}{\alpha_1f_cbh_0^2}=\frac{5.72\times10^6}{1.0\times9.6\times240\times145^2}=0.118$$

$$\gamma_s=0.942\quad A_s=\frac{M}{f_y\gamma_sh_0}=\frac{5.72\times10^6}{0.942\times270\times145}=155.09(\text{mm}^2)$$

选用 2ϕ12（A_s=226mm^2）。

2）斜截面受剪承载力计算：

$$V = \frac{ql_n}{2} = \frac{1}{2} \times 18.33 \times 1.5 \approx 13.75(\text{kN})$$

$$0.7f_tbh_0=0.7\times1.10\times240\times145=26\ 795\text{N} \approx 26.80(\text{kN})>13.75\text{kN}$$

按构造配箍筋$\phi6@200$。

3）梁端支撑处砌体局部受压承载力验算。查表 3-3 得砌体的抗压强度设计值

$$f=1.5\text{MPa}$$

过梁的有效支撑长度 $a_0=a=240\text{mm}$，有

$$A_0=h(a_0+h)=240\times(240+240)=115\ 200(\text{mm}^2)$$

$$A_l=240\times240=57\ 600(\text{mm}^2)$$

$$\gamma = 1 + 0.35\sqrt{\frac{A_0}{A_l} - 1} = 1 + 0.35\sqrt{\frac{115\ 200}{57\ 600} - 1} = 1.35 > 1.25$$

取γ=1.25，不考虑上部荷载影响，取ψ=0，并取η=1.0。

由式（4-31）得

$$\psi N_0+N_l=0+12.74=12.74(\text{kN})$$

$$\eta\gamma fA_l=1.0\times1.25\times1.5\times57\ 600=108.00(\text{kN})>13.75\text{kN}$$

满足要求。

*7.3 墙　　梁

7.3.1 概述

在多层混合结构房屋中，为了满足使用要求，往往要求底层有较大的空间，如底层为商店、上层为住宅的商店-住宅楼，底层为饭店、上层为旅馆的饭店-旅馆楼等。工程中常用的做法是在底层钢筋混凝土梁或底层框架梁上砌筑砖墙，上部各层的楼面及屋面荷载将通过砖墙及支撑在砖墙上的钢筋混凝土楼面梁或框架梁（称托梁）传递给底层的承重墙或柱。大量试验证明，托梁与其上部一定高度范围内的墙体形成一个能共同工作的组合深梁，通常称这种组合深梁为墙梁。与多层钢筋混凝土框架结构相比，墙梁节省钢材和水泥，造价低，因此应用广泛。

墙梁按支撑情况分为：简支墙梁、连续墙梁和框支墙梁（图 7-7）；按墙梁承受荷载情况分为：承重墙梁和自承重墙梁。承重墙梁除了承受托梁和托梁以上的墙体自重外，还承受由屋盖或楼盖传来的荷载。自承重墙梁仅承受托梁和托梁以上的墙体自重。

墙梁在工程中被广泛应用，但是长期以来墙梁却没有统一、合理的设计方法。过去应用较多的方法有以下两种。

1）全荷载法。将支撑墙体的托梁视为一个普通的钢筋混凝土梁，托梁上的全部墙体自重和楼面、屋面荷载均由托梁承受，完全没有考虑托梁与其上墙体的组合作用，致使托梁的截面尺寸大，耗用钢材多。在长期应用过程中人们逐渐认识到这种方法的不合理性。

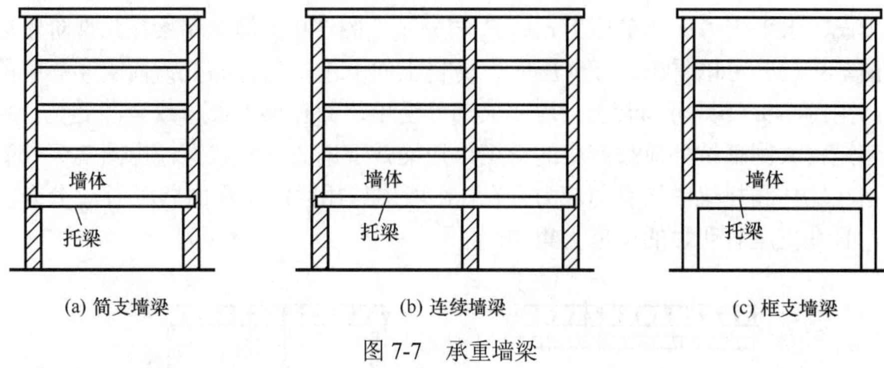

(a) 简支墙梁 (b) 连续墙梁 (c) 框支墙梁

图 7-7 承重墙梁

2）弹性地基梁法。20 世纪 30 年代，苏联日莫契金教授提出的弹性地基梁法在墙梁计算中得到广泛应用。这种方法的基本概念是将托梁上的墙体视为托梁的半无限弹性地基，托梁是在支座反力作用下的弹性地基梁。按弹性理论平面应力问题，解得墙体与托梁界面上的竖向压应力，并将其简化为三角形分布，作为作用在托梁上的荷载（图 7-8），然后求得托梁的弯矩和剪力，按钢筋混凝土受弯构件计算托梁截面，使托梁的截面和配筋明显减小。但是这种方法没有很好反映墙体和托梁的组合作用，计算结果与试验结果相差较大。

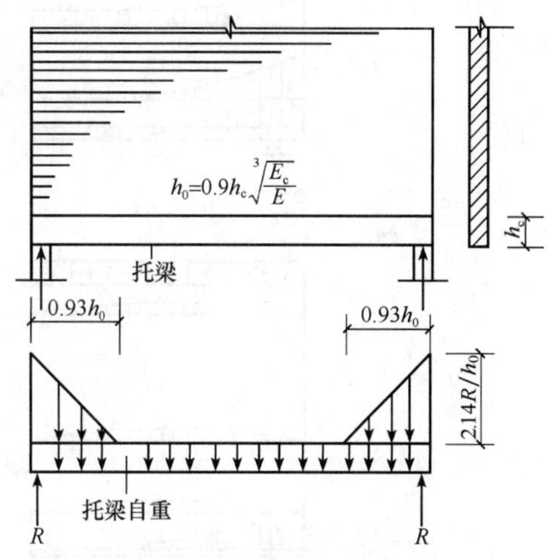

图 7-8 弹性地基梁法计算简图

为了适应我国快速发展的建设事业的需要，自 20 世纪 70 年代以来，我国《砌体结构设计规范》墙梁专题组对墙梁进行了系统的试验研究，先后完成了 258 个简支墙梁（无洞 159 个，有洞 99 个）构件试验，两栋墙梁房屋实测和近千个构件的有限元分析，提出考虑墙梁组合作用的极限状态设计方法。在《砌体结构设计规范》（GBJ 3—88）中，首次列入我国自行研究的考虑墙体与托梁组合作用的单跨简支墙梁设计方法。

1988 年以后，我国《砌体结构规范》墙梁专题组又完成了 21 个连续墙梁和 28 个框支墙梁构件的试验和近千个简支墙梁、2～5 跨连续墙梁、单跨和 2～4 跨框支墙梁的有限元分析；收集了国内有关研究院和大学的相关研究结果，调查、总结了国内墙梁结构的工程实践经验；在此基础上改进了简支墙梁的计算，提出连续墙梁和框支墙梁的设计方法。《砌体规范》中关于墙梁的计算方法反映了我国在墙梁方面的最新研究成果。下面将对计算方法进行较详细的介绍。

7.3.2 简支墙梁的受力性能及其破坏形态

1. 简支墙梁的受力性能

顶面作用均布荷载的无洞口简支墙梁处于弹性工作阶段时，按弹性理论求得墙梁内竖向应力σ_y、水平应力σ_x和剪应力τ_{xy}、τ_{yx}的分布。图 7-9 为简支墙梁在弹性阶段应力分布。由图 7-9（a）可以看出，竖向压应力σ_y自上向下由均匀分布变为向支座集中的非均匀分布；由图 7-9（b）可以看出，墙体大部分受压，而托梁大部分或全部受拉，形成截面抵抗弯矩，共同抵抗外荷载产生的弯矩，托梁处于偏心受拉状态；由图 7-9（c）、（d）可以看出在墙体和托梁中均有剪应力存在，在墙体与托梁的交界面剪应力τ_{xy}分布发生较大变化，且在支座有明显的剪应力集中。

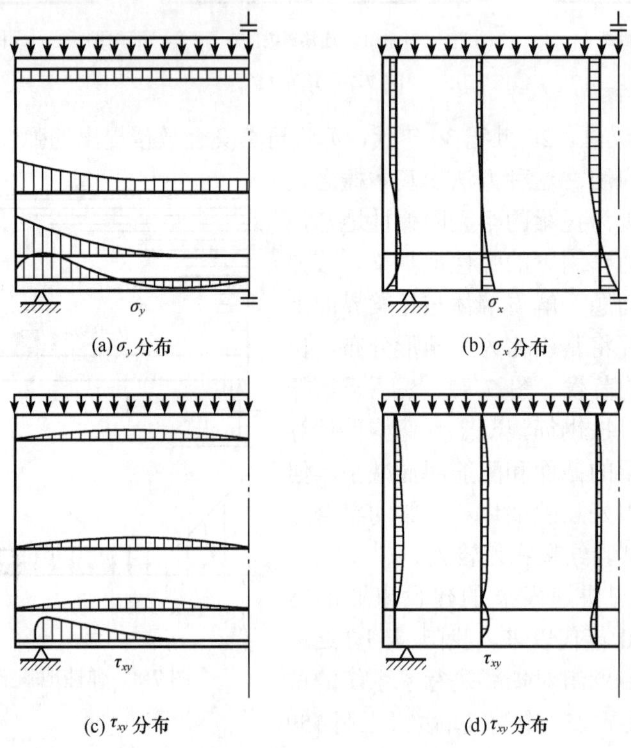

图 7-9　简支墙梁在弹性阶段应力分布

中开洞简支墙梁，当洞口宽度不大于 $l_0/3$（l_0为墙梁计算跨度）、高度不过高时，其应力分布和主应力迹线与无洞口墙梁基本一致。试验与有限元分析表明，偏开洞简支墙梁的受力情况与无洞口简支墙梁有很大区别。从图 7-10（a）可以看出，在跨中垂直截面，水平应力σ_x的分布与无洞口简支墙梁相似，但在洞口内侧的垂直截面上，σ_x分布图被洞口分割成两部分，在洞口上部，过梁受拉，顶部墙体受压，在洞口下部，托梁上部受压，下部受拉，托梁处于大偏心受拉状态。竖向应力σ_y在未开洞的墙体一侧托梁与墙梁交界面上，分布与无洞口简支墙梁相似；在开洞口一侧，支座上方和洞口内侧，作用着比较集中的竖向压应力；在洞口外侧，作用着竖向拉应力。在洞口上边缘外侧墙体的水平截面上，竖向压力σ_y近似呈三角形分布，外侧受拉，内侧受压，压应力较集中。从图 7-10（b）可以看出，托梁与墙体交界面上剪应力分布图形也因洞口存在发生较大变化，在洞口内侧，有明显的剪应力集中。图 7-10（c）为偏开洞简支墙梁的主应力迹线。

试验与有限元分析表明，作用在墙梁上的荷载是通过墙体拱作用传向两边支座，托梁与墙体形成带拉杆拱的受力机构。图 7-11（a）～（c）分别为无洞口简支墙梁、中开洞简支墙梁和偏开洞简支墙梁的受力机构图。

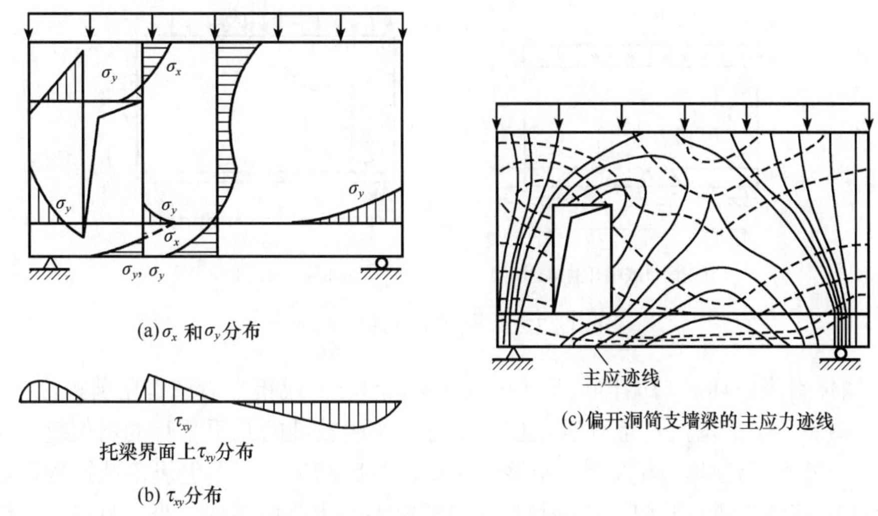

(a) σ_x 和σ_y分布

(b) τ_{xy}分布

(c) 偏开洞简支墙梁的主应力迹线

图 7-10　偏开洞简支墙梁的应力分布和主应力迹线示意图

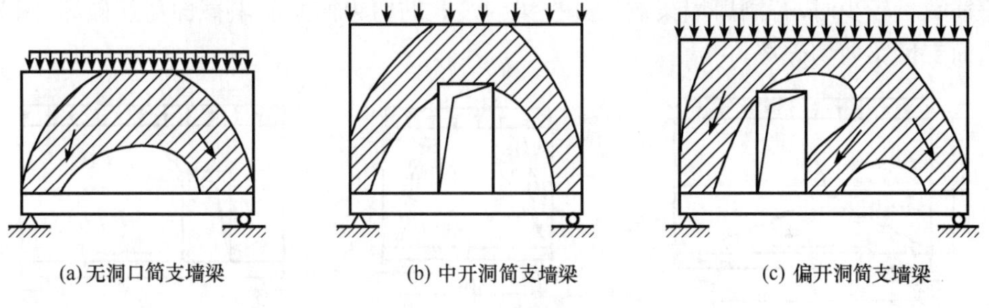

(a) 无洞口简支墙梁　(b) 中开洞简支墙梁　(c) 偏开洞简支墙梁

图 7-11　简支墙梁受力机构

2. 简支墙梁的破坏形态

试验表明，随着材料性能、墙梁的高跨比、托梁的配筋率等条件的不同，简支墙梁的破坏形态归纳起来有以下几种。

（1）弯曲破坏

当托梁中的配筋较少，而墙梁的高跨比较小（$h_w/l_0 \leqslant 0.3$）（h_w 为墙体的计算高度，l_0 为墙梁的计算跨度）时，随着荷载增大，托梁跨中（无洞口或中开洞墙梁）出现垂直裂缝，进而裂缝向上延伸进入墙体，最后托梁内的纵向钢筋屈服，裂缝迅速扩大并在墙体内延伸，发生正截面弯曲破坏［图 7-12（a）］。对偏开洞简支墙梁，在洞口边也有可能发生正截面弯曲破坏［图 7-12（b）］。

（2）剪切破坏

1）墙体斜拉破坏。当墙体高跨比较小（$h_w/l_0 \leqslant 0.5$），砌体强度较低，或者集中荷载作用剪跨比（a_p/l_0）较大（a_p 为集中荷载到最近支座的距离）时，随着荷载增大，墙体中部的主拉应力大于砌体沿齿缝截面的抗拉强度而产生斜裂缝，荷载继续增加，斜裂缝延伸并扩展，最后砌体因开裂过宽而破坏。

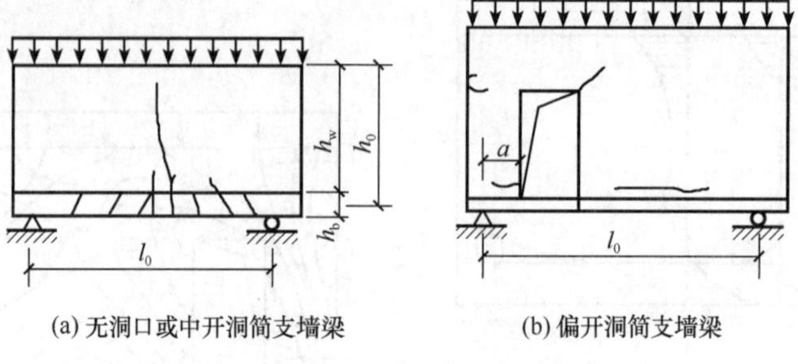

(a) 无洞口或中开洞简支墙梁　　(b) 偏开洞简支墙梁

图 7-12　墙梁的弯曲破坏

2）墙体斜压破坏。当墙体高跨比较大（$h_w/l_0>0.5$）或集中荷载作用剪跨比（a_p/l_0）较小时，随着荷载的增大，墙体因主压应力过大产生较陡的几乎平行的斜裂缝；荷载继续增大，裂缝不断延伸，多数穿过灰缝和砖块，最后砌体沿斜裂缝剥落或压碎而破坏。

3）托梁剪切破坏。无洞口简支墙梁，当托梁混凝土强度等级过低，且箍筋设置过少时，才可能发生托梁的剪切破坏。当洞口距支座边缘的距离较小、托梁混凝土强度较低、且箍筋数量较少时，有洞口墙梁洞口处托梁因过大的剪力而发生斜截面剪切破坏。图 7-13 给出简支墙梁剪切破坏。

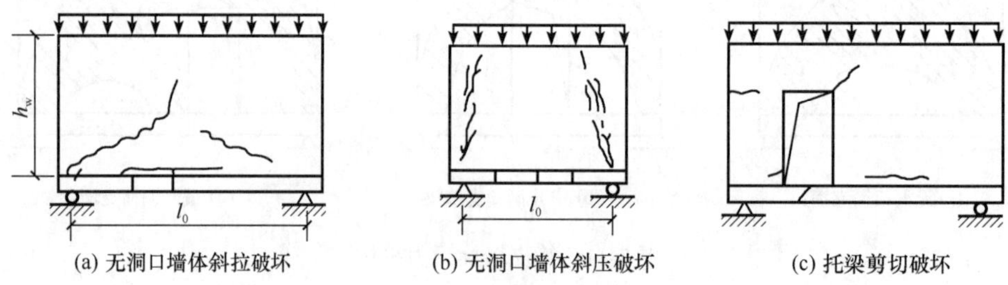

(a) 无洞口墙体斜拉破坏　　(b) 无洞口墙体斜压破坏　　(c) 托梁剪切破坏

图 7-13　简支墙梁剪切破坏

（3）简支墙梁的局部受压破坏

一般当墙体高跨比较大（$h_w/l_0>0.75$）而砌体强度不高时，支座上方砌体在较大的垂直压力作用下，首先出现多条细微垂直裂缝。荷载继续增大，裂缝增多并扩展，最后该处砌体剥落和压碎（图 7-14）。

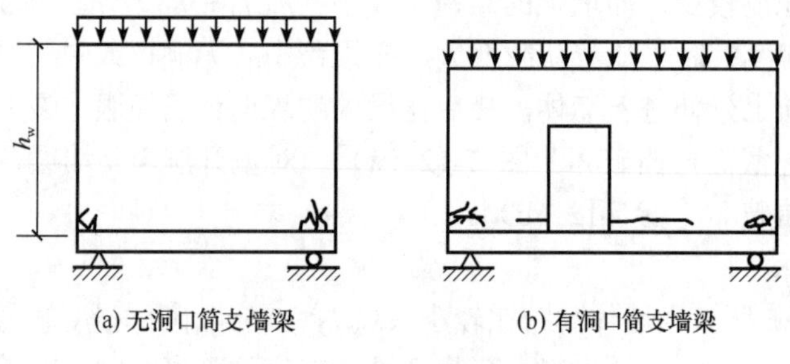

(a) 无洞口简支墙梁　　(b) 有洞口简支墙梁

图 7-14　墙梁的局压破坏

7.3.3　连续墙梁和框支墙梁的受力特点

连续墙梁是多层砌体房屋中常见的墙梁形式。它的受力特点与单跨墙梁有共同之处。破坏形态也有正截面受弯破坏、斜截面受剪破坏、砌体局部受压破坏等。现以两跨连续墙梁为例简单介绍连续墙梁的受力特点。

1. 墙梁支座反力和内力分布

两跨连续墙梁的受力体系为一双跨大拱套两个单跨小拱组成的复合拱体系（图 7-15）。双跨大拱效应使梁上的荷载更多传向边支座，与普通连续梁相比，边支座反力增大，中间支座反力减小。支座反力的变化导致墙梁的内力也发生变化，跨间的正弯矩加大，支座负弯矩减小。随着墙梁高跨比（H_0/l_0）越大，这种变化趋势越明显。

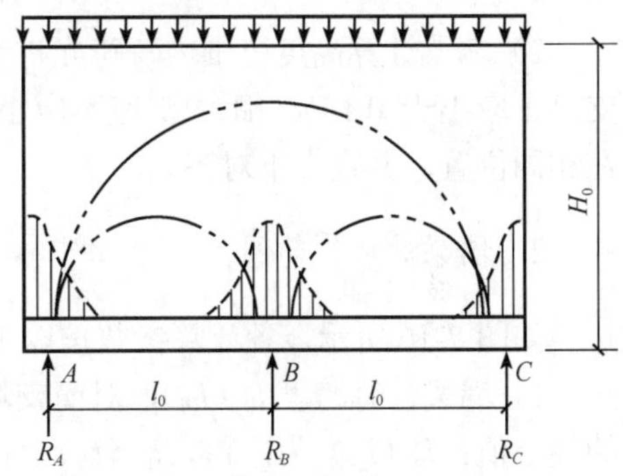

图 7-15　两跨连续墙梁的受力体系

2. 托梁的受力特点

由于大拱效应，托梁的全部或大部分区段处于偏心受拉状态。在受荷过程中，由于局部墙体开裂出现的内力重分布，可能在中间支座附近出现偏压受力状态，但是对托梁的配筋一般不起控制作用。

3. 中间支座上方砌体的局部受压

中间支座的反力虽然较普通连续梁降低，但仍较边支座大得多(为边支座两倍左右)。在中间支座托梁顶面出现很高的峰值压应力，往往造成此处砌体局部受压破坏而导致墙梁丧失承载力，所以常要求在中间支座处设置翼墙，若无条件，可在局部墙体灰缝中配置钢筋网片，以提高砌体的局部受压承载力。

当墙梁的跨度较大，或荷载较大，或在地震区采用墙梁结构时，常采用框支墙梁。在框支墙梁中，墙体的整体刚度远大于框架柱的刚度，柱端对墙梁的转角变形约束很小。有限元分析结果表明，单跨框支墙梁的受力特点和简支墙梁相似，多跨框支墙梁的受力特点和多跨连续墙梁大同小异，不再赘述。

7.3.4　墙梁的设计方法

1. 墙梁设计的一般规定

为了保证墙梁组合工作性能并防止承载力过低的破坏形态发生，应遵照以下规定。

1）采用烧结普通砖和烧结多孔砖砌体以及配筋砌体的墙梁设计应符合表 7-1 的规定。

表 7-1　墙梁的一般规定

墙梁类别	墙体总高度/m	跨度/m	墙高 h_w/l_{0i}	托梁高 h_b/l_{0i}	洞宽 b_h/l_{0i}	洞高 h_h
承重墙梁	≤18	≤9	≥0.4	≥1/10	≤0.3	$\leqslant 5h_w/6$ 且 $h_w-h_n \geqslant 0.4$m
自承重墙梁	≤18	≤12	≥1/3	≥1/15	≤0.8	

注：1）采用混凝土小型砌块砌体的墙梁可参照使用。

2）墙体总高度指托梁顶面到檐口的高度，带阁楼的坡屋面应算到山尖墙 1/2 高度处。

3）对自承重墙梁，洞口至边支座中心的距离不宜小于 $0.1l_{0i}$，门窗洞上口至墙顶的距离不应小于 0.5m。

4）h_w 为墙体计算高度，取法详见本节墙梁的计算简图；h_b 为托梁截面高度；l_{0i} 为墙梁第 i 跨计算跨度，b_b 为洞口宽度；h_h 为洞口高度，对窗洞取洞顶至托梁顶面距离。

2）墙梁计算高度范围内每跨允许设置一个洞口，洞口边至支座中心的距离 a_i 距边支座不应小于 $0.15l_{0i}$，距中支座不应小于 $0.07l_{0i}$。对多层房屋的墙梁，各层洞口宜设置在相同位置，并宜上下对齐。

2. 墙梁的计算简图

如图 7-16 所示，各计算参数按以下规定取用。

1）墙梁计算跨度 l_0（l_{0i}），对简支墙梁和连续墙梁，取 $1.1l_n$（$1.1l_{ni}$）或 l_c（l_{ci}）两者的较小值；l_n（l_{ni}）为净跨，l_c（l_{ci}）为支座中心线距离。对框支墙梁，取框架柱中心线间的距离 l_c（l_{ci}）。

2）墙体计算高度 h_w，取托梁顶面上一层墙体高度，当 $h_w>l_0$ 时，取 $h_w=l_0$（对连续墙梁和多跨框支墙梁，l_0 取各跨的平均值）。

3）墙梁跨中截面计算高度 H_0，取 $H_0=h_w+0.5h_b$。

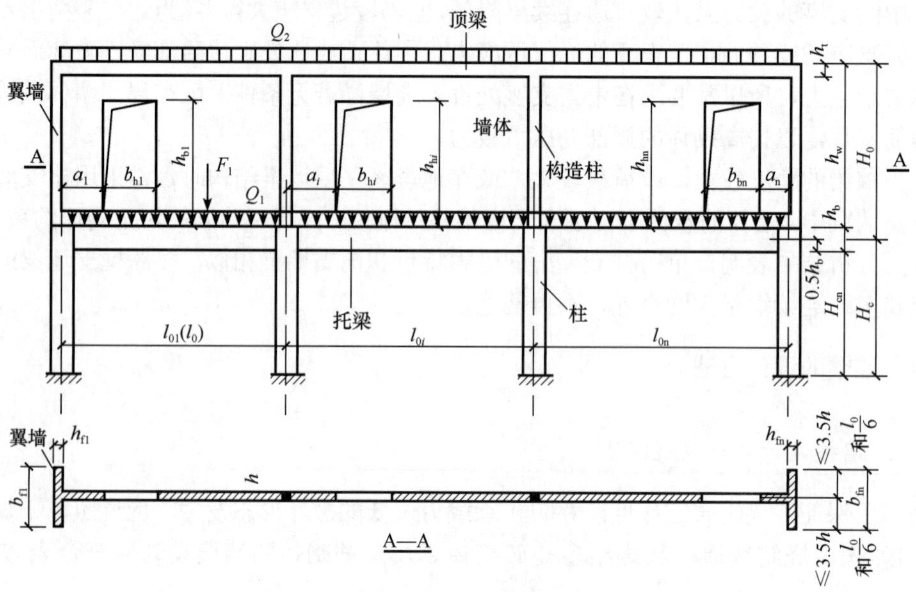

图 7-16　墙梁的计算简图

4）翼墙计算宽度 b_f，取窗间墙宽度或横墙间距的 2/3，且每边不大于 $3.5h$（h 为墙体厚度）和 $l_0/6$。

5）框架柱计算高度 H_c，取 $H_c=H_{cn}+0.5h_b$，其中 H_{cn} 为框架柱的净高，取基础顶面到托梁底面的距离。

6）Q_1、F_1 为作用在托梁顶面的均布荷载和集中荷载设计值，取托梁自重及本层楼盖的恒荷载和活荷载。

7）Q_2 为墙梁顶面的荷载设计值，取托梁以上各层墙体自重，以及墙梁顶面以上各层楼（屋）盖的恒荷载和活荷载；集中荷载可沿作用跨度近似化为均布荷载。自承重墙梁计算简图上仅有 Q_2，取托梁自重及托梁以上墙体自重。

3. 使用阶段墙梁的承载力计算

承重墙梁应分别进行托梁使用阶段正截面承载力和斜截面受剪承载力计算、墙体受剪承载力和托梁支座上部砌体局部受压承载力的计算。计算分析表明，自承重墙梁可满足墙体受剪承载力和砌体局部受压承载力要求，所以这两项可不验算。

（1）托梁正截面承载力计算

托梁正截面破坏一般发生在托梁的跨中截面（有洞口梁的洞口边缘处）以及连续墙梁、框支墙梁托梁的支座截面。

1）托梁跨中弯矩和连续墙梁、框支墙梁托梁支座负弯矩计算。托梁在其顶面荷载 Q_1、F_1 作用下，跨中正弯矩和支座负弯矩按一般结构力学方法计算。托梁在墙梁顶部荷载 Q_2 作用下的内力分析应按组合深梁考虑，用弹性力学方法分析，这给工程设计带来了许多不便。为了简化计算，在试验研究和大量有限元分析的基础上，《砌体规范》规定采用一般结构力学方法分析在 Q_2 作用下托梁跨中的弯矩 M_{2i}、支座弯矩 M_{2j}、支座剪力 V_{2j} 等内力，并采用托梁弯矩系数 a_M、托梁跨中轴力系数 η_N 等一系列系数，以考虑墙梁组合作用对托梁内力的折减。托梁最后的内力为以上两种荷载产生的内力之和。

① 托梁跨中弯矩和轴力计算公式如下：

$$M_{bi}=M_{1i}+a_M M_{2i} \tag{7-4}$$

$$M_{bti}=\eta_N\frac{M_{2i}}{H_0} \tag{7-5}$$

对简支墙梁

$$\alpha_M=\psi_M\left(1.7\frac{h_b}{l_0}-0.03\right) \tag{7-6}$$

$$\psi_M=4.5-10\frac{a}{l_0} \tag{7-7}$$

$$\eta_N=0.44+2.1\frac{h_w}{l_0} \tag{7-8}$$

对连续墙梁和框支墙梁

$$\alpha_{\mathrm{M}}=\psi_{\mathrm{M}}\left(2.7\frac{h_{\mathrm{b}}}{l_{0i}}-0.08\right) \tag{7-9}$$

$$\psi_{\mathrm{M}}=3.8-8\frac{a_i}{l_{0i}} \tag{7-10}$$

$$\eta_{\mathrm{N}}=0.8+2.6\frac{h_{\mathrm{w}}}{l_{0i}} \tag{7-11}$$

式中：M_{1i}——荷载设计值 Q_1、F_1 作用下简支梁跨中弯矩或按连续梁、框架分析的托梁第 i 跨跨中最大弯矩。

M_{2i}——荷载设计值 Q_2 作用下简支梁跨中弯矩或按连续梁、框架分析的托梁第 i 跨跨中最大弯矩。

α_{M}——考虑墙梁组合作用的托梁跨中弯矩系数［按式（7-6）或式（7-9）计算，但对自承重简支墙梁应乘以 0.8；当式（7-6）中的 $h_{\mathrm{b}}/l_0>16$ 时，取 $h_{\mathrm{b}}/l_0=1/6$；当式（7-9）中的 $h_{\mathrm{b}}/l_{0i}>1/7$ 时，取 $h_{\mathrm{b}}/l_{0i}=1/7$；当 $\alpha_{\mathrm{M}}>1.0$ 时，取 $\alpha_{\mathrm{M}}=1.0$］。

η_{N}——考虑墙梁组合作用的托梁跨中轴力系数［按式（7-8）或式（7-11）计算，但对自承重简支墙梁应乘以 0.8；式中，当 $h_{\mathrm{w}}/l_{0i}>1$ 时，取 $h_{\mathrm{w}}/l_{0i}=1$］。

ψ_{M}——洞口对托梁跨中弯矩的影响系数［对无洞口墙梁取 1.0，对有洞口墙梁按式（7-7）或式（7-10）计算］。

a_i——洞口边至墙梁最近支座中心的距离（当 $a_i>0.35l_{0i}$ 时，取 $a_i=0.35l_{0i}$）。

② 托梁支座截面的弯矩 $M_{\mathrm{b}j}$ 计算如下：

$$M_{\mathrm{b}j}=M_{1j}+\alpha_{\mathrm{M}}M_{2j} \tag{7-12}$$

$$\alpha_{\mathrm{M}}=0.75-\frac{a_i}{l_{0i}} \tag{7-13}$$

式中：M_{1j}——荷载设计值 Q_1、F_1 作用下按连续梁或框架分析的托梁支座弯矩设计值；

M_{2j}——荷载设计值 Q_2 作用下按连续梁或框架分析的托梁支座弯矩设计值；

α_{M}——考虑组合作用的托梁支座弯矩系数［无洞口墙梁取 0.4，有洞口墙梁按式（7-13）计算，当支座两边的墙体均有洞口时，α_i 取两者的较小值］。

2）托梁正截面承载力计算。托梁跨中截面按钢筋混凝土偏心受拉构件计算，支座截面按钢筋混凝土受弯构件计算［详见《混凝土结构设计规范（2016 年版）》（GB 50010—2010）有关计算公式］。

（2）托梁斜截面受剪承载力计算

托梁斜截面受剪承载力应按钢筋混凝土受弯构件计算。其支座剪力设计值 $V_{\mathrm{b}j}$ 为

$$V_{\mathrm{b}j}=V_{1j}+\beta_{\mathrm{v}}V_{2j} \tag{7-14}$$

式中：V_{1j}——荷载设计值 Q_1、F_1 作用下按简支梁、连续梁或框架分析的托梁第 j 支座边缘截面剪力设计值；

V_{2j}——荷载设计值 Q_2 作用下按简支梁、连续梁或框架分析的托梁第 j 支座边缘截面剪力设计值；

β_v——考虑墙梁组合作用的托梁剪力系数（无洞口墙梁边支座取 0.6，中支座取 0.7；有洞口墙梁边支座取 0.7，中支座取 0.8；对自承重墙梁，无洞口时取 0.45，有洞口时取 0.5）。

（3）墙梁的墙体受剪承载力计算

近年的试验研究表明，墙体抗剪承载力不仅与墙体砌体抗压强度设计值 f、墙厚 h、墙体计算高度 h_w 及托梁的高跨比 h_b/l_0 有关，还与墙梁顶面圈梁（简称顶梁）的高跨比 h_t/l_0 有关。另外，由于翼墙或构造柱的存在，使多层墙梁楼盖荷载向翼墙或构造柱卸荷而减小墙体剪力，改善墙体的受剪性能，故采用了翼墙影响系数 ξ_1。考虑洞口对墙梁的抗剪能力的减弱采用了洞口影响系数 ξ_2。《砌体规范》给出墙梁墙体的受剪承载力计算公式如下：

$$V_2 \leqslant \xi_1\xi_2\left(0.2+\frac{h_b}{l_{0i}}+\frac{h_t}{l_{0i}}\right)fh\,h_w \tag{7-15}$$

式中：V_2——在荷载设计值 Q_2 作用下墙梁支座边缘剪力的最大值；

ξ_1——翼墙或构造柱影响系数（对单层墙梁取 1.0；对多层墙梁，当 $b_f/h=3$ 时取 1.3，当 $b_f/h=7$ 或设置构造柱时取 1.5，当 $3<b_f/h<7$ 时按线性插入取值）；

ξ_2——洞口影响系数（无洞口墙梁取 1.0，多层有洞口墙梁取 0.9，单层有洞口墙梁取 0.6）；

h_t——墙梁顶面圈梁截面高度。

（4）托梁支座上部墙体局部受压承载力

托梁上部砌体局部受压承载力计算公式为

$$Q_2 \leqslant \zeta f h \tag{7-16}$$

式中：Q_2——作用在墙梁顶部的均布荷载设计值；

ζ——局压系数。根据试验结果《砌体规范》给出 ζ 计算公式如下：

$$\zeta = 0.25+0.08\frac{b_f}{h} \tag{7-17}$$

当按式（7-17）计算的 $\zeta>0.81$ 时，取 $\zeta=0.81$。

当 $b_f/h \geqslant 5$ 或墙梁支座处设置上、下贯通的落地钢筋混凝土构造柱时，可不验算局部受压承载力。

4. 施工阶段墙梁的承载力验算

在施工阶段，托梁与墙体的组合拱作用还没有完全形成，因此不能按墙梁计算。施工阶段的荷载应由托梁单独承受。托梁应按钢筋混凝土受弯构件进行正截面抗弯和斜截面抗剪承载力验算。施工阶段，作用在托梁上的荷载有以下几项。

1）托梁自重及本层楼盖的恒荷载。

2）本层楼盖的施工荷载。

3）墙体自重，可取高度为 $l_{0max}/3$（l_{0max} 为各计算跨度的最大值）的墙体自重；墙体开洞时，尚应按洞顶以下实际分布的墙体自重复核。

5. 墙梁的构造要求

（1）墙梁的材料

托梁的混凝土强度等级不应低于 C30；托梁的纵向钢筋宜采用 HRB335、HRB400 或 RRB400 级钢筋。承重墙梁的块体强度等级不应低于 MU10，计算高度范围内砂浆强度等级不应低于 M10。

（2）墙体

框支墙梁的上部砌体房屋，以及设有承重的简支或连续墙梁的房屋，应满足刚性方案的要求；墙梁计算高度范围内的墙体厚度，对砖砌体不应小于 240mm，对混凝土砌块砌体不应小于 190mm；墙梁洞口上方应设置钢筋混凝土过梁，其支撑长度不应小于 240mm，洞口范围内不应施加集中荷载；承重墙梁的支座处应设置落地翼墙。翼墙厚度，对砖砌体不应小于 240mm，对混凝土砌块不应小于 190mm；翼墙宽度不应小于墙梁墙体厚度的 3 倍，并与墙梁墙体同时砌筑。当不能设置翼墙时，应设置落地且上下贯通的构造柱；当墙梁墙体的洞口位于距支座 1/3 跨度范围内时，支座处应设置落地且上下贯通的钢筋混凝土构造柱，并应与每层圈梁连接；墙梁计算高度范围内的墙体，每天的可砌高度不应超过 1.5m，否则，应加设临时支撑。

（3）托梁

有墙梁的房屋托梁两边各一个开间及相邻开间处应采用现浇混凝土楼盖，楼板厚度不应小于 120mm，当楼板厚度大于 150mm 时宜采用双向双层钢筋网。楼板上应尽量少开洞，洞口尺寸大于 800mm 时应设置洞口边梁。

托梁每跨的底部纵向受力钢筋应通长设置，不得在跨中段弯起或截断。钢筋接长应采用机械连接或焊接；托梁跨中截面纵向受力钢筋总配筋率不应小于 0.6%；托梁上部通常布置的纵向钢筋面积与跨中下部纵向钢筋面积之比值不应小于 0.4；连续墙梁或多跨框支墙梁的托梁中支座上部附加纵向钢筋从支座边缘算起每边延伸不应小于 $l_0/4$。

承重墙梁的托梁在砌体墙、柱上的支撑长度不应小于 350mm，纵向受力钢筋伸入支座的长度应符合受拉钢筋的锚固要求；当托梁高度 $h_b \geqslant 450$mm 时，应沿梁高设置通长水平腰筋，直径不应小于 12mm，间距不应大于 200mm；对于洞口偏置的墙梁，其托梁的箍筋加密区范围应延到洞口外，距洞边的距离大于等于托梁截面高度 h_b，箍筋直径不应小于 8mm，间距不应大于 100mm（图 7-17）。

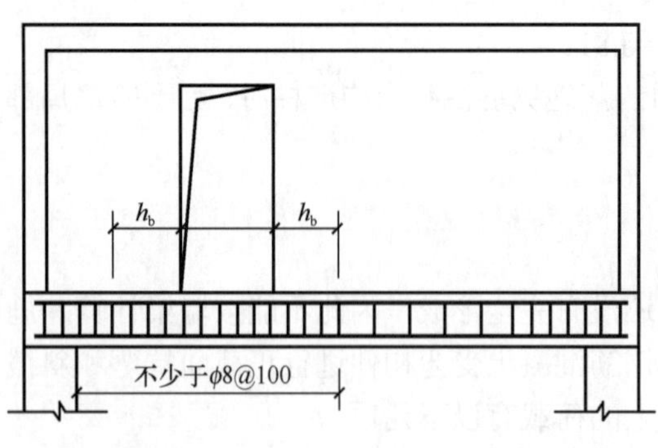

图 7-17　偏开洞时托梁箍筋加密区

7.3.5　例题

【例 7-3】 某 5 层砖砌体房屋，底层为商店，上层为住宅。局部平面和剖面如图 7-18 所示，开间为 3.3m。底层层高 3.9m，其余各层层高均为 2.9m，墙厚为 240mm。楼板为现浇钢筋混凝土板，板厚 120mm，窗间墙宽度 1.8m。楼盖和屋盖处均设有截面为 240mm×240mm 现浇钢筋混凝土圈梁。钢筋混凝土托梁两端的墙均设有壁柱（凸出墙面厚度为 130mm，宽度为 490mm）。钢筋混凝土托梁在墙上的搁置长度为 370mm，梁的净跨度为6100mm，混凝土为C30(f_c=14.3N/mm^2)，纵向受力钢筋为HRB400(f_y=360N/mm^2)，箍筋采用 HPB300（f_y=270N/mm^2）。墙体采用 MU10 普通烧结砖和 M10 混合砂浆（f=1.89N/mm^2）。屋面恒荷载标准值为 4.5kN/m^2，屋面活荷载标准值为 0.7kN/m^2；楼面恒荷载标准值为 3.8kN/m^2，活荷载标准值为 2.0kN/m^2；墙体自重标准值为 5.24kN/m^2（包括双面抹灰）。试设计该承重墙梁。

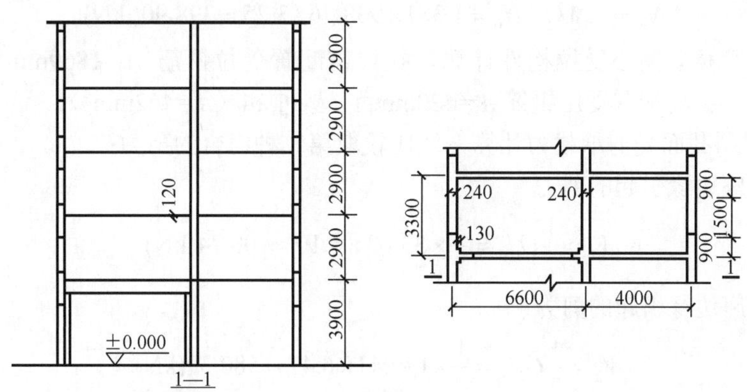

图 7-18　局部平面和剖面（尺寸单位：mm）

【解】（1）使用阶段墙梁的承载力计算

1）计算简图。计算跨度 l_0 的确定：

$$l_c=6.10+0.37=6.47(\text{m})$$

$$1.1l_n=1.1\times6.10=6.71(\text{m})$$

取 l_0=6.47m。

托梁截面尺寸取 h_b=700mm，b_b=300mm，h_{b0}=665mm。

墙体计算高度：h_w=2.90m。

墙梁计算高度：$H_0=h_w+h_b/2=2.9+0.7/2=3.25$（m）。

计算简图如图 7-19 所示。

2）荷载计算。按 1.3 恒+1.5 活计算。

托梁顶面的荷载设计值为托梁自重和本层楼盖的恒荷载及活荷载。

$$Q_1=1.3\times25\times0.3\times0.7+1.2\times3.8\times3.3+1.5\times2.0\times3.3$$
$$\approx33.03\text{（kN/m）}$$

墙梁顶面的荷载设计值计算：托梁以上墙体自重及墙梁顶面以上各楼层和屋面的恒荷载、活荷载。

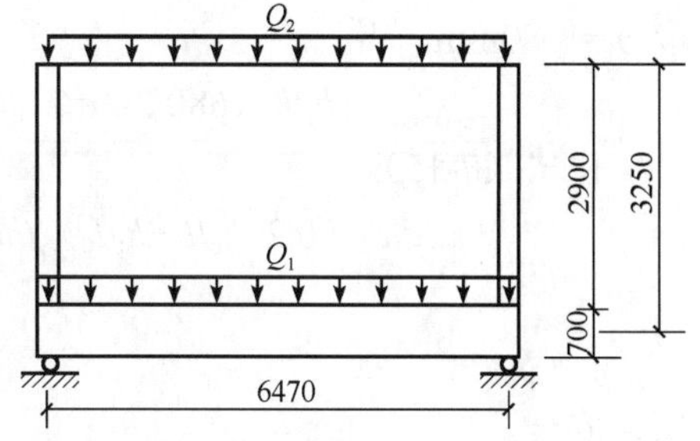

图 7-19　墙梁计算简图（尺寸单位：mm）

$$Q_2=1.3\times4\times5.24\times2.9+1.3\times3.3\times(3.8\times3+4.5)+1.5\times3.3\times(2.0\times3+0.7)\approx179.41(\text{kN/m})$$

3）托梁正截面承载力计算

$$M_1 = \frac{1}{8}Q_1 l_0^2 = \frac{1}{8} \times 33.03 \times 6.47^2 \approx 172.83(\text{ kN} \cdot \text{m})$$

$$M_2 = \frac{1}{8}Q_2 l_0^2 = \frac{1}{8} \times 179.41 \times 6.47^2 \approx 938.76(\text{kN} \cdot \text{m})$$

$$\alpha_\text{M} = \psi_\text{M}(1.7h_\text{b} / l_0 - 0.03) = 1.0 \times (1.7 \times 0.7 / 6.47 - 0.03) \approx 0.154$$

$$\eta_\text{N} = 0.44 + 2.1h_\text{w} / l_0 = 0.44 + 2.1 \times 2.9 / 6.47 \approx 1.381$$

$$M_\text{b} = M_1 + \alpha_\text{M} M_2 = 172.83 + 0.154 \times 938.76 \approx 317.40(\text{ kN} \cdot \text{m})$$

$$N_\text{b} = \eta_\text{N} M_2 / H_0 = 1.381 \times 938.76 / 3.25 \approx 398.90(\text{ kN})$$

按钢筋混凝土偏心受拉构件计算，托梁需配置受拉钢筋 A_s=1869mm^2，选 4Φ25（A_s=1964mm^2）；需配置受压钢筋 A_s=420mm^2，选 3Φ14（A_s=462mm^2）。

4）托梁斜截面受剪承载力计算，经比较取第二种组合的剪力：

Q_1 在支座边缘引起的剪力

$$V_1 = \frac{1}{2}Q_1 l_\text{n} = \frac{1}{2} \times 33.03 \times 6.10 \approx 100.74(\text{kN})$$

Q_2 在支座边缘引起的剪力

$$V_2 = \frac{1}{2}Q_2 l_\text{n} = \frac{1}{2} \times 179.41 \times 6.47 \approx 580.39(\text{kN})$$

托梁剪力设计值计算（因无洞口 β_v=0.6）

$$V_\text{b} = V_1 + \beta_\text{v} V_2 = 100.74 + 0.6 \times 580.39 \approx 448.97(\text{ kN})$$

托梁斜截面受剪承载力按钢筋混凝土受弯构件计算结果，箍筋选用双肢ϕ10@125。

5）墙梁的墙体斜截面受剪承载力验算。翼墙计算宽度 b_f 的确定：

按窗间墙宽

$$b_f = 1800\text{mm}$$

按 7.0h

$$b_f = 7.0 \times 240 = 1680(\text{mm})$$

按 $l_0/3$

$$b_f = 6.47 \times 1000/3 \approx 2157(\text{mm})$$

取 b_f=1680mm，得

$$b_f/h = 1680/240 = 7 \qquad \xi_1 = 1.5 \qquad \xi_2 = 1.0（无洞口）$$

由式（7-15）

$$\xi_1\xi_2（0.2+h_b/l_0+h_t/l_0）fhh_w = 1.5\times1.0\times(0.2+0.7/6.47+0.24/6.47) \times1.89\times240\times2900\times10^{-3} \approx 681.3(\text{kN}) > V_2 = 580.39(\text{kN})$$

所以安全。

因为 b_f/h=7>5，所以可不验算托梁支座上部砌体局部受压承载力。

（2）施工阶段托梁承载力验算（经比较取第二种荷载组合）

施工阶段作用在托梁上的荷载 Q_3 计算：

托梁自重设计值

$$1.3\times25\times0.3\times0.7\approx6.83(\text{kN/m})$$

本层楼盖的恒荷载设计值

$$1.3\times3.8\times3.3\approx16.30(\text{kN/m})$$

本层楼盖的施工荷载设计值（标准值取 1kN/m^2）

$$1.0\times1.0\times3.30\approx3.30(\text{kN/m})$$

墙体自重设计值

$$1.3\times19\times0.24\times6.47/3\approx12.79(\text{kN/m})$$

$$Q_3=6.83+16.30+3.3+12.79=39.22(\text{kN/m})$$

$$M_b=\frac{1}{8}Q_3l_0^2=\frac{1}{8}\times39.22\times6.47^2\approx205.22(\text{kN}\cdot\text{m})$$

$$V_b=\frac{1}{2}Q_3l_n=\frac{1}{2}\times39.22\times6.10\approx119.62(\text{kN})$$

经计算，施工阶段内力对托梁配筋不起控制作用。

【例 7-4】 某 3 层商住楼，底层局部采用两跨连续墙梁结构。局部平面及剖面如图 7-20 所示。开间为 3.3m。底层层高 3.9m，其余两层为 3.0m。墙厚为 240mm。托梁支撑处墙体均设有壁柱（每边凸出墙面 130mm×490mm）。墙体采用 MU10 蒸压灰砂砖和 M10 混合砂浆砌筑（f=1.89N/mm^2）。楼盖及屋盖采用钢筋混凝土现浇板，厚 120mm。楼盖和屋盖处均设有截面为 240mm×240mm 现浇钢筋混凝土圈梁。托梁净跨度为 6.10m，混凝土采用 C30（f_c=14.3N/mm^2），纵向钢筋为 HRB400（f_y=360N/mm^2），箍筋采用 HPB300（f_y=270N/mm^2）。屋面恒荷载标准值为 4.8kN/m^2，屋面活荷载标准值为 0.7kN/m^2，楼面恒荷载标准值为 3.8kN/m^2，活荷载标准值为 2.0kN/m^2，墙体自重标准值（包括双面粉刷）为 5.24kN/m^2，梁支座下设 240mm×240mm 上下贯通钢筋混凝土构造柱。试设计该墙梁。

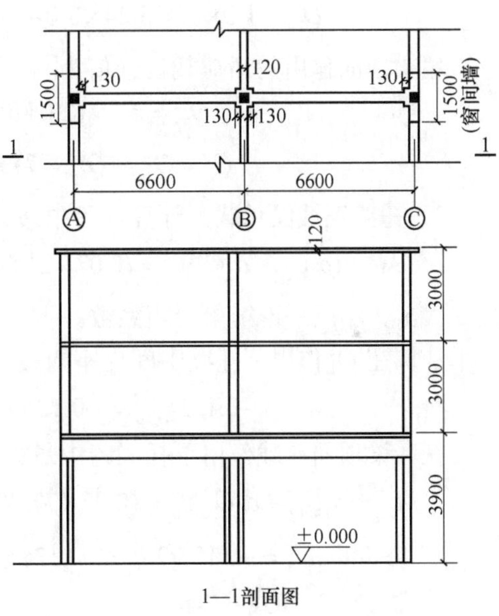

图 7-20　局部平面及剖面图（尺寸单位：mm）

【解】（1）使用阶段墙梁的承载力计算

1）计算简图：

$$l_c=6100+250+185=6535(\text{mm})$$

$$1.1l_n=1.1\times6100=6710(\text{mm})$$

取 l_0=6535mm。

截面尺寸取 h_b=650mm，b_b=250mm，h_{b0}=650−35=615(mm)。

墙体计算高度 H_w 为

$$H_w=3.00\text{m}$$

墙梁计算高度 H_0 为

$$H_0=h_w+h_b/2=3.00+0.65/2=3.325(\text{m})$$

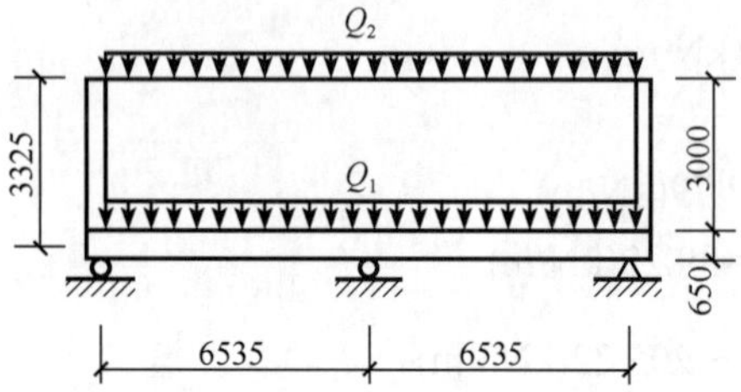

计算简图如图 7-21 所示。

图 7-21　计算简图（尺寸单位：mm）

2）荷载计算。

作用在托梁顶面的恒荷载设计值 Q_{1g} 为

$$Q_{1g}=1.3\times(25\times0.25\times0.65+3.8\times3.3)=21.58(\text{kN/m})$$

托梁顶面作用活荷载设计值 Q_{1p} 为

$$Q_{1p}=1.5\times2.0\times3.3=9.90(\text{kN/m})$$

$$Q_1=Q_{1g}+Q_{1p}=21.58+9.90=31.48(\text{kN / m})$$

墙梁顶面作用的恒荷载设计值为

$$Q_{2g}=1.3\times(2\times5.24\times3.0+3.8\times3.3+4.8\times3.3)=77.76(\text{kN/m})$$

墙梁顶面作用的活荷载设计值为

$$Q_{2p}=1.5\times(2.0+0.7)\times3.3\approx13.37(\text{kN/m})$$

$$Q_2=Q_{2g}+Q_{2p}=77.76+13.37=91.13(\text{kN/m})$$

3）托梁正截面承载力计算。跨中最大弯矩为

$$M_1=(\alpha_1Q_{1g}+\alpha_2Q_{1p})l_0^2=(0.07\times21.58+0.096\times9.90)\times6.535^2\approx105.06(\text{kN}\cdot\text{m})$$

式中：α_1、α_2——连续梁弯矩系数。

计算在 Q_1 作用下托梁中间支座的最大负弯矩 M_{1B} 为

$$M_{1B}=-0.125Q_1l_0^2=-0.125\times31.48\times6.535^2\approx-168.02(\text{kN}\cdot\text{m})$$

在墙梁顶面荷载作用下托梁跨中最大正弯矩 M_2 及中间支座最大负弯矩 M_{2B} 为

$$M_2=(\alpha_1Q_{2g}+\alpha_2Q_{2p})l_0^2=(0.07\times77.76+0.096\times13.37)\times6.535^2\approx287.22(\text{kN}\cdot\text{m})$$

$$M_{2B}=-0.125Q_2l_0^2=-0.125\times91.13\times6.535^2\approx-486.40(\text{kN}\cdot\text{m})$$

由式（7-9）和式（7-11）

$$\alpha_M=\psi_M(2.7h_b/l_0-0.08)=1.0\times(2.7\times0.65/6.535-0.08)\approx0.189$$

$$\eta_N=0.8+2.6h_w/l_0=0.8+2.6\times3.00/6.535\approx1.994$$

托梁各跨跨中截面弯矩 M_{b1}、M_{b2} 和轴力 N_{b1}、N_{b2} 为

$$M_{b1}=M_{b2}=M_1+\alpha_MM_2=105.06+0.189\times287.22\approx159.34(\text{kN}\cdot\text{m})$$

$$N_{bt1}=N_{bt2}=\eta_N\cdot M_2/h_0=1.994\times287.22/3.325\approx171.90(\text{kN})$$

托梁支座截面弯矩 M_{bB}，α_M=0.4（无洞口）

$$M_{bB}=M_{1B}+\alpha_MM_{2B}=-168.02-0.4\times486.40=-362.58(\text{kN}\cdot\text{m})$$

按偏心受拉构件计算跨中截面的配筋为：受压钢筋 A_s'=325mm^2（选 3Φ14，A_s'=461mm^2）；受拉钢筋 A_s=942mm^2（选 3Φ20，A_s=942mm^2）。支座截面按受弯构件计算结

果，受拉钢筋 A_s=1663mm^2（选 2Φ22+2Φ25，A_s=1742mm^2）；受压钢筋 A_s'=942mm^2（选 3Φ20 A_s'=942mm^2）。

4）托梁斜截面受剪承载力计算。按连续梁分析 A 支座边缘由托梁顶面荷载设计值产生的最不利剪力 V_{1A} 为

$$V_{1A}=(0.375\times21.58+0.437\times9.90)\times6.535-0.185\times(21.58+9.90)\approx75.34(\text{kN})$$

墙梁顶面荷载设计值在支座 A 产生的最不利剪力 V_{2A} 为

$$V_{2A}=(0.375\times77.76+0.437\times13.37)\times6.535-0.185\times(77.76+13.37)\approx211.88(\text{kN})$$

考虑墙梁组合作用的 A 支座边缘最不利剪力 V_{bA}，β_v=0.6，有

$$V_{bA}=V_{1A}+\beta_v V_{2A}=75.34+0.6\times211.88\approx202.47(\text{kN})$$

按连续梁分析 B 支座边缘在托梁顶面荷载 Q_1 作用下最不利剪力 V_{1B} 为

$$V_{1B}=0.625Q_1l_0-0.25Q_1=0.625\times31.48\times6.535-0.25\times31.48\approx120.70(\text{kN})$$

墙梁顶面荷载 Q_2 作用下 B 支座边缘最不利剪力 V_{2B} 为

$$V_{2B}=0.625Q_2l_0-0.25Q_2=0.625\times91.13\times6.535-0.25\times91.13\approx349.43(\text{kN})$$

B 支座的剪力设计值 V_{bB}，β_v=0.7，有

$$V_{bB}=V_{1B}+\beta_v V_{2B}=120.70+0.7\times349.43\approx329.10(\text{kN})$$

按支座 B 边缘剪力设计值 V_{bB} 进行托梁斜截面受剪承载力计算，需配箍筋为双肢 ϕ10@125。

5）托梁上部墙体受剪承载力计算，用式（7-15）验算：

因设有构造柱，ξ_1=1.5，无洞口 ξ_2=1.0，有

$$\begin{aligned}\xi_1\xi_2(0.2+h_b/l_0+h_t/l_0)fhh_w&=1.5\times(0.2+0.65/6.535+0.24/6.535)\\&\quad\times1.89\times240\times3000\times10^{-3}\\&\approx685.84(\text{kN})>V_{2B}=329.10(\text{kN})\end{aligned}$$

满足要求。

（2）施工阶段托梁承载力验算（经比较取第二种荷载组合）

托梁自重设计值

$$1.3\times25\times0.25\times0.65\approx5.28(\text{kN/m})$$

本层楼盖的恒荷载设计值

$$1.3\times3.8\times3.3\approx16.30(\text{kN/m})$$

本层楼盖的施工荷载（标准值取 1 kN/m^2）

$$1.0\times1\times3.3=3.30(\text{kN/m})$$

墙体自重设计值

$$1.3\times19\times0.24\times6.535/3\approx12.91(\text{kN/m})$$

按连续梁分析托梁内力：

跨中最大正弯矩设计值

$$M_{\max}=0.07\times(5.28+16.30+12.91)\times6.535^2+0.096\times3.30\times6.535^2\approx116.63(\text{kN}\bullet\text{m})$$

支座 B 最大负弯矩设计值

$$M_{\text{B}}=-0.125\times(5.28+16.30+12.91+3.30)\times6.535^2\approx-201.73(\text{kN}\bullet\text{m})$$

支座 B 边缘最大剪力设计值

$$V_{\max}=0.625\times(5.28+16.93+13.99+3.30)\times6.535-0.25\times(5.28+16.93+13.99+3.30)\approx144.96(\text{kN})$$

经计算，施工阶段内力对托梁配筋不起控制作用。

*7.4 挑　　梁

7.4.1 挑梁的分类

在砌体结构房屋中，为了支撑挑廊、阳台、雨篷等，常设有埋入砌体墙内的钢筋混凝土悬臂构件，即挑梁。当埋入墙内的长度较大且梁相对于砌体的刚度较小时，梁发生明显的挠曲变形，将这种挑梁称为弹性挑梁，如阳台挑梁、外廊挑梁等；当埋入墙内的长度较短，埋入墙内的梁相对于砌体刚度较大，挠曲变形很小，主要发生刚体转动变形，将这种挑梁称为刚性挑梁。嵌入砖墙内的悬臂雨篷属于刚性挑梁。

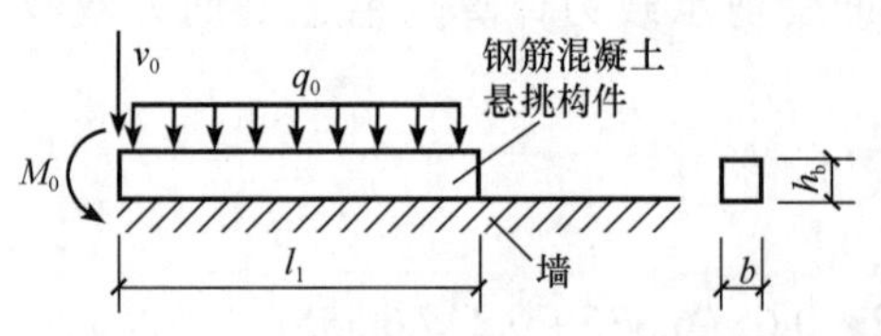

图 7-22　挑梁在砌体墙的计算简图

将挑梁埋入砌体墙内的部分视为以砌体墙为弹性地基的弹性地基梁，其计算简图如图 7-22 所示。图中 M_0、V_0 分别为挑梁外伸部分的荷载作用于墙边缘梁截面的等效弯矩和剪力，q_0 为梁承受的上部砌体及楼盖传来的荷载。

按弹性地基梁理论，梁的柔度系数λ为

$$\lambda=\frac{\pi Ebl'^3}{4E_cI}\tag{7-18}$$

式中：b——梁的截面宽度；

l'——梁埋入长度 l_1 的 1/2，即 $l'=l_1/2$；

I——梁的截面惯性矩；

E——墙砌体的弹性模量；

E_c——混凝土的弹性模量。

当$\lambda<1$ 时为刚性梁；$1\leqslant\lambda\leqslant10$ 时为半无限长梁；$\lambda>10$ 时为无限长梁。显然，$\lambda=1$为刚性挑梁与弹性挑梁的界限。以$\lambda=1$ 代入式（7-18），并取 $I=bh_b^3/12$，$l'=l_1/2$，C20 混凝土，MU10 烧结普通砖，M5 砂浆砌体，可得

$$\frac{l_1}{h_b}=2.18\approx2.2\tag{7-19}$$

因此，当 $l_1<2.2h_b$ 时，为刚性挑梁；当 $l_1\geqslant2.2h_b$ 时，为弹性挑梁。

7.4.2 挑梁的受力特点及破坏形态

1. 弹性挑梁

当钢筋混凝土挑梁，自身的抗弯及抗剪承载力得到保证时，它与墙体的共同工作从开始加荷至破坏可分为以下三个阶段。

（1）弹性工作阶段

在砌体自重及上部荷载作用下，在挑梁埋入部分的上下界面将产生压应力σ_0。当作用于挑梁端部的外荷载 F 较小时，由 F 在挑梁埋入部分上下截面产生的竖向应力与σ_0叠加形成图 7-23（a）应力分布图形（+为拉应力，–为压应力）。在挑梁与砌体交界面出现水平裂缝之前，砌体的变形基本呈线性，挑梁和砌体整体工作性能良好。此阶段为挑梁与墙体共同工作的弹性阶段。

（2）带裂缝工作阶段

随着外荷载F的增大，在挑梁与砌体的上交界面拉应力超过砌体沿通缝的弯曲抗拉强度时，产生水平裂缝①［图 7-23（b）］。与水平裂缝对应的梁下交界面上压应变增大，由外荷载F在挑梁内引起的最大弯矩截面由墙边缘处向内侧移动。随着荷载F的增大，水平裂缝①向梁端延伸，梁端上界面压应力增大，对应的梁端下界面拉应力增大，继而产生下界面水平裂缝②，并随外荷载增大不断向前部延伸。此时，在砌体内挑梁前端的下界面及挑梁后端的上界面压应力增大，砌体发生较大的塑性变形。由于裂缝①②的开展和延伸，上、下界面受压区面积在逐渐减小，挑梁犹如具有面支撑的杠杆一样工作。外荷载进一步增大，在砌体内挑梁的尾端出现沿砌体灰缝呈阶梯形向后发展的斜裂缝③，它与挑梁尾端竖向直线的夹角α一般均大于 45°。根据多根挑梁的试验结果，α的平均值为 57.1°。斜裂缝出现后，埋入砌体的挑梁及砌体的塑性变形急剧增大，砌体内挑梁前端

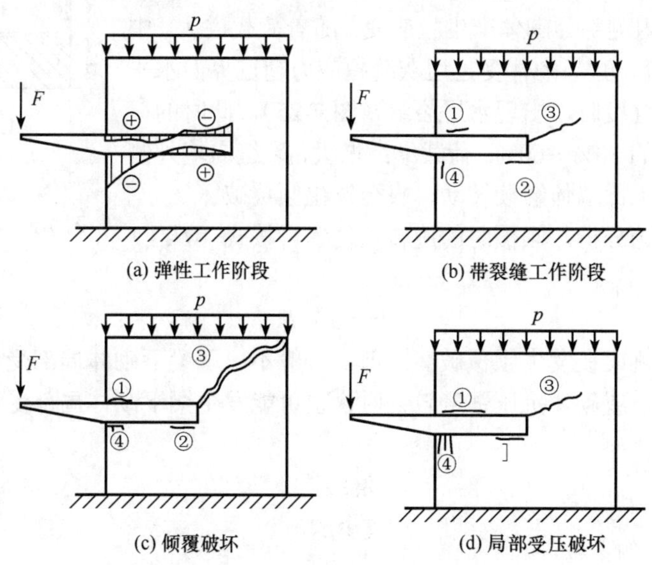

图 7-23 挑梁各受力阶段的破坏特征

的砌体受压区不断减小，局部受压区出现竖向裂缝④。裂缝①、②、③都随荷载增加迅速延伸，预示着挑梁将要进入破坏阶段。

（3）破坏阶段

当荷载继续增大时，挑梁与砌体的共同工作可能发生以下两种形态破坏：一种是斜裂缝迅速延伸并穿通墙体，挑梁发生倾覆破坏［图 7-23（c）］；另一种是在发生倾覆破坏之前挑梁埋入墙体的下界面前端砌体的最大压应力超过砌体的局部抗压强度，产生一系列局部裂缝④而发生局部受压破坏［图 7-23（d）］。

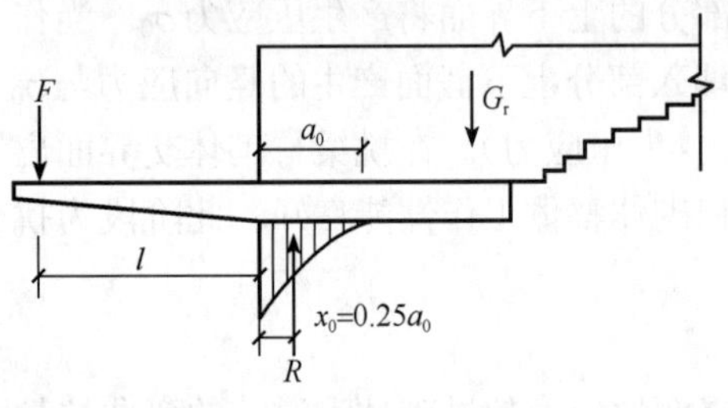

图 7-24 挑梁即将倾覆时界面应力分布图

试验表明，挑梁发生倾覆破坏时，倾覆点的位置并不在墙体最外边缘处，而是在挑梁下砌体压应力的合力作用点处。梁下压应力图形随着荷载的增大在不断变化，在弹性工作阶段近似为三角形分布；在带裂缝工作阶段随着荷载的增大压应力图呈向下凸的曲线分布；在即将发生倾覆破坏时，变为向上凸的曲线分布。为简化计算，近似取为图 7-24 所示的抛物线分布。设梁下压应力分布长度为 a_0，压应力合力作用点距挑梁墙体外边缘距离 x_0，根据试验统计，a_0 近似为 $1.2h_b$，可得

$$x_0 = 0.25a_0 = 0.25\times1.2h_b = 0.3h_b \tag{7-20}$$

2. 刚性挑梁

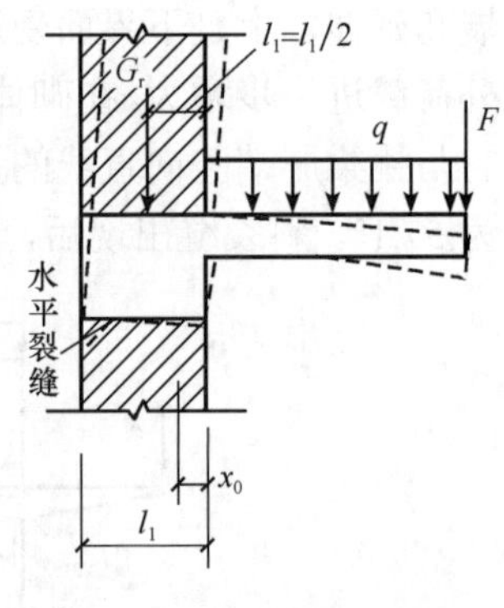

图 7-25 刚性挑梁的破坏

刚性挑梁埋入砌体的长度较短（一般为墙厚），在外荷载作用下，埋入墙内的梁挠曲变形很小，可忽略不计。在外荷载作用下，挑梁绕着砌体内某点发生刚体转动，梁下外侧部分砌体产生压应变，内侧部分砌体产生拉应变，随着荷载增大，中和轴逐渐向外侧移动。当砌体受拉边灰缝拉应力超过界面水平灰缝的弯曲抗拉强度时，出现水平裂缝（图 7-25），此时的荷载约为倾覆荷载的 50%～60%。荷载继续增大，裂缝向墙外侧延伸，挑梁及其上部墙体继续转动，直至发生倾覆破坏。

根据弹性理论分析，倾覆时的旋转点位置可按式（7-21）确定

$$x_0=0.13l_1 \tag{7-21}$$

雨篷等刚性挑梁在发生倾覆破坏之前，一般不出现梁下砌体局部受压破坏。但当嵌入墙体长度较长，或砌体抗压强度较低时，也可能发生梁下砌体局部受压破坏。

7.4.3 挑梁的设计

1. 挑梁的抗倾覆验算

砌体墙中钢筋混凝土挑梁的抗倾覆验算为

$$M_{ov} \leqslant M_r \tag{7-22}$$

式中：M_{ov}——挑梁的荷载设计值对计算倾覆点产生的倾覆力矩。挑梁在发生倾覆破坏时的旋转点不在墙体边缘，而在距墙体边缘 x_0 处。

倾覆点至墙外边缘的距离 x_0 按下列公式计算：

当 $l_1 \geqslant 2.2h_b$ 时，$x_0=0.3h_b$ 且不大于 $0.13l_1$；当 $l_1<2.2h_b$ 时，$x_0=0.13l_1$。其中 l_1 为挑梁埋入砌体墙中的长度，mm；h_b 为挑梁的截面高度，mm；当挑梁下设有钢筋混凝土构造柱时，计算倾覆点至墙外边缘的距离可取 $0.5x_0$。

M_r 为挑梁的抗倾覆力矩设计值，即

$$M_r=0.8G_r(l_2-x_0) \tag{7-23}$$

其中：G_r——挑梁的抗倾覆荷载［为挑梁尾端上部 45°扩展角的阴影范围（其水平长度为 l_3，$l_3 \leqslant l_1$）内本层的砌体与楼面恒荷载标准值之和（图 7-26）］；

l_2——G_r 合力作用点至墙外边缘的距离。

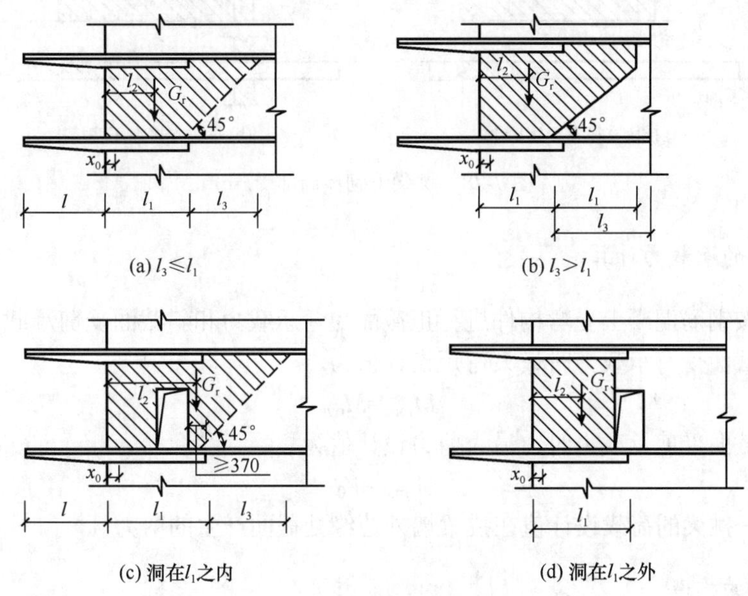

图 7-26　挑梁抗倾覆荷载的取值

雨篷的抗倾覆计算仍按上述公式进行。但其中抗倾覆荷载 G_r 的取值范围如图 7-27 所示的阴影部分，图中 $l_3=l_n/2$，G_r 距墙外边缘的距离为 $l_2=l_1/2$。

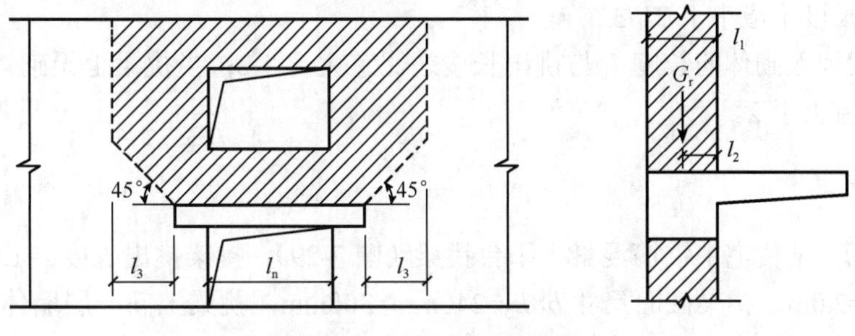

图 7-27　雨篷抗倾覆荷载

2. 挑梁下砌体的局部受压验算

挑梁下砌体的局部受压承载力验算

$$N_l \leqslant \eta\gamma f A_l \tag{7-24}$$

式中：N_l——挑梁下的支撑压力（可取 N_l=2R，R 为挑梁的倾覆荷载设计值）；

η——梁端底面压应力图形完整系数（可取 0.7）；

γ——砌体局部抗压强度提高系数［对图 7-28（a）可取 1.25，图 7-28（b）可取 1.5］；

A_l——挑梁下砌体局部受压面积（可取 A_l=1.2bh_b，b 为挑梁的截面宽度，h_b 为挑梁的截高度）。

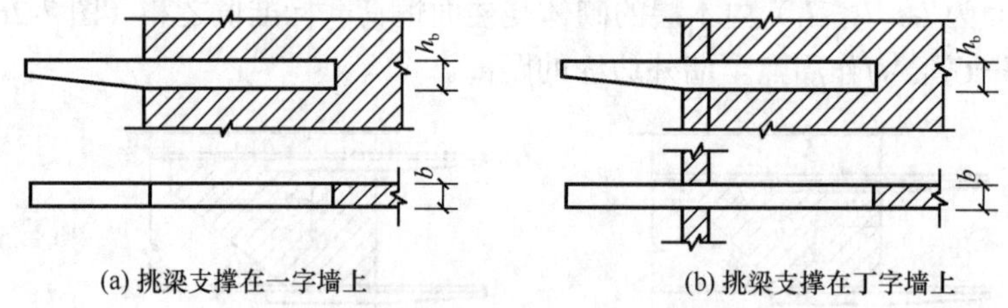

图 7-28 挑梁下砌体局部受压

3. 挑梁的承载力计算

挑梁应按钢筋混凝土受弯构件进行正截面受弯承载力和斜截面受剪承载力计算。

计算正截面受弯承载力时最大弯矩设计值为

$$M_{max}=M_{ov} \tag{7-25}$$

计算斜截面受剪承载力时，最大剪力设计值为

$$V_{max}=V_0 \tag{7-26}$$

式中：V_0——挑梁的荷载设计值在挑梁墙外边缘处截面产生的剪力。

4. 挑梁的构造

挑梁设计除应符合现行国家标准《混凝土结构设计规范（2015 年版）》（GB 50010—2010）的有关规定外，尚应满足下列要求。

1）纵向受力钢筋至少应有 1/2 的钢筋面积伸入梁尾端，且不少于 2ϕ12，其余钢筋伸入支座的长度不应小于 2l_1/3。

2）挑梁埋入砌体的长度 l_1 与挑出长度之比宜大于 1.2；当挑梁上无砌体时，l_1 与挑出长度之比宜大于 2。

7.4.4 例题

【例 7-5】 某住宅中钢筋混凝土阳台挑梁（图 7-29），挑梁挑出长度 l=1.6m，埋入砌体墙长度 l_1=2.0m。挑梁截面尺寸 $b\times h_b$=240mm×300mm，挑梁上部一层墙体净高 2.8m，墙厚 240mm，采用 MU10 烧结普通砖和 M5 混合砂浆砌筑（f=1.5MPa），墙体自重为

5.24kN/m^2。阳台板传给挑梁的荷载标准值为：活荷载 q_{1k}=4.20kN/m，恒荷载 g_{1k}=4.80kN/m。阳台边梁传至挑梁的集中荷载标准值为：活荷载 F_{Q_k} =4.50kN，恒荷载为 F_{G_k} =17.0kN。本层楼面传给埋入段的荷载：活荷载 q_{2k}=5.40kN/m，恒载 g_{2k}=12.00kN/m，挑梁自重为 g=1.80kN/m。试验算该挑梁的抗倾覆及挑梁下砌体局部受压承载力。

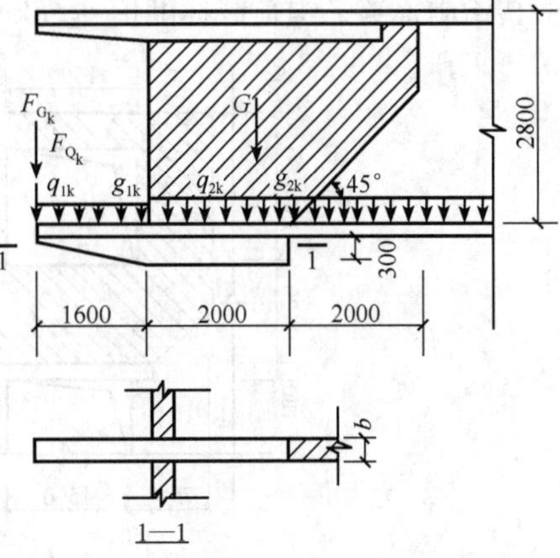

图 7-29　例 7-5 图（尺寸单位：mm）

【解】（1）抗倾覆验算

$$l_1=2.0\text{m}>2.2h_b=2.2\times0.3=0.66(\text{m})$$

该挑梁为弹性挑梁。

$$x_0=0.3h_b=0.3\times300=90\ (\text{mm})=0.09\text{m}$$

$$0.13l_1=0.13\times2.0=0.26(\text{m})>0.09\text{m}$$

取 x_0=0.09m。

挑梁的倾覆力矩由作用在挑梁外伸段上恒荷载和活荷载及梁自重的设计值对计算倾覆点的力矩组成。

$$M_{ov}=(1.3\times17.0+1.5\times4.50)\times1.69+\frac{1}{2}\times\left[1.3\times(4.80+1.8)+1.5\times4.20\right]\times1.69^2$$
$$\approx70.0\ (\text{kN}\bullet\text{m})$$

挑梁的抗倾覆力矩由挑梁埋入段自重标准值、楼面传给埋入段的恒荷载标准值以及挑梁尾端上部45°扩散角范围内墙体的标准值对倾覆点的力矩组成。

由式（7-23）

$$M_r=0.8G_r(l_2-x_0)=0.8\times\left[(12+1.8)\times2\times(1-0.09)+4\times2.80\times5.24\right.$$
$$\left.\times\left(\frac{4}{2}-0.09\right)-\frac{1}{2}\times2\times2\times5.24\times\left(2+\frac{4}{3}-0.09\right)\right]$$
$$\approx82.58(\text{kN}\bullet\text{m})$$
$$M_r=82.58\text{kN}\bullet\text{m}>M_{ov}=70.0(\text{kN}\bullet\text{m})\ （抗倾覆安全）$$

（2）局部承压验算

挑梁下的支撑压力计算：

按第一种荷载组合

$$N_l=2R=2\times\{1.3\times17.0+1.5\times4.50+[1.3\times(4.80+1.8)+1.5\times4.20]\times1.69\}$$
$$\approx100.04(\text{kN})$$

$$\eta\gamma fA_l=0.7\times1.5\times1.5\times1.2\times240\times300\approx136\,080(\text{N})=136.08\ (\text{kN})>N_l=108.0\text{kN}$$

梁下砌体局部承压满足要求。

【例 7-6】 某钢筋混凝土雨篷，尺寸如图 7-30 所示。墙体采用 MU10 烧结普通砖及 M5 砂浆砌筑。雨篷板自重（包括粉刷）为 2.2kN/m^2，悬臂端集中活荷载按 1kN 计，楼盖传给雨篷梁之恒荷载标准值 g_k=8kN/m。试对雨篷进行抗倾覆验算。

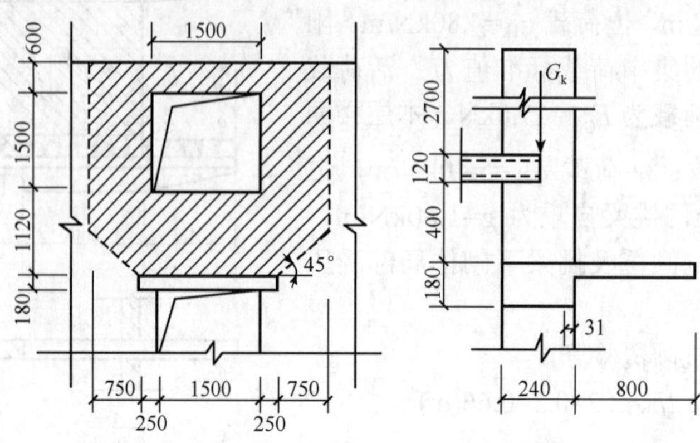

图 7-30　雨篷抗倾覆验算（尺寸单位：mm）

【解】　（1）倾覆时旋转点位置 x_0

因 l_1=240mm<$2.2h_b$=2.2×180=396（mm），故

$$x_0=0.13l_1=0.13\times240=31(\text{mm})$$

（2）倾覆力矩

$$M_{ov}=1.3\times2.2\times0.8\times2.0\times(0.8/2+0.031)+1.5\times1\times(0.8+0.031)\approx3.22(\text{kN}\cdot\text{m})$$

（3）抗倾覆力矩

$$M_r=0.8\times\{[3.22\times3.5-(1.5^2+0.75^2)]\times0.24\times19\times(0.24/2-0.031)$$
$$+(8\times2.0+0.24\times0.18\times2.0\times25)\times(0.24/2-0.031)\}\approx4.04(\text{kN}\cdot\text{m})$$

$$M_r=4.04\text{kN}\cdot\text{m}>M_{ov}=3.22(\text{kN}\cdot\text{m})$$（抗倾覆满足要求）

7.5　小　　结

1）过梁按照所采用材料的不同分为砖砌平拱过梁、钢筋砖过梁和钢筋混凝土过梁。砖砌平拱过梁，跨度不应超过 1.2m；钢筋砖过梁，跨度不应超过 1.5m。对有较大振动荷载或可能产生不均匀沉降的房屋，应采用钢筋混凝土过梁。

2）过梁与其上的墙体具同共同作用的性能，故过梁荷载的取法与一般受弯构件不同。例如，对于砖砌体，当过梁上的墙体高度 $h_w\geqslant l_n/3$ 时，应按高度为 $l_n/3$ 墙体的均布自重计算；当 $h_w<l_n/3$ 时，由于不能形成拱作用，应按实际墙高考虑。过梁上由楼盖梁、板传来的荷载，则根据梁、板下墙体的高度 h_w 是否大于 l_n 来决定考虑与否。

3）墙梁是由钢筋混凝土托梁与其上墙体组成的深梁。根据支撑情况的不同，墙梁分为简支墙梁、连续墙梁和框支墙梁。根据墙梁材料的性能，托梁和墙体的高度、跨度以及托梁配筋率的不同，墙梁可能出现正截面破坏、斜截面受剪破坏和局部受压破坏。因此，墙梁应进行使用阶段托梁正截面承载力计算、斜截面受剪承载力计算；墙体受剪承载力、托梁支座上部砌体局部受压承载力计算。墙梁在施工阶段，由于托梁与墙体组合作用尚没有形成，其受力情况不同于使用阶段，应按托梁单独受力的受弯构件进行施工阶段承载力计算。

4）钢筋混凝土挑梁是嵌入砌体结构的悬臂构件。根据挑梁埋入砌体内长度及刚度的不同，挑梁又分为弹性挑梁和刚性挑梁，两者的破坏形态有所不同。挑梁除了进行正截面受弯和斜截面受剪承载力计算外，还应进行抗倾覆验算及挑梁下砌体的局部受压承载力验算。

思考与习题

7.1　常用的过梁有哪几种类型？它们的适用范围是什么？

7.2　过梁上的梁、板荷载如何考虑？

7.3　对砖砌体墙，过梁上作用的墙体荷载如何考虑？

7.4　对混凝土砌块砌体墙，过梁上作用的墙体荷载如何考虑？

7.5　简述无洞口墙梁、有洞口墙梁的受力特点。墙梁有哪几种破坏形态？

7.6　墙梁的计算简图如何取？墙梁上作用的荷载如何计算？

7.7　墙梁应进行哪些承载力计算？

7.8　墙梁设计有哪些主要的构造要求？

7.9　刚性挑梁与弹性挑梁如何判断？各自的破坏形态如何？

7.10　挑梁的倾覆力矩和抗倾覆力矩如何计算？

7.11　已知某墙窗洞净宽 l_n=1.5m，墙厚 240mm，双面粉刷（2mm 厚水泥石灰砂浆，容重为 17kN/m^3），墙体自重为 5.24kN/m^2，采用 MU10 砖、M5 混合砂浆砌筑。在距洞口顶面 0.9m 处作用楼板传来的荷载标准值 9.6kN/m（其中活荷载 4.2kN/m）。试按钢筋砖过梁设计该窗过梁。

7.12　已知某墙窗洞净宽 l_n=1.2m，墙厚 240mm，采用砖砌平拱过梁，过梁的构造高度为 240mm，用 MU10 烧结普通砖砖，M5 混合砂浆砌筑。在距洞口顶面 1.5m 处作用楼板传来的荷载标准值 12.6kN/m（其中活荷载 4.2kN/m）。试验算该过梁的承载力。

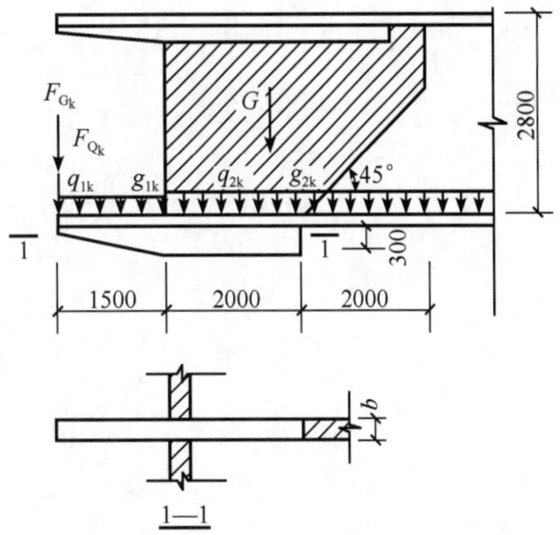

图 7-31　习题 7.13 图（尺寸单位：mm）

7.13　某住宅中钢筋混凝土阳台挑梁（图 7-31），挑梁挑出长度 l=1.5m，埋入砌体墙长度 l_1=2.0m。挑梁截面尺寸 $b\times h_b$=240mm×300mm，挑梁上部一层墙体净高 2.8m，墙厚 240mm，采用 MU10 烧结普通砖和 M5 混合砂浆砌筑（f=1.5MPa），墙体自重为 5.24kN/m^2（包括内外粉刷）。阳台板传给挑梁的荷载标准值为：活荷载 q_{1k}=3.80kN/m，恒荷载 g_{1k}=4.50kN/m。阳台边梁传至挑梁的集中荷载标准值：活荷载 F_k=4.20kN，恒荷载 F_{G_k}=15.0kN，本层楼面传给埋入段的荷载标准值：活荷载 q_{2k}=5.80kN/m，恒荷载 g_{2k}=12.80kN/m。挑梁自重为 g=1.80kN/m。试验算该挑梁的抗倾覆及挑梁下砌体局部受压承载力。

7.14　某单层房屋山墙钢筋混凝土雨篷（图 7-32）。山墙厚 240mm，采用 MU10 烧结普通砖及 M5 砂浆砌筑（双面粉刷，自重为 5.24kN/m^2）。雨篷挑出长度为 0.6m，板自重标准值（包括粉刷）为 2.1kN/m^2，悬臂端集中活荷载标准值按 1kN 计，试对雨篷进行抗倾覆验算（不计屋面传来的恒载）。

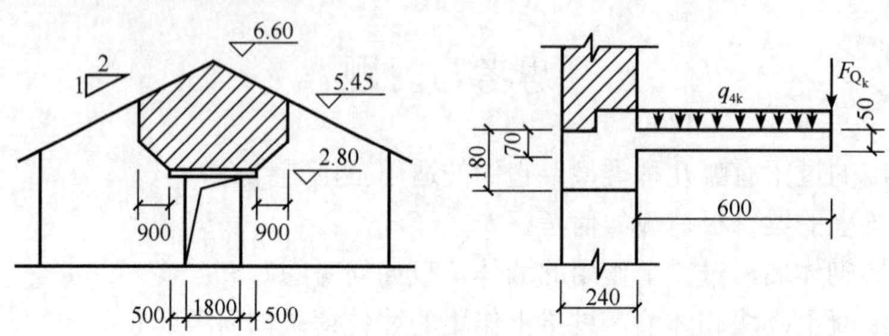

图 7-32　思考与习题 7.14 图（尺寸单位：mm）

*第八章　砌体结构抗震设计

学习目的

1. 了解砌体结构房屋的主要震害及发生各种主要震害的原因。
2. 掌握砌体结构房屋抗震设计的主要原则。
3. 了解和掌握砌体结构房屋抗震设计的主要构造措施。
4. 掌握砌体结构房屋抗震承载力计算的方法和步骤。
5. 了解配筋砌块砌体抗震墙的抗震设计方法。
6. 了解底部框架结构房屋和多排柱内框架房屋的抗震设计要点。

8.1　砌体结构房屋的主要震害

砌体结构房屋由于砌体材料的脆性性质，其抗剪、抗拉和抗弯的强度很低，使得这种房屋抗御地震灾害的能力较差。大量震害统计表明，未经抗震设防的多层砌体结构房屋，震害是相当严重的，其震害的主要形式及特点可归纳为以下几方面。

8.1.1　房屋整体倒塌

房屋整体倒塌是砌体结构房屋最严重的震害，这种破坏主要发生在地震烈度很高的地区。例如，在1976年唐山地震中，在地震烈度为10度～11度的地区，砖混结构房屋倒塌率为63.2%，地震给人民的生命财产造成巨大的损失。震害调查表明，房屋整体倒塌大体可分为三种情况。

1）底层先倒，上层随之倒塌。这种倒塌形式多发生在地震作用大，且房屋的整体性较好，而底层墙体因抗剪强度不足首先倒塌，上部楼层整体坠落。当地基松散，承载力过低时，也可造成底层先被摧毁，随之上层全部倒塌。

2）中、上层先倒，砸塌底层。这种震害多发生在房屋整体性较差，上层墙体强度过于薄弱的情况。

3）上、下层同时散碎倒塌。当地震作用很强而砌体墙体的强度很低时多发生这种形式的倒塌破坏。

从房屋整体倒塌的教训使人们认识到，对房屋的地基进行认真的勘察和处理，加强底层墙体的抗剪能力和加强房屋的整体性对防止房屋整体倒塌至关重要。

8.1.2　房屋局部倒塌

在9度区，局部倒塌较多，少数整体倒塌。局部倒塌常发生在以下部位。

1）房屋墙角部位。因为墙角位于房屋尽端，房屋整体作用对它的约束较弱，同时地震引起的扭转作用，在墙角处影响较大。

2）纵横墙连接处。地震对房屋的作用可能来自任意方向，纵横墙交接处在双向地震作用下，受力复杂，应力集中严重。当设计及施工中如果没有重视和加强纵横墙的连接时，可能造成整片纵墙外闪倒塌。

3）房屋平面凹凸变化处，在地震时产生较大的应力集中，造成局部倒塌。

4）楼梯间墙体。楼梯间墙体由于楼板对其约束减弱，空间刚度差，特别是在顶层，墙体高度大，稳定性差，当地震烈度较高时，楼梯间墙体会出现倒塌。

5）房屋的变形缝处。由于变形缝的宽度不足，在地震时缝两侧的墙体发生相互碰撞，从而造成局部倒塌或严重破坏。

6）钢筋混凝土预制楼板，当在墙体上搁置长度太短，或楼板与墙及楼板之间缺乏足够的连接时，在地震时会出现楼板坠落的严重震害。

7）房屋附属物倒塌。突出房屋的小烟囱、女儿墙、门脸、附墙烟囱等附属物，由于与建筑物连接薄弱，且“鞭端效应”加大了其动力反应，地震时引起大量的倒塌。

8.1.3 墙体开裂

在8度区，多数房屋墙体开裂严重，少数发生倒塌或局部倒塌。墙体裂缝形式主要有以下几种。

1）墙体交叉斜裂缝。墙体上的斜裂缝主要是由于水平地震剪力在墙体中引起的主拉应力超过墙体的抗拉强度，当地震反复作用时，即形成交叉斜裂缝。通常在建筑物横墙、山墙及纵墙的窗间墙出现这种裂缝。底层地震剪力较上层大，所以底层的这种裂缝较上层严重。房屋的山墙由于刚度大，分配的地震剪力较大，且其所受的压应力较一般横墙小，山墙的交叉斜裂缝又较一般横墙严重。

2）水平裂缝。水平裂缝常发生在纵向窗间墙的上、下截面处以及楼盖（屋盖）与墙体连接处。前者是由于地震作用引起窗间墙受弯及受剪所致，而后者是由于楼盖（屋盖）与墙体锚固差，在地震作用下发生水平错动。

3）竖直裂缝。竖直裂缝常发生在纵横墙交接处。此处受力复杂，应力集中严重，是墙体抗震的薄弱环节。

另外，当砂土地基“液化”时，引起地面喷水冒砂，使房屋引起不均匀沉降，从而造成墙体严重开裂或破坏。

在7度区内，较多房屋出现轻微裂缝，少数房屋遭到中等程度破坏。

在6度区内除女儿墙、突出屋面小烟囱等多数遭到严重破坏外，主体结构仅少数出现轻微裂缝。

震害调查中发现，在同一烈度区，砌体结构房屋由于平、立面形状不同，结构布置及施工质量等不同，抗震能力明显不同。例如，在7度区，有少数房屋破坏严重甚至倒塌，而在9度区，砖混房屋震害较轻，基本完好的例子也不少。这说明，通过合理的抗震设计，采取恰当的抗震构造措施，保证施工质量，在9度及9度以下的地震区建造多层砌体结构房屋，严重的地震灾害是可以避免的。

8.2　砌体结构房屋抗震设计的一般原则

8.2.1　建筑物的平面、立面及结构布置

1）建筑物的平面、立面宜规则、对称，防止局部有过大的突出或凹进。建筑物的质量分布和刚度变化宜均匀，楼层不宜错层。当建筑或使用要求必须将平面或立面设计成较复杂的体型时，可将房屋自下而上用抗震缝分开，即将房屋分成若干个体形简单、结构刚度均匀的独立单元。《建筑抗震设计规范（2016 年版）》（GB 50011—2010）规定，多层砌体房屋有下列情况之一时宜设防震缝：①房屋立面高差在 6m 以上；②房屋有错层，且楼板高差大于层高的 1/4；③各部分结构刚度、质量截然不同。防震缝的宽度应根据房屋的高度和设防烈度确定，一般为 70～100mm。

2）多层房屋承重墙布置，宜优先采用横墙承重方案，或纵横墙共同承重方案，不宜采用纵墙承重方案。多次震害调查发现，纵墙承重方案往往因无横墙拉结或拉结较少，纵墙极易发生弯曲破坏而导致房屋倒塌。

3）纵横墙的布置宜均匀、对称，以便沿房屋主轴方向的地震作用能均匀地分配到各个墙段而不出现应力集中。纵横墙在各自的平面内宜对齐，沿竖向应上下连续。在同一轴线上，窗间墙宜均匀布置，使该轴线墙体承担的地震剪力均匀分配到各窗间墙上。

4）楼梯间不宜设在房屋的端部。若必须设在尽端时，应采取加强措施。

5）在房屋内设置烟道、风道、垃圾道等附属设施时，不应削弱墙体，否则应采取加强措施，不宜采用无竖向配筋的附墙烟囱及出屋面烟囱。

6）不宜采用无锚固措施的钢筋混凝土预制挑檐。

震害调查表明，当横墙间距过大时，楼盖在自身平面内的过大变形而不能将地震作用合理地传递给抗震横墙，导致纵墙在平面外发生弯曲破坏。《建筑抗震设计规范（2016 年版）》（GB 50011—2010）规定了不同楼盖类型在不同烈度条件下各种砌体房屋横墙最大间距（表 8-1）。

表 8-1　房屋抗震横墙最大间距　　单位：m

房屋类别		烈度			
		6 度	7 度	8 度	9 度
多层砌体房屋	现浇或装配整体式钢筋混凝土、屋盖	15	15	11	7
	装配式钢筋混凝土楼、屋盖	11	11	9	4
	木屋盖	9	9	4	—
底部框架-抗震墙砌体房屋	上部各层	同多层砌体房屋			—
	底层或底部两层	18	15	11	—

注：1）多层砌体房屋的顶层，除木屋盖外的最大横墙间距应允许适当放宽，但应采取相应加强措施。

2）多孔砖抗震横墙厚度为 190mm 时，最大横墙间距应比表中数值减少 3m。

8.2.2　多层砌体房屋总高度及层数的限值

历次地震震害表明，在一般地基条件下，砌体结构房屋层数越多、高度越高，震害越严重。因此，限制砌体结构房屋的层数和总高度，是一条既经济又有效的抗震措施。《建筑抗震设计规范（2016 年版）》（GB 50011—2010）对各类砌体房屋的总高度和层数规定了限值（表 8-2）。

表 8-2　砌体房屋总高度和层数限值　　单位：m

房屋类别		最小抗震墙厚度/mm	烈度和设计基本地震加速度											
			6 度		7 度				8 度				9 度	
			$0.05g$		$0.10g$		$0.15g$		$0.20g$		$0.30g$		$0.40g$	
			高度	层数	高度	层数	高度	层数	高度	层数	高度	层数	高度	层数
多层砌体房屋	普通砖	240	21	7	21	7	21	7	18	6	15	5	12	4
	多孔砖	240	21	7	21	7	18	6	18	6	15	5	9	3
	多孔砖	190	21	7	18	6	15	5	15	5	12	4	—	—
	小砌块	190	21	7	21	7	18	6	18	6	15	5	9	3
底部框架-抗震墙砌体房屋	普通砖 多孔砖	240	22	7	22	7	19	6	16	5	—	—	—	—
	多孔砖	190	22	7	19	6	16	5	13	4	—	—	—	—
	小砌块	190	22	7	22	7	19	6	16	5	—	—	—	—

注：1）房屋的总高度指室外地面到主要屋面板板顶或檐口的高度，半地下室室内地面算起，全地下室和嵌固条件好的半地下室可从室外地面算起，带阁楼的坡屋面应算到山尖墙的 1/2 高度处。

2）室内外高差大于 0.6m 时，房屋总高度应允许比表中数据适当增加，增加量少于 1m。

3）乙类多层砌体房屋仍按本地区设防烈度查表，其层数应减少一层且总高度应减少 3m；不应采用底部框架-抗震墙房屋。

4）本表小砌块砌体房屋不包括配筋混凝土小型空心砌块砌体房屋。

对医院、教学楼等及横墙较少的多层砌体房屋，总高度应比表 8-2 的规定降低 3m，层数相应减少一层。这里所说的横墙较少是指同一楼层内开间大于 4.20m 的房间占该层总面积的 40%以上的多层砌体房屋。抗震设防 6、7 度时横墙较少的丙类多层砌体房屋，应按规定采取加强措施并满足抗震承载力要求时，其高度和层数允许仍按表 8-2 规定采用。

8.2.3　多层砌体房屋高宽比限值

当房屋的高宽比过大时，地震作用下会因过大的整体弯曲导致墙体出现水平裂缝或发生整体倾覆破坏。因此，《建筑抗震设计规范（2016 年版）》（GB 50011—2010）规定了在不同地震设防烈度下的高宽比限值（表 8-3）。

表 8-3　多层砌体房屋高宽比限值

烈度	6 度	7 度	8 度	9 度
最大高宽比	2.5	2.5	2.0	1.5

注：1）单面走廊房屋的总宽度不包括走廊宽度。

2）建筑平面接近正方形时，其高宽比宜适当减小。

8.2.4　房屋的局部尺寸限制

震害表明，窗间墙、墙端至门窗洞口边的尽端墙、无锚固的女儿墙等都是抗震的薄弱部位。《建筑抗震设计规范（2016 年版）》（GB 50011—2010）规定了砌体墙段局部尺寸限值（表 8-4）。

表 8-4　砌体房屋局部尺寸限值　单位：m

部位	限值			
	6 度	7 度	8 度	9 度
承重窗间墙最小宽度	1.0	1.0	1.2	1.5
承重外墙尽端至门窗洞边最小距离	1.0	1.0	1.2	1.5
非承重外墙尽端至门窗洞边的最小距离	1.0	1.0	1.0	1.0
内墙阳角至门窗洞边的最小距离	1.0	1.0	1.5	2.0
无锚固女儿墙（非出入口处）的最大高度	0.5	0.5	0.5	0.0

注：1）设计中当局部尺寸不足时应采取局部加强措施弥补，且最小宽度不宜小于本层高和列表数据的 80%。

2）出入口处的女儿墙应有锚固。

8.2.5　砌体结构材料的最低强度等级

为了保证砌体结构的基本抗震性能，《建筑抗震设计规范（2016 年版）》（GB 50011—2010）和《砌体规范》对有关砌体结构材料的最低强度等级均有规定。

1）烧结普通黏土砖（简称普通砖）和烧结多孔黏土砖（简称多孔砖）的强度等级不应低于 MU10，其砌筑砂浆强度等级不应低于 M5。

2）混凝土小型空心砌块（简称小砌块）的强度等级不应低于 MU7.5，其砌筑砂浆的强度等级不应低于 Mb7.5；配筋砌块砌体抗震墙其混凝土空心砌块的强度等级不低于 MU10，其砌筑砂浆的强度等级不应低于 Mb10。

3）料石的强度等级不应低于 MU30，砌筑砂浆的强度等级不应低于 M5。

4）构造柱、芯柱、圈梁和其他各类混凝土构件强度等级不应低于 C20。

5）钢筋混凝土构件中纵向受力钢筋宜采用 HRB400 和 HRB335 级热轧钢筋，箍筋宜采用 HRB335、HRB400 和 HTB300 级热轧钢筋。

8.2.6　砌体结构的施工要求

震害调查表明，施工质量的优劣是影响房屋抗震性能的重要因素。在同一烈度区，同样形式的房屋因为施工质量不同，地震后的震害情况相差甚远。施工质量好的仅有少许裂缝，而施工质量差的破坏情况严重。我国唐山大地震中，这种例子不少。砌体结构施工质量的检查和验收，应符合现行有关国家标准要求。

8.2.7　考虑地震作用组合的砌体结构构件

考虑地震作用组合的砌体结构构件，在承载力计算时引入承载力抗震调整系数γ_{RE}。地震作用是一种短促的动力作用，同时又是一种偶然作用，地震作用组合的砌体结构构件与非地震组合构件的安全度应有所区别。另外，对不同材料、不同受力性能的构件抗震安全度加以区别是比较合理的。《砌体规范》规定的各种砌体构件的承载力抗震调整系数见表 8-5。

表 8-5　承载力抗震调整系数

结构构件类别	受力状况	γ_{RE}
两端均设构造柱、芯柱的砌体抗震墙	受剪	0.9
组合砖墙	偏压、大偏拉和受剪	0.9
配筋砌块砌体抗震墙	偏压、大偏拉和受剪	0.85
自承重墙	受剪	1.0
其他砌体	受剪和受压	1.0

8.3　砌体房屋抗震构造措施

8.3.1　钢筋混凝土圈梁的设置

圈梁对砌体结构房屋的抗震有重要作用。圈梁将房屋的纵横墙体连接起来，增强了房屋的整体性，提高了房屋抵抗水平地震作用的能力。圈梁对屋盖、楼盖有一定的约束作用，增大了屋盖、楼盖的水平刚度，提高了墙体在平面外的稳定性。圈梁有利于限制墙体斜裂缝的开展和延伸，有利于抵抗地震或其他原因引起的地基不均匀沉降对房屋造成的不利影响，《建筑抗震设计规范（2016 年版）》（GB 50011—2010）和《砌体规范》对多层砌体房屋圈梁设置给出了明确的规定。

1）装配式钢筋混凝土楼、屋盖或木楼盖、木屋盖的砖房，横墙承重时按表 8-6 的要求设置圈梁。纵墙承重时每层均应设置圈梁，且抗震横墙上的圈梁间距应比表内的规定要适当加密。现浇或装配整体式钢筋混凝土楼盖、屋盖与墙体有可靠连结时，应允许不另设圈梁，但楼板沿墙体周边应加强配筋并应与相应的构造柱钢筋可靠连接。

表 8-6　多层砖砌体房屋现浇钢筋混凝土圈梁设置要求

墙类别	烈度		
	6 度、7 度	8 度	9 度
外墙和内纵墙	屋盖处及每层楼盖处	屋盖处及每层楼盖处	层高处及每层楼盖处
内横墙	屋盖处及每层楼盖处 屋盖处间距不应大于 4.5m 楼盖处间距不应大于 7.2m 构造柱对应部位	屋盖处及每层楼盖处 各层所有横墙，且间距不应大于 4.5m 构造柱对应部位	层高处及每层楼盖处 各层所有横墙

当在表 8-6 要求的间距内没有横墙时，应利用梁或板缝中配筋代替圈梁。圈梁宜与预制板设在同一标高处或紧靠板底。圈梁应闭合，遇有洞口圈梁应上下搭接。钢筋混凝土圈梁的截面高度不应小于 120mm，配筋应符合表 8-7 的要求。

表 8-7　圈梁配筋要求

配筋	要求		
	6 度、7 度	8 度	9 度
最小纵筋	$4\phi10$	$4\phi12$	$4\phi14$
最大箍筋间距/mm	250	200	150

为了加强基础的整体性和刚性而增设的基础圈梁，其截面高度不应小于 180mm，纵筋不应少于 $4\phi12$。

2）多层砌块房屋的现浇钢筋混凝土梁的设置位置应按多层砖砌体房屋圈梁的要求执行，见表 8-6，圈梁宽度不小于 190mm，配筋不应小于 $4\phi12$，箍筋间距不应大于 200mm。

3）蒸压灰砂砖、蒸压粉煤灰砖砌体结构房屋在 6 度八层、7 度七层和 8 度六层时，应在所有楼（屋）盖处的纵横墙上设置钢筋混凝土圈梁，圈梁的截面尺寸不应小于 240mm×180mm，圈梁纵筋不应少于 $4\phi12$，箍筋采用 $\phi6@200$。其他情况下圈梁的设置和构造要求应符合上述 1）的规定。

8.3.2　钢筋混凝土构造柱及芯柱的设置

1. 钢筋混凝土构造柱的设置及构造要求

钢筋混凝土构造柱，是指设置在墙体两端、中部或纵横墙交接处，先砌墙后现浇的钢筋混凝土柱。多层砌体房屋设置了钢筋混凝土构造柱，可以明显提高房屋的变形能力。构造柱与圈梁连接在一起，形成强劲的骨架，约束和阻止了砌体墙的裂缝开展和延伸，增强了房屋的整体性，提高了房屋在地震时的抗倒塌能力。构造柱的设置规则及构造要求如下。

1）多层普通砖、多孔砖房屋应按表 8-8 要求设置钢筋混凝土构造柱。对外廊式和单面走廊式的多层房屋，应根据房屋增加一层后的层数按表 8-8 设置构造柱，且单面走廊两侧的纵墙均应按外墙处理。但对于教学楼、医院等横墙较少的房屋为外廊式和单面走廊式时，6 度不超过四层、7 度不超过三层和 8 度不超过二层时，应按增加二层后的层数对待。

表 8-8　多层砖砌体房屋构造柱设置要求

<table>
<tr><th colspan="4">房屋层数/层</th><th colspan="2" rowspan="2">设置部位</th></tr>
<tr><th>6 度</th><th>7 度</th><th>8 度</th><th>9 度</th></tr>
<tr><td>≤五</td><td>≤四</td><td>≤三</td><td></td><td rowspan="3">楼、电梯间四角，楼梯斜梯段上下端对应的墙体处；
外墙四角和对应转角；
错层部位横墙与外纵墙交接处；
大房间内外墙交接处；
较大洞口两侧</td><td>隔 12m 或单元横墙与外纵墙交接处；
楼梯间对应的另一侧内横墙与外纵墙交接处</td></tr>
<tr><td>六</td><td>五</td><td>四</td><td>二</td><td>隔开间横墙（轴线）与外墙交接处；
山墙与内纵墙交接处</td></tr>
<tr><td>七</td><td>六、七</td><td>五、六</td><td>三、四</td><td>内墙（轴线）与外墙交接处；
内墙的局部较小墙垛处；
内纵墙与横墙（轴线）交接处</td></tr>
</table>

注：较大洞口，内墙指不小于 2.1m 的洞口；外墙在内外墙交接处已设置构造柱时应允许适当放宽，但洞侧墙体应加强。

2）蒸压灰砂普通砖、蒸压粉煤灰普通砖砌体结构房屋构造柱应按表 8-9 要求设置。

3）构造柱应满足以下构造要求：构造柱的最小截面尺寸可采用 180mm×240mm（墙厚 190mm 时为 180mm×190mm），纵向钢筋宜采用 4ϕ12，箍筋直径可采用 6mm，箍筋间距不宜大于 250mm。为了保证构造柱对墙体斜裂缝的约束作用，在构造柱上下端宜适当加密；房屋四角的构造柱地震时应力集中现象严重，其截面和配筋可适当加大。在 6 度、7 度区超过六层、8 度区超过五层和 9 度区的房屋中，其构造柱的纵向钢筋宜采用 4ϕ14，箍筋间距不宜大于 200mm。

表 8-9　蒸压灰砂普通砖、蒸压粉煤灰普通砖房屋构造柱设置要求

房屋层数/层			设置部位
6 度	7 度	8 度	
四、五	三、四	二、三	外墙四角、楼（电）梯间四角，较大洞口两侧、大房间内外墙交接处
六	五	四	外墙四角、楼（电）梯间四角，较大洞口两侧、大房间内外墙交接处，山墙与内纵墙交接处，隔开间横墙（轴线）与外纵墙交接处
七	六	五	外墙四角、楼（电）梯间四角，较大洞口两侧、大房间内外墙交接处，各内墙（轴线）与外墙交接处；8 度时，内纵墙与横墙（轴线）交接处
八	七	六	较大洞口两侧，所有纵横墙交接处，且构造柱间距不宜大于 4.8m

注：房屋的层高不宜超过 3m。

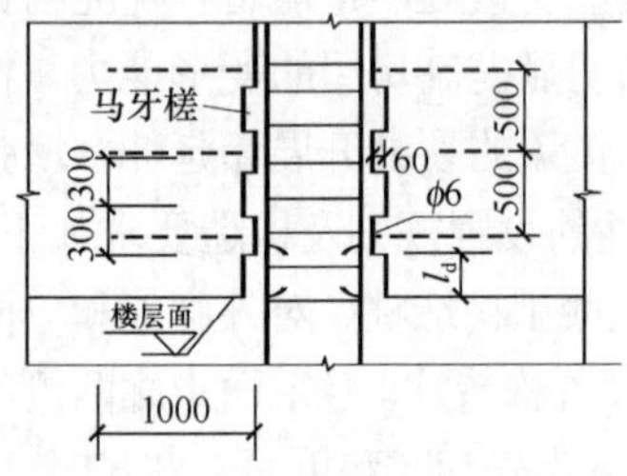

图 8-1　构造柱与墙体的连接（尺寸单位：mm）

构造柱必须先砌墙、后浇柱，与墙体连接处应砌马牙槎（图 8-1），并应沿墙高每隔 500mm 设 2ϕ6 水平钢筋和ϕ4 分布短筋平面内点焊组成的拉结网片或ϕ4 点焊钢筋网片，拉结钢筋伸入墙内不宜少于 1m。构造柱与圈梁连接处，构造柱的纵筋应在圈梁纵筋内侧穿过，保证构造柱的纵筋上下贯通。构造柱不必设置单独基础，但应伸入室外地面下 500mm，或与埋深小于 500mm 的基础圈梁相连。

2. 钢筋混凝土芯柱的设置及构造要求

钢筋混凝土芯柱是指在混凝土小型砌块墙体中，在一定部位预留的上下贯通的孔洞中，插入钢筋浇注混凝土而形成的柱体。试验研究表明，在混凝土小型砌块房屋墙体中设置钢筋混凝土芯柱，可以提高墙体的抗剪能力；可以约束砌块墙体中地震作用引起裂缝的开展和延伸；可以提高房屋的变形能力，增加房屋的整体性。

1）多层混凝土小型砌块房屋应按表 8-10 的要求设置钢筋混凝土芯柱；对医院，教学楼等横墙较少的房屋，应根据房屋增加一层后的层数，按表 8-10 设置芯柱。

表 8-10　混凝土砌块房屋芯柱设置要求

房屋层数/层				设置部位	设置数量
6度	7度	8度	9度		
四、五	三、四	二、三		外墙转角，楼、电梯间四角、楼梯斜梯段上下端对应的墙体处； 大房间内外墙交接处； 错层部位横墙与外纵墙交接处； 隔 12m 或单元横墙与外纵墙交接处	外墙转角，灌实 3 个孔； 内外墙交接处，灌实 4 个孔； 楼梯斜段上下端对应的墙体处灌实 2 个孔
六	五	四		同上； 隔开间横墙（轴线）与外纵墙交接处	
七	六	五	二	同上； 各内墙（轴线）与外纵墙交接处； 内纵墙与横墙（轴线）交接处和洞口两侧	外墙转角，灌实 5 个孔； 内外墙交接处，灌实 4 个孔； 内墙交接处，灌实 4～5 个孔； 洞口两侧各灌实 1 个孔
	七	≥六	≥三	同上； 横墙内芯柱间距不宜大于 2m	外墙转角，灌实 7 个孔； 内外墙交接处，灌实 5 个孔； 内墙交接处，灌实 4～5 个孔； 洞口两侧各灌实 1 个孔

注：外墙转角、内外墙交接处、楼电梯间四角等部位，应允许采用钢筋混凝土构造柱替代部分芯柱。

2）多层混凝土小型空心砌块房屋芯柱应符合以下构造要求：混凝土小型空心砌块房屋芯柱截面不宜小于 120mm×120mm；芯柱混凝土强度等级不应低于 C20；芯柱竖向钢筋应贯通墙身且与圈梁连接；插筋不应小于 1ϕ12，6 度、7 度时超过五层、8 度时超过四层和 9 度时，插筋不应小于 1ϕ14；芯柱应伸入室外地面下 500mm 或与埋深小于 500mm 的基础圈梁相连。为提高墙体抗震承载力而设置的芯柱，宜在墙体内均匀布置，最大净距不宜大于 2m；砌块房屋墙体交接处或芯柱与墙体连接处应设置拉结钢筋网片，网片可采用ϕ4 钢筋点焊而成，沿墙高间距不大于 600mm 设置，应沿墙体水平通常设置。

砌块房屋抗震设计中也可设置钢筋混凝土构造柱与芯柱配合使用。例如，在房屋的四角、在内外墙交接处等受力复杂部位，用构造柱代替芯柱，这不但可方便施工、易于施工质量控制，而且可提高房屋的抗侧能力，增大其变形能力和延性。此种情况下构造柱的最小截面可采用 190mm×190mm，纵向钢筋宜采用 4ϕ12，箍筋间距不宜大于 250mm，且在柱上下端宜适当加密；6 度、7 度时超过五层、8 度时超过四层和 9 度时，构造柱纵向钢筋宜采用 4ϕ14，箍筋间距不应大于 200mm；外墙转角的构造柱可适当加大截面和配筋。构造柱与砌块墙连接处应砌成马牙槎，与构造柱相邻的砌块孔洞，6 度时宜填实，7 度时应填实，8 度、9 度时应填实并插筋；沿墙高每隔 600mm 应设拉结钢筋网片，应沿墙体水平通常布置。构造柱的其他构造要求同普通砖房。

8.3.3　加强抗震薄弱部位的连接构造措施

纵横墙交接处是抗震的薄弱部位之一，设计与施工均应倍加重视。在纵横墙交接处设构造柱是加强连接的有效措施。当纵横墙连接处未设置构造柱时应同时咬槎砌筑。设防烈度为 6 度、7 度，长度大于 7.2m 的大房间，以及 8 度和 9 度时外墙转角及内外墙交接处，当未设构造柱时，应沿墙高每隔 500mm 配置 2ϕ6 通长钢筋和ϕ4 分布短筋平面内点焊组成的拉结网片或ϕ4 点焊网片。后砌的非承重墙应沿墙高每隔 500～600mm 配置 2ϕ6 的钢筋与承重墙或柱拉结，每边伸入墙体内不应小于 500mm。8 度和 9 度时，长度大于 5m 的后砌隔墙，墙顶尚应与楼板或梁拉结，独立墙肢端部及大门洞边宜设钢筋混凝土构造柱。

现浇钢筋混凝土楼板或屋面板，伸进纵、横墙内的长度不应小于 120mm。装配整体式钢筋混凝土楼板或屋面板，当圈梁未设在板的同一标高时，板端伸进外墙长度不应小于 120mm，板端伸进内墙的长度不应小于 100mm 或采用硬架支膜连接在梁上不应小于 80mm，或采用硬架支膜连接。为了增强装配式板与墙体之间的黏结，在安装板时应坐浆。当板的跨度大于 4.8m 并与外墙平行时，靠外墙的预制板侧边应采用拉结筋与墙或圈梁拉结。

房屋端部大房间的楼盖，6 度时房屋的屋盖和 7～9 度时房屋的楼、屋盖，当圈梁设在板底时，钢筋混凝土预制板应互相拉结，并应与梁、墙或圈梁拉结。

楼、屋盖的钢筋混凝土梁或屋架应与墙、柱（包括构造柱）或圈梁可靠连接，梁与砖柱的连接不应削弱柱截面，各层独立砖柱顶部应在两个方向均有可靠连接。

楼梯间是房屋抗震的薄弱部位，又是地震时的疏散要道，因此《建筑抗震设计规范(2016 年版)》(GB 50011—2010）规定：顶层楼梯间墙体应沿墙高每隔 500mm 设 2ϕ6 通长钢筋和ϕ4 分布短筋平面内点焊组成的拉结网片或ϕ4 点焊网片；7～9 度时其他各层楼梯间墙体应在休息平台或楼层半高处设置 60mm 厚纵向钢筋不应少于 2ϕ10 的钢筋混凝土带或配筋砖带，配筋砖带不少于 3 皮，每皮的配筋不少于 2ϕ6，砂浆等级不应低于 M7.5 且不低于同层墙体的砂浆的强度等级；楼梯间及门厅内墙阳角的大梁支撑长度不应小于 500mm，并应与圈梁连接；装配式楼梯段应与平台板的梁可靠连接，8 度、9 度时不用采用装配式楼梯段；不应采用墙中悬挑式踏步或踏步竖肋插入墙体的楼梯，不应采用无筋砖砌拦板；突出屋顶的楼、电梯间，构造柱应伸到顶部，并与顶部圈梁连接，所有墙体沿墙高每隔 500mm 配置 2ϕ6 通长钢筋和ϕ4 分布短筋平面内点焊组成的拉结网片或ϕ4 点焊网片。

混凝土小型空心砌块砌体房屋，6 度时超过五层、7 度时超过四层、8 度时超过三层和 9 度时，在底层和顶层的窗台标高处，沿纵横墙应设置通长的水平现浇钢筋混凝土带；其截面高度不小于 60mm，纵筋不少于 2ϕ10，并应有分布拉结钢筋；其混凝土强度等级不应低于 C20。

8.4　多层砌体房屋抗震承载力计算

多层砌体房屋进行抗震计算时，应在建筑结构的两个主轴方向分别考虑水平地震作用并进行抗震验算。沿一个主轴方向的水平地震作用应全部由该方向抗侧力构件承担。

8.4.1　计算简图

为了简化计算，假定各层的重力荷载集中在楼（屋）盖标高处，墙体则按上、下层各半集中于该层的楼（屋）盖处。与地震作用平行的各抗震墙合并在一起，视为一无重量的弹性连杆。计算简图如图 8-2 所示。图中 G_i 为集中在第 i 层楼盖处的重力荷载代表值，它为永久荷载标准值和有关可变荷载的组合值之和，可变荷载的组合值系数见表 8-11。H_i 为结构底部截面至第 i 质点的高度。结构底部截面位置的确定原则：当无地下室时为基础顶面；当基础埋置较深时可取室外地坪下 0.5m 处；当设有整体刚度很大的全地下室时，为地下室顶板上皮；当地下室墙体刚度较小时，应取地下室室内地坪。

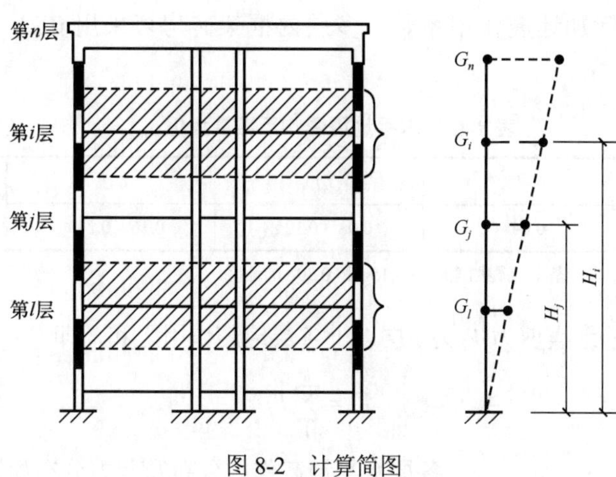

图 8-2　计算简图

表 8-11　可变荷载的组合值系数

可变荷载种类		组合值系数
雪荷载		0.5
屋面活荷载		不考虑
按等效均布荷载考虑的楼面活荷载	存书库、档案库	0.8
	其他民用建筑	0.5

地震区的多层砌体房屋其高度一般在七层以下，房屋的高宽比、抗震横墙间距都有一定限制，房屋的整体刚度大，在水平地震作用下房屋的侧向变形以剪切变形为主。抗震计算时，可只考虑基本振型。

8.4.2　地震作用的计算

多层砌体结构房屋高度一般不高（七层以下），质量和刚度沿高度分布比较均匀，且以剪切变形为主，可采用底部剪力法计算地震作用。结构底部截面的总水平地震作用标准值 F_{EK} 计算为

$$F_{EK}=\alpha_1 G_{eq} \tag{8-1}$$

式中：α_1——相应于结构基本自振周期的水平地震影响系数（多层砌体结构房屋由于墙体多、刚度大，基本周期较短，《建筑抗震设计规范（2016 年版）》(GB 50011—2010）规定，α_1 取 α_{max}，α_{max} 取值如表 8-12 所示)；

G_{eq}——结构等效总重力荷载（可取总重力荷载代表值的 85%，即 $G_{eq}=0.85\sum G_i$）。

假定基本振型曲线为一斜直线，各质点水平地震作用标准值 F_i 计算为

$$F_i=\frac{G_iH_i}{\sum_{j=1}^{n}G_jH_j}F_{EK}(1-\delta_n)\quad(i=1,2,\cdots,n)F_i \tag{8-2}$$

式中：G_i、G_j——集中于质点 i、j 的重力荷载代表值；

H_i、H_j——结构底部截面至第 i、j 质点的高度；

δ_n——顶部附加地震作用系数，多层内框架砖房可采用 0.2，其他房屋可采用 0.0。

表 8-12　水平地震影响系数最大值 α_{max}

地震烈度	6 度	7 度	8 度	9 度
α_{max}	0.04	0.08（0.12）	0.16（0.24）	0.32

注：括号中的数值用于设计基本地震加速度为 0.15g 和 0.30g 的地区。

作用在第 i 层的地震剪力 V_i 为 i 层以上各层地震作用之和，即

$$V_i=\sum_{i}^{n}F_i \tag{8-3}$$

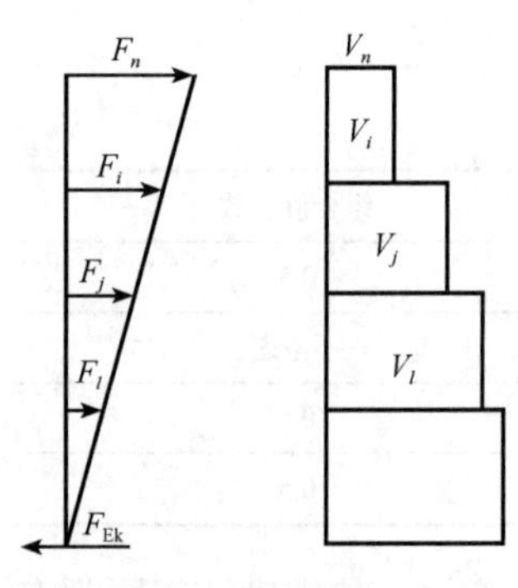

图 8-3　水平地震作用分布及剪力分布

各层水平地震作用分布及剪力分布如图 8-3 所示。对于突出建筑物顶面的屋顶间、女儿墙及小烟囱等的地震作用，可按式（8-2）的计算值乘以 3 取值，但增大部分的地震作用不往下层传递，以考虑“鞭端效应”的影响。

8.4.3　抗震墙体侧移刚度计算

为了对砌体墙进行抗震承载力验算，必须将各楼层的地震剪力分配到相应楼层的各道抗震墙上，对于有门窗洞口的墙，还应将该道墙分配的地震剪力，再分配到各墙段上。

地震剪力在各道墙间分配的原则是：横向地震作用全部由横向抗震墙承担，不考虑纵向抗震墙的作用；纵向地震作用，全部由纵向抗震墙承担，不考虑横向抗震墙的作用，各道墙承担地震作用的大小与房屋的楼（屋）盖平面内刚度有关，与各墙的抗侧刚度有关。

对于带有门窗洞口的墙体，各墙段的地震剪力按墙段的侧移刚度分配。

1. 无洞口横墙的侧移刚度

在多层砌体房屋的抗震计算中，如果各层楼盖和屋盖在平面内的刚度可视为无穷大，且楼盖和屋盖仅发生平移而不发生转动，层间的各道抗震墙，可视为下端固定，上端为滑动支座的构件，在单位水平力作用下其侧向变形δ一般应包括层间弯曲变形δ_b 和剪切

变形δ_s［图 8-4（a）］，可表示为

$$\delta = \delta_b + \delta_s = \frac{h^3}{12EI} + \frac{\xi h}{AG} \tag{8-4}$$

式中：h——墙段高度；

A——墙段的水平截面面积；

I——墙体的水平截面惯性矩；

E——砖砌体受压时的弹性模量；

ξ——应变不均匀系数（对矩形截面取ξ=1.2）；

G——砖砌体的剪切模量（一般取G=0.4E）。

将A、I、G的表达式和ξ代入式（8-4），经整理后得

$$\delta = \frac{1}{Et}\left[\left(\frac{h}{b}\right)^3 + 3\left(\frac{h}{b}\right)\right] \tag{8-5}$$

式中：b、t——墙体的宽度、厚度［图 8-4（b）］。

图 8-5 给出不同高宽比的无洞口墙体的变形，其剪切变形和弯曲变形的数量关系以及各自在总变形中所占的比例。可以看出：当 $h/b<1$ 时弯曲变形占总变形的比例甚小；当 $h/b>4$ 时，剪切变形在总变形中占的比例很小，其侧移δ很大，说明该墙体侧移刚度很小；当 $1<h/b<4$ 时，剪切变形和弯曲变形在总变形中均占有相当的比例。为此，《建筑抗震设计规范（2016 年版）》（GB 50011—2010）规定如下。

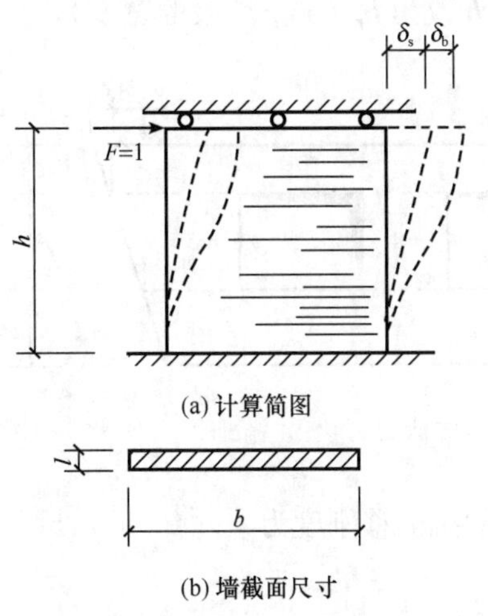

(a) 计算简图

(b) 墙截面尺寸

图 8-4　单位水平力作用下墙段的侧移

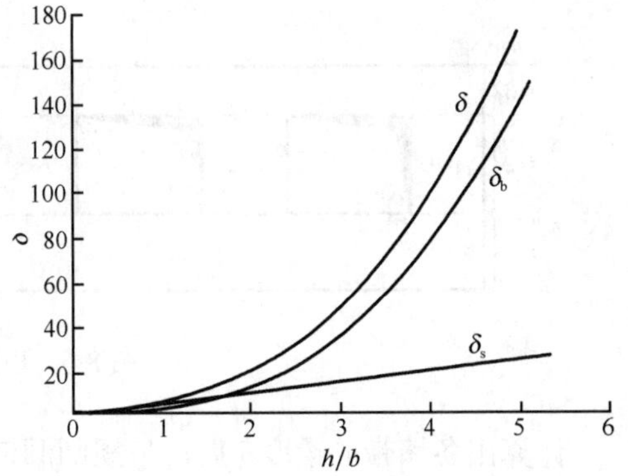

δ—总变形；δ_b—弯曲变形；δ_s—剪切变形。

图 8-5　不同高宽比的无洞口墙体的变形

1）当墙段高宽比 $h/b<1$ 时，确定层间刚度 K 时可忽略弯曲变形的影响，由式（8-5）有

$$K = \frac{1}{\delta} = \frac{Etb}{3h} \tag{8-6}$$

2）当墙体高宽比 $1 \leqslant h/b \leqslant 4$ 时，应同时考虑弯曲和剪切变形的影响，即

$$K = \frac{1}{\delta} = \frac{Et}{\frac{h}{b}\left[\left(\frac{h}{b}\right)^2 + 3\right]} \quad (8\text{-}7)$$

3）当墙体高宽比 $h/b>4$ 时，可不考虑其刚度，即取 $K=0$。

2. 带洞口抗震墙的侧移刚度

当墙体上开有规则的多洞口时（图 8-6），墙顶在单位水平力作用下，墙顶移侧δ等于沿墙高 h 各墙带的侧移δ_i之和，即

$$\delta = \sum_{i=1}^{n} \delta_i \quad (8\text{-}8)$$

其中 n 为规则多洞口墙体划分的墙带总数，对于窗洞口上、下的水平实心墙带，因其高宽比 $h_i/b<1$，故其柔度δ_i（在图 8-6 中 i=1,3）应按式（8-6）计算，但需将该公式中的 h 改为 h_i，中间带洞口墙带的柔度δ_i应为各洞口间墙（墙段）抗侧移刚度之和的倒数，即

$$\delta_2 = \frac{1}{\sum_{r=1}^{s} K_{2r}} \quad (8\text{-}9)$$

式中：K_{2r}——第 2 条墙带（带洞口墙带）第 r 个墙段的抗侧移刚度。当 $h_i/b_r<1$ 时，按式（8-6）计算；当 $1<h_i/b_i<4$ 时，应按式（8-7）计算；注意以上两式计算中，均应将公式中的 h 改为 h_i，b 改为 b_r（第 r 墙段的宽度）。

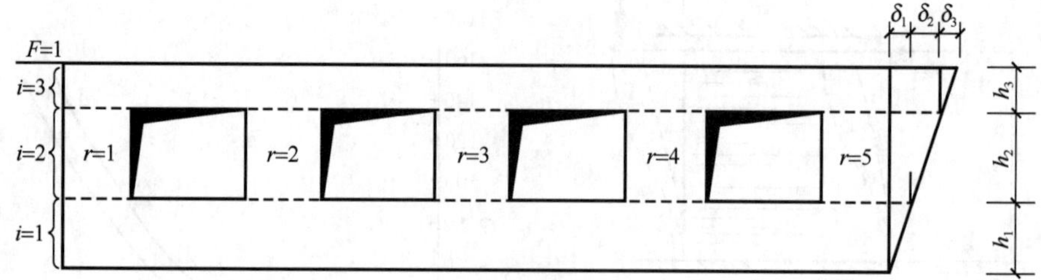

图 8-6　规则多洞口墙体

计算出各墙带的柔度δ_i后，带规则洞口墙体的抗侧移刚度为

$$K = \frac{1}{\delta} = \frac{1}{\sum_{i=1}^{n} \delta_i} \quad (8\text{-}10)$$

当墙体上开有不规则的多洞口时，例如，图 8-7 所示的带洞墙，可将第一层和第二层的墙带划分为四个单元墙片，每个单元的抗侧刚度分别为 K_{w1}、K_{w2}、K_{w3} 和 K_{w4}，每个单元墙片的抗侧刚度计算方法与上述带规则洞口墙相同，即

$$K_{w1}=\frac{1}{\dfrac{1}{K_{11}}+\dfrac{1}{K_{21}+K_{22}}}$$

$$K_{w2}=\frac{1}{\dfrac{1}{K_{12}}+\dfrac{1}{K_{23}+K_{24}}}$$

$$K_{w3}=\frac{1}{\dfrac{1}{K_{13}}+\dfrac{1}{K_{25}+K_{26}}}$$

K_{w4}、K_{w3}计算同本节无洞口横墙片的侧移刚度计算。

这样，图 8-7 开有不规则洞口的多洞口墙体的层间抗侧刚度为

$$K=\frac{1}{\dfrac{1}{K_{w1}+K_{w2}+K_{w3}+K_{w4}}+\dfrac{1}{K_3}} \tag{8-11}$$

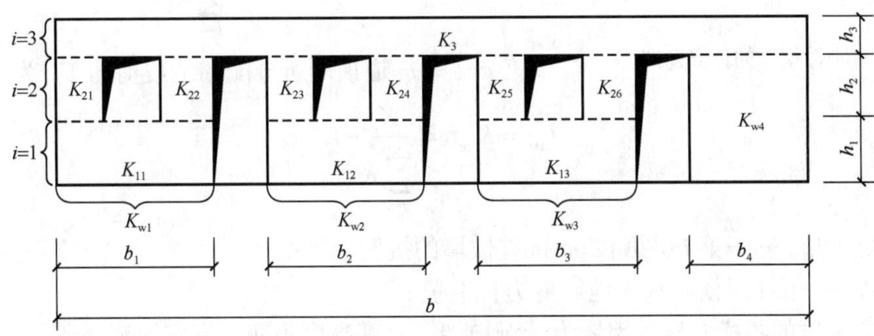

图 8-7　不规则洞口的多洞口墙体

为了简化计算，对开洞率不大于 30%的小开口墙段可按毛面积计算抗侧刚度，但按毛面积计算的抗侧刚度应根据开洞率乘以表 8-13 的洞口影响系数。

表 8-13　墙段洞口影响系数

开洞率	0.10	0.20	0.30
影响系数	0.98	0.94	0.88

注：1）开洞率为洞口水平截面积与墙段水平毛截面积之比，相邻洞口之间净宽小于 500mm 的墙段视为洞口。

2）洞口中线偏离墙段中线大于墙段长度的 1/4 时，表中影响系数值折减 0.9；门洞的洞顶高度大于层高的 80%时，表中数据不适用；窗洞高度大于层高 50%时，按门洞对待。

8.4.4　横向楼层地震剪力 V_i 的分配

首先，将横向楼层地震剪力 V_i 分配给各道抗震横墙，当横墙有洞口时再将横墙的地震剪力分给洞口之间的墙段。楼层地震剪力在各道横墙之间的分配方法，与楼盖的刚度有关。

1. 刚性楼盖

当楼盖为现浇或装配整体式钢筋混凝土楼盖，并且抗震墙最大间距满足表 8-1 要求时，在水平地震作用下，楼盖在自身平面内的变形很小。若房屋楼层的刚度中心与质量中心重合而不发生扭转，则楼盖仅发生整体相对平移运动，各横墙将产生相等的层间位移 u［图 8-8（a）］。若将楼盖视为在平面内刚度为无穷大的连续梁，则各抗震横墙可视为该连续梁的弹性支座［图 8-8（b）］，各支座的水平反力即为各抗震墙所承受的地震剪力。

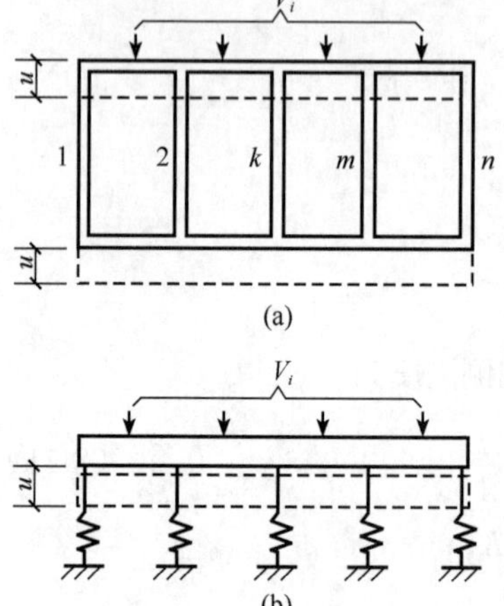

图 8-8　刚性楼盖的计算简图

若已知第 i 层各横向抗震墙的抗侧移刚度为 K_i，则在第 i 层层间剪力 V_i 作用下产生的层间位移 u 为

$$u = \frac{V_i}{K_i} = \frac{V_i}{\sum_{j=1}^{n} K_{ij}} \tag{8-12}$$

第 i 层第 m 道横墙所分配的地震剪力 V_{im} 为

$$V_{im} = K_{im} u = \frac{K_{im}}{\sum_{j=1}^{n} K_{ij}} V_i \tag{8-13}$$

式中：K_{ij}、K_{im} ——第 i 层第 j、m 抗震横墙的抗侧刚度；

V_i——第 i 层横向水平地震剪力标准值。

当第 i 层的各横向抗震墙皆为无洞口墙，且其高度不变、高宽比皆小于 1，砖和砂浆的强度等级相同时，将式（8-6）代入式（8-13）可得

$$V_{im} = \frac{A_{im}}{\sum_{j=1}^{n} A_{ij}} V_i \tag{8-14}$$

式中：A_{im}、A_{ij}——第 i 层 m、j 片墙体的水平截面面积。

2. 柔性楼盖

木楼盖、轻钢楼盖或楼面开洞率较大的钢筋混凝土楼盖，在水平地震作用下，楼盖在平面内除发生平移变形外，还发生弯曲变形。各道抗震横墙的水平位移不相同，变形曲线也不连续［图 8-9（a）］。楼盖可视为分段铰接于各道横墙上的多跨简支梁［图 8-9（b）］。各横墙所承担的地震作用为该墙左右各半跨楼盖上重力荷载代表值所产生的地震作用，因此，各横墙承担的地震剪力可按各墙承受的重力荷载代表值的比例进行分配，即

$$V_{im} = \frac{G_{im}}{G_i} V_i \tag{8-15}$$

式中：V_i ——第 i 层横向水平地震剪力。

G_{im}——第 i 层第 m 道横墙从属面积上重力荷载代表值；

G_i ——第 i 层楼盖总重力荷载代表值。

当楼盖上重力荷载代表值为均匀分布时，各道横墙承受的地震剪力可按各道横墙的负荷面积的比例进行分配，即

$$V_{im} = \frac{F_{im}}{F_i} V_i \tag{8-16}$$

式中：F_{im} ——第 i 层第 m 道横墙的负荷面积；

F_i ——第 i 层横墙的总负荷面积。

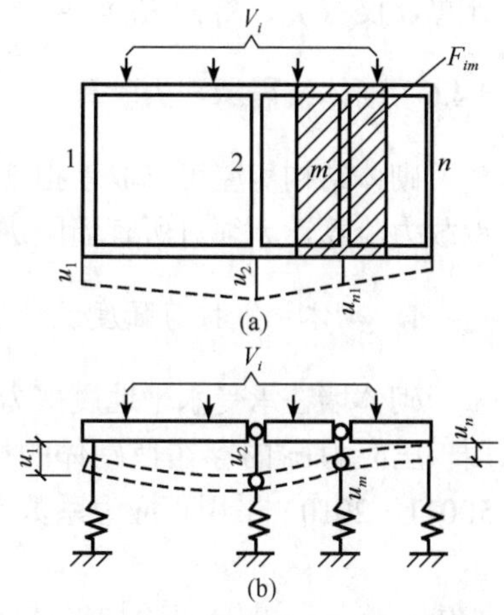

图 8-9　柔性楼盖计算简图

3. 中等刚度楼盖地震剪力的分配

当楼（屋）盖采用装配式钢筋混凝土预制板时，其平面内的刚度介于刚性和柔性楼盖之间，对这类楼盖，目前尚缺乏可靠的试验数据和理论分析方法，可采用如下简化计算方法进行各墙之间的剪力分配为

$$V_{im} = \frac{1}{2}\left(\frac{K_{im}}{\sum_{j=1}^{n} K_{ij}} + \frac{G_{im}}{G_i}\right) V_i \tag{8-17}$$

同一幢建筑物，采用楼盖类型不同时，应分别按不同楼盖类型的相应公式计算各道墙所承担的地震剪力。

4. 洞口侧边墙段的剪力分配

洞口侧边墙段的剪力按各墙段抗侧刚度分配。当墙片上同时开有窗洞、门洞时，在计算墙段高宽比 h/b 时，墙段高 h 的取法为：窗间墙取窗洞高，门间墙取门洞高；门窗之间的墙取窗洞高；尽端墙取紧靠尽端的门洞或窗洞高（图 8-10）。

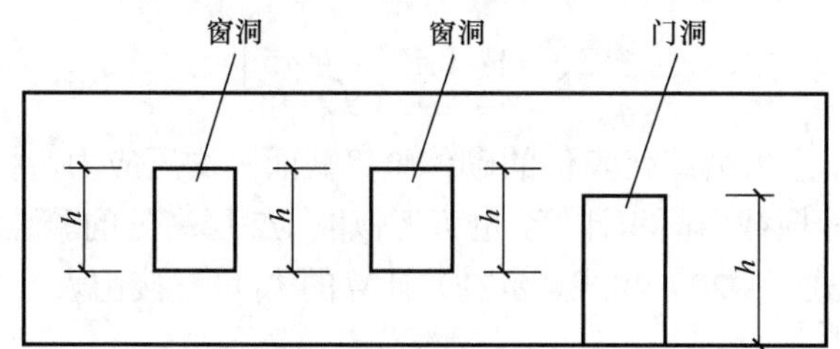

图 8-10　墙段高度的取法

8.4.5　纵向楼层地震剪力 V_i 的分配

一般房屋的纵向尺寸较大，且纵墙间距较小，无论何种类型楼盖，其纵向水平变形均很小。因此，纵向地震剪力分配时，均可按刚性楼盖考虑。用式（8-13）或式（8-14）

计算，仅将 V_i、K_{im}、K_{ij} 代入房屋纵向的相应数值即可。

8.4.6 砌体抗震承载力验算

砌体结构房屋可选取承担地震剪力较大、竖向压应力较小的墙段进行截面抗震抗剪承载力验算，无须对所有墙段进行验算。

1. *砌体抗震抗剪强度设计值* f_{vE}

砌体墙在承受水平地震剪力的同时，还承受重力荷载代表值所产生的压应力 σ_0 的作用，压应力 σ_0 的存在使砌体的抗剪强度提高，《建筑抗震设计规范（2016 年版）》（GB 50011—2010）采用正应力系数考虑这一因素。砌体的抗震抗剪强度设计值 f_{vE} 为

$$f_{vE}=\zeta_N f_v \tag{8-18}$$

式中：f_{vE}——砌体沿阶梯形截面破坏的抗震抗剪强度设计值；

f_v——非抗震设计的砌体抗剪强度设计值；

ζ_N——砌体抗震抗剪强度的正应力影响系数（《建筑抗震设计规范（2016 年版）》（GB 50011—2010）在对砖砌体进行震害统计的基础上采用主拉应力破坏理论公式），即

$$\zeta_N=\frac{1}{1.2}\sqrt{1+0.45\frac{\sigma_0}{f_v}} \tag{8-19}$$

对于小型砌块砌体，正应力影响系数 ζ_N 在试验统计的基础上由剪摩破坏理论公式得到：

当 $\frac{\sigma_0}{f_v}\leqslant 5$ 时

$$\zeta_N=1+0.25\frac{\sigma_0}{f_v} \tag{8-20}$$

当 $\frac{\sigma_0}{f_v}>5$ 时

$$\zeta_N=1+0.17\left(\frac{\sigma_0}{f_v}-5\right) \tag{8-21}$$

式中：σ_0——对应于重力荷载代表值的砌体验算截面平均压应力，按验算墙段 1/2 高度处的净横截面面积计算，也可近似取 1/2 层高处的验算墙段平均压应力值。

按式（8-19）、式（8-20）和式（8-21）计算的 ζ_N 可直接由表 8-14 查得。

表 8-14　砌体抗震抗剪强度的正应力影响系数

砌体类别	σ_0/f_v							
	0.0	1.0	3.0	5.0	7.0	10.0	12.0	≥16.0
普通砖、多孔砖	0.80	0.99	1.25	1.47	1.65	1.90	2.05	—
混凝土砌体	—	1.23	1.69	2.15	2.57	3.02	3.32	3.92

注：σ_0 为对应于重力荷载代表值的砌体截面平均压应力。

2. 多层砌体结构房屋墙体抗震受剪承载力验算

（1）烧结普通砖、烧结多孔砖、蒸压灰砂砖、蒸压粉煤灰砖墙和石墙的抗震承载力验算

烧结普通砖、烧结多孔砖、蒸压灰砂砖、蒸压粉煤灰砖墙和石墙的抗震承载力验算

$$V \leqslant \frac{f_{vE} A}{\gamma_{RE}} \tag{8-22}$$

式中：V——考虑地震作用组合的墙体剪力设计值；

f_{vE}——砌体沿阶梯截面破坏的抗震抗剪强度设计值；

A——墙体横截面面积；

γ_{RE}——承载力抗震调整系数（按表 8-5 采用）。

（2）混凝土砌块墙体的截面抗震承载力的验算

混凝土砌块墙体的截面抗震承载力验算

$$V \leqslant \frac{1}{\gamma_{RE}}[f_{vE} A + (0.3 f_t A_c + 0.05 f_y A_s)\zeta_c] \tag{8-23}$$

式中：f_t——芯柱混凝土的轴心抗拉强度设计值［应按《混凝土结构设计规范（2015 年版）》（GB 50010—2010）采用］；

A_c——芯柱截面总面积；

f_y——芯柱钢筋的抗拉强度设计值；

A_s——芯柱钢筋截面总面积；

ζ_c——芯柱参与工作系数（按表 8-15 采用）。

表 8-15　芯柱参与工作系数

灌孔率ρ	ρ<0.15	0.15≤ρ<0.25	0.25≤ρ<0.5	ρ≥0.5
ζ_c	0	1.0	1.10	1.15

注：灌孔率指芯柱根数（含构造柱和填实孔洞数）与孔洞总数之比。

（3）配筋砖砌体墙抗震受剪承载力验算和构造要求

1）水平配筋烧结普通砖、烧结多孔砖墙的截面抗震受剪承载力验算

$$V \leqslant \frac{1}{\gamma_{RE}}[f_{vE} A + \zeta_s f_{yh} A_{sh}] \tag{8-24}$$

式中：V——考虑地震作用组合的墙体剪力设计值；

f_{vE}——砌体沿阶梯截面破坏的抗震抗剪强度设计值；

γ_{RE}——承载力抗震调整系数；

A_{sh}——层间墙体竖向截面的总水平钢筋面积，其配筋率应不小于 0.07%且不大于 0.17%；

ζ_s——钢筋参与工作系数（按表 8-16 采用）；

f_{yh}——水平钢筋的抗拉强度设计值。

表 8-16 钢筋参与工作系数 ζ_s

墙体高宽比	0.4	0.6	0.8	1.0	1.2
ζ_s	0.10	0.12	0.14	0.15	0.12

2）构造要求。水平配筋烧结普通砖、烧结多孔砖砌体墙的材料和构造应符合以下要求，即砂浆的强度等级不应低于 M7.5；水平钢筋宜采用 HPB300、HRB335 钢筋。水平钢筋的配筋率不应小于 0.07%，且不宜大于 0.17%；水平分布钢筋间距不应大于 400mm。水平钢筋端部伸入垂直墙体中的锚固长度不宜小于 300mm，伸入构造柱的锚固长度不宜小于 180mm。

（4）钢筋混凝土构造柱组合墙截面抗震受剪承载力验算和构造要求

1）截面抗震受剪承载力验算

$$V \leqslant \frac{1}{\gamma_{RE}}[\eta_c f_{vE}(A - A_c) + \zeta_c f_t A_c + 0.08 f_{\eta e} A_{sc} + \zeta_s f_{yh} A_{sh}] \tag{8-25}$$

式中：γ_{RE}——承载力抗震调整系数；

η_c——墙体约束修正系数（一般情况可取 1.0，构造柱间距不大于 2.8m 时取 1.1）；

A_c——中部构造柱的截面面积（对横墙和内纵墙，A_c>0.15A 时，取 0.15A，对外纵墙 A_c>0.25A 时，取 0.25A）；

f_t——中部构造柱的混凝土轴心抗拉强度设计值；

A_{sc}——中部构造柱的纵向钢筋截面总面积（配筋率不小于 0.6%，大于 1.4%时取 1.4%）；

f_{yh}、$f_{\eta e}$——分别为墙体水平钢筋、构造柱纵向钢筋的抗拉强度设计值；

ζ_c——中部构造柱参与工作系数（居中设一根时取 0.5，多于一根时取 0.4）。

2）组合砖墙的材料和构造要求除了应满足前面第五章的要求外，尚应符合下列要求。

① 构造柱的混凝土强度等级不应低于 C20。

② 构造柱的纵向钢筋，对中柱不应少于 4ϕ12，对边柱、角柱不应少于 4ϕ14。

③ 砖砌体与构造柱的拉结钢筋每边伸入墙内不宜小于 1m。

考虑地震作用组合的网状配筋砖砌体、组合砖砌体受压构件，其抗震承载力计算分别采用第五章的相关公式计算，但其抗力应除以抗震承载力调整系数。

【例 8-1】 某四层砖混结构办公楼，平面及剖面尺寸如图 8-11 所示（图中尺寸以 cm 为单位），墙体轴线居中，底层层高为 4.4m，其他各层层高为 3.6m。外墙厚 36cm，内墙厚 24cm。设防烈度 7 度。楼盖及屋盖采用现浇钢筋混凝土板（板厚 100mm）。横墙承重。采用强度等级为 MU10 烧结普通砖和 M5 混合砂浆砌筑。除个别注明外，窗口尺寸 1.5m×2.1m，外墙门高 2.5m，内门尺寸为 1.0m×2.5m［图 8-11（a)］。雪荷载标准值为 0.25kN/m^2。试验算该楼房墙体的抗震承载力。

【解】（1）建筑总重力荷载代表值计算

集中在各楼层标高处的各质点重力荷载代表值包括：楼面（或屋面）自重的标准值、50%楼面承受的活荷载和上下各半墙重的标准值之和，屋面还应考虑 50%雪荷载。

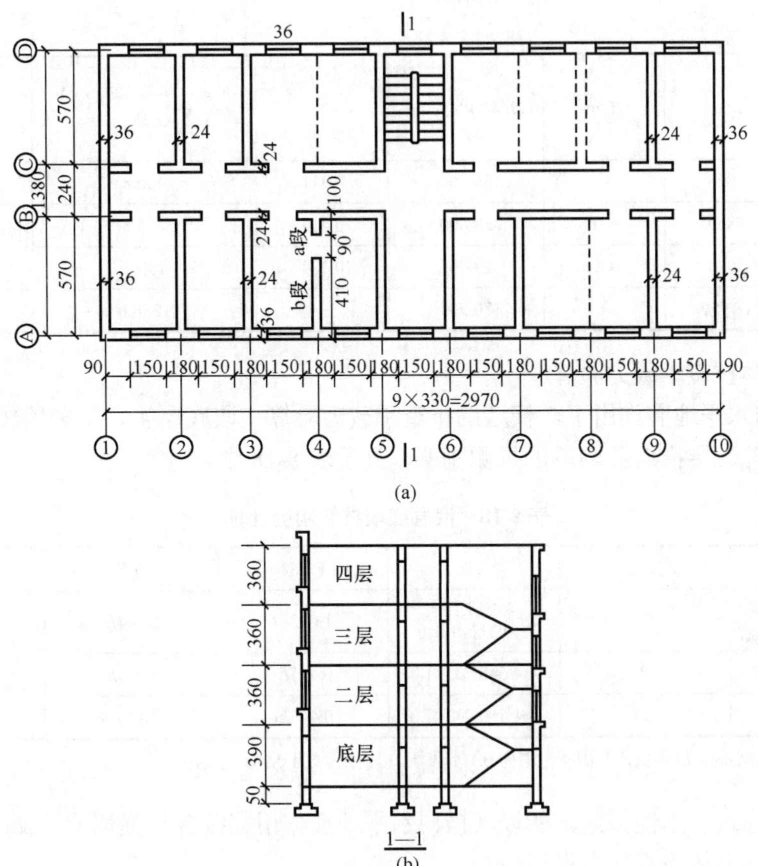

图 8-11　某四层砖混结构办公楼平面及剖面图（尺寸单位：mm）

四层屋盖处质点：　G_4=4180kN；

三层楼盖处质点：　G_3=4850kN；

二层楼盖处质点：　G_2=4850kN；

底层楼盖处质点：　G_1=5070kN；

建筑总重力荷载代表值：　$G_{\mathrm{E}}=\sum_{i=1}^{4}G_i=18\,950\mathrm{kN}$ 。

（2）水平地震作用标准值计算

$$F_{\mathrm{EK}}=\alpha_1 G_{\mathrm{eq}}=\alpha_{\max}\times 0.85G_{\mathrm{E}}=0.08\times 0.85\times 18\,950\approx 1288.6(\mathrm{kN})$$

各楼层的水平地震作用标准值及楼层地震剪力标准值见表 8-17。

表 8-17　楼层水平地震作用及楼层地震剪力标准值计算

楼层	G_i/kN	H_i/m	G_iH_i/（kN · m）	$\dfrac{G_iH_i}{\sum_{j=1}^{4}G_jH_j}$	$F_i=\dfrac{G_iH_i}{\sum_{j=1}^{4}G_jH_j}F_{\mathrm{EK}}$ / kN	$V_i=\sum_{i=1}^{4}F_i$ / kN
四	4180	15.2	63 536	0.351	452.3	452.3

续表

楼层	G_i/kN	H_i/m	G_iH_i/（kN·m）	$\frac{G_iH_i}{\sum_{j=1}^{4}G_jH_j}$	$F_i=\frac{G_iH_i}{\sum_{j=1}^{4}G_jH_j}F_{EK}$ / kN	$V_i=\sum_{i=1}^{4}F_i$ / kN
三	4850	11.6	56 260	0.311	400.8	853.1
二	4850	8.0	38 800	0.214	275.8	1128.9
一	5070	4.4	22 308	0.124	159.7	1288.6
Σ	18 950	—	180 904	—	1288.6	—

（3）墙体抗震承载力验算

1）横向水平地震作用下，横墙的抗震承载力验算（取底层④、⑦轴墙体）。

首先计算首层横向各墙段的抗侧刚度，列于表 8-18 中。

表 8-18　底层横墙抗侧刚度计算

墙段	数量	h/b	按式（8-6）计算	$\sum K$	一层总刚度$\sum K_1$
①⑩轴	2	4.4/14.16=0.311<1.0	1.072Et	2.144Et	7.595Et
②③⑤⑥⑦⑨轴	11	4.4/6=0.733<1.0	0.455Et	5.005Et	
④轴	1	4.4/6=0.733<1.0	0.446Et	0.446Et	

注：④轴为带小洞口的墙段，开洞率近似为 0.1.墙段洞口影响系数为 0.98。

由于该建筑为刚性楼盖，所以其横向水平地震作用应按各片横墙的抗侧刚度进行分配。底层④轴墙体地震剪力设计值为

$$V_{41}=1.3\times\frac{0.446Et}{7.595Et}\times1288.6\approx98.4(\text{kN})$$

底层④轴墙体由门洞分为两个墙段，按各墙段的抗侧刚度分配④轴墙体所受的地震剪力设计值。

a 墙段

$$\frac{h}{b}=\frac{2.5}{1.0}=2.5$$

大于 1.0 且小于 4.0，弯曲变形和剪切变形均应考虑。

b 墙段

$$\frac{h}{b}=\frac{2.5}{4.1}\approx0.61$$

小于 1.0，仅考虑剪切变形的影响。

$$K_\text{a}=\frac{Et}{(h/b)[(h/b)^2+3]}=\frac{Et}{2.5\times(2.5^2+3)}\approx0.043Et$$

$$K_\text{b}=\frac{Et}{3\times0.61}\approx0.546Et$$

$$\sum K=K_\text{a}+K_\text{b}=(0.043+0.546)Et=0.589Et$$

各墙段分配的地震剪力为

a 墙段

$$V_a = \frac{K_a}{\sum K}V_{41} = \frac{0.043}{0.589} \times 98.4 \approx 7.2(\text{kN})$$

b 墙段

$$V_b = \frac{K_b}{\sum K}V_{41} = \frac{0.546}{0.589} \times 98.4 \approx 91.2(\text{kN})$$

⑦轴线分配的水平地震剪力设计值为

$$V_{71} = 1.3 \times \frac{0.455Et}{7.595Et} \times 1288.6 \approx 100.40(\text{kN})$$

各墙段在层高半高处平均压应力如下（计算过程从略）：

④轴：a 墙肢，σ_0=0.60N/mm^2；b 墙肢，σ_0=0.46N/mm^2；

⑦轴：σ_0=0.44N/mm^2，f_v=0.11N/mm^2；

④轴、⑦轴各墙段抗震承载力验算见表 8-19。

表 8-19　④轴、⑦轴各墙段抗震承载力验算

墙段	面积/mm^2	σ_0/f_v	ζ_N	$f_{vE}=\zeta_N f_v$/（N/mm^2）	（$f_{vE}A/\gamma_{RE}$）/kN	V/kN	是否满足要求
④a	240 000	5.45	1.51	0.166	39.8	7.2	满足要求
④b	984 000	4.18	1.38	0.152	149.6	91.2	满足要求
⑦	1 440 000	4.00	1.36	0.150	216.0	92.3	满足要求

表 8-20 在计算时，γ_{RE}=1.0。

2）纵向墙体抗震承载力验算（取 A 轴线墙验算）。

各纵向墙体的抗侧刚度计算：

A、B、C、D 轴：各墙的毛面积为 4.4×(29.7+0.36) ≈ 132.30（m^2）。

A、D 轴各墙的开洞面积为 1.5×2.1×8+1.5×2.5=28.95（m^2）（近似取 A、D 轴面积相同）。

A、D 轴各墙的开洞率为 $\frac{28.95}{132.30} \approx 0.22$。

B、C 轴各墙的开洞面积为 1×2.5×6+2.94×2.5=22.35（m^2）。

B、C 轴各墙的开洞率为 $\frac{22.35}{132.30} \approx 0.17$，均属小开口墙片。

按整片墙计算的各纵墙的抗侧刚度

$$h/b = 4.4/30.06 \approx 0.146 < 1.0$$

所以按整片墙计算的各纵墙的抗侧刚度为

$$K = \frac{Et}{3h/b} = \frac{Et}{3 \times 4.4/30.06} \approx 2.28Et$$

查表 8-14A、D 轴各墙的洞口影响系数为 0.928；B、C 轴各墙的洞口影响系数为 0.952

A 轴分配的水平地震剪力设计值为

$$V_A = 1.3 \times \frac{0.928 \times 2.28Et}{2 \times (0.928 + 0.952) \times 2.28Et} \times 1288.6 \approx 413.4(\text{kN})$$

将 A 轴分配的水平地震剪力设计值分配给各小墙段：

边端小墙段的高宽比为 $\frac{h}{b} = \frac{2.1}{1.08} = 1.94$，大于 1.0 且小于 4.0，应同时考虑剪切变形和弯曲变形。

中部窗间墙（门窗间墙）的高宽比为 $\frac{h}{b} = \frac{2.1}{1.8} = 1.17$，大于 1.0 且小于 4.0，应同时考虑剪切变形和弯曲变形。

边端小墙段的抗侧刚度 K_1 为

$$K_1 = \frac{Et}{(h/b)[3 + (h/b)^2]} = \frac{Et}{1.94 \times (3 + 1.94^2)} = 0.0762Et$$

中部窗间墙（门窗间墙）的抗侧刚度 K_2 为

$$K_2 = \frac{Et}{(h/b)[3 + (h/b)^2]} = \frac{Et}{1.17 \times (3 + 1.17^2)} = 0.1956Et$$

边端小墙段分配的剪力设计值为

$$V_1 = \frac{0.0762Et}{(2 \times 0.0762 + 8 \times 0.1956)Et} \times 413.4 = 18.34(\text{kN})$$

中部窗间墙分配的剪力设计值为

$$V_2 = \frac{0.1956Et}{(2 \times 0.0762 + 8 \times 0.1956)Et} \times 413.4 = 47.10(\text{kN})$$

各墙段在层高半高处平均压应力如下（计算过程从略）：

A 轴边端小墙段σ_0=0.35N/mm^2；中部窗间墙σ_0=0.32N/mm^2，f_v=0.11N/mm^2。

A 轴边端小墙段及中部窗间墙的抗震承载力验算列于表 8-20 中。

表 8-20　A 轴边端小墙段及中部窗间墙的抗震承载力验算

墙段	面积/mm^2	σ_0/f_v	ζ_N	$f_{vE}=\zeta_N f_v$/（N/mm^2）	（$f_{vE}A/\gamma_{RE}$）/kN	V/kN	验算结果
端墙段	388 800	3.18	1.27	0.140	54.43	18.34	满足要求
窗间墙	648 000	2.91	1.24	0.136	88.13	47.10	满足要求

表 8-21 计算时，γ_{RE}=1.0，A 轴各墙段抗震承载力均满足要求。

表 8-21　配筋砌块砌体抗震墙抗震等级

设防烈度	6 度		7 度		8 度		9 度
高度/m	≤24	>24	≤24	>24	≤24	>24	≤24
抗震等级	四级	三级	三级	二级	二级	一级	一级

8.5　配筋砌块砌体抗震墙抗震承载力计算及构造要求

配筋砌体抗震墙结构进行抗震设计时，根据设防烈度和房屋高度，划分为四个抗震等级，详见表 8-21。

对于表 8-21 中的四级抗震等级的房屋，除《砌体规范》有规定外，均按非抗震设计采用；当配筋砌块砌体抗震墙接近或等于高度分界时，可结合房屋不规则程度及场地地基条件，确定抗震等级。当配筋砌体抗震墙结构为底部大空间时，其抗震等级宜按表 8-21 中规定提高一级。

配筋砌块砌体抗震墙结构水平地震作用的计算可根据《建筑抗震设计规范（2016 年版）》（GB 50011—2010）的有关规定，采用底部剪力法、反应谱振型分解法或时程分析法。内力分析和变形验算可按弹性方法计算。本节主要介绍配筋砌体抗震墙房屋的结构布置、抗震墙的抗震承载力验算及配筋构造要求。

8.5.1　配筋砌块砌体抗震墙的结构布置

1. 房屋高度限值和最小墙厚

配筋砌块砌体抗震墙的房屋高度限值和最小墙厚见表 8-22。

表 8-22　配筋砌块砌体抗震墙的房屋高度限值和最小墙厚

设防烈度	设计基本地震加速度	最小墙厚/mm	房屋高度的限值/m
6 度	0.05*g*	190	60
7 度	0.10*g*	190	55
	0.15*g*	190	45
8 度	0.20*g*	190	40
	0.30*g*	190	30
9 度	0.40*g*	190	24

注：表中的房屋高度指室外地面至檐口高度。超过表内限值的房屋，应根据专门的研究、试验，采取必要的措施。

2. 平面和立面结构布置要求

1）结构平面形状宜简单、规则、凹凸不宜过大；竖向布置宜规则、均匀，避免有过大的外挑和内收。

2）纵、横方向的抗震墙宜拉通对齐；较长的抗震墙为了避免过大的地震剪力使其发生剪切破坏，可用楼板或弱连梁将其分为若干独立的墙段，每个独立墙段的总高度与长度之比不宜小于 2，墙肢的截面高度也不宜大于 8m。

3）抗震墙的门、窗洞口宜上下对齐，成列布置。

4）抗震墙小墙肢的截面高度不宜小于 3 倍墙厚，也不应小于 600mm。一级剪力墙小墙肢的轴压比不宜大于 0.5，二级、三级剪力墙的轴压比不宜大于 0.6。

5）为了保证抗震墙有较好的延性，单肢抗震墙和由弱连梁连接的抗震墙，宜满足在重力荷载作用下，墙体平均轴压比 N/f_gA_w 不大于 0.5 的要求。

8.5.2 配筋砌块砌体抗震墙抗震承载力计算

1. 配筋砌块砌体抗震墙正截面承载力计算

考虑地震作用组合的配筋砌块砌体抗震墙可能为偏心受压构件，也可能为偏心受拉构件，其正截面承载力计算可采用本书第五章 5.4 节，但在公式右端应除以承载力抗震调整系数γ_{RE}。

2. 配筋砌块砌体抗震墙斜截面受剪承载力计算

1）抗震设计值的确定。抗震墙的底部，由于剪力和弯矩较大，常常是抗震薄弱环节，应根据抗震墙抗震等级不同对底部进行加强。底部加强区的高度为 $H/6$（H 为房屋高度），并不小于底部两层高度。底部加强区的截面组合抗震设计值 V_w 按以下规定取值。

一级抗震等级 $V_w=1.6V$

二级抗震等级 $V_w=1.4V$

三级抗震等级 $V_w=1.2V$

四级抗震等级 $V_w=1.0V$

式中：V——考虑地震作用组合的抗震墙计算截面的剪力设计值。

2）抗震墙的截面尺寸应满足以下要求：

① 当剪跨比大于 2 时

$$V_w \leqslant \frac{1}{\gamma_{RE}} 0.2 f_g bh \tag{8-26}$$

② 当剪跨比小于或等于 2 时

$$V_w \leqslant \frac{1}{\gamma_{RE}} 0.15 f_g bh \tag{8-27}$$

式中：γ_{RE}——承载力抗震调整系数；

f_g——灌孔砌体的抗压强度设计值；

b——抗震墙截面宽度；

h——抗震墙截面高度。

3）偏心受压配筋砌块砌体抗震墙斜截面受剪承载力计算为

$$V_w \leqslant \frac{1}{\gamma_{RE}} \left[\frac{1}{\lambda - 0.5} \left(0.48 f_{vg} bh_0 + 0.10 N \frac{A_w}{A} \right) + 0.72 f_{yh} \frac{A_{sh}}{S} h_0 \right] \tag{8-28}$$

式中：λ——计算截面的剪跨比（当$\lambda \leqslant 1.5$ 时，取$\lambda=1.5$；当$\lambda \geqslant 2.2$ 时，取$\lambda=2.2$），即

$$\lambda = \frac{M}{Vh_0}$$

M——考虑地震作用组合的抗震墙计算截面的弯矩设计值；

V——考虑地震作用组合的抗震墙计算截面的剪力设计值；

h_0——截面的有效高度；

N——考虑地震作用组合的抗震墙计算截面的轴向力设计值（当 $N>0.2f_g bh$ 时，取 $N=0.2f_g bh$）；

A——抗震墙的截面面积（其中翼缘的有效面积，可查表 5-4）；

A_w——T 形或 I 形截面抗震墙腹板的截面面积（对于矩形截面取 $A_w=A$）；

A_{sh}——配置在同一截面内的水平分布钢筋的全部截面面积；

f_{yh}——水平钢筋的抗拉强度设计值；

f_{vg}——灌孔砌体的抗压强度设计值；

s——水平分布钢筋的竖向间距；

γ_{RE}——承载力抗震调整系数。

4）偏心受拉配筋砌块砌体抗震墙，其斜截面受剪承载力计算公式为

$$V_w \leqslant \frac{1}{\gamma_{RE}}\left[\frac{1}{\lambda-0.5}\left(0.48f_{vg}bh_0-0.17N\frac{A_w}{A}\right)+0.72f_{yh}\frac{A_{sh}}{S}h_0\right] \tag{8-29}$$

式中，当 $0.48f_{vg}bh_0-0.17N\frac{A_w}{A}<0$ 时，取 $0.48f_{vg}bh_0-0.17N\frac{A_w}{A}=0$。

3. 配筋砌块砌体抗震墙连梁抗震承载力计算

（1）正截面承载力计算

当配筋砌块砌体抗震墙的连梁采用钢筋混凝土时，考虑地震作用组合的连梁正截面承载力计算按《混凝土结构设计规范（2015 年版）》（GB 50010—2010）受弯构件的有关规定计算；当采用配筋砌块砌体连梁时，由于全部砌块均要求灌孔，截面受力情况与钢筋混凝土连梁类似，计算也可采用钢筋混凝土受弯构件的正截面计算公式，但应采用配筋砌块砌体的相应计算参数和指标。连梁的正截面承载力应除以相应的承载力抗震调整系数。

由于地震的往复作用性，在设计连梁时往往使截面上、下纵筋对称设置，即全部弯矩由截面上、下的钢筋承受。

（2）斜截面受剪承载力计算

剪力设计值的调整：当抗震墙的抗震等级为一级、二级、三级时，剪力设计值应按式（8-30）调整；四级可不调整。

$$V_b=\eta_v\frac{M_b^l+M_b^r}{l_n}+V_{Gb} \tag{8-30}$$

式中：V_b——连梁的剪力设计值；

η_v——剪力增大系数（一级时取 1.3；二级时取 1.2；三级时取 1.1）；

M_b^l、M_b^r——连梁左、右端考虑地震作用组合的弯矩设计值；

V_{Gb}——在重力荷载代表值作用下，按简支梁计算的截面剪力设计值；

l_n——连梁净跨。

配筋砌块砌体抗震墙跨高比大于 2.5 的连梁应采用钢筋混凝土连梁，其截面组合的剪力设计值和斜截面承载力应符合现行国家标准《混凝土结构设计规范（2015 年版）》（GB 50010—2010）对连梁的有关规定；跨高比小于或等于 2.5 的连梁可采用配筋砌块砌体连梁。

当采用配筋砌块砌体连梁时，连梁的截面应符合下列要求：

$$V_b \leqslant \frac{1}{\gamma_{RE}} 0.15 f_g b h_0 \tag{8-31}$$

配筋砌块砌体连梁的斜截面受剪承载力为

$$V_b = \frac{1}{\gamma_{RE}}\left(0.56 f_{vg} b h_0 + 0.7 f_{yv} \frac{A_{sv}}{s} h_0\right) \tag{8-32}$$

式中：b——连梁截面宽度；

h_0——连梁截面有效高度；

A_{sv}——配置在同一截面内的箍筋各肢的全部截面面积；

f_{vy}——箍筋的抗拉强度设计值；

s——箍筋的间距。

当连梁跨高比大于 2.5 时，应采用钢筋混凝土连梁。

8.5.3 配筋砌块砌体抗震墙的构造要求

1）抗震墙厚度要求。配筋砌块砌体抗震墙的厚度，一级抗震等级抗震墙不应小于层高的 1/20；二级、三级、四级抗震墙不应小于层高的 1/25，且不应小于 190mm。

2）配筋砌块砌体抗震墙的水平和竖向分布钢筋构造要求。抗震墙的水平和竖向分布钢筋除满足计算要求外，还需满足表 8-23 和表 8-24 所规定的最小配筋率、最大间距和最小直径的要求。

表 8-23 抗震墙水平分布钢筋的构造

抗震等级	最小配筋率/%		最大间距/mm	最小直径
	一般部位	加强部位		
一级	0.13	0.15	400	$\phi 8$
二级	0.13	0.13	600	$\phi 8$
三级	0.11	0.13	600	$\phi 8$
四级	0.10	0.10	600	$\phi 6$

表 8-24 抗震墙竖向分布钢筋的构造

抗震等级	最小配筋率/%		最大间距/mm	最小直径
	一般部位	加强部位		
一级	0.15	0.15	400	$\phi 12$
二级	0.13	0.13	600	$\phi 12$
三级	0.11	0.13	600	$\phi 12$
四级	0.10	0.10	600	$\phi 12$

3）配筋砌块砌体抗震墙边缘构件的最小配筋要求，抗震墙边缘构件的设置除满足本书第五章有关规定外，当抗震墙的压应力大于 $0.5f_g$ 时，其构造配筋应满足表 8-25 要求。

表 8-25　抗震墙边缘构件最小配筋要求

抗震等级	底部加强区	其他部位	箍筋或拉筋直径和间距
一级	1ϕ20（4ϕ16）	1ϕ18（4ϕ16）	ϕ8@200
二级	1ϕ18（4ϕ16）	1ϕ16（4ϕ14）	ϕ6@200
三级	1ϕ16（4ϕ12）	1ϕ14（4ϕ12）	ϕ6@200
四级	1ϕ14（4ϕ12）	1ϕ12（4ϕ12）	ϕ6@200

注：表中括号中数字为边缘构件采用混凝土边框架时的配筋。

4）配筋砌块砌体抗震墙的水平分布钢筋（网片）宜沿墙长连续设置，其锚固或搭接要求除满足第五章的有关要求外，尚应符合下列规定。

① 水平分布钢筋可绕端部主筋弯 180°弯钩，弯钩端部直段长度不宜小于 12d；水平分布钢筋也可弯入端部灌孔混凝土中锚固，其弯折段长度，对一级、二级抗震等级不应小于 250mm；对三、四级抗震等级，不应小于 200mm。

② 当采用焊接网片作为抗震墙水平钢筋时，应在钢筋网片的弯折端部加焊两根直径与抗剪钢筋相同的横向钢筋，弯入灌孔混凝土的长度不应小于 150mm。

5）配筋砌块砌体抗震墙连梁的构造要求：当配筋砌块砌体抗震墙采用混凝土连梁时，应符合第五章中关于混凝土连梁的有关规定外，并应符合《混凝土结构设计规范（2015 年版）》（GB 50010—2010）中关于地震区连梁的构造要求。

当连梁采用配筋砌块砌体时，除应遵照第五章有关规定外，尚应符合以下要求。

① 连梁上、下水平钢筋锚入墙体的长度，一级、二级抗震等级不应小于 $1.1l_a$；三级、四级抗震等级不应小于 l_a，且不小于 600mm。

② 连梁的箍筋应沿梁长布置，并应符合表 8-26 的要求，表中 h 为连梁截面高度，连梁端部加密区长度不小于 600mm。

表 8-26　连梁箍筋构造要求

抗震等级	箍筋加密区			箍筋非加密区	
	长度	箍筋最大间距/mm	直径	间距/mm	直径
一级	2h	100mm，6d，1/4h 中的小值	ϕ10	200	ϕ10
二级	1.5h	100mm，8d，1/4h 中的小值	ϕ8	200	ϕ8
三级	1.5h	150mm，8d，1/4h 中的小值	ϕ8	200	ϕ8
四级	1.5h	150mm，8d，1/4h 中的小值	ϕ8	200	ϕ8

③ 在顶层连梁伸入墙体的钢筋长度范围内，应设置间距不大于 200mm 的构造箍筋，箍筋的直径应与连梁的箍筋直径相同。

④ 跨高比小于 2.5 的连梁，在自梁底以上 200mm 和梁顶以下 200mm 范围内，每隔

200mm 增设水平分布钢筋，当一级抗震等级时，不小于 2ϕ12，二至四级抗震等级时为 2ϕ10，水平分布钢筋伸入墙内的长度不小于 30d 和 300mm。

⑤ 连梁不宜开洞。当需要开洞时，应在跨中连梁 1/3 处预埋外径不大于 200mm 的钢套管，洞口上下的有效高度不应小于 1/3 梁高，且不应小于 200mm。洞口处应配补强钢筋并在洞周边浇注灌孔混凝土，被洞口削弱的截面应进行受剪承载力验算。

6）配筋砌块砌体柱的构造，除满足第五章的有关要求外，尚应符合下列要求。

① 纵向受力钢筋直径不宜小于 12mm，数量不应少于 4 根，全部纵向钢筋的配筋率不宜小于 0.2%。

② 箍筋直径不应小于 6mm，且不应小于纵向钢筋直径的 1/4；对于地震作用产生轴向力的柱，箍筋间距不宜大于 200mm；地震作用不产生轴向力的柱，在柱顶和柱底的 1/6 柱高、柱截面长边尺寸和 450mm 三者较大值范围内，箍筋间距不宜大于 200mm；其他部位不宜大于 16 倍纵向钢筋直径、48 倍箍筋直径和柱截面短边尺寸三者较小值；箍筋应封闭，端部应弯钩或绕纵筋水平弯折 90°，弯折段长度不小于 10d。

7）配筋砌块砌体剪力墙房屋的楼、屋盖处应设置钢筋混凝土圈梁，圈梁混凝土强度等级不应小于砌块强度等级的 2 倍，或该层灌孔混凝土的强度等级，但不应低于 C20。圈梁的宽度宜为墙厚，高度不宜小于 200mm；纵向钢筋的直径不应小于墙中水平分布钢筋的直径，且不应小于 4ϕ12；箍筋直径不应小于ϕ8，间距不大于 200mm。

8）配筋砌块砌体抗震墙房屋的基础与剪力墙结合处的受力钢筋，当房屋的高度超过 50m 或为一级抗震等级时宜采用机械连接或焊接。

8.6　底部框架和多层内框架房屋抗震设计要点

8.6.1　抗震设计的一般规定

底层或底部两层框架-抗震墙和多层多排柱内框架砖砌体房屋的总高度和层数一般不应超过表 8-2 的规定。

1. 底层或底部两层框架——抗震墙房屋

1）上部的砌体抗震墙与底部的框架梁或抗震墙应对齐或基本对齐。

2）房屋的底部，应沿纵横两方向设置一定数量的抗震墙，并应均匀对称布置。6 度且总层数不超过四层的底层框架-抗震墙房屋，应允许采用嵌砌于框架之间的约束普通砖砌体或小砌块砌体的砌体抗震墙，但应计入砌体墙对框架的附加轴力和附加剪力并进行底层的抗震验算且同一方向不应同时采用钢筋混凝土抗震墙和约束砌体抗震墙；其余情况 8 度时应采用钢筋混凝土抗震墙，6 度、7 度时采用钢筋混凝土抗震墙或配筋小砌块砌体抗震墙。

3）底层框架-抗震墙房屋的纵横两个方向，为防止上部砌体与底层框架刚度相差过大，使底层框架产生过大变形，对其刚度比应加以限制。第二层与底层侧向刚度的比值，6 度、7 度时不应大于 2.5，8 度时不应大于 2.0，且均不应小于 1.0。

4）底部两层框架-抗震墙房屋的纵横两个方向，底层与底部第二层侧向刚度应接近，第三层与底部第二层侧向刚度的比值，6 度、7 度时不应大于 2.0，8 度时不应大于 1.5，且均不应小于 1.0。

5）底部框架-抗震墙房屋的抗震墙应设置条形基础、筏式基础等整体性好的基础。

2. 多层多排柱内框架房屋

1）房屋宜采用矩形平面，且立面宜规则；楼梯间横墙宜贯通房屋全宽。

2）7 度时横墙间距大于 18m 或 8 度时横墙间距大于 15m，外纵墙的窗间墙宜设置组合柱。

3）多层多排柱内框架房屋的抗震墙应设置条形基础、筏式基础或桩基。

4）底部框架-抗震墙房屋和多层多排柱内框架房屋的钢筋混凝土部分，按《建筑抗震设计规范（2016 年版）》（GB 50011—2010）7.1.9 的规定执行。

8.6.2　计算要点

1）底部框架-抗震墙房屋和多层多排柱内框架房屋的抗震计算可采用底部剪力法。

2）底部框架-抗震墙房屋在主轴方向的地震作用，应全部由该方向的抗震墙承担。

3）底部框架-抗震墙房屋的地震作用效应，为防止底部框架因侧移刚度相对较小，发生变形集中，产生过大侧移而严重破坏，应按下列规定调整。

① 对底层框架-抗震墙房屋，底层的纵向和横向地震剪力设计值均应乘以增大系数，其值在 1.2～1.5 选用，第二层与底层侧向刚度变化大者应取大值。

② 对底部两层框架-抗震墙房屋，底层和第二层的纵向和横向地震剪力设计值也应乘以增大系数，其值在 1.2～1.5 选用，第三层与第二层侧向刚度比大者应取大值。

③ 底部或底部两层的纵向和横向地震剪力设计值应全部由该方向的抗震墙承担，并按各抗震墙侧移刚度比例分配。

4）底部框架-抗震墙房屋中，底部框架的地震作用效应宜采用下列方法确定。

① 框架柱承担的地震剪力设计值，可按各抗侧力构件有效侧移刚度比例分配确定；有效侧向刚度的取值，框架不折减，混凝土墙可乘以折减系数 0.30，约束普通砖砌体或小砌块砌体抗震墙可乘以折减系数 0.20%，即

$$V_{\mathrm{c}}=\frac{K_{\mathrm{c}}}{\sum K_{\mathrm{c}}+\sum K_{\mathrm{w}}}V \tag{8-33}$$

式中：V_{c}——一根钢筋混凝土框架柱分配层间剪力设计值；

K_{c}——一根钢筋混凝土柱的侧移刚度，可按反弯点法或 D 计算；

V——底层或底部二层的层间剪力设计值；

K_{w}——一片墙开裂后的抗侧移刚度，对钢筋混凝土墙

$$K_{\mathrm{w}}=0.3\times\frac{1}{1.2h/GA+h^{3}/3EI} \tag{8-34}$$

对黏土砖墙

$$K_{\mathrm{w}} = 0.2 \times \frac{1}{1.2h / GA + h^3 / 3EI} \tag{8-35}$$

其中：G——材料的剪切模量，对钢筋混凝土取 G=0.43E，对砖砌体取 G=0.4E。

② 框架柱的轴力应计入地震倾覆力矩引起的附加轴力，上部砖房可视为刚体，底部各轴线承受的地震倾覆力矩，可近似按底部抗震墙和框架的侧向刚度的比例分配确定。

③ 当抗震墙之间楼盖长宽比大于 2.5 时，框架柱各轴线承担的地震剪力和轴向力，尚应计入楼盖平面内变形的影响。

5）底层框架-抗震墙房屋中嵌砌于框架之间的砌体抗震墙，其抗震验算应符合下列规定。

① 底层框架柱的轴向力和剪力，应计入砖抗震墙引起的附加轴向力和附加剪力，其值计算为

$$N_{\mathrm{f}} = V_{\mathrm{w}} \frac{H_{\mathrm{f}}}{l} \tag{8-36}$$

$$V_{\mathrm{f}} = V_{\mathrm{w}} \tag{8-37}$$

式中：V_{w}——墙体承担的剪力设计值，柱两侧有墙时可取两者的较大值；

N_{f}——框架柱的附加轴向力设计值；

V_{f}——框架柱的附加剪力设计值；

H_{f}、l——框架的层高和跨度。

② 嵌砌于框架之间的砌体抗震墙及两端框架柱，其抗震受剪承载力计算为

$$V \leqslant \frac{1}{\gamma_{\mathrm{REc}}} \sum (M_{\mathrm{yc}}^{\mathrm{u}} + M_{\mathrm{yc}}^{l}) / H_0 + \frac{1}{\gamma_{\mathrm{REw}}} \sum f_{\mathrm{VE}} A_{\mathrm{w0}} \tag{8-38}$$

式中：V——嵌砌砌体抗震墙及两端框架柱剪力设计值；

A_{w0}——砖墙水平截面的计算面积（无洞口时取实际截面的 1.25 倍，有洞口时取截面净面积，但不计入宽度小于洞口高度 1/4 的墙肢截面面积）；

$M_{\mathrm{yc}}^{\mathrm{u}}$、$M_{\mathrm{yc}}^{l}$——底层框架柱上下端的正截面受弯承载力设计值（可按现行国家标准《混凝土结构设计规范（2015 年版）》（GB 50010—2010）非抗震设计的有关公式取等号计算）；

H_0——底层框架柱的计算高度（两侧均有砖墙时取柱净高的 2/3，其余情况取柱净高）；

γ_{REc}——底层框架柱承载力抗震调整系数（可采用 0.8）；

γ_{REw}——嵌砌普通砖抗震墙承载力抗震调整系数（可采用 0.9）。

6）多层多排内框架房屋各柱的地震剪力设计值考虑楼盖水平变形、高振型以及砖墙刚度退化的影响，宜确定为

$$V_{\mathrm{c}} = \frac{\psi_{\mathrm{c}}}{n_{\mathrm{b}} n_{\mathrm{s}}} (\zeta_1 + \zeta_2 \lambda) V \tag{8-39}$$

式中：V_{c}——各柱地震剪力设计值；

V——抗震横墙间的楼层地震剪力设计值；

ψ_{c}——柱类型系数（钢筋混凝土内柱可采用 0.012，外墙组合砖柱可采用 0.0075）；

n_b ——抗震横墙间的开间数；

n_s ——内框架的跨数；

λ ——抗震横墙间距与房屋总宽度的比值（当小于 0.75 时，按 0.75 采用）；

ζ_1、ζ_2——计算系数（可按表 8-27 采用）。

表 8-27　计算系数

房屋总层数	二	三	四	五
ζ_1	2.0	3.0	5.0	7.5
ζ_2	7.5	7.0	6.5	6.0

7）多层内框架房屋的外墙组合砖柱的配筋应按计算确定，承载力抗震调整系数，可采用 0.85。

8.6.3　构造要求

1. 底部框架-抗震墙房屋抗震构造要求

1）底部框架-抗震墙房屋的上部，应根据房屋的总层数按多层砖房屋构造措施的规定设置钢筋混凝土构造柱（表 8-8）。过渡层尚应在底部框架柱对应位置设置构造柱；构造柱的截面，不宜小于 240mm×240mm（墙厚 190mm 时为 240mm×190mm）构造柱的纵筋不宜少于 4ϕ14，箍筋间距不宜大于 200mm；过渡层的构造柱的纵筋，6 度、7 度时不宜少于 4ϕ16，8 度时不宜少于 6ϕ18。一般情况下，纵向钢筋应锚入下部的框架柱内，当纵向钢筋锚在框架梁内时，框架梁的相应位置应加强；构造柱应与每层圈梁连接，或与现浇楼板可靠拉结。

2）底部框架-抗震墙房屋的楼盖应有足够的刚度，以保证水平地震作用有效传递到抗震墙上。因此，过渡层的底板应采用现浇钢筋混凝土板，板厚不应小于 120mm。并应少开洞、开小洞，当洞口尺寸大于 800mm 时，洞口周边应设置边梁。其他楼层，采用装配式钢筋混凝土楼板时均应设现浇圈梁，采用现浇钢筋混凝土楼板时可不另设圈梁，但楼板沿墙体周边应加强配筋并应与相应的构造柱芯柱可靠连接。

3）底部框架-抗震墙房屋的钢筋混凝土托墙梁，截面宽度不应小于 300mm，梁的截面高度不应小于跨度 1/10；当墙体附近有洞口时，梁截面高度不宜小于跨度的 1/8，箍筋的直径不应小于 10mm，间距不应大于 200mm；梁端在 1.5 倍梁高且不小于 1/5 梁净跨范围内，以及上部墙体的洞口处和洞口两侧各 500mm 且不小于梁高的范围内，箍筋间距不应大于 100mm；沿梁高应设腰筋，数量不应少于 2ϕ14，间距不应大于 200mm；梁的主筋和腰筋应按受拉钢筋的要求锚固在柱内，且支座上部的纵向钢筋在柱内的锚固长度应符合钢筋混凝土框支梁的有关要求。

4）底部钢筋混凝土抗震墙周边应设置梁（或暗梁）和边框柱（或框架柱）组成的边框；边框梁的截面宽度不宜小于墙板厚度的 1.5 倍，截面高度不宜小于墙板厚度的 2.5 倍，边框柱的截面高度不宜小于墙板厚度的 2 倍；抗震墙墙板的厚度不宜小于 160mm 且不应小于墙板净高的 1/20；抗震墙宜开设洞口形成若干墙段，各墙段的高宽比不宜小于 2。抗震墙的竖向和横向分布钢筋配筋率均不应小于 0.30%，并应采用双排布置；双排分布筋间拉筋的间距不应大于 600mm，直径不应小于 6mm。

5）当 6 度设防的底部框架-抗震墙房屋采用约束砖砌体墙时，墙厚不应小于 240mm，砌筑砂浆强度等级不应低于 M10，应先砌墙，后浇框架；沿框架柱每隔 300mm 配置 2ϕ8 水平钢筋和ϕ4 分布短筋平面内点焊组成的拉结网片，并沿砖墙全长设置；在墙体半高处尚应设置与框架柱相连的钢筋混凝土水平系梁；墙长大于 4m 时和洞口两侧，应在墙内增设钢筋混凝土构造柱。

6）框架柱、抗震墙和托墙梁的混凝土强度等级，不应低于 C30；过渡层墙体的砌筑砂浆强度等级，不应低于 M10。

2. 多排柱内框架房屋的抗震构造要求

1）外墙四角和楼、电梯间四角；楼梯休息平台梁的支撑部位；抗震墙的两端及未设置组合柱的外纵墙、外横墙上对应于中间柱列轴线的部位应设置构造柱。构造柱的截面，不宜小于 240mm×240mm。构造柱的纵筋不宜少于 4ϕ14，箍筋间距不宜大于 200mm；构造柱应与每层圈梁连接，或与现浇楼板可靠拉结。

2）多排柱内框架房屋的楼、屋盖，应采用现浇或装配整体式钢筋混凝土板。采用现浇钢筋混凝土楼板时应允许不设圈梁，但楼板沿墙体周边应加强配筋并应与相应的构造柱可靠连接。

3）内框架梁在外纵墙、外横墙上的搁置长度不应小于 300mm，且梁端应与圈梁和组合柱、构造柱连接。

除以上要求外，底部框架-抗震墙房屋和多排柱内框架房屋尚应符合一般砖砌体房屋的有关抗震构造要求。

8.7 小　结

1）无筋砌体房屋的震害大体分为：房屋整体倒塌、局部倒塌、墙体裂缝、附属构件破坏等。房屋的震害严重程度与房屋所处的地震烈度有直接关系，一般情况下烈度越高，震害越严重。同时，房屋抗震设计合理与否、施工质量好坏对房屋的抗震性能有重要的关系。

2）为了保证砌体房屋有较好的抗震性能，首先要掌握抗震设计的主要原则，做好概念设计：①建筑物的平面、立面宜规则、对称，防止局部有过大的突出或凹进；当建筑平面或立面较复杂时，宜用防震缝将其分为简单的独立单元；②结构布置宜均匀对称；③满足房屋最大高度、最大高宽比的限值及局部尺寸的限值；④合理布置圈梁、构造柱及芯柱，加强薄弱部位的连接等。

3）多层砌体结构房屋进行抗震计算时，应在建筑结构的两个主轴方向分别考虑水平地震作用并进行抗震验算。沿一个主轴方向的水平地震作用应全部由该方向抗侧力构件承担。地震作用计算可用底部剪力法。多层砌体房屋一般抗震墙体多，刚度大，自震周期短，所以取$\alpha_1=\alpha_{max}$。横向楼层剪力分配时按楼盖、屋盖刚度不同采用不同的分配方法。

纵向楼层剪力分配时，无论楼盖是哪种形式，均按刚性楼盖进行分配。多层砌体结构房屋，可只选择从属面积较大或竖向应力较小的墙段进行截面抗震承载力验算。

4）配筋砌块砌体抗震墙结构水平地震作用的计算可根据《建筑抗震设计规范（2016年版）》（GB 50011—2010）的有关规定，采用底部剪力法、反应谱振型分解法或时程分析法。内力分析和变形验算可按弹性方法计算。配筋砌块砌体抗震墙的抗震设计与普通钢筋混凝土剪力墙类似，要考虑底部加强区的内力调整。要进行墙肢的正截面承载力计算、斜截面的抗剪承载力计算；对连梁应进行正截面抗弯承载力计算和斜截面抗剪承载力计算。配筋砌块砌体抗震墙还应满足一系列的构造要求。

5）底部框架-抗震墙房屋和多层多排柱内框架房屋的抗震计算可采用底部剪力法。底部框架-抗震墙房屋的纵向和横向地震剪力设计值应全部由该方向的抗震墙承担，并按抗震墙侧向刚度比例分配。框架柱承担的地震剪力设计值，可按各抗侧力构件有效侧移刚度比例分配确定。框架柱的轴力应计入地震倾覆力矩引起的附加轴力，上部砖房可视为刚体，底部各轴线承受的地震倾覆力矩，可近似按底部抗震墙和框架的侧向刚度的比例分配确定。

思考与习题

8.1　多层砌体房屋有哪些主要震害？

8.2　抗震设防区多层砖房的结构布置应遵循哪些基本原则？

8.3　多层砌体结构房屋中圈梁、构造柱和芯柱的作用及设置原则如何？

8.4　多层砌体结构房屋抗震计算简图如何选取？地震作用如何计算？

8.5　多层砌体房屋的层间地震剪力在各墙段如何分配？

8.6　多层砌体房屋墙体抗震承载力如何验算？

第九章 砌体拱桥、墩台、涵洞及挡土墙设计

学习目的

1. 了解公路桥涵材料的主要力学指标。
2. 了解路桥涵及混凝土砌体构件设计原则。
3. 了解公路桥涵砌体构件的承载力计算。
4. 了解砌体拱桥的组成及构造；掌握砌体拱桥内力计算和截面设计。
5. 了解砌体桥墩、桥台的构造；掌握砌体桥墩、台设计方法。
6. 了解砌体涵洞类型与构造；掌握涵洞的设计要点。
7. 了解挡土墙类型和构造；掌握不同边界条件下挡土墙的内力计算方法。

9.1 公路桥涵石材及混凝土砌体材料的主要力学指标

现阶段我国的公路桥涵砌体结构设计的依据是《公路圬工桥涵设计规范》(JTG D61—2005)。《公路圬工桥涵设计规范》(JTG D61—2005）中规定：以石材或混凝土包括以其块件和砂浆或小石子混凝土结合而成的砌体作为建筑材料，所建成的桥梁和涵洞称为圬工桥涵。

9.1.1 公路桥涵结构所用石材和混凝土材料及其砌筑砂浆的最低标号及抗冻性指标

石材及混凝土砌体材料常应用于以承压为主的桥涵工程结构构件中，例如拱桥的拱圈桥梁的墩台及基础、涵洞、挡土墙等建筑物。

公路圬工桥涵结构所用砖、石和混凝土材料及其砌筑砂浆的最低强度等级见表 9-1。石材抗冻性指标见表 9-2。

表 9-1 圬工材料的最低强度等级

结构物种类	材料最低强度等级	砌筑砂浆最低标号
拱圈	MU50 石材 C25 混凝土（现浇） C30 混凝土（预制块）	MU10（大、中桥） M7. 5（小桥涵）
大、中桥墩台及基础，轻型桥台	MU40 石材 C25 混凝土（现浇） C30 混凝土（预制块）	M7.5
小桥涵墩台、基础	MU30 石材 C20 混凝土（现浇） C25 混凝土（预制块）	M5

注：1）在缺乏水泥地区，小桥涵及挡土墙可用 1.5 号石灰水泥砂浆、1 号石灰砂浆砌筑或干砌。拱腹内护拱可用 15 号混凝土或 20 号石料砌筑。沉井内填料可用 10 号混凝土。

2）石料标号为 20cm×20cm×20cm 含水饱和试件的极限抗压强度，单位为 MPa；用较小试件时，应乘以换算系数。砂浆标号为 7.07cm×7.07cm×7.07cm 试件 28d 龄期的极限抗压强度，单位为 MPa；混凝土标号为 20cm×20cm×20cm 试件 28d 龄期的极限抗压强度，单位为 MPa。

表 9-2　石材抗冻性指标

结构物部位	大、中桥	小桥及涵洞
镶面或表层石材	50	25

注：1）抗冻性指标，系指材料在含水饱和状态下经过–15℃的冻结与 20℃融化的循环次数。试验后的材料应无明显损伤（裂缝、脱层），其强度不应低于试验前的 0.75 倍。

2）根据以往实践经验证明有足够抗冻性能者，可不做抗冻性试验。

在桥涵工程中，砌体种类的选用，应根据结构构件的尺寸、重要程度、工程环境、施工条件及材料供应情况等综合考虑。

位于侵蚀性水中的结构物，配置砂浆或混凝土的水泥，应采用具有抗侵蚀性的特种水泥或采用其他防护措施。

9.1.2　砌体的弹性模量

各类砌体的受压弹性模量，可按表 9-3 采用。

表 9-3　各类砌体的受压弹性模量 E

砌体种类	受压弹性模量/MPa				
	M20	M15	M10	M7.5	M5
混凝土预制砌块砌体（f_{cd}）	1700	1700	1700	1600	1500
粗料石、块石及片石砌体	7300	7300	7300	5650	4000
细料石、半细料石砌体	22 000	22 000	22 000	17 000	12 000
小石子混凝土砌体	$2100f_{cd}$				

注：f_{cd} 为砌体的抗压极限强度。

9.2　公路桥涵砌体结构的设计方法

9.2.1　圬工桥涵结构构件设计原则

《公路圬工桥涵设计规范》（JTG D61—2005）采用以概率论为基础的极限状态设计方法，采用分项系数的设计表达式进行计算。圬工桥涵结构应按承载能力极限状态设计，并满足正常使用极限状态的要求。其表达式为

$$\gamma_0 S \leqslant R(f_d, a_d) \tag{9-1}$$

式中：γ_0——结构重要性系数，对应于规定的一级、二级、三级设计安全等级分别取用 1.1、1.0、0.9；

S——作用效应组合设计值，按《公路桥涵设计通用规范》（JTG D60—2004）的规定计算；

$R(\cdot)$——构件承载力设计值函数；

f_d——材料强度设计值；

a_d——几何参数设计值，可采用几何参数标准值 a_k，即相关设计文件规定值。

9.2.2　圬工桥涵结构按承载能力极限状态设计的效应组合

圬工桥涵结构按承载能力极限状态设计时，应采用以下两种效应组合。

1. 基本组合

永久作用的设计值效应与可变作用设计值效应相组合，其效应组合表达式为

$$\gamma_0 S_{\text{ud}} = \gamma_0 \left(\sum_{i=1}^{m} \gamma_{G_i} S_{G_{ik}} + \gamma_{Q_1} S_{Q_{1k}} + \psi_{\text{c}} \sum_{j=2}^{n} \gamma_{Q_j} S_{Q_{jk}} \right) \tag{9-2}$$

或

$$\gamma_0 S_{\text{ud}} = \gamma_0 \left(\sum_{i=1}^{m} S_{G_{id}} + S_{Q_{1d}} + \psi_{\text{c}} \sum_{j=2}^{n} S_{Q_{jd}} \right) \tag{9-3}$$

式中：S_{ud}——承载能力极限状态下作用基本组合的效应组合设计值。

γ_0——结构重要性系数（对应于规定的一级、二级、三级设计安全等级分别取用1.1、1.0、0.9）。

γ_{G_i}——第 i 个永久作用效应的分项系数，应按表 9-4 中的规定采用。

$S_{G_{ik}}$、$S_{G_{id}}$——第 i 个永久作用效应的标准值和设计值。

γ_{Q_1}——汽车荷载效应（含汽车冲击力、离心力）的分项系数，取 γ_{Q_i}=1.4，当某个可变作用在效应组合中其值超过汽车荷载效应时，则该作用取代汽车荷载，其分项系数应采用汽车荷载的分项系数，对专为承受某作用而设置的结构或装置，设计时该作用的分项系数取与汽车荷载同值，计算人行道板和人行道栏杆的局部荷载，其分项系数也与汽车荷载取同值。

$S_{Q_{1k}}$、$S_{Q_{jd}}$——汽车荷载效应（含汽车冲击力、离心力）的标准值和设计值。

γ_{Q_j}——在作用效应组合中除汽车荷载效应（含汽车冲击力、离心力）、风荷载外的其他第 j 个可变作用效应的分项系数，取 γ_{Q_j} =1.4，但风荷载的分项系数取 γ_{Q_j} =1.1。

$S_{Q_{jk}}$、$S_{Q_{jd}}$——在作用效应组合中除汽车荷载效应（含汽车冲击力、离心力）外的其他第 j 个可变作用效应的标准值和设计值。

ψ_{c}——在作用效应组合中除汽车荷载效应（含汽车冲击力、离心力）外的其他可变作用效应的组合系数［当永久作用与汽车荷载和人群荷载（或其他一种可变作用）组合时，人群荷载（或其他一种可变作用）的组合系数取 ψ_{c}=0.80；当除汽车荷载（含汽车冲击力、离心力）外尚有两种其他可变作用参与组合时，其组合系数取 ψ_{c}=0.70；尚有三种其他可变作用参与组合时，其组合系数取 ψ_{c}=0.60；尚有四种及多于四种的可变作用参与组合时，取 ψ_{c}=0.50］。

设计弯桥时，当离心力与制动力同时参与组合时，制动力标准值或设计值按 70%取用。

表 9-4　永久作用效应的分项系数

<table>
<tr><th rowspan="2">编号</th><th rowspan="2" colspan="2">作用类别</th><th colspan="2">永久作用效应分项系数</th></tr>
<tr><th>对结构的承载能力不利时</th><th>对结构的承载能力有利时</th></tr>
<tr><td rowspan="2">1</td><td colspan="2">混凝土和圬工结构重力（包括结构附加重力）</td><td>1.2</td><td rowspan="2">1.0</td></tr>
<tr><td colspan="2">钢结构重力（包括结构附加重力）</td><td>1.1 或 1.2</td></tr>
<tr><td>2</td><td colspan="2">预加力</td><td>1.2</td><td>1.0</td></tr>
<tr><td>3</td><td colspan="2">土的重力</td><td>1.2</td><td>1.0</td></tr>
<tr><td>4</td><td colspan="2">混凝土的收缩及徐变作用</td><td>1.0</td><td>1.0</td></tr>
<tr><td>5</td><td colspan="2">土侧压力</td><td>1.4</td><td>1.0</td></tr>
<tr><td>6</td><td colspan="2">水的浮力</td><td>1.0</td><td>1.0</td></tr>
<tr><td rowspan="2">7</td><td rowspan="2">基础变位作用</td><td>混凝土和圬工结构</td><td>0.5</td><td>0.5</td></tr>
<tr><td>钢结构</td><td>1.0</td><td>1.0</td></tr>
</table>

注：本表编号 1 中，当钢桥采用钢桥面板时，永久作用效应分项系数取 1.1；当采用混凝土桥面板时，取 1.2。

2. 偶然组合

偶然组合是永久作用标准值效应与可变作用某种代表值效应、偶然作用标准值效应的组合。偶然作用的效应分项系数取 1.0；与偶然作用同时出现的可变作用，可根据观测资料和工程经验取用适当的代表值。地震作用标准值及其表达式按现行《公路工程抗震规范》（JTG B02—2013）规定采用。

9.3　公路桥涵砌体结构构件的承载力计算

9.3.1　受压构件的承载力计算

1. 砌体（包括砌体与混凝土组合）受压构件

砌体（包括砌体与混凝土组合）受压构件在《公路圬工桥涵设计规范》（JTG D61—2005）中规定的受压偏心距限制范围内的承载力应按式（9-4）计算

$$\gamma_0 N_d \leqslant \varphi A f_{cd} \tag{9-4}$$

式中：N_d——轴向力设计值。

A——构件截面面积，对于组合截面按强度比换算，即 $A=A_0+\eta_1 A_1+\eta_2 A_2+\cdots$（$A_0$ 为标准层截面面积；A_1、A_2、…为其他层截面面积，$\eta_1=f_{c1d}/f_{c0d}$，$\eta_2=f_{c2d}/f_{c0d}$，…，f_{c0d} 为标准层轴心抗压强度设计值，其余为其他层的轴心抗压强度设计值）。

f_{cd}——砌体或混凝土轴心抗压强度设计值，对组合截面应采用标准层轴心抗压强度设计值。

φ——构件轴向力的偏心距 e 和长细比 β 对受压构件承载力的影响系数。

2. 混凝土偏心受压构件

混凝土偏心受压构件，在规定的受压偏心距限制范围内，当按照受压承载力计算时，假定受压区的法向应力图形为矩形，其应力取混凝土抗压强度设计值，此时，取轴向力作用点与受压区法向应力作用点相重合的原则确定受压区面积 A_c。受压区承载力计算为

$$\gamma_0 N_d \leqslant \varphi A_c f_{cd} \tag{9-5}$$

《公路圬工桥涵设计规范》（JTG D61—2005）规定，砌体和混凝土的单向和双向偏心受压构件，其偏心距 e 的限值应符合表 9-5 的规定。

表 9-5 受压构件偏心距的限值

作用组合	偏心距 e 的限值
基本组合	$\leqslant 0.6s$
偶然组合	$\leqslant 0.7s$

注：1）混凝土结构单向偏心的受拉一边或双向偏心的各受拉一边，当设有不小于截面面积 0.05%的纵向钢筋时，表内规定值可以增加 0.1s。

2）表中 s 为截面或换算截面重心轴至偏心方向截面边缘的距离，如图 9-1 所示。

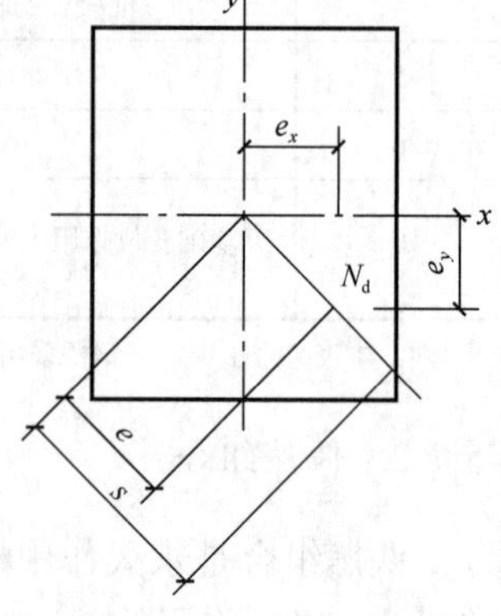

图 9-1 受压构件偏心距

当轴心力的偏心距 e 超过表 9-5 偏心距限值时，构件承载力计算如下：

单向偏心

$$\gamma_0 N_d \leqslant \varphi \frac{A f_{tmd}}{\dfrac{Ae}{W} - 1} \tag{9-6}$$

式中：N_d——轴向力设计值；

A——构件截面面积，对于组合截面按弹性模量比换算为换算截面面积；

W——单向偏心时，构件受拉边缘的弹性抵抗矩，对于组合截面应按弹性模量比换算为换算截面弹性抵抗矩；

f_{tmd}——构件受拉边的弯曲抗拉强度设计值；

φ——砌体偏心受压构件承载力影响系数或混凝土轴心受压构件弯曲系数；

e——单向偏心时的轴向偏心距；

W——单向偏心时，构件受拉边缘的弹性抵抗矩，对于组合截面应按弹性模量比换算为换算截面弹性抵抗矩。

双单向偏心

$$\gamma_0 N_d \leqslant \varphi \frac{A f_{tmd}}{\dfrac{Ae_x}{W_y} + \dfrac{Ae_y}{W_x} - 1} \tag{9-7}$$

式中：e_x、e_y——双向偏心时，轴向力在 x 和 y 方向的偏心距；

W_y、W_x——双向偏心时，构件 x 方向受拉边缘绕 y 轴的截面弹性抵抗矩和构件 y 方向受拉边缘绕 x 轴的截面弹性抵抗矩，对于组合截面应按弹性模量比换算为换算截面弹性抵抗矩。

9.3.2　混凝土截面局部承压的承载力计算

混凝土截面局部承压的承载力计算为

$$\gamma_0 N_d \leqslant 0.9\beta A_l f_{cd} \tag{9-8}$$

式中：N_d ——局部承压面积上的轴向力设计值；

f_{cd} ——混凝土轴心抗压强度设计值；

β——局部承压强度提高系数，$\beta=\sqrt{A_b / A_l}$（其中 A_l 为局部承压面积，A_b 为局部承压计算底面积，根据底面积重心与局部受压面积重心相重合的原则，按图 9-2 确定）。

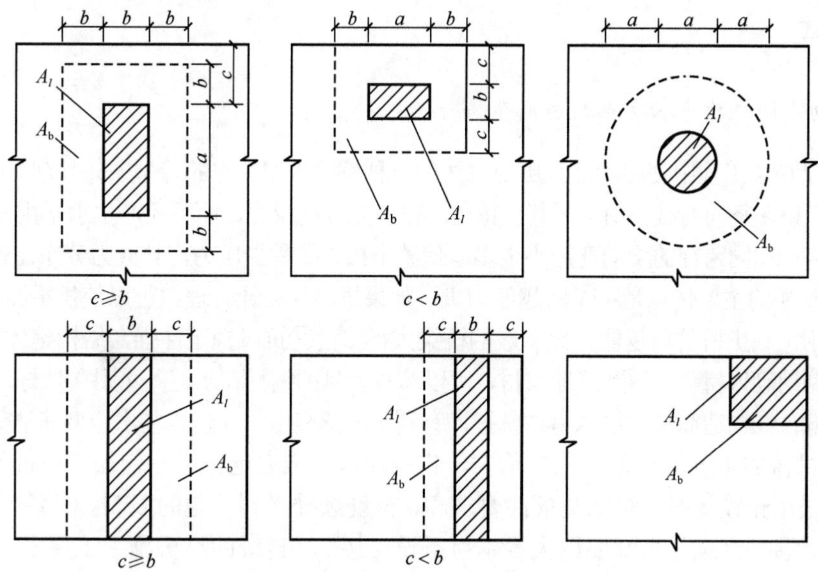

图 9-2　局部承压计算底面积 A_b 示意图

9.3.3　结构构件正截面受弯承载力计算

结构构件正截面受弯时，应计算为

$$\gamma_0 M_d \leqslant W f_{tmd} \tag{9-9}$$

式中：M_d ——弯矩设计值；

W——截面受拉边缘的弹性抵抗矩，对于组合截面应按弹性模量比换算为截面弹性抵抗矩；

f_{tmd} ——构件受拉边的弯曲抗拉强度设计值。

9.3.4　砌体构件或混凝土构件直接受剪时的计算

砌体构件或混凝土构件直接受剪时，应计算为

$$\gamma_0 V_d \leqslant A f_{vd} + \frac{1}{1.4}\mu_f N_k \tag{9-10}$$

式中：V_d——剪力设计值；

A——受剪截面面积；

f_{vd}——砌体或混凝土抗剪强度设计值；

μ_f——摩擦系数，采用 μ_f=0.7；

N_k——与受剪截面垂直的压力标准值。

对多阶段受力的组合构件应分别验算各阶段的承载能力。

9.4 砌体拱桥的设计

9.4.1 概述

1. 砌体拱桥的基本特点及适用范围

拱桥是桥梁工程中使用广泛且历史悠久的一种桥梁类型。它的造型宏伟壮观，且经久耐用。由于拱桥在竖向荷载作用下，其支撑处不仅产生竖向反力，而且还产生水平推力。因此，拱的弯矩将比相同跨径的梁的弯矩小很多，使整个拱主要承受压力，其应力分布比较均匀。

砌体拱桥的主要优点是：①跨越能力大。如果拱轴线设计合理，可以使拱主要承受轴向压力的作用，故拱桥的跨越能力比一般的桥梁大得多；②抗风稳定性强，结构整体性能好；③能充分利用砌体材料，做到就地取材，可以节省大量的钢材和水泥；④耐久性好，且养护、维修费用低；⑤构造简单，技术易被掌握，有利于广泛应用；⑥建筑艺术造型简洁美观。

砌体拱桥的主要缺点是：①自重大，相应的水平推力也较大，增加了下部结构的工程量，当采用无铰拱时，对地基条件要求高，桥址选择受到一定的限制；②备料时间长，使用劳动力多，且砌体拱圈要用大量木材搭设支架；③传统的拱桥施工工序多、难度大、费用高、工期长，现代无支架施工方法已克服了这一缺点。

砌体拱桥虽有上述缺点，但由于其优点突出，在条件许可的情况下，修建拱桥仍是经济合理的。因此，在我国公路桥梁建设中，砌体拱桥仍得到了广泛的应用，而且拱桥的缺点也逐步得到改善和克服。

2. 砌体拱桥的组成和分类

（1）砌体拱桥的组成

拱桥是由上部结构和下部结构两大部分组成，各主要组成部分的名称如图 9-3 所示。拱桥上部结构由主拱圈和拱上结构组成。拱圈是拱桥的主要承重结构。由于拱圈是曲线形，一般情况下车辆都无法直接在弧面上行驶，在桥面系与拱圈之间需要有传递压力的构件或填充物，以使车辆能在平顺的桥道上行驶。桥面系包括行车道、人行道及两侧的栏杆或砌筑的矮墙（又称雉墙）等构造。桥面系和这些传力构件或填充物统称为拱上建筑。

拱桥的下部结构由桥墩、桥台及基础等组成，用以支撑桥跨结构，将桥跨结构的荷载传至地基，并于两岸路堤相联结。

拱圈最高处横向截面称为拱顶，拱圈和墩台连接处的横向截面称为拱脚（或起拱面）。

拱圈各横向截面（或换算面积）的形心连线为拱轴线。拱圈的上部曲面成为拱背，下曲面成为拱腹。起拱面与拱腹相交的直线成为起拱线。

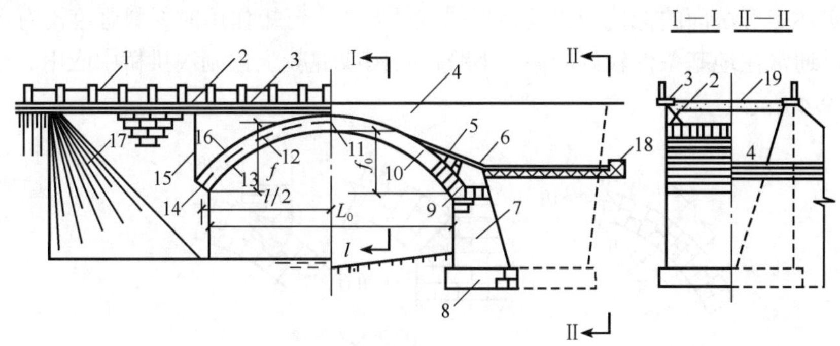

1—栏杆；2—侧墙；3—人行道；4—拱腔填料；5—护拱；6—防水层；7—桥台；8—桥台基础；9—起拱线；10—主拱圈；11—拱顶；12—拱轴线；13—拱腹；14—拱脚；15—伸缩缝；16—拱背；17—锥坡；18—盲沟；19—桥面铺装。

L_0—净跨径；l—计算跨径；f_0—净矢高；f—计算矢高。

图 9-3　实腹式拱桥的主要组成部分

下面介绍拱桥的几个主要的技术名称。

净跨径（L_0）：每孔拱跨脚截面最低点之间的水平距离。

计算跨径（l）：两相邻拱脚截面形心点之间的水平距离，也就是共轴线两端点之间的水平距离。

净矢高（f_0）：从拱顶截面下缘至相邻两拱脚截面下缘最低点之连线的垂直距离。

计算矢高（f）：从拱顶截面形心至相邻两拱脚截面形心之连线的垂直距离。

矢跨比（D 或 D_0）：拱桥中拱圈（或拱肋）的净矢高之比，或计算矢高与计算跨径之比，即 $D_0=f_0/L_0$ 或 $D=f/l$。

（2）砌体拱桥的分类

砌体拱桥分类主要以主拱圈的材料、拱轴线、截面形状、结构形式以及设铰的数目进行分类的。

按主拱圈材料可分为砖拱桥、石拱桥和混凝土拱桥。

按主拱圈的轴线形式可分为圆弧线拱桥、抛物线拱桥和悬链线拱桥。

按照砌体拱桥主拱圈横截面形式可分为板拱桥和肋拱桥。板拱桥和肋拱桥又可按截面有无变化，可分为等截面和变截面拱桥。按拱上结构形式可分为实腹式砌体拱桥和空腹式砌体拱桥。

按设铰的数目和力学特征可分为三铰拱桥、二铰拱桥及无铰拱桥。

9.4.2　砌体拱桥的构造

1. 主拱圈的构造

（1）板拱桥的主拱圈构造

板拱桥的主拱是在整个桥宽内连续的矩形截面，按照截面形式可分为实体板拱和空心板拱。根据建筑材料可分为砖石拱、混凝土板拱。由于实体板拱构造简单、施工方便，因被广泛使用。实体板拱可建成等截面弧拱、等截面或变截面悬链线拱。在相同的截面面积条件下，实体矩形截面的抵抗矩比其他形式截面要小，弯矩作用时材料强度没有得到充分发挥，所以通常在地基条件较好的中、小跨径石砌或混凝土预制块拱桥中应用。石砌板拱构造如图 9-4 所示。

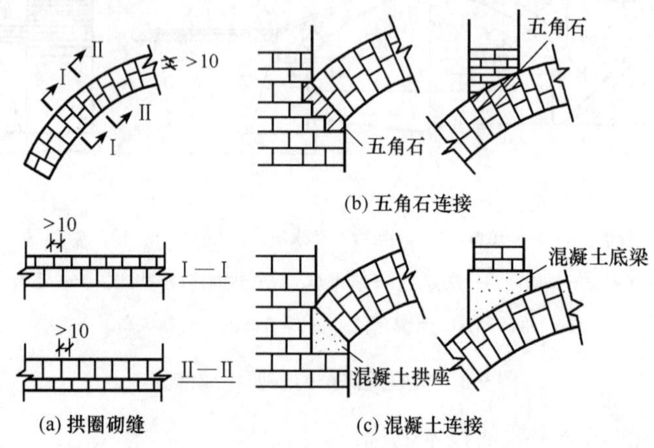

图 9-4　石砌板拱构造（尺寸单位：mm）

（2）肋拱桥的主拱圈构造

肋拱桥是两条或多条分离的平行拱肋，以及在拱肋上设置立柱和横梁支撑的行车道部分组成（图 9-5）。与拱板相比，肋拱用较小的截面获得更大的抗弯能力，较好地减轻了主拱重量，使拱肋内力中恒载影响减少，而活载影响增大，并出现较大弯矩。为保证拱肋整体稳定，肋间横向加设钢筋混凝土横系梁，桥面系用钢筋混凝土板。肋拱桥跨越能力较大，适用于大、中跨拱桥。

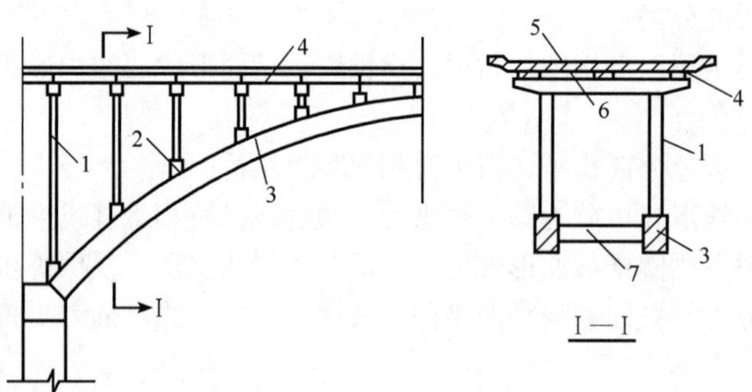

1—立柱；2—底梁；3—拱肋；4—纵深；5—行车道板；6—横梁；7—横系梁。

图 9-5　肋拱桥构造

（3）双曲拱桥的主拱圈构造

双曲拱桥的主拱圈截面在纵向和横向均呈曲线形，截面的抵抗矩比相同的材料用量的板拱大的很多，但施工工序多，组合截面的整体性较差，易开裂，宜在中小跨径的桥梁中采用。

（4）箱形拱桥的主拱圈构造

箱形拱桥的主拱圈截面采用闭口箱形，其截面的抵抗矩比相同的材料用量的板拱大很多，抗扭刚度大，横向的整体性和稳定性均较好，但箱形截面施工制作比较复杂。

应该指出，对于上面所述各种拱桥的拱圈可以采用不同的材料，特别是对于双曲拱桥和箱形拱桥的拱圈材料多采用混凝土或钢筋混凝土。

2. 拱上建筑构造

拱上建筑按其采用的构造方式，可分为实腹式和空腹式两种。实腹式建筑构造简单、施工方便，但填料较多、恒载较大，一般适用于小跨径拱桥。大、中跨径拱桥多采用空腹式拱上建筑，以利于减少恒载，并使桥梁显得轻巧美观。

（1）实腹式拱上建筑

实腹式拱上建筑由拱腔填料、侧墙、护拱和桥面系统等部分组成。拱背填料一般用来支撑桥面，有传递荷载和吸收冲击力作用，一般有填充式和砌筑式两种。填充式拱上建筑的材料应尽量就地取材，要求透水性好，土压力小，一般采用粗砂、砾石、碎石及煤渣等材料，在非冰冻区，可采用与桥头路堤同样的土填充并分层夯实。如果上述材料不宜取得时，可用砌筑式。侧墙的作用是维护拱腹上的散粒填充，设置在拱圈两侧，通常采用砂浆砌块石或片石，若有特殊的美观要求，可用料石镶面。侧墙一般要求承受填料土侧压力和车辆作用下的土侧压力，故按挡土墙进行设计。对浆砌圬工侧墙，顶面厚度一般为 500～700mm，向下逐渐增厚，墙脚厚度取用该处墙高的 0.4 倍。护拱设于拱脚段，以便加强拱脚段的拱圈，同时便于在多孔拱桥上设置防水层和泄水管，通常采用浆砌块石、片石结构。

（2）空腹式拱上建筑

空腹式拱上建筑最大的特点在于具有腹孔和腹孔墩。腹孔有拱式腹孔、梁（板）式腹孔两种形式。腹孔跨径不宜过大，以免使腹孔墩柱的集中荷载增大，不利于主拱受力，一般不大于主拱跨径的 1/15～1/8，同时腹孔的构造应统一，以便施工。砌体拱桥腹孔一般布置在拱脚至 1/4～1/3 跨径范围内，孔数以 3～6 跨为宜，不设腹孔部分构造与实腹功相同，其外观显得笨重。为避免拱顶骤变温差导致拱顶下缘开裂也可采用全空腹式（即无拱顶实腹段）。腹拱形式有板拱、双曲拱、微弯板、扁壳等各种形式的轻型腹拱。板拱腹拱矢跨比一般为 1/6～1/2，双曲拱腹拱矢跨比为 1/8～1/4，微弯板腹拱矢跨比为 1/12～1/10，拱轴线多为原弧线形。当跨径小于 4m 时，石拱板腹拱厚度为 300mm，混凝土板拱腹拱厚度为 150mm，微板拱腹拱厚度为 140mm（其中预制厚 60mm，现浇 80mm）；当跨径大于 4m 时，腹拱圈厚度则可按板拱厚度经验公式拟定或参考已成桥的资料确定。腹拱拱腹填料与实腹拱相同。

9.4.3　拱桥的设计

1. 拱桥总体设计

拱桥总体设计主要是确定桥梁的长度、跨径、孔数、孔高、设计标高、矢跨比等。

（1）确定桥梁的设计标高和矢跨比

拱桥的标高主要有四个，即桥面高度、拱顶地面标高、起拱线标高、基础地面标高（图 9-6）。这些标高的合理确定对拱桥的设计有直接的影响。

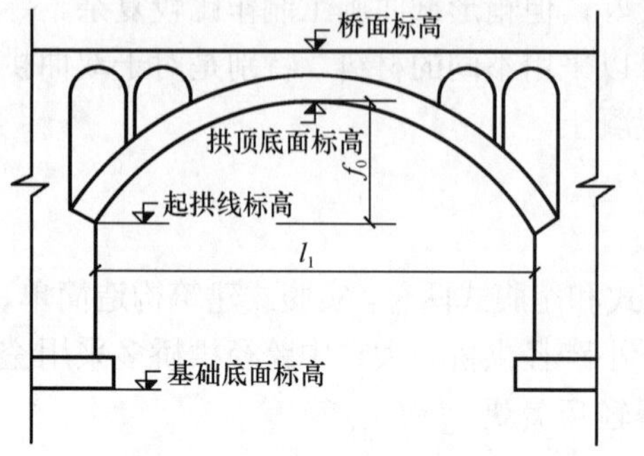

图 9-6　拱桥的主要标高示意图

拱桥桥面的标高，一方面由两岸线路的纵断面设计来控制；另一方面还要保持桥下净空能满足宣泄洪水或通航的要求。设计时需与有关部门（如航运、防洪、水利等）商定。当桥面标高确定后，由桥面标高减去拱顶填充料厚度（一般包括路面厚度在内为300～500mm）就可得到拱顶上缘（拱背）的标高。

主拱矢跨比（f/l）是拱桥设计的主要参数之一，它不仅影响主拱、墩台基础的受力状态，而且也影响拱桥形式和施工方法的选择。计算结果表明，恒载的水平推力与垂直反力之比，随着主拱矢跨比的减小而增大。主拱矢跨比越小，桥头路基填土高度会降低，产生的推力会越大，相应在主拱内产生的轴向压力也会越大，对主拱的受力状况有利，但要求有推力拱桥的墩台基础和无推力拱桥的行车道梁（或系杆）具有较强的抗推力能力；同时因温度变化、材料收缩、墩台位移等原因在主拱内产生的附加内力会增大，对主拱不利；主拱矢跨比过大时，拱脚区段过陡，给主拱的砌筑或浇筑带来困难，当上承式拱桥的桥面标高和跨径确定后，主拱矢跨比将影响桥面下净空和拱脚标高。因此，主拱矢跨比必须根据地形、地质、水文、路线标高和桥梁结构形式等各种反面因素综合考虑决定。

通常拱桥的矢跨比宜采用 1/8～1/4，箱形板拱的矢跨比宜采用 1/8～1/5。采用无支架施工或早期脱架施工的悬链线拱的拱轴系数 m 不宜大于 3.5。

（2）不等跨的处理

为了便于施工和平衡桥墩上所承受的推力，多孔拱桥最好选用等跨分孔方案，但在受地形、地质、通航、美观、经济等因素制约时，可以采用不等分孔。在不等跨拱桥中可采用以下措施，减少相邻孔恒载的不平衡推力，减少其对桥墩和基础产生不利的偏心作用。

1）采用不同的矢跨比。在相邻两孔中，大跨径孔采用较大的矢跨比，小跨径孔采用较小的矢跨比，使相邻孔在恒载作用下的不同水平推力尽量减少。

2）采用不同的拱脚标高。由于采用了不同的矢跨比，致使两相邻孔的标高不在同一水平线上，因大跨径孔的矢跨比大，拱脚降低，减少了拱脚水平推力对基底力臂，这样可以使大跨与小跨的恒载水平推力对基底产生弯矩得到平衡。

3）采用不同类型的拱跨结构和材料。小跨孔采用重质拱上填料或实腹式板拱结构，大跨孔则采用轻质拱上材料或空腹式肋拱结构，以调整大、小跨由恒载产生的水平推力，使之接近平衡。

在这三种措施中，从桥梁外观考虑以第三种为好。在具体设计时，也可以将以上几种措施同时采用，如果仍不能达到完全平衡推力的目的，则需设计成梯形不对称或加大尺寸的桥墩和基础来加以解决。

2. 拱轴线的选择和拱上建筑的布置

选择拱轴线的原则，是要尽可能降低由荷载产生的拱圈内弯矩数值。最理想的拱轴线是与拱上各种荷载作用下的压力线相吻合，这时拱圈截面只受压力，而无弯矩作用，从而充分利用砌体材料的抗压能力。但事实上，活载、温度变化、材料收缩和基础位移等因素对主拱的作用是不断变化的，因此不可能获得各种荷载作用下的合理拱轴线。由于拱桥的恒载内力占总内力的比重较大，通常将不考虑主拱弹性压缩的恒载压力线作为合理拱轴线。为使整体结构受力合理，一般应尽可能按恒载压力线来选择拱轴线。目前，拱桥常用的拱轴线形有以下几种。

1）圆弧线。在均匀径向荷载作用下（如水压力），拱的合理轴线位一圆弧线。在一般情况下，圆弧形拱轴线与恒载偏离较大，使拱圈截面受力不够均匀。因此，圆弧线常用于 15～20m 以下的小跨径拱桥。

2）悬链线。实腹式拱桥的恒载强度是由拱顶向拱脚连续分布逐渐增大，这种荷载作用下，主拱的恒载压力线是一条悬链线。因此，一般情况下实腹式拱桥以选择悬链线作为拱轴线为宜。同时理论分析证明，悬链线作为空腹拱桥的拱轴线，与荷载压力线最为接近。悬链线是我国大、中跨径空腹式拱桥采用最普通的拱轴线形。

3）抛物线。在均匀荷载作用下，主拱恒载压力线是二次抛物线，故对于恒载分布均匀的拱桥，如矢跨比较小的空腹式拱桥和轻型拱桥等，可采用二次抛物线作为拱轴线。

综上所述，拱上建筑的形式及其布置，对于合理选择拱轴线形是有密切联系的。在一般情况下，小跨径拱桥可采用实腹式圆弧拱或实腹式悬链拱，大、中跨径拱桥可采用空腹式悬链线拱，轻型拱桥或矢跨比较小的大跨径拱桥可以采用抛物线拱。

3. 拱圈截面变化规律与截面尺寸拟定

（1）拱圈截面变化规律

拱桥的主拱圈沿拱轴线的法向截面可做成等截面和变截面两种形式。变截面拱圈的做法通常有两种：一种是拱圈沿拱轴方向不变宽度而只变厚度；另一种是厚度不变而改变拱圈的宽度。

在无铰拱桥设计中，其截面变化规律常采用的是（图 9-7）

$$\frac{I_d}{I\cos\varphi}=1-(1-n)\zeta \tag{9-11}$$

$$I=\frac{I_d}{[1-(1-n)\zeta]\cos\varphi} \tag{9-12}$$

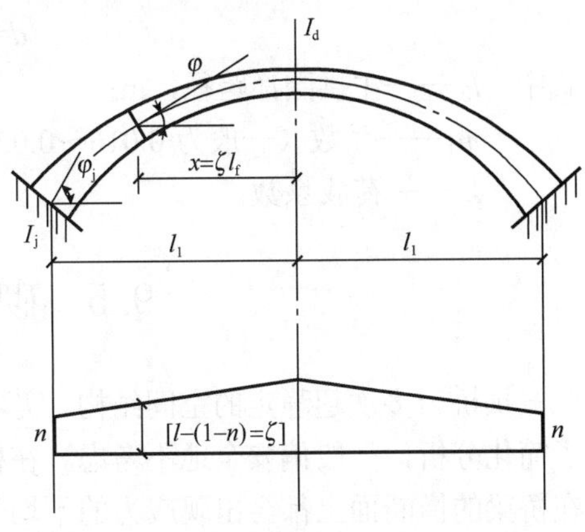

图 9-7　变截面拱圈的截面变化规律

式中：I——拱圈任意截面惯性矩。

I_d——拱顶截面惯性矩。

φ——拱圈任意截面的拱轴切线与水平

的倾角。

ζ——横坐标参数，即

$$\zeta=x/l_1$$

n——拱厚系数（视恒载于活载的比值而定，n 越小，拱厚变化就越大。在公路砌体拱桥中，空腹式拱桥的 n 值一般可取 0.3～0.5；实腹式拱桥采用 0.4～0.6。对于矢跨比较小的拱，采用上述较小的 n 值，矢跨比较大的拱，采用上述较大的 n 值）。

在拱脚处

$$\zeta=1 \qquad \varphi=\varphi_j \qquad I=I_j \tag{9-13}$$

得

$$I_j=\frac{I_{\mathrm{d}}}{n\cos\varphi_j} \tag{9-14}$$

式中：I_j——拱脚截面惯性矩；

φ_j——拱脚截面的拱轴切线与水平的夹角。

在拟定了拱顶截面的尺寸之后，由上述公式即可确定拱圈各截面的尺寸。

（2）拱圈截面尺寸拟定

1）拱圈宽度。公路拱桥主拱圈宽度一般均大于跨径的 1/20。若主拱圈的宽跨比小于 1/20 时，为了确保拱的安全可靠，则应验算拱的横向稳定性。

2）拱圈高度。中、小跨径拱桥主拱圈高度估算为

$$d=mk\sqrt[3]{l_0} \tag{9-15}$$

式中：l_0——主拱圈净跨径，cm；

d——主拱圈高度，cm；

m——系数（一般为 4.5～6，取值随矢跨比的减少而增大）；

k——荷载系数（对于汽车-10 级为 1，汽车-15 级为 1.1，汽车-20 级为 1.2，汽车一超过 20 级的石拱桥，由于尚无大量的实际资料可供参考，在设计中还需经过初拟和试算，以便确定主拱圈高度）。

大跨径拱桥主拱圈高度估算为

$$d=m_1k(l_0+20) \tag{9-16}$$

式中：l_0——主拱圈净跨径，m；

m_1——系数（一般为 0.016～0.02，跨径大、矢跨比小时取大值）；

k——荷载系数。

9.5 砌体拱桥的计算

拱桥为多次超静定的空间结构。实际上存在有“拱上建筑与主拱的联合作用”，但为了简化分析，一般偏安全地不考虑。在横桥方向，不论活荷载是否作用在桥面的中心，在桥梁的横断面上都会出现应力的不均匀分布，这种现象，称为“活载的横向分布”，但目前我国在设计石拱桥时一般不考虑这个影响。

9.5.1　拱轴方程的建立

1. 实腹拱拱轴线

实腹拱拱轴线是采用恒载压力线（不计弹性压缩）作为拱轴线。实腹式拱的恒载包括拱圈、拱上填料和桥面的自重，它的分布规律如图9-8所示。实腹式悬链线拱的拱轴方程是在恒载作用下，根据拱轴线与压力线完全吻合的条件推出的。悬链线拱轴线方程为

$$y_1 = \frac{f}{m-1}(\text{ch}k\zeta - 1) \tag{9-17}$$

式中：m——拱轴线系数；

k——与 m 有关的参数（通常 m 为已知值），

$$k = \text{ch}^{-1}m = \ln(m + \sqrt{m^2 - 1}) \tag{9-18}$$

ζ——横坐标参数，$\zeta = x/l_1$；

y_1——以拱顶为坐标原点，拱轴上任意点的坐标。

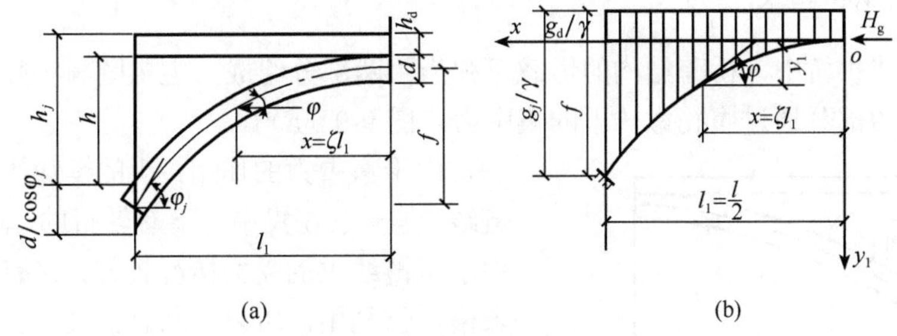

图9-8　悬链线拱轴计算图示

由悬链线方程式（9-6）可以看出，当拱的矢跨比确定后，拱轴线各点的纵坐标将取决于拱轴系数 m。各种 m 制的拱轴线坐标可直接由《公路桥涵设计手册拱桥》①（以下简称《拱桥》手册）查出，一般无须按式（9-17）计算。

如采用变截面拱圈，其拱厚系数 n 可由《拱桥》手册表Ⅲ-2查出确定，拱轴系数 m 则需采用逐次渐近法试算确定。

下面介绍实腹式悬链线等截面拱拱轴系数的确定。

$$m = \frac{g_j}{g_d} \tag{9-19}$$

式中：g_j——拱脚处恒载强度；

g_d——拱顶处恒载强度。

$$g_d = h_d\gamma_1 + \gamma d \tag{9-20}$$

当 $h_j = h_d + h$ 时，其恒载集度为

$$g_j = h_d\gamma_1 + h\gamma_2 + \frac{d}{\cos\varphi_j}\gamma \tag{9-21}$$

① 顾懋清，石绍甫，1994．公路桥涵设计手册　拱桥上册[M]．北京：人民交通出版社．

式中：γ、γ_1、γ_2——拱圈材料重度、拱顶填料及路面的平均重度、拱腹填料平均重度；

φ_j——拱脚处拱轴线的水平倾角；

h_d、d、h——拱顶填料厚度和拱圈厚度，以及拱腹及填料的高度。

其中

$$h = f + \frac{d}{2} - \frac{d}{2\cos\varphi_j} \tag{9-22}$$

确定实腹拱轴方程的步骤如下。

1）拟定好拱圈与拱上结构各部尺寸。

2）计算 g_d。

3）根据经验拟定适当的 m 值，由《拱桥》手册表Ⅲ-20 查得拱脚处 $\cos\varphi_j$ 的，按式（9-21）计算 g_j 得 $m=g_j/g_d$。

4）如计算得 m 值与拟定值不符，则修正 m 值，重复上述计算，直到计算值与拟定值相差很小时为止。

2. 空腹拱拱轴线

在空腹式拱桥中，桥跨结构的恒载可视为由两部分组成：主拱圈与实腹段自重的分布荷载和空腹部分通过腹孔墩传下的集中力［图 9-9（a）］。

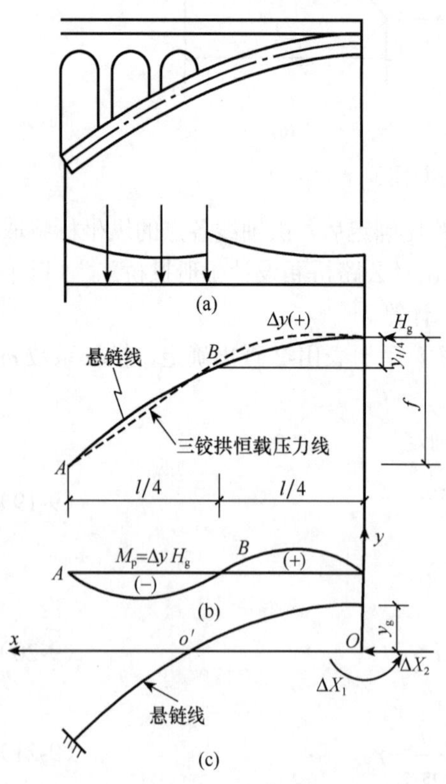

图 9-9　空腹式悬链线拱轴计算图示

由于集中力的作用，拱的恒载压力线不是悬链线，是一条在集中力下有转折的、非光滑曲线。由于悬链线拱的受力情况较好，又有完整的计算表格可供利用，所以多用悬链线作为拱轴线。为使悬链线拱轴与其恒载压力线接近，一般采用“五点重合法”确定悬链线拱轴的 m 值，要求拱轴线在拱顶、两 1/4 点和两拱脚五点与其三脚拱恒载压力线重合［图 9-9（b）］，即可以根据上述五点弯矩为零的条件确定 m 值，其表达式为

$$\frac{y_{l/4}}{f} = \frac{\sum M_{l/4}}{\sum M_j} \tag{9-23}$$

式中：$\sum M_{l/4}$——自拱顶至拱跨 l/4 点的主拱圈和拱上建筑恒载对 l/4 截面的弯矩；

$\sum M_j$——主拱圈和拱上建筑恒载对拱脚截面弯矩。

等截面悬链线主拱圈恒载对 l/4 及拱脚截面的弯矩 $M_{l/4}$，M_j 可由《拱桥》手册表Ⅲ-19 查得。

求出 $\frac{y_{l/4}}{f}$ 之后，可反求 m，即

$$m=\frac{1}{2}\left(\frac{f}{y_{l/4}}-2\right)^2-1 \tag{9-24}$$

空腹式拱桥的 m 值，仍按逐次近似法确定，即先假定一个 m 值，定出拱轴线，作图布置拱上建筑，然后计算拱圈和拱上建筑的恒载对 $l/4$ 和拱脚截面的力矩$\sum M_{l/4}$和$\sum M_j$，利用式（9-24）算出 m 值，如与假定的 m 值不符，则应以求得的 m 值作为假定值，重现计算，直至两者接近为止。

应当注意，用上述方法确定空腹拱的拱轴线，仅与其三铰拱恒载压力线保持五点重合，其他截面的拱轴线与三铰拱恒载压力线都有不同程度的偏离。大量计算证明，从拱顶到 $l/4$ 点，一般压力线在轴线之上，而从 $l/4$ 点到拱脚，压力线则大多在拱轴线之下。拱轴线与相应三铰拱恒载压力线的偏离类似于一个正弦波［图 9-9（b)］。但计算分析表明，其偏离弯矩对拱顶、拱脚都是有利的。因而，空腹式无铰拱的拱轴线，用悬链线比用恒载压力线更加合理。

9.5.2　砌体拱内力计算

确定了拱结构各部尺寸、拱轴形式及拱截面变化规则以后，即可进行拱的内力计算。为了简化计算，《拱桥》手册将拱的内力计算分两步进行：先计算不考虑拱的弹性压缩时主拱截面内力值，再计算拱的弹性压缩的影响，两者的叠加即为拱的实际内力值。

1. 恒载内力计算方法与步骤

（1）计算拱的弹性中心

当赘余力作用于弹性中心时，只引起该赘余力方向的位移或转动，在其他赘余力方向不产生转动或位移。

为了简化计算，结构力学中计算无铰拱内力，利用拱的弹性中心取简支曲梁为基本结构（图 9-10)。弹性中心位于对称轴上，距拱顶的距离 y_s 为

$$y_s=\frac{\int_s \frac{y_1\mathrm{d}s}{EI}}{\int_s \frac{\mathrm{d}s}{EI}}=\alpha_1 f \tag{9-25}$$

式中

$$y_1=\frac{f}{m-1}(\mathrm{ch}k\zeta-1)$$

$$\mathrm{d}s=\frac{\mathrm{d}x}{\cos\varphi}=\frac{1}{2}\frac{\mathrm{d}\zeta}{\cos\varphi}$$

α_1 是一个非常复杂的系数，一般成为弹性中心坐标系数，可由《拱桥》手册表III-3查得。

（2）弹性压缩的荷载内力计算

恒载推力计算式为

$$H_g = K_g \frac{g_d l^2}{f} \tag{9-26}$$

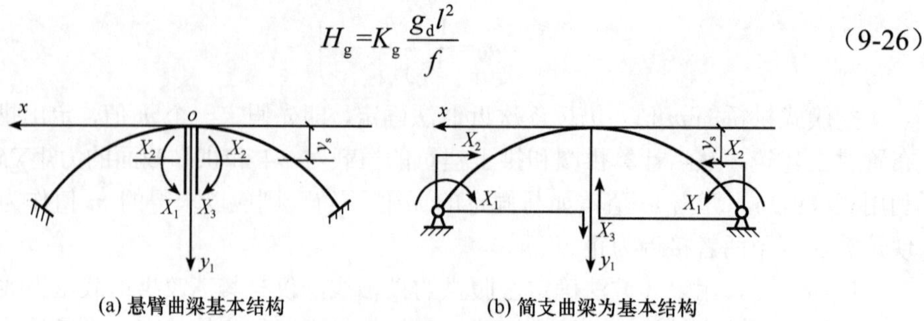

(a) 悬臂曲梁基本结构　　(b) 简支曲梁为基本结构

图 9-10　简支曲梁基本结构及赘余力

根据拱轴系数 m 值，可由《拱桥》手册查表 K_g 值。

恒载内力计算是以拱轴与荷载压力线吻合为前提。拱的任一截面上只有轴向力作用（剪力为零）可以得到

$$N_g = \frac{H_g}{\cos\varphi} \tag{9-27}$$

式中：φ——截面处的拱轴水平倾角，已在计算拱轴线时求得。

如果选择的拱轴线与压力线有偏离，此时还必须计入由于偏离引起的附加内力。考虑恒载偏离影响时，可按结构力学力法原理求出弹性中心的赘余力［图 9-9（b）、（c）］。

$$\Delta X_1 = \frac{\varDelta_{1p}}{\delta_{11}} = -\frac{\int_s \frac{M_1 M_p}{EI} ds}{\int_s \frac{M_1^2}{EI} ds} = \frac{\int_s \frac{M_p}{I} ds}{\int_s \frac{ds}{I}} = -H_g \frac{\int_s \frac{\Delta y}{I} ds}{\int_s \frac{ds}{I}} \tag{9-28}$$

$$\Delta X_2 = \frac{\varDelta_{2p}}{\delta_{22}} = -\frac{\int_s \frac{M_1 M_p}{EI} ds}{\int_s \frac{M_2^2}{EI} ds} = -H_g \frac{\int_s \frac{y\Delta y}{I} ds}{\int_s \frac{y^2 ds}{I}} \tag{9-29}$$

式中：M_p——三铰恒载压力线偏离拱轴线所产生的弯矩，即

$$M_p = H_g \Delta y \qquad M_1 = 1 \qquad M_2 = -y$$

Δy——三铰拱恒载压力线与拱轴线偏离值（Δy 有正有负）。

任意截面之偏离弯矩为

$$\Delta M = \Delta X_1 - \Delta X_2 y + M_p \tag{9-30}$$

式中：y——以弹性中心为原点（向上为正）的拱轴纵坐标［图 9-9（c）］。

（3）拱的弹性压缩对恒载内力的影响

恒载产生的轴向压力作用下，拱圈的弹性压缩表现为拱轴长度的缩短。拱圈的这种变形，会在拱中产生相应的内力。按照一般分析方法，将拱顶切开，取悬臂曲梁的基本结构，弹性压缩会使拱轴在跨径方向缩短 Δl。由于实际结构中拱顶并没有相对水平位移，则在弹性中心必有一水平拉力 ΔH_g［图 9-11（a）］，使拱顶的相对水平力

变为零。

弹性压缩产生的赘余力 ΔH_g，可由拱顶的变形协调条件求得，即

$$\Delta H_g \delta'_{22} - \Delta l = 0 \tag{9-31}$$

$$\Delta H_g = \frac{\Delta l}{\delta'_{22}} \tag{9-32}$$

式中：δ'_{22}——ΔH_g=1 时，沿拱顶方向的相对单位水平位移。

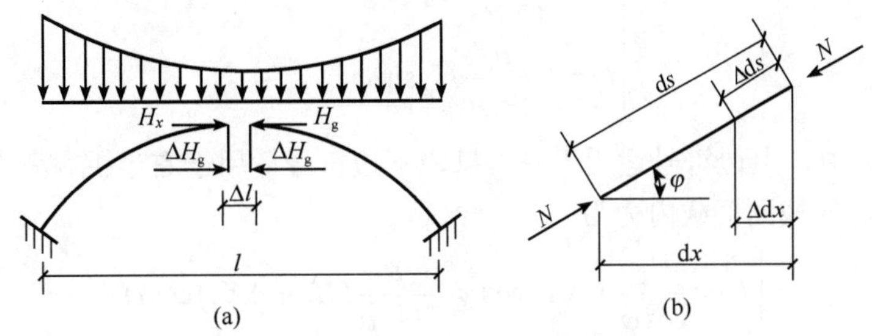

图 9-11　拱圈弹性压缩

由单位水平作用在弹性中心产生的水平位移（考虑轴向力的影响）为

$$\delta'_{22} = \int_s \frac{\bar{M}_2^2 \mathrm{d}s}{EI} + \int_s \frac{\bar{N}_2^2}{EA} = \int_s \frac{y^2 \mathrm{d}s}{EI} + \int_s \frac{\cos^2\varphi \mathrm{d}s}{EA} = (1+\mu)\int_s \frac{y^2 \mathrm{d}s}{EI} \tag{9-33}$$

从拱中取出一微段 ds，在轴力作用下缩短 Δds，其水平分量为 Δdx=Δd$s$cosφ，在整个拱轴缩短的水平分量为

$$\Delta l = \int_0^l \Delta \mathrm{d}x = \int_s \Delta \mathrm{d}s \cos\varphi = \int_s \frac{N \mathrm{d}s}{EA}\cos\varphi \tag{9-34}$$

将式（9-27）代入式（9-34），得

$$\Delta l = \int_0^l \frac{H_g \mathrm{d}x}{EA\cos\varphi} = H_g \int_0^l \frac{\mathrm{d}x}{EA\cos\varphi} \tag{9-35}$$

将式（9-33）、式（9-35）代入式（9-32），得

$$\Delta H_g = H_g \frac{\mu_1}{1+\mu} \tag{9-36}$$

式中：μ、μ_1——弹性压缩系数，有

$$\mu = \frac{1}{EvA\int_s \frac{y^2 \mathrm{d}s}{EI}}$$

$$\mu_1 = \frac{1}{Ev_1 A\int_s \frac{y^2 \mathrm{d}s}{EI}}$$

根据 f/l 与拱截面参数 n，可由《拱桥》手册附表Ⅲ-8、Ⅲ-10 查得 v 和 v_1，根据 m 和 n 由附表Ⅲ-5 查得$\int_s \frac{y^2 \mathrm{d}s}{EI}$，代入式（9-36），可算得拱截面任意截面处因弹性压缩引

起的附加内力。

（4）恒载作用下拱圈各截面的内力

当不考虑空腹拱恒载压力线偏离拱轴线的影响时，拱圈各截面的恒载内力为

$$\begin{cases} N = \dfrac{H_g}{\cos\varphi} - \dfrac{\mu_1}{1+\mu} H_g \cos\varphi \\ M = \dfrac{\mu_1}{1+\mu} H_g (y_s - y_1) \\ Q = \mp \dfrac{\mu_1}{1+\mu} H_g \sin\varphi \end{cases} \tag{9-37}$$

式（9-37）中，上边符号适用于左半拱，下边符号适用于右半拱。考虑拱轴线与压力线偏离影响，各截面恒载内力为

$$\begin{cases} N = \dfrac{H_g}{\cos\varphi} + \Delta X_2 \cos\varphi - \dfrac{\mu_1}{1+\mu} (H_g + \Delta X_2) \cos\varphi \\ M = \dfrac{\mu_1}{1+\mu} (H_g + \Delta X_2)(y_s - y_1) + \Delta M \\ Q = \mp \dfrac{\mu_1}{1+\mu} (H_g + \Delta X_2) \sin\varphi \pm \Delta X_2 \sin\varphi \end{cases} \tag{9-38}$$

式（9-38）中的 ΔX_2、ΔM 按式（9-29）和式（9-30）计算。

《公路圬工桥涵设计规范》（JTG D61—2005）规定，对于砖石及混凝土的拱圈结构，在下列情况下：①$l \leqslant 30$m，$f/l \geqslant 1/3$；②$l \leqslant 20$m，$f/l \geqslant 1/4$；③$l \leqslant 10$m，$f/l \geqslant 1/5$，设计时不计弹性压缩的影响。

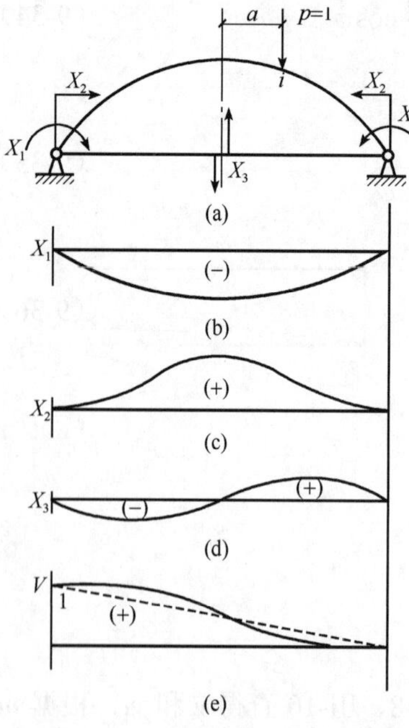

图 9-12　拱中赘余力的影响线图

2. 活载内力计算方法与步骤

活载内力计算比恒载内力计算复杂得多。因为活载在桥梁上的作用位置不同，主拱各截面产生的内力也不相同，而且压力线也不能与拱轴线相吻合，所以计算活载产生的内力，最方便的方法是利用影响线来进行。

（1）内力影响线的绘制

活载内力影响线是利用力学的简支曲梁为基本计算结构，用力法原理推求出多余赘余力影响线和内力影响线。赘余力影响线如图 9-12 所示，拱脚水平推力 H_1 影响线既为赘余力 X_2 的影响线，其坐标值可由《拱桥》手册附表III-12 查得。拱脚竖向反力 V 影响线由$\sum Y=0$ 得竖向反力 $V=V_0 \mp X_3$。式中上边符号适用于左半拱，下边符号适用于右半拱，V_0 为简支梁反力，故 V 的影响线由《拱桥》手册附表III-7 查得 V_0 和赘

余力 X_3 坐标值叠加而成。

由图 9-13（a）可得任意截面弯矩内力为

$$M=M_0-H_1y\pm X_3x+X_1 \tag{9-39}$$

式中：M_0——简支梁弯矩。

对于任意截面的轴向力 N 和剪力 Q，在实际计算中一般不做影响线，而用推力 H_1 和竖向反力 V 的影响线求得

$$\text{轴向力}\begin{cases}\text{拱顶：}N=H_1\\ \text{拱脚：}N=H_1\cos\varphi_j+V\sin\varphi_j\\ \text{其他截面：}N\approx H_1/\cos\varphi\end{cases} \tag{9-40}$$

$$\text{剪力}\begin{cases}\text{拱顶：数值很小，一般不计}\\ \text{拱脚：}Q=H_1\sin\varphi_j+V\cos\varphi_j\\ \text{其他截面：数值很小，一般不计}\end{cases} \tag{9-41}$$

（2）活载内力计算

活载内力计算是根据已绘制好的不计弹性压缩内力影响线，以活载产生的最不利效应布置荷载，算出内力及相应的水平推力和拱脚垂直反力。考虑到拱桥的抗弯能力远小于抗压性能的特点，一般只在弯矩影响线上按最不利情况加载，求得最大（或最小）弯矩，然后求出相应的水平推力和拱脚支撑反力，以求得相应的轴力。

为了计算方便，采用等代荷载法，在弯矩影响线上加载，求出活载内力。等代荷载可查《公路桥梁标准车辆等代荷载》，相对应的等代荷载的影响线面积可由《拱桥》手册附表Ⅲ-14 得到。

活载内力计算应考虑活载的横向分布。石拱桥横向刚度大，横向分布系数可假定活载均匀分布于主拱全部宽度内。肋拱桥横向刚度小，当拱上建筑采用立柱式腹孔墩时，可按弹性支撑连续梁法计算荷载横向分布系数，计算结构与实测相差平均 10%。

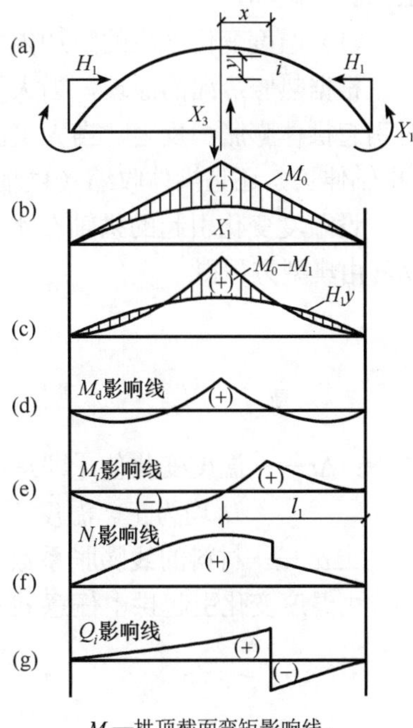

M_d—拱顶截面弯矩影响线。

图 9-13　拱中内力影响线

（3）拱的弹性压缩对活载内力的影响

与恒载内力计算相同，以上计算结果是在不计拱弹性压缩前提下得到的。为此，还要加上拱弹性压缩在拱内产生的附加内力。类似拱的弹性压缩对拱在内力影响的推导，可得活载在弹性中心作用的赘余力 ΔH 计算式为

$$\Delta H=-\frac{\mu_1}{1+\mu}H_1 \tag{9-42}$$

即活荷载压缩引起的内力为

$$\begin{cases} 弯矩 \quad \Delta M = -\Delta H_y = \dfrac{\mu_1}{1+\mu} H_1 y \\ 轴向力 \quad \Delta N = \Delta H \cos\varphi = -\dfrac{\mu_1}{1+\mu} H_1 \cos\varphi \\ 剪力 \quad \Delta Q = \Delta H \sin\varphi = \mp\dfrac{\mu_1}{1+\mu} H_1 \sin\varphi \end{cases} \tag{9-43}$$

将不考虑弹性压缩的活载内力与活载压缩产生的内力叠加起来，即得活荷载作用下的总内力。

3. 温度变化、材料收缩和拱脚位移等引起的附加内力

在超静定拱中，温度变化和拱脚变位都会产生附加内力。我国许多地区温度变化幅度大，温度变化产生的附加内力不容忽视。另外，在软土地基上建造砌体拱桥，墩台发生变位，尤其是水平位移的影响更为严重，引起较大的附加内力，使拱的承载力大大降低，甚至破坏。

（1）温度变化产生的附加内力计算

根据热胀冷缩的原理，当大气温度比主拱合拢温度（即主拱圈施工合拢时温度）高时引起拱体膨胀；反之，当大气温度比合拢温度低时，引起拱体收缩。不论是拱体膨胀（拱轴伸长）还是拱体收缩（拱轴缩短）都会在拱中产生内力。

设温度变化引起的拱轴在水平方向的变位为 Δl_t，必然在弹性中心产生一对水平力 H_t，由典型方程得

$$\begin{cases} H_t = \dfrac{\Delta l_1}{\delta_{22}} \\ \Delta l_1 = \alpha l \Delta t \end{cases} \tag{9-44}$$

式中：Δt——温度变化值［即最高（或最低）温度与合拢温度之差，温度升高时，Δt 和 H_t 均为正。温度下降时，Δt 和 H_t 均为负］；

α——材料的线膨胀系数（混凝土预制块砌体α=0.9×10^{-5}；石砌体α=0.8×10^{-5}）。

由温度变化引起拱中任意截面的附加内力为

$$\begin{cases} M_t = -H_t y = -H_t(y_s - y_1) \\ N_t = \dfrac{H_1}{\cos\varphi} \\ Q_t = \pm H_t \sin\varphi \end{cases} \tag{9-45}$$

《公路圬工桥涵设计规范》（JTG D61—2005）规定，对于跨径不大于 25m 的砌体拱桥，当矢跨比等于或大于 1/5 时，可不计温度变化影响力。

（2）拱脚位移产生的附加内力计算

在软土地基建造拱桥时，墩台常发生位移，使主拱产生压缩（或拉伸）弯矩，从而在主拱内产生附加内力。拱对支座位移特别敏感，因此其影响必须考虑。

悬臂曲梁将随拱脚产生位移，从而在拱顶切口处产生相对位移，由方程得

$$\begin{cases} X_1 = -\dfrac{\theta_A + \theta_B}{\delta_{11}} \\ X_2 = -\dfrac{\Delta_{hA} + \Delta_{hB} + (\theta_A + \theta_B)(y - y_s)}{\delta_{22}} \\ X_3 = \dfrac{\Delta_{vA} + \Delta_{vB} + (\theta_A - \theta_B)l_1}{\delta_{33}} \end{cases} \tag{9-46}$$

式中：Δ_{hA}、Δ_{hB} ——A、B 拱脚的水平位移；

Δ_{vA}、Δ_{vB} ——A、B 拱脚的垂直位移；

θ_A、θ_B——A、B 拱脚的角位移（与赘余力方向相同者取正号、否则取负号）。

9.5.3　拱圈强度及稳定性验算

在求得各种荷载作用内力后，就可按最不利情况进行内力组合，进而验算控制截面的强度及拱的稳定性。一般无铰拱，拱脚和拱顶是控制截面。中、小跨径的无铰拱桥，只验算拱顶、拱脚就行了，采用无支架施工的大跨径拱桥，必要时需加算 1/8 和 3/8 截面。

砌体拱桥拱圈是不容许开裂的，因而仅对拱圈强度做验算，为确保全截面受压，《公路圬工桥涵设计规范》（JTG D61—2005）对纵向力偏心距 e_0 作了限制，当实际偏心距 e_0 大于允许值［e_0］时，因截面出现了拉应力，拱圈强度验算公式相应发生了变化，但任何时候，拱圈均不容许开裂，具体验算方法和规定可参照本章 9.3 节。

9.6　墩台的设计

9.6.1　墩台的作用

桥梁由桥梁上部结构和下部结构两部分组成，而下部结构是由桥梁的墩台、基础所组成的。墩台是桥梁的重要结构，其主要作用是支撑桥梁上部结构的荷载，并将它传给地基基础。

桥墩指多跨（两跨以上）桥梁的中间支撑结构，它除承受上部结构的荷载外，还要承受流水压力、风力以及可能出现的冰荷载、船只、排筏或漂浮物的撞击力。

桥台一般设置在桥梁的两端，除了支撑桥跨结构外，它又是衔接两岸路堤的构筑物，挡土护岸，承受台背填土及填土上车辆荷载所产生的附加侧压力。因此，桥梁墩台不仅本身应具有足够的强度、刚度和稳定性，而且对地基的承载力、沉降量、地基与基础之间的摩阻力等也都提出一定要求，以避免在荷载作用下有过大的水平位移、转动或者沉降发生。

墩台的结构形式很多，砌体材料主要是重力式墩台，墩台属于一个空间受力体系。桥梁墩台的设计与验算需根据结构受力、土质构造、地质条件、水文、流速以及河床内的埋置深度等综合考虑确定。

9.6.2　砌体墩台的构造要求和尺寸拟定

砌体墩台主要由墩（台）帽、墩（台）身和基础三部分组成，如图 9-14 所示。

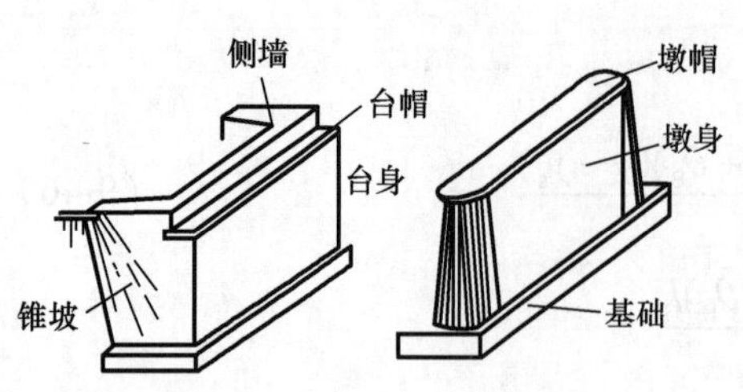

图 9-14 梁桥重力式墩台

下面就梁桥重力式墩台和拱桥重力式墩台构造分别给予介绍。

1. 梁桥重力式桥墩

（1）墩帽

墩帽是桥墩顶端的传力部分，墩帽的主要作用是通过制作撑托着上部结构，并将相邻两孔桥上的恒载和活载传到墩身上。其应力较集中，对墩帽的强度要求较高。一般采用 C30 以上混凝土加构造钢筋做成。

《公路圬工桥涵设计规范》（JTG D61—2005）规定，墩帽和台帽的厚度，对于特大和大跨径的桥梁不应小于 0.5m；对于中小跨径的桥梁不得小于 0.4m。其顶面常做成 10%的排水坡。

设置支座的墩帽和台帽上应设置支座垫石，在其内应设置水平钢筋网。与支座底板边缘相对的支座垫石边缘应向外展出 0.1～0.2m。支座垫石顶面应高出墩、台帽顶面排水坡的上棱。墩、台顶面与梁底之间应预留更换支座的空间。

墩、台帽出檐宽度宜为 0.05～0.10m，并在其上做成沟槽形滴水（图 9-15）。墩帽的平面形状应与墩身形状相配合。

墩帽的平面首先应满足桥梁支座布置的需要，它可按式（9-47）确定。

1）顺桥向的墩帽宽度 b（图 9-15）

$$b>f+a+2c_1+2c_2 \tag{9-47}$$

式中：f ——相邻两跨支座的中心距离（它由支座中心至主梁端部的距离和两跨间的伸缩缝宽度来确定）(cm)；

a ——支座垫板的纵桥向宽度；

c_1——出檐宽度（一般为 5～10cm）；

c_2——支座边缘到墩（台）身边缘的最小距离（具体尺寸见表 9-6）。

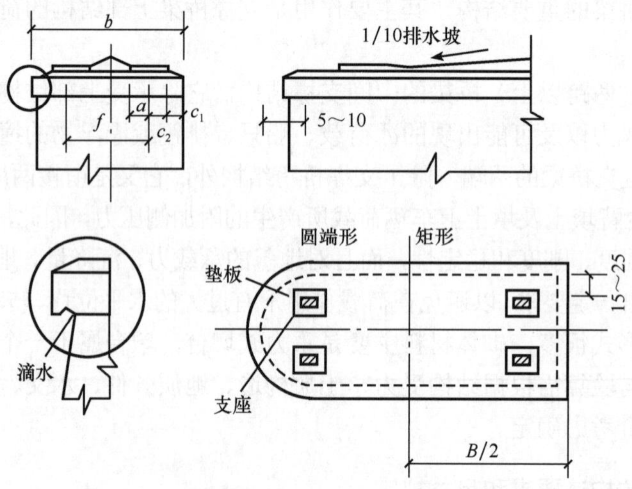

图 9-15 墩帽构造尺寸（尺寸单位：mm）

表 9-6　支座边缘至墩（台）身边缘的最小距离 c_2　　单位：m

跨径 L/m	顺桥向	横桥向	
		圆弧形端头（自支座角量起）	矩形端头
$L \geqslant 150$	0.30	0.30	0.50
$50 \leqslant L < 150$	0.25	0.25	0.40
$20 \leqslant L < 50$	0.20	0.20	0.30
$5 \leqslant L < 20$	0.15	0.15	0.20

对墩身最小顶宽的要求可根据《公路圬工桥涵设计规范》（GJG D61—2005）有关规定，一般情况，墩帽纵桥向宽度，对于小跨径桥梁不宜小于 0.8m，中等跨径桥梁不宜小于 1.0m。

2）横桥向的墩帽最小宽度 B

$$B=\text{两侧主梁间距}+\text{支座横向宽度}+2c_1+2c_2 \tag{9-48}$$

《公路圬工桥涵设计规范》（JTG D61—2005）对这个最小距离所做的规定，其目的是避免支座过分靠近墩身侧面缘而导致的应力集中；另一个原因是提高混凝土的局部抗压强度以及考虑施工误差和预留锚栓孔的要求。墩帽宽度除了满足式（9-48）的要求之外，还应符合墩身顶宽的要求、安装上部结构的需要，以及抗震时为设防措施所需要的宽度。

另外，当桥面较宽或墩身较高时，为了节省墩身及基础的砌体体积，常利用挑出的悬臂或托盘来缩短墩身横向的长度，做成悬臂式或托盘式桥墩（图 9-16）。悬臂式墩帽采用 C20 或 C25 混凝土。墩帽长度和宽度视上部构造的形式和尺寸、支座的尺寸和布置以及上部构造中主梁的施工吊装要求等条件而定。墩帽的高度视受力大小和钢筋排列的需要而定。挑出部分的高度可向两端逐渐减小，端部高度通常采用 300～400mm。

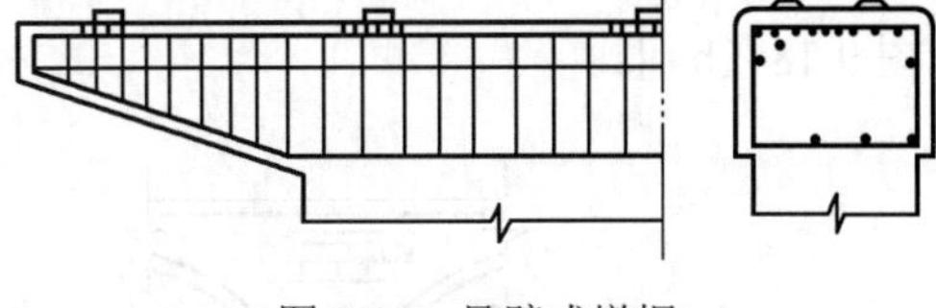
图 9-16　悬臂式墩帽

（2）墩身

墩身是桥墩的主体。重力式桥墩墩身的顶宽，对小跨径桥不宜小于 800mm；对中跨径桥不宜小于 1000mm；对大跨径桥的墩身顶宽，视上部构造类型而定。侧坡一般采用（20∶1）～（30∶1），小跨径桥的桥墩也可采用直坡。其截面形式有圆形、圆端形、菱形、尖端形、矩形等数种。菱形、尖端形、圆形等使用于潮汐河流或流向不稳定的桥位，矩形则适用无水的岸墩或高架桥墩。

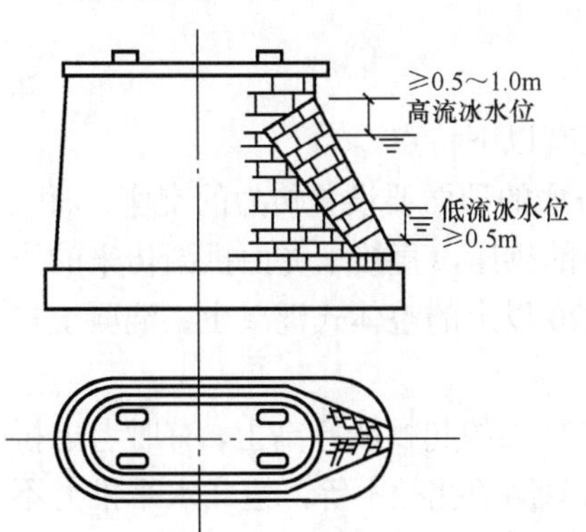

图 9-17　墩身破冰棱体

在有强烈流水或大量漂浮物的河道（冰厚大于 0.5m，流冰速率大于 1m/s）上，桥墩的迎水端应做成破冰棱体如图 9-17 所示。破冰棱体应高于最高流冰水位 1.0m，并低于最低流冰水位冰层底面下

0.5m。破冰棱体的倾斜度一般为（3∶1）～（10∶1），其可由强度较高的石料砌成，也可以用高强度的混凝土辅之以钢筋加固。

此外，在一些高大的桥墩中，为了减少砌体体积、节约材料或为了减轻自重、降低基底的承压应力，也可将墩身内部做成空腔体，即空心桥墩。

2. 拱桥重力式桥墩

拱桥是一种推力结构，拱圈传给桥墩上的力，除了垂直力以外，还有较大的水平推力。从抵御恒载水平力的能力来看，拱桥桥墩又可以分为普通墩和单向推力墩两种。

普通墩除了承受相邻两跨结构传来的垂直反力外，一般不承受恒载水平推力，或者当相邻孔不相同时只承受经过相互抵消后尚余的水平衡推力。

单向推力墩又称制动墩，它的主要作用是在它的一侧的桥孔因某种原因遭到毁坏时，能承受住单向拱的自载水平推力，以保证其一侧的拱桥不致倾塌。

《公路圬工桥涵设计规范》（JTG D61—2005）规定，多孔拱桥应根据使用要求设置单向推力墩或采用其他抗单向推力的措施。单向推力墩宜每隔 3～5 孔设置一个。而且当施工时为了拱架的多次周转，或者当缆索吊装设备的工作跨径受到限制时，为了能按桥台与某墩之间或者接某两个桥墩之间作为一个施工段进行分段施工，在此情况下也要设置能承受部分恒载单向推力的制动墩，由此可见，为了满足结构强度和稳定的要求，普通墩的墩身可以做得薄一些［图 9-18（a）］，单向推力墩在顺桥向要有更大的截面抵抗矩［图 9-18（b）］。

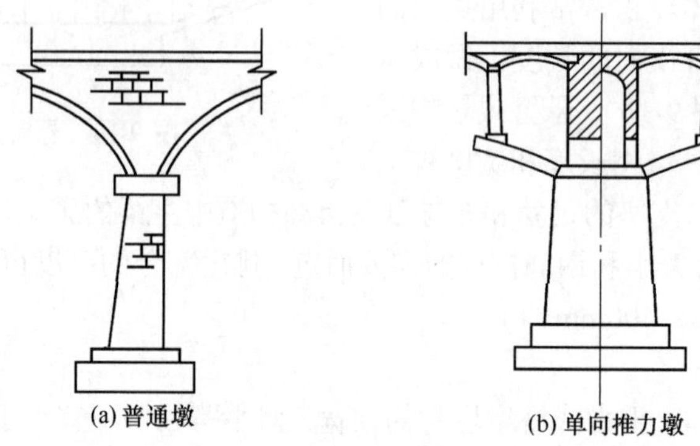
(a) 普通墩　(b) 单向推力墩

图 9-18　拱桥桥墩

与梁桥重力式桥墩相比较，拱桥桥墩在构造上还有以下特点。

1）拱桥桥墩与梁桥桥墩的一个不同点是，梁桥桥墩的顶面要设置传力的支座，而无支架吊装的拱桥桥墩则在其顶面的边缘设置呈倾斜面的拱座，直接承受由拱圈传来的压力。由于拱座承受着较大的拱圈压力，故一般采用 C20 以上的整体式混凝土、混凝土预制块或 MU40 以上的块石砌筑。

2）自桥墩两侧孔径相等时，则拱座均设置在桥墩顶部的起拱线标高上，有时考虑桥面的纵坡，两侧的起拱线标高可以略有不同。当桥墩两侧的孔径不等，恒载水平推力不平衡时，将拱座设置在不同的起拱线标高上。此时，桥墩墩身可在推力小的一侧变坡或增大边棱。从外形美观上考虑，变坡点一般设在常水位以下（图 9-19）。墩身两侧边坡一般为（20∶1）～（30∶1）。

3）《公路圬工桥涵设计规范》(JTG D61—2005）规定，等跨拱桥的实体桥墩的顶宽（单向推力墩除外）一般可按拱跨的 1/25～1/15，石砌墩可按拱跨的 1/20～1/10 估算，其比值将随跨径的增大而减小，且不宜小于 0.8m。对于单向推力墩，则按具体情况计算确定。

为了缩减墩身长度，拱桥墩顶部也可做成托盘形式如图 9-20 所示。托盘可采用 C20 纯混凝土砌体，或仅布置构造钢筋。墩身材料可以采用块石、片石或混凝土预制块砌筑，也可用片石混凝土浇筑。

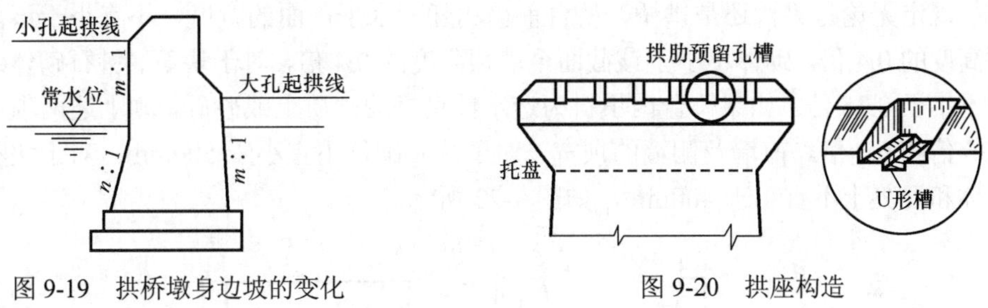

图 9-19　拱桥墩身边坡的变化　　　图 9-20　拱座构造

3. 梁桥及拱桥砌体桥台构造要求和尺寸拟定

梁桥和拱桥上常用的重力式桥台为U形桥台，它们由台帽、台身和基础三部分组成。梁桥、拱桥桥台构造示意图如图 9-21 所示。从图 9-21（a)、(b）比较可以看出，二者除在台帽部分有所差别外，其余部分基本相同。从尺寸上看，拱桥桥台一般较梁桥者大。U形桥台的优点是构造简单，它使用于填土高度在 8～10m 以下或跨度稍大的桥梁，缺点是桥台体积和自重较大，也增加了对地基的要求。此外，桥台的两个侧墙之间填土容易积水，结冰后冻胀，使侧墙产生裂缝。所以宜用渗水性较好的土夯填，并做好台后排水措施。

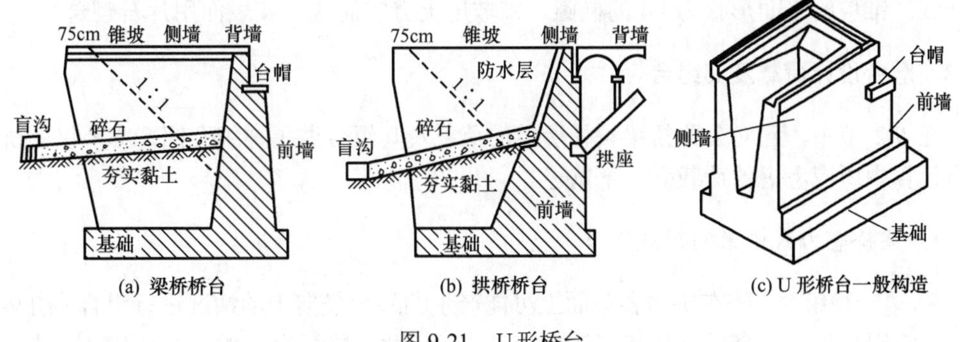

(a) 梁桥桥台　　(b) 拱桥桥台　　(c) U 形桥台一般构造

图 9-21　U 形桥台

U 形桥台的各部分机构的要求如下。

（1）台帽构造要求和尺寸拟定

梁桥台帽的构造和尺寸要求与相应的桥墩墩帽有许多共同之处，不同的是台帽顶面只设单排支座，另一侧设置砌筑挡住路堤填土的矮透背墙。背墙的顶宽，对于片石砌体不得小于 0.5m；对于块石、料石砌体及混凝土砌体不宜小于 0.4m。背墙一般做成垂直的，并与两侧侧墙连接。在台帽放置支座部分的配筋构造及混凝土强度可按相应的墩帽构造进行设计。

拱桥桥台旨在向河心的一侧设置拱座，其构造和尺寸可参照相应桥墩的拱座拟定。对于空腹式拱桥，在前墙顶面上还要砌筑背墙，用来挡住路堤填土和支撑腹拱。

（2）台身构造要求和尺寸拟定

U形桥台台身由前墙和侧墙构成。前墙正面多采用（10∶1）或（20∶1）的斜坡。侧墙与前墙结合成一体，兼有挡土墙和支撑墙的作用。背坡多采用（5∶1）～（8∶1）的斜线，也可采用直立墙壁。

规定无论是梁桥还是拱桥，桥台前墙的任一水平截面的宽度，不宜小于该截面至墙顶高度的 0.4 倍。砌体不小于该截面至墙顶高度的 0.4 倍，对于块石、料石砌体或混凝土则不小于 0.35 倍。如果桥台内填料为透水性良好的砂质土或砂砾，则上述两项可分别为 0.35 倍和 0.3 倍。前墙及侧墙的顶宽，对于片石砌体不宜小于 500mm；对于块石、料石砌体和混凝土不宜小于 400mm，如图 9-22 所示。

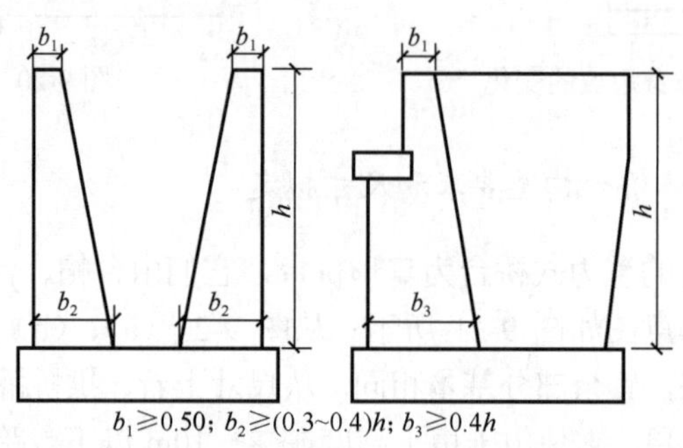

$b_1 \geqslant 0.50$; $b_2 \geqslant (0.3\sim0.4)h$; $b_3 \geqslant 0.4h$

图 9-22　U形桥台尺寸

桥台两侧的锥坡坡度，一般由纵向为 1∶1 逐渐变至横向为 1∶1.5，以便和路堤的边坡一致。锥坡的平面形状为 1/4 的椭圆。锥坡用土夯实而成，其表面用片石砌筑。

9.6.3　墩台设计荷载及其组合

在 9.2 节中，已对公路桥梁设计所用的荷载及其组合做了详细介绍，本节仅就桥梁墩台计算中所应考虑的荷载做一下阐述。

1. 梁桥重力式桥墩的荷载组合

1）第一种组合。按在桥墩各截面上可能产生的最大竖向力的情况进行组合［图 9-23（a）］。它用来验算墩身强度和基底最大应力的。因此，除了有关的永久荷载外，应在相邻两跨满布基本可变荷载的一种或几种，即《公路圬工桥涵设计规范》（JTG D61—2005）中的组合Ⅰ或组合Ⅲ。

2）第二种组合。按桥墩各截面在顺桥方向上可能产生的最大偏心和最大弯矩的情况进行组合［图 9-23（b）］。它是用来验算墩身强度、基底应力、偏心以及桥墩的稳定性的，即《公路圬工桥涵设计规范》（JTG D61—2005）中的组合Ⅱ。

3）第三种组合。按桥墩各截面在横桥方向上可能产生最大偏心和最大弯矩的情况进行组合［图 9-23（c）］。它是用来验算在横桥方向上的墩身强度基底应力，偏心以及桥墩的稳定性的，即《公路圬工桥涵设计规范》（JTG D61—2005）中的组合Ⅱ或组合Ⅳ。

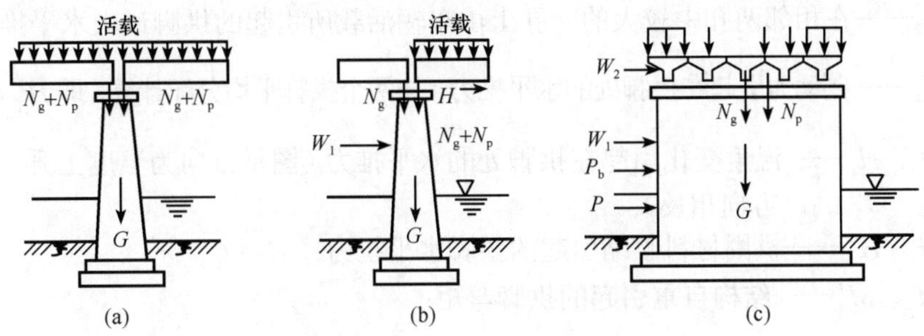

图 9-23　桥梁桥墩的荷载组合图示

2. 拱桥重力式桥墩的荷载与组合

（1）顺桥方向的荷载及其组合

对于普通桥墩应为相邻两孔的永久荷载，在某一孔或跨径较大的一孔满布基本可变荷载的一种或几种，其他可变荷载中的汽车制动力、纵向风力、温度影响力等，以及由此对桥墩产生不平衡的水平推力，竖向力和弯矩（图 9-24）。

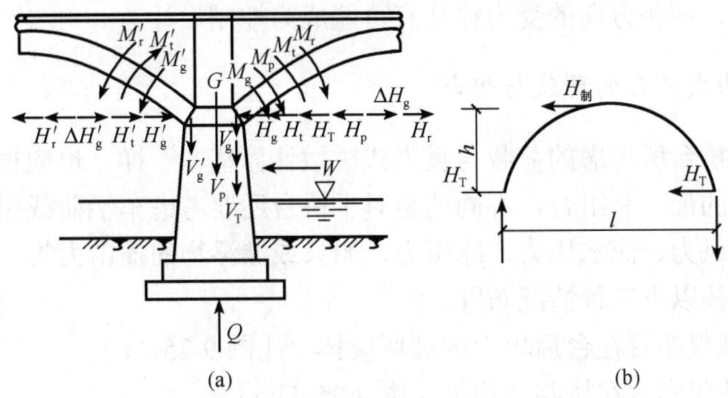

图 9-24　不等跨拱桥桥墩受力情况

对于单向推力墩则只考虑相邻两孔中跨径较大一孔的永久荷载。图 9-24 中的符号意义如下：

G——桥墩自重；

Q——水的浮力（仅在验算稳定时考虑）；

V_g、V'_g——相邻两孔拱脚处因结构自重产生的竖向反力；

V_p——与车辆活载产生的最大值相应的拱脚竖向反力（可按支点反力影响线求得）；

V_T——由桥面出制动力 $H_{制}$ 引起的拱脚竖向反力（即 $V_T=\dfrac{H_{制}h}{l}$，其中 h 为桥面至拱脚的高度，l 为拱的计算跨径）；

H_g、H'_g——不计弹性压缩时在拱脚恒载处由结构自重引起的水平推力；

ΔH_g、$\Delta H'_g$——由结构自重产生弹性压缩所引起的拱脚水平推力（方向与H_g与H'_g相反）；

H_p——在相邻两孔中较大的一孔上由车辆活载所引起的拱脚最大水平推力；

H_T——制动力引起在拱脚处的水平推力（按两个拱脚平均分配计算，即$H_T=\frac{1}{2}H_{制}$）；

H_t、H'_t——温度变化引起在拱脚处的水平推力（图示方向为温度上升，降温时则方向相反）；

H_r、H'_r——拱圈材料收缩引起的拱脚水平拉力；

M_g、M'_g——结构自重引起的拱脚弯矩；

M_p——由车辆活载引起的拱脚弯矩（由于它是按 H_p 达到最大值时的活载布置计算，故产生的拱脚弯矩很小，可以忽略不计）；

M_t、M'_t——温度变化引起的拱脚弯矩；

M_r、M'_r——拱圈材料收缩引起的拱脚弯矩；

W——墩身纵向风力。

（2）横桥方向的荷载及其组合

在横桥方向作用于桥墩上的外力有风力、流水压力、冰压力、船只或漂浮物撞击力、地震力等，但是对于公路桥梁、高而窄的桥梁除外，横桥方向的受力验算一般不控制设计。地震作用时，横桥方向的受力往往有可能成为控制设计。

3. 梁桥重力式桥台的荷载与组合

计算重力式桥台所考虑的荷载与重力式桥墩计算基本一样，也应根据各种可能出现的情况进行荷载的最不利组合，不同的是对于桥台还要考虑车辆荷载引起的土压力，而不需计及纵横向风力、流水压力，冰压力、船只或漂浮物的撞击力等。

车辆荷载可按以下三种情况布置。

1）车辆荷载仅布置在台后填土的破坏棱体上［图 9-25（a）］。

2）车辆荷载仅布置在桥路结构上［图 9-25（b）］。

3）车辆荷载同时布置在桥跨结构和破坏棱体上［图 9-25（c）］。

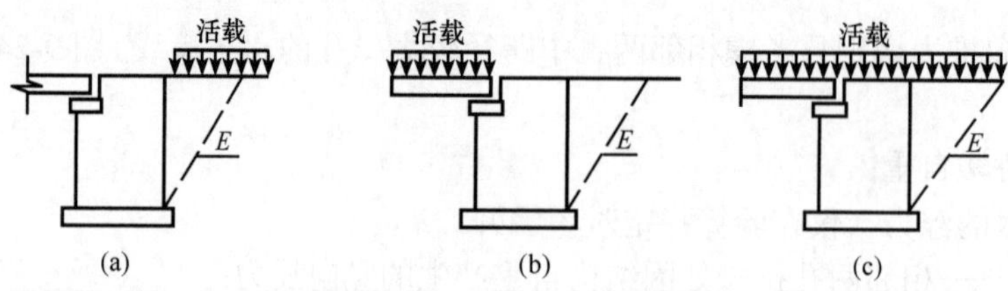

图 9-25　梁桥桥台荷载组合

此外，在个别情况下，还要考虑在架梁之前，台后已填土完毕并在其上布置有施工荷载的荷载组合情形。一般重力式桥台以第一种和第三种组合控制设计，但需根据具体情况进行分析比较后才能确定。

4. 拱桥重力式桥台的荷载与组合

1）桥上布满荷载，使拱脚水平推力达到最大值，温度上升，车辆制动力向路堤方向，台后按压实土侧压力，使桥台有向路堤方向偏移的趋势。

2）台后破坏棱体上有活载，车辆制动力向桥跨方向，桥跨上无活载，温度下降，台后按未压实土考虑侧压力使桥台向有桥跨方向偏移的趋势。

9.6.4　桥墩台设计要点

1. 重力式桥墩计算要点

对于梁桥和拱桥的重力式桥墩的计算，虽然在荷载组合的内容上稍有不同，但是就某个截面而言，这些外力都可以合成为竖向和水平方向的合力（$\sum N$ 和$\sum H$）以及绕该截面 x-x 轴和 y-y 轴的弯矩（$\sum M_x$ 和$\sum M_y$ 表示），如图 9-26 所示。因此，它们的验算内容和计算方法基本相同。下面将叙述重力式桥墩的一般计算程序。

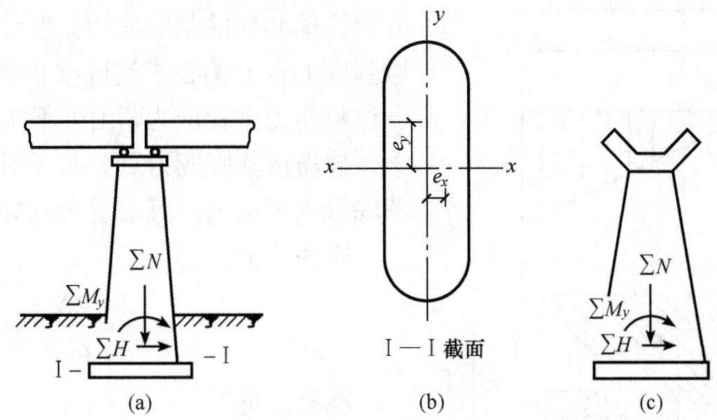

图 9-26　墩身底截面强度验算

（1）砌体桥墩墩身强度验算

1）验算截面的选择。对于较矮的桥墩一般验算墩身的底截面和墩身的突出处截面；对于悬臂式墩帽的墩身，应对于墩帽交界的墩身截面进行验算；对于较高的桥墩，由于危险，截面不一定在墩身底部，这时应沿竖向每隔 2～3m 验算一个截面。

2）内力计算。作用于每个截面上的外力应按顺桥方向和横桥方向分别进行荷载组合，得到相应的纵向$\sum N$、水平力$\sum H$ 和弯矩$\sum M$。

3）抗压强度的验算。对于轴心受压和偏心受压的桥墩，可按《公路圬工桥涵设计规范》（JTG D61—2005）中有关公式进行验算。如果不满足要求时，就应修改墩身截面尺寸、重新验算。

4）截面偏心距 e_0 的验算。桥墩承受偏心受压荷载时，其截面偏心距 $e_0=\dfrac{\sum M}{\sum N}$ 不得超过表 9-5 的允许值，当荷载组合 I 中考虑了水的浮力或基础变位影响力时，允许偏心距则按荷载组合 II 采用。

5）抗剪强度的验算。当拱桥相邻两孔的推力不相等时，常常要验算拱座底截面的抗剪强度。当构件为通缝受剪时，可按《公路圬工桥涵设计规范》（JTG D61—2005）中有关公式验算。

（2）墩顶水平位移的验算

墩顶过大的水平位移会影响桥跨结构的正常使用，对于高度超过 20m 重力式桥墩应验算墩顶水平方向的弹性位移。《公路圬工桥涵设计规范》（JTG D61—2005）规定墩顶端水平位移的允许极限位移为

$$\Delta \leqslant 0.5\sqrt{l} \tag{9-49}$$

式中：l——相邻墩台间最小跨径长度（跨径小于 25m 时仍以 25m 计），m；

Δ——墩顶计算水平位移值，cm。

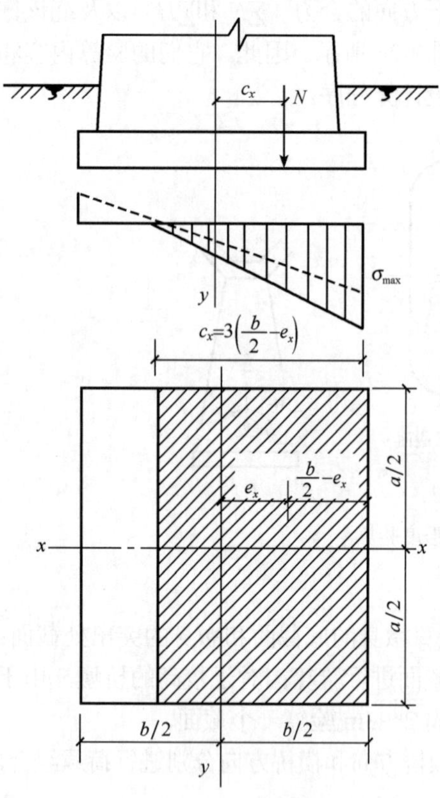

图 9-27　基底应力重分布

（3）基础底面土的承载力和偏心距的验算

1）基底土的承载力验算。基底土的承载力一般按顺桥方向和横桥方向分别进行验算。当偏心荷载的合力作用在基底截面的棱心半径以内时，应验算偏心向的基底应力。当设置在基岩土的桥墩基底的台力偏心距超过核心半径时，其基底的一边将会出现拉应力，由于不考虑基底承受拉应力，故需按基底应力重分布（图 9-27）重新验算基底最大压应力。其验算公式如下：

顺桥方向

$$\sigma_{max} = \frac{2N}{ac_x} \leqslant [\sigma] \tag{9-50}$$

横桥方向

$$\sigma_{max} = \frac{2N}{bc_y} \leqslant [\sigma] \tag{9-51}$$

式中：σ_{max}——应力重分布后基底最大压应力；

N——作用于基础底面合力的竖向分力；

a、b——顺桥方向和横桥方向基础底面积的边长；

$[\sigma]$——地基土壤的允许承载力、并按荷载及使用情况计入允许承载力的提高系数；

c_x——顺桥方向验算时，基底受压面积在顺桥方向的长度，即

$$c_x = 3\left(\frac{b}{2} - e_x\right)$$

c_y——横桥方向验算时，基底受压面积在横桥方向的长度，即

$$c_y = 3\left(\frac{a}{2} - e_y\right)$$

e_x、e_y——合力在 x 轴和 y 轴的偏心距。

2）基底偏心距验算。为了使恒载基底应力分布比较均匀，防止基底最大压应力 σ_{max} 与最小压应力 σ_{min} 相差过大，导致基底产生不均匀沉陷和影响桥墩的正常使用。故在设计时，应对基底合力偏心距加以限制，在基础纵向和横向，其计算的荷载偏心距 e_0 应满足表 9-7 的要求。

表 9-7　墩台基础偏心距的限制

荷载情况	地基条件	合力偏心距	备注
墩台仅受恒载作用时	非岩石地基	桥墩 $e_0 \leqslant 0.1\rho$ 桥台 $e_0 \leqslant 0.1\rho$	对于拱桥墩台，其荷载合力作用点应尽量保持在基底中线附近
墩台受荷载组合Ⅱ、Ⅲ、Ⅳ作用时	非岩石地基 石质较差的岩石地基 坚密岩石地基	$e_0 \leqslant \rho$ $e_0 \leqslant 1.2\rho$ $e_0 \leqslant 1.5\rho$	建筑在岩石地基上的单向推力墩，当满足强度和稳定性要求时，合力偏心距不受限制

注：$\rho = \frac{W}{A}$，$\rho = \frac{\sum M}{N}$，其中，ρ 为墩台基础底面的核心半径；W 为墩台基础底面的截面模量；A 为墩台基础底面的面积；N 为作用于墩台合力的竖向分力；$\sum M$ 为作用于墩台的水平力和竖向力对基础形心轴的弯矩。

（4）桥墩的整体稳定性验算

在设计中，除了满足地基强度和合力偏心距不超过允许值以外，还需就以下两个方面对桥墩的整体稳定进行验算（图 9-28）。

1）倾覆稳定性验算。抵抗倾覆稳定系数验算为

$$k_c = \frac{M_{稳}}{M_{倾}} = \frac{x\sum p_i}{\sum(p_i e_i) + \sum(T_i h_i)} = \frac{x}{e_0} \tag{9-52}$$

式中：$M_{稳}$——稳定力矩；

$M_{倾}$——倾覆力矩；

$\sum p_i$——作用于基底竖向力的总和；

$p_i e_i$——作用在桥墩上第 i 个竖向力与它们到基底重心轴距离的乘积；

$T_i h_i$——作用在桥墩上第 i 个水平力与它们到基底距离的乘积；

x——基底截面重心 O 至偏心方向截面边缘距离；

e_0——所用外力的合力（包括水浮力）的竖向合力对基底重心的偏心距。

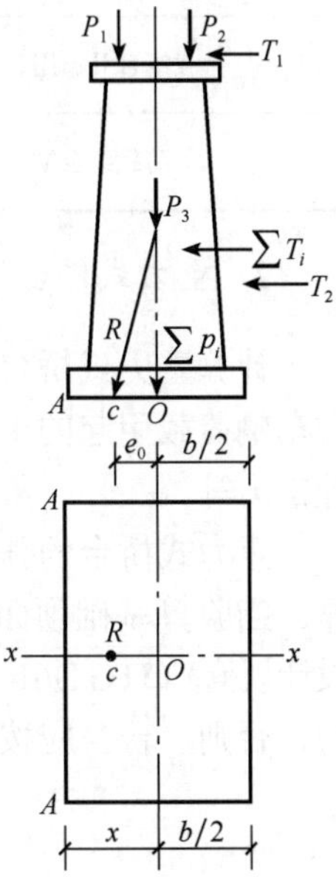

图 9-28　桥墩稳定性验算

2）滑动稳定性验算。抵抗滑动的稳定系数 k_c 验算

$$k_c = \frac{u\sum p_i}{\sum T_i} \tag{9-53}$$

式中：$\sum p_i$——各竖向力的总和（包括水的浮力）；

$\sum T_i$——各水平力的总和；

u——基础底面（砌体）与地基土之间的摩擦系数（若无实测值时可参照表 9-8）。

表 9-8　基底摩擦系数 f

地基土分类	摩擦系数 f
软塑黏土	0.25
硬塑黏土	0.30
砂黏土、黏砂土、半干硬的黏土	0.30～0.40
砂土类	0.40
碎石类土	0.50
软质岩土	0.40～0.60
硬质岩土	0.60～0.70

上述求得的倾覆与滑动稳定系数 K_0 和 K_c 均不得小于表 9-9 中规定的最小值。最后还要注意的是在验算倾覆稳定性和滑动稳定性时，都要分别按常水位和设计洪水位两种情况考虑水的浮力。

表 9-9　抗倾覆和抗滑动的稳定系数

荷载情况	验算项目	稳定系数
荷载组合	抗倾覆 抗滑动	1.5 1.3
荷载组合Ⅱ、Ⅲ、Ⅳ	抗倾覆 抗滑动	1.3
荷载组合Ⅴ	抗倾覆 抗滑动	1.2

2. 重力式桥台的计算要点

计算重力式桥台所考虑荷载与重力式桥墩计算基本一样。不同的是对于桥台还要考虑车辆荷载引起的土压力，而不计纵、横向风力、流水压力、冰压力、船只或漂浮物的撞击力等。

重力式桥台的强度、偏心距和稳定性的验算也与桥墩基本相同，但只做顺桥向的验算。当验算基础顶面的台身砌体强度时，如桥台截面的各部分尺寸满足《公路圬工桥涵设计规范》(JTG D61—2005）中的有关规定，则应把桥台的侧墙和前墙作为整体来考虑受力，否则，台身应按独立的挡土墙计算。

9.7　砌体涵洞设计

9.7.1　砌体涵洞类型与构造

涵洞是用来宣泄路堤下水流的构筑物。通常在建造涵洞处路堤不中断。为了区别于桥梁，多孔跨径的全长不到 8m 和单孔跨径不到 5m 的泄水结构物，均称为涵洞。

涵洞一般可按构造形式、建筑材料、水流状态，涵上填土、使用要求、涵洞轴线与线路中心线平面关系、用途以及施工方法等有多种分类。但对砌体涵洞来说，主要是拱形涵洞，简称拱涵。按孔数还有单孔拱涵、双孔拱涵之分。

拱涵由拱圈、边墙、翼墙、沉落缝和基础组成（图 9-29）。

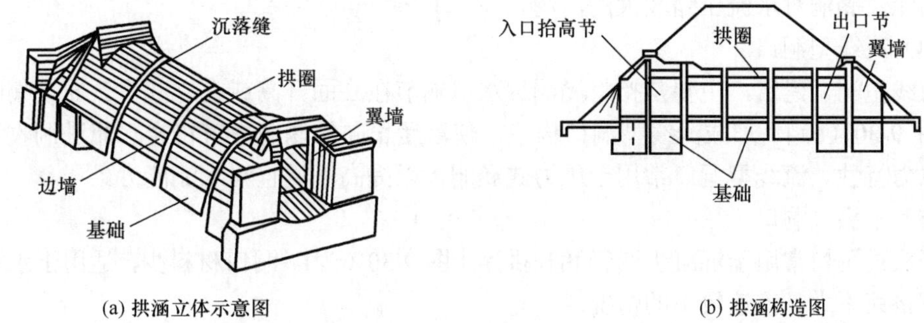

(a) 拱涵立体示意图　(b) 拱涵构造图

图 9-29　拱涵构造图

拱涵泄水能力大，具有较高的结构高度来保证其稳定性，所以在地质条件较好、高路堤填土、有石料来源地区应用广泛。拱涵的横截面形式有半圆拱（三心拱）、圆弧拱、卵形拱（五心拱），应用最多的是圆弧拱涵洞。

涵洞的建筑结构形式和孔径主要是依据宣泄的流量确定。由于涵洞跨越的都是小河沟，有的还是为疏导边沟积水按构造要求设置，往往缺少水文观测资料。我国目前主要是运用当地雨量观测站资料，采用暴雨推理和径流的方法及相关资料的经验方法来推求设计流量。还可通过以洪水调查为主的形态调查法和以附近已建成小桥涵使用情况为主的类比法来推求设计流量。

9.7.2　洞口形式及进口出口处理

1. 洞口类型及适用性

洞口建筑有进水口和出水口。进水口（上游洞口）起束水导流作用，使水流顺畅地进入涵孔；出水口（下游涵洞）扩散水流，使水流不致冲刷并匀顺排离涵洞。洞口应与洞身、路基衔接平顺，起到调节水流和形成良好流态的作用。

洞口构造由挡土墙（翼墙、端墙）、护坡和铺砌等部分组成。常用的洞口形式如图 9-30 所示。

（1）八字翼墙式洞口

洞口除有端墙外，端墙前洞口两侧还有张开成八字的翼墙［图 9-30（a)］。当八字翼墙张开角为零时就成为直墙式洞口［图 9-30（b)］。八字翼墙式洞口适用于边坡规则的人工渠道，以及窄而深断面变化不大的天然河沟。

（2）端墙式洞口

端墙式洞口又称一字墙式洞口［图 9-30（c)］。建筑垂直于涵洞轴线的端墙，端墙前洞口两侧是锥体护坡。端墙式洞口构造简单，但宣泄流量的能力较小，水力性能不好，使用在流速较小的人工渠道或不易受冲刷影响的岩石砂沟上。

（3）锥坡式洞口

锥坡式洞口［图 9-30（d)］建筑，是在端墙式的基础上将侧向伸出的锥形填土表面予以铺砌，视水流被涵洞的侧向挤束程度和水流速，可采用浆砌和干砌，这种洞口多用于浅河流及涵洞对水流压缩较大的河沟。

（4）流线型洞口

流线型洞口建筑，主要是指将涵洞进水口端节在立面升高或在立（平）面接喇叭扩大［图 9-30（e)]，形成流线型洞口构造，使沿涵长向的涵洞净空符合水流进洞收缩的实际水力特性。流线型洞口常用于压力式涵洞，以提高涵洞宣泄水流能力。

（5）平头式洞口

平头式洞口常用于混凝土圆管涵和拱涵［图 9-30（f)]。洞口材料少，适用于水流通过涵洞挤束不大且流速较小的情况。

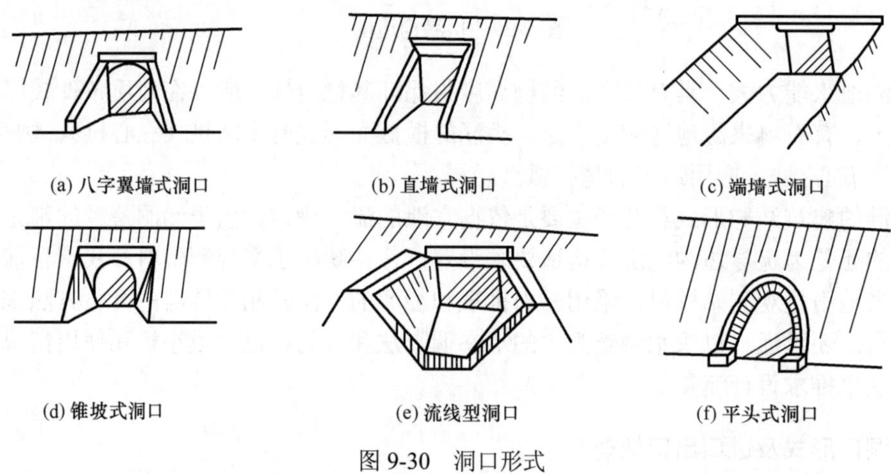

图 9-30　洞口形式

2. 洞口沟床加固处理

进出口构床加固处理是保证涵洞正常使用的重要内容、具体要求及做法可自行查阅相关资料。

9.7.3 拱涵的设计要点

1. 基本假定

1）拱圈采用等截面圆弧无铰拱。

2）在计算拱圈内力时，不考虑曲率、剪切变形、弹性压缩对内力的影响。

3）不计混凝土收缩和温度变化产生的影响力。

4）拱土填土最小厚度应满足车轮（或履带）的压力分布于全部拱圈。

2. 确定拱圈几何尺寸

根据工程实践总结出以下经验公式来作为拟定拱圈厚度尺寸参考为

$$\begin{cases}\text{石拱桥} & d = mk\sqrt[3]{L_0} \text{ 或 } d = 1.37\sqrt{R_0 + L_0/2} + 6 \\ \text{砖拱桥} & d = 1.82\sqrt{R_0 + L_0/2} + 8\end{cases} \tag{9-54}$$

式中：d——等截面圆弧拱圈厚度，cm；

R_0——拱腹线半径，cm；

L_0——圆弧拱净跨径，cm。

$$\begin{cases}\text{计算跨径} & L = L_0 + d\sin\varphi_0 \\ \text{计算矢高} & f = f_0 + d/2 - (d/2)\cos\varphi_0 \\ \text{计算半径} & R_0 = L_0/(2\sin\varphi_0) = f/(1-\cos\varphi_0)\end{cases} \tag{9-55}$$

式中：φ_0——拱脚至圆心的连线与垂线交角（半圆心角）；

f_0——净矢高，cm。

3. 拱圈外荷载计算

（1）恒载计算

拱顶填土竖向压力强度按土柱重计算

$$q_2 = \gamma_2\left(f + \frac{d}{2} - \frac{d}{2\cos\varphi_0}\right) \tag{9-56}$$

拱腹填土荷载

$$q_4 = \gamma_1 H \tan^2\left(45° - \frac{\varphi_0}{2}\right) \tag{9-57}$$

拱圈自重

$$q_3 = \gamma_3 d \tag{9-58}$$

填土所产生的水平压力

$$q_4 = \gamma_1 H \tan^2\left(45° - \frac{\varphi_0}{2}\right) \tag{9-59}$$

上述式中：γ_1——土的重度；

γ_2——拱腹填料平均重度；

γ_3——拱圈圬工重度；

H——拱顶填土高度。

因拱涵跨径都在5m以下，拱高影响不大，故水平压力按矩形图式计算（图9-31）。

（2）拱圈活载垂直与水平压力计算

《公路圬工桥涵设计规范》(JTG D61—2005）规定：计算涵洞顶上车辆荷载引起的竖向土压力时，车轮或履带按其着地面积的边缘向下作 30°角分布。当几个车轮或两条履带的压力扩散线相重叠时，则扩散面积以最外边的扩散线为准。

当填上厚度等于或大于4m时，也可按半无限弹性体理论计算。计算某点的竖向应力为

$$\sigma_y = \frac{3PH^3}{2\pi r^5} \tag{9-60}$$

式中：σ_y——计算某点的竖向应力，kPa；

P——集中荷载，kN；

H——半无限体内计算点距地面的深度，m；

r——施力点与计算点的距离，m。

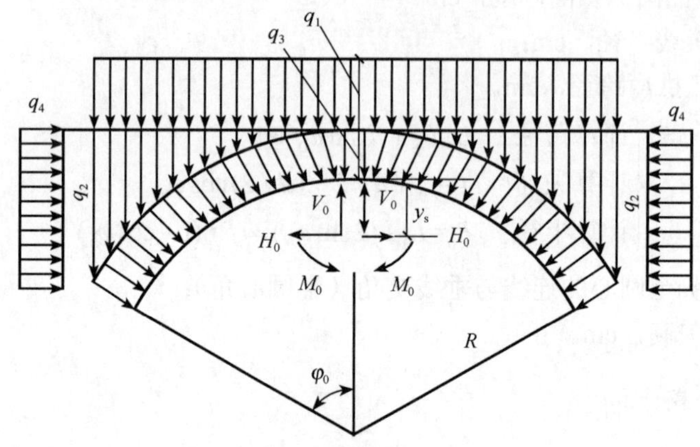

图 9-31 拱涵外荷载计算图式

最大竖向力发生在通过施力点的竖向轴上，其值为

$$\sigma_v=\frac{0.478P}{H^2} \tag{9-61}$$

当承受履带式拖拉机荷载或其他可视为矩形面积均布荷载时

$$\sigma_v=ap \tag{9-62}$$

式中：a——系数［查《公路桥涵设计手册　涵洞》（顾克明等，1993）附表 3-5］；

σ_v——深度 H 处由荷载所产生的垂直压力强度，kN/m^2；

p——矩形面积上均布荷载。

活荷载的水平压力

$$e_p=\mu\sigma_v \tag{9-63}$$

式中：μ——侧压力系数；

σ_v——深度 H 处由活载产生的垂直压力强度，kN/m^2。

4. 拱圈内力计算

（1）外荷载在基本结构（对拱脚截面）产生的内力

在全跨垂直均布荷载作用下产生的竖向剪力和弯矩为

$$P_p=a_1Rq_1 \qquad M_p=-\beta_1R^2q_1 \tag{9-64}$$

在倒圆弧形荷载作用 F 产生的竖向剪力和弯矩为

$$P_p=a_2Rq_2 \qquad M_p=-\beta_2R^2q_2 \tag{9-65}$$

在拱圈自重作用下产生的竖向剪力和弯矩为

$$P_p=a_3Rq_3 \qquad M_p=-\beta_3R^2q_3 \tag{9-66}$$

在双侧矩形水平荷载作用下产生的水平反力和弯矩为

$$H_p=-\eta_4Rq_4 \qquad M_p=-\beta_4R^2q_4 \tag{9-67}$$

在单侧水平荷载作用下，有荷载作用的半跨上M_p、H_p和双侧水平荷载作用下相同；无荷载作用的半跨上M_p、H_p均为零。

在半跨垂直荷载作用下，有荷载作用半跨上M_p、H_p和全跨荷载作用下的M_p、H_p相同；无荷载作用半跨上的M_p、H_p均为零。以上式中参数可由《公路桥涵设计手册　涵洞》（顾克明等，1993）附表3-4中查得。

（2）拱顶、拱脚截面内力

恒载作用下的内力计算。

弯矩：

拱顶　$$M=M_0-H_0(f-y_s)+M_p \tag{9-68}$$

拱脚　$$M=M_0-H_0(f-y_s)+M_p \tag{9-69}$$

水平力　$$H=H_0 \tag{9-70}$$

垂直力　$$V=P_p \tag{9-71}$$

活载作用下的内力计算：

全跨均匀荷载及双侧水平荷载时与恒载作用下的内力相同，以下计算左半跨均匀荷载作用下拱顶、拱脚截面内力。

弯矩：

拱顶　$$M=M_0-H_0y_s \tag{9-72}$$

拱脚　$$\begin{cases} M_{左}=M_0-H_0(f-y_s)-\dfrac{V_0L}{2}+M_p \\ M_{右}=M_0-H_0(f-y_s)+\dfrac{V_0L}{2} \end{cases} \tag{9-73}$$

水平力：

拱顶　$$H=H_0 \tag{9-74}$$

拱脚　$$\begin{cases} H_{左}=H_0+H_p \\ H_{右}=H_0 \end{cases} \tag{9-75}$$

垂直力　$$V=P_p \tag{9-76}$$

左侧水平作用力拱顶、拱脚截面内力计算。

弯矩：

拱顶　$$M=M_0-H_0y_s \tag{9-77}$$

拱脚　$$\begin{cases} M_{左}=M_0-H_0(f-y_s)-\dfrac{V_0L}{2}+M_p \\ M_{右}=M_0-H_0(f-y_s)+\dfrac{V_0L}{2} \end{cases} \tag{9-78}$$

水平力：

拱顶　$$H=H_0 \tag{9-79}$$

拱脚　$$\begin{cases} H_{左}=H_0+H_p \\ H_{右}=H_0 \end{cases} \tag{9-80}$$

垂直力　$$V=P_p \tag{9-81}$$

以上各式中 M_0、H_0、V_0 为弹性中心处的赘余力。

（3）内力组合

恒载内力组合计算。

$$
\begin{cases}
\text{弯矩} & M_{总}=M_{q1}+M_{q2}+M_{q3}+M_{q4} \\
\text{水平力} & H_{总}=H_{q1}+H_{q2}+H_{q3}+H_{q4} \\
\text{垂直力} & V_{总}=V_{q1}+V_{q2}+V_{q3}+V_{q4} \\
\text{轴向力} & \text{拱脚 } N_{总}=H_{总}\cos\varphi_0+V_{总}\sin\varphi_0 \\
 & \text{拱顶 } N_{总}=H_{总}
\end{cases}
\tag{9-82}
$$

活载内力组合计算

第一种组合：全跨均布荷载+双侧水平力；

第二种组合：全跨均布荷载+左侧水平力；

第三种组合：左侧均布荷载+左侧水平力。

（4）强度和稳定性验算

对拱涵的拱圈，其正截面强度只验算拱顶和拱脚截面、拱圈的稳定性，按偏心受压构件验算。

（5）涵台计算

涵台计算参照本章 9.5 节内容。

9.8　挡土墙设计

挡土墙是一种用来保证路基边坡或山坡土体稳定的挡土构筑物。挡土墙必须有足够的整体稳定性，墙身截面具有足够的强度，以抵御墙后的土体压力。

在道路工程中，挡土墙的应用更为广泛，其作用可归纳为：支挡路基填方、挖方边坡或山坡，减少路基占地，支撑隧道洞口、桥头及河流岸壁等。

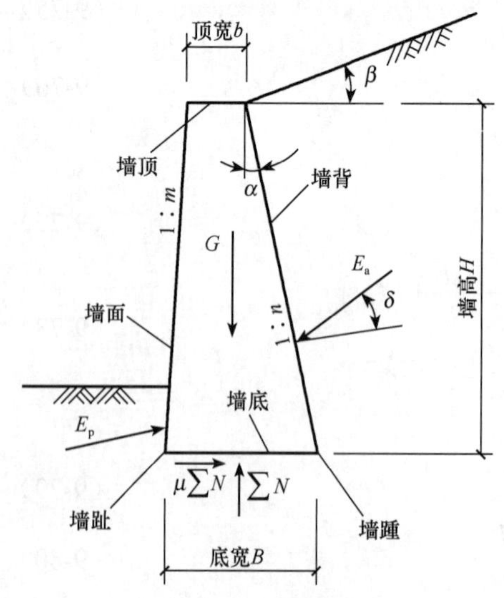

图 9-32　挡土墙各部分名称

挡土墙各部分的名称如图 9-32 所示，墙身靠填土（或山体）一侧称为墙背，大部分外露的一侧称为墙面（或墙胸），墙的顶面部分称为墙顶，墙的底面部分称为墙底，墙背与墙底的交线称为墙踵，墙面与墙底的交线称为墙趾。墙背与竖直面的夹角称为墙背倾角，一般用夹角 α 表示；工程中常用单位墙高与其水平长度之比来表示，即可表示为 1∶n。墙踵的垂直距离称为墙高，用 H 表示。

9.8.1　砌体挡土墙的分类

挡土墙类型的划分方法较多，主要以挡土墙设置位置、结构形式、建筑材料、截面形式等进行划分。

按挡土墙的设置位置可分为路堑墙、路堤墙、路肩墙、山坡墙等，如图 9-33 所示。

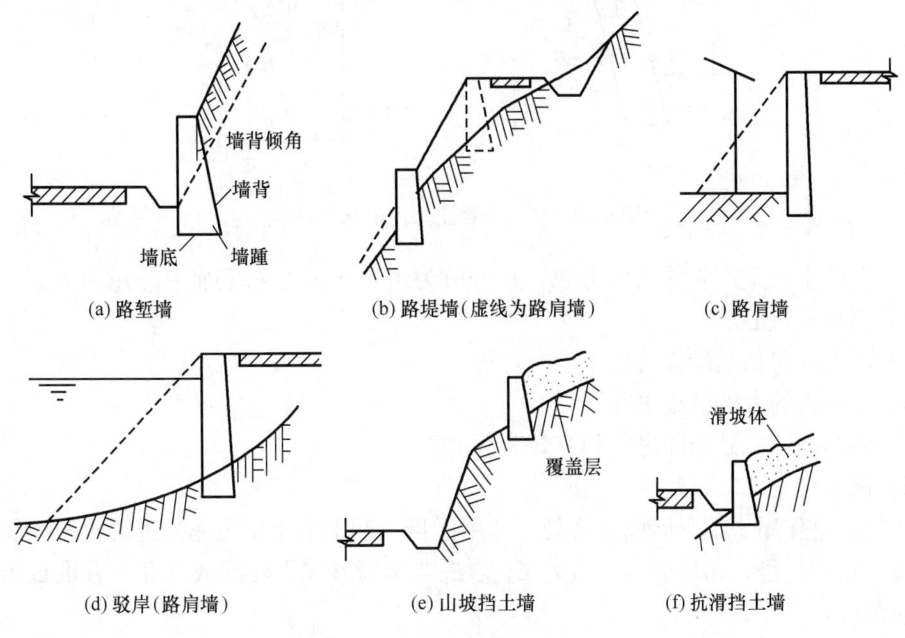

图 9-33　设置挡土墙的位置

按挡土墙身材料可分为石、砖、混凝土挡土墙。

按挡土墙的结构形式分为重力式、衡重式［图 9-34（e)］。

重力式挡土墙是依靠墙身自重支撑土压力。衡重式挡土墙利用衡重台上的填料和全墙重心后移增加墙身的稳定、以减少墙体断面尺寸。衡重式挡土墙墙面坡度较陡，下墙墙背又为仰斜，故可降低墙高　减少基础开挖工程量，避免过多扰动山体的稳定。

按墙背的倾斜方向、墙身断面形式可分为仰斜、垂直、俯斜、凸形折线式和衡重式等，如图 9-34 所示。

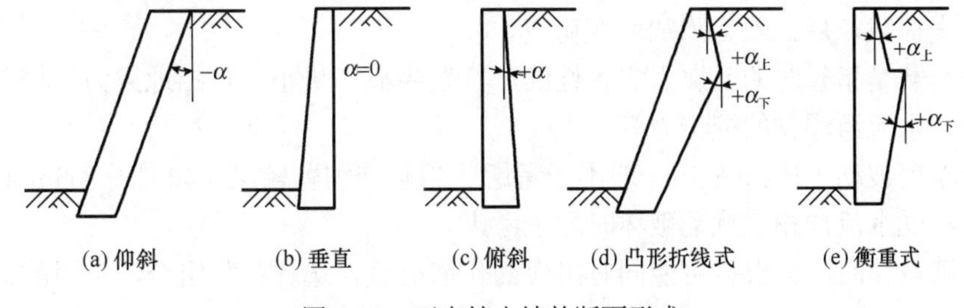

图 9-34　石砌挡土墙的断面形式

9.8.2　作用于挡土墙上的力系

作用于挡土墙上的力系，根据荷载性质分为永久荷载、可变荷载和偶然荷载。永久荷载是长期作用在挡土墙上的，如图 9-35 所示，包括下列荷载。

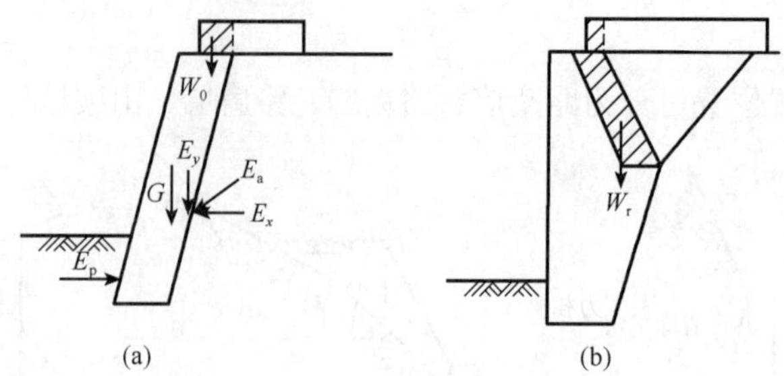

图 9-35　作用于挡土墙上的永久荷载

1）由填土自重产生的土压力 E_a，可分解为水平土压力 E_x 和垂有土压力 E_y。

2）墙身自重 G。

3）填土（包括基础襟边以上土）自重。

4）墙顶上的有效荷载 W_0。

5）墙背与第二破裂面之间的有效荷载 W_r。

6）预加应力。

墙的自重作用于墙身断面重心处。作用于挡土墙上的土压力包括主动土压力及被动土压力。它们均呈三角形分布，合力 E_a 及 E_p 与墙背和墙面法线成 δ 角，并通过压力分布图的重心。

可变荷载主要如下。

1）车辆荷载引起的土压力。

2）常水位时的浮力及静水压力。

3）设计水位时的静水压力和浮力。

4）水位退落时的动水压力。

5）波浪冲击力。

6）冻胀压力和冰压力。

7）温度变化的影响。

可变荷载按其对挡土墙的影响程度，又分为主要荷载和附加可变荷载，其中前四项为主要可变荷载，后三项为附加可变荷载。

偶然荷载是指暂时的或属于灾害性的，其发生概率极小，包括地震力、施工荷载和临时荷载、水流漂浮物的撞击力等。

至于墙前被动土压力 E_p，一般不予考虑。当基础埋置较深（如大于 1.5m 时）且地层稳定，不受水流冲刷或扰动破坏时才予考虑。

挡土墙设计时，应根据可能同时出现的作用荷载，选择荷载组合，常用的荷载组合见表 9-10。

表 9-10　常用荷载组合

组合	荷载名称
Ⅰ	挡土墙结构自重、土重和土压力相组合
Ⅱ	挡土墙结构自重、土重和土压力与汽车荷载引起的土压力相组合

续表

组合	荷载名称
Ⅲ	组合Ⅰ与设计水位的静水位的静水压力及浮力相结合
Ⅳ	组合Ⅱ与设计水位的静水位的静水压力及浮力相结合
Ⅴ	组合Ⅰ与地震力相组合

根据荷载性质，荷载组合又可分为主要组合、附加组合和偶然组合。

1）主要组合。永久荷载与可能发生的主要可变荷载组合。

2）附加组合。永久荷载与主要可变荷载和附加可变荷载组合。

3）偶然组合。永久荷载、主要可变荷载与一种偶然荷载组合。

9.8.3 挡土墙压力计算

1. 等代均布土层厚度的计算

公路路基除填料的作用外，还有作用在填料上的车辆荷载，在土压力计算时，必须考虑车辆荷载的作用。在工程设计中，一般近似地将车辆荷载按均布荷载考虑，把荷载换算成容重与墙后填料相同的均布土层，如图 9-36 所示，即把作用在破坏棱体上的车辆荷载换算为均布土层。等代均布土层厚度计算为

$$h=\frac{\sum G}{B_0L_0\gamma} \tag{9-83}$$

式中：h——等代均布土层厚度，m；

γ——墙后填料的容重，kN/m^3；

B_0——不计车辆或履带荷载的墙后填料破坏棱体宽度［对于路堤式挡土墙，为破坏棱体范围内的路基宽度（即不计边坡部分底宽度 b）］，有

$$B_0=(H+a)\tan\theta+H\tan\alpha-b(\mathrm{m}) \tag{9-84}$$

L_0——挡土墙的计算长度［取同一挡土墙的分段长度（不应大于 15m）和一辆重车的扩散长度（当大于 15m 时，仍用 15m）中的较大者］；

$\sum G$——布置在 $B_0\times L_0$ 面积内的轮廓或履带荷载，kN。

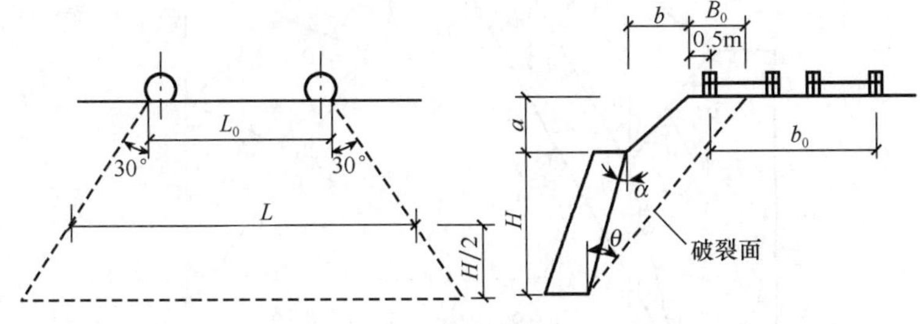

图 9-36　车辆荷载换算图式

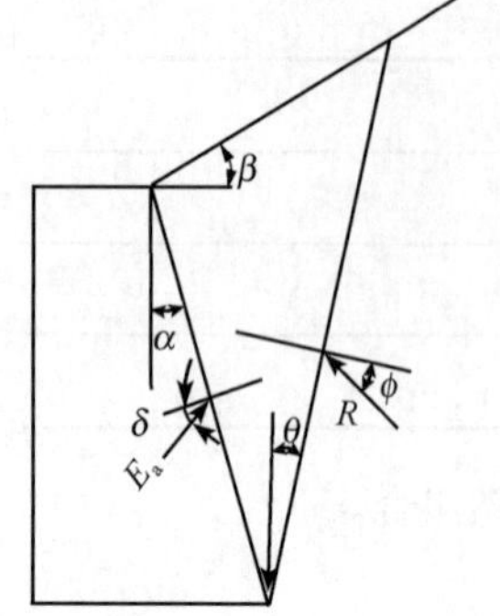

图 9-37　直线墙背土压力计算图

2. 直线墙背土压力计算

如图 9-37 所示，根据静力平衡条件可确定土楔处于极限平衡状态时给予墙背的主动土压力的基本公式为

$$E_a = G\frac{\sin(90° - \theta - \varphi)}{\sin(\theta + \varphi + \alpha + \delta)} \tag{9-85}$$

式中：G——土楔重（有荷载时，包括荷载重）；

θ——破裂面与垂线夹角；

φ——土的内摩擦角；

α——墙背倾角（仰斜时α取负值，俯斜时α取正值）；

δ——墙背与填料间的摩擦角。

令

$$\frac{\mathrm{d}E_a}{\mathrm{d}\theta} = 0 \tag{9-86}$$

即可求出最大破裂角口，然后代入基本公式（9-85）可求出土压力 E_a。求得的 E_a 即为作用于直线墙背的主动土压力。

各种边界条件下的土压力计算公式略有不同，具体计算见相关公路路基设计手册。

3. 折线墙背土压力计算

如图 9-38 所示的折线墙背挡土墙，上墙背土压力计算与直线墙背土压力计算相同。如前所述，下墙土压力的计算可采用力多边形法。根据楔体静力平衡条件可得主动土压力的基本公式

$$E_2 = G_2\frac{\mathrm{con}(\theta_2 + \varphi)}{\sin(\theta_2 + \varphi + \delta_2 - \alpha_2)} - \Delta E \tag{9-87}$$

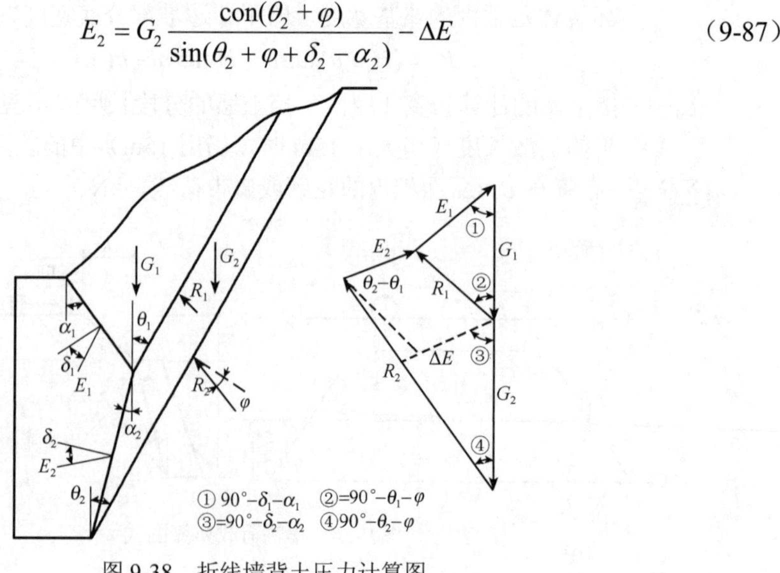

图 9-38　折线墙背土压力计算图

其中

$$\begin{cases} \Delta E = R_1 \dfrac{\sin(\theta_2 - \theta_1)}{\sin(\theta_2 + \varphi + \delta_2 - \alpha_2)} \\ R_1 = E_1 \dfrac{\cos(\alpha_1 - \delta_1)}{\cos(\varphi + \theta_1)} \end{cases} \tag{9-88}$$

式中：E_2——作用于下墙背土压力，kN；

G_2——挡土墙下破裂棱体的重力（包括破裂体上的荷载），kN；

R_1——上墙破裂面上的反力，kN；

θ_1——上墙背破裂面与垂线的夹角（破裂角），(°)；

θ_2——下墙背破裂面与垂线的夹角（破裂角），(°)；

δ_1——上墙背与填料间的摩擦角，(°)；

δ_2——下墙背与填料间的摩擦角，(°)；

α_1——上墙背倾角，(°)；

α_2——下墙背倾角，(°)。

其余参数的含义同前所述。

令 $\dfrac{dE_2}{d\theta_2} = 0$，求得下墙最大破裂角$\theta_2$，代入基本公式（9-87）即可求得下墙土压力 E_2。

4. 填料为黏性土的直线墙背土压力计算

目前在工程实际中，填料为黏性土的土压力计算，大多考虑无下墙且不出现第二破裂面的直线墙背。

考虑黏聚力的土压力计算，仍以库仑理论为基础，假设破裂面为平面，如图 9-38 所示。当墙身向外足够位移时，黏性土土层的顶部会出现拉应力，从而产生竖直裂缝。竖直裂缝的深度达到拉应力趋近于零处，可确定为

$$h_c = \frac{2C}{\gamma}\tan\left(45° + \frac{\varphi}{2}\right) \tag{9-89}$$

式中：C——填料的单位黏聚力，kPa。

裂缝深度与堵顶填土的斜度（是否水平）无关。墙后填料上有均布荷载时，裂缝的深度将减小。若荷载等代体系布置土层厚度为 h_0，则实际裂缝深度为

$$h_c' = h_c - h_0 \tag{9-90}$$

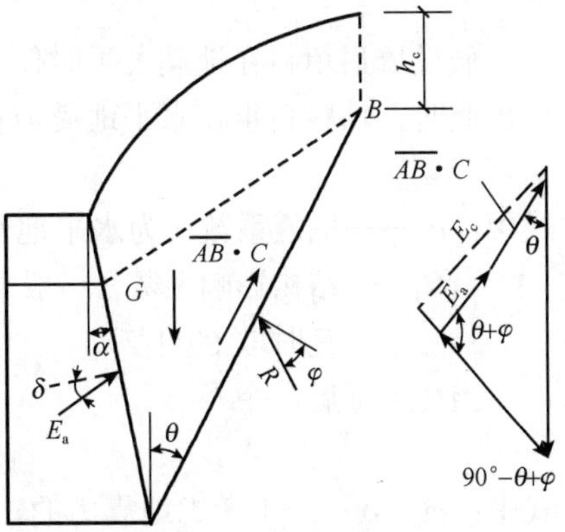

图 9-39　黏性土的直线墙背土压力计算图

如图 9-39 所示，根据静力平衡条件，基本公式为

$$\begin{cases} E_c = E_a - \overline{AB} \times C \dfrac{\sin(90° - \varphi)}{\sin(\theta + \psi)} \\ E_c = G \dfrac{\sin(90° - \theta - \varphi)}{\sin(\theta + \psi)} \end{cases} \tag{9-91}$$

其中

$$\psi=\varphi+\delta+a$$

式中：E_a——不考虑黏聚力时的墙背土压力；

E_c——考虑黏聚力时的墙背土压力；

$\overline{AB}$——破裂面长度。

其余参数的含义同前所述。

根据基本公式，令 $dE_c/d\theta=0$，求得最大破裂角θ代入基本公式（9-91）即可求得土压力 E_c。

对同等边界条件，按上述过程可得出其相应的土压力计算公式。

5. 浸水挡土墙的土压力计算

浸水挡土墙的土压力应考虑水对填料的影响。填料受到水浮力作用，使上压力减小；砂性土内摩擦角受水的影响不大，可认为浸水后不改变，但黏性土浸水后应考虑抗剪强度的降低。

如果假设浸水后填料的内摩擦角φ及破裂角θ不变，可先计算出未浸水的土压力 E_a，然后扣除水位以下因浮力影响而减小的土压力 ΔE_b。

如果计算浸水后填料内摩擦角φ值降低的土压力，则可先求得计算水位以上部分的土压力，然后将计算水位以上部分的土层作为超载，再计算浸水部分的土压力，这两部分土的矢量和即为全墙土压力。

由于挡土墙截面形式的变化以及水位的不同，浸水挡土墙的土压力计算要考虑多种情况，根据具体情况的组合选用不同的计算公式。

6. 地震力作用下的土压力计算

假设墙后填料在地震发生时仅受有水平地震加速度作用，且填料中各点加速度均相同。此时，填料自重在水平地震力作用下将偏斜一个角度，称为地震角θ_s，其值为

$$\theta_s=\arctan(C_s\mu_s) \tag{9-92}$$

式中：μ_s——地震系数（为水平地震加速度与重力加速度之比）；

C_s——结构影响系数（一般情况下取 C_s=1/3，大于 12m 的高挡土墙和地质条件不良时取 C_s=1/2）。

当θ_s求得后，令

$$\varphi_s=\varphi-\theta_s \qquad \delta_s=\delta+\theta_s$$

式中：φ_s、δ_s——不考虑地震力的一般地区填料的内摩擦角和墙背与填料间的摩擦角。

若以φ、δ_s 分别代表φ、δ，直接利用一般地区推导出的各种边界条件下的土压力计算式，便可以计算得到考虑地震力作用下的土压力 E_s。

9.8.4 挡土墙稳定性及强度验算

挡土墙的设计一般采用试算法，即根据所处环境的条件和经验初步拟定挡土墙形式和截面尺寸，然后按下述计算内容分别进行验算。不满足，应修改截面尺寸或采用

其他措施。

1. 稳定性验算

对于重力式挡土墙，墙的稳定性往往是设计中的控制因素。挡土墙的稳定性包括抗滑稳定性与抗倾覆稳定性两方面。验算挡土墙稳定性时，挡土墙抗倾覆和抗滑动的稳定系数不小于表 9-11 的规定。

表 9-11　挡土墙抗倾覆和抗滑动的稳定系数

荷载情况	稳定类型	稳定系数
主要组合 附加组合	抗倾覆 抗滑动	1.5 1.3
地震力作用时	抗倾覆、抗滑动 抗倾覆、抗滑动	1.3 1.1

（1）抗滑稳定性验算

挡土墙的抗滑稳定性是指在土压力和其他外荷载的作用下，基底摩阻力抵抗挡土墙滑移的能力，用抗滑稳定系数 K_c 表示，即作用与挡土墙的抗滑力与实际滑力之比，如图 9-40 所示。一般情况下，有

$$K_c = \frac{\mu \sum N + E_p}{E_x} \tag{9-93}$$

式中：$\sum N$——作用于基底的竖向力的代数和［即挡土墙自重 G（包括墙顶上的有效荷载 W_0 及墙背与第二破裂面之间的有效荷载 W_r）和墙背主动土压力的竖直分力 E_y（包括车辆荷载引起的土压力）］，kN，有

$$\sum N = G + E_y \tag{9-94}$$

E_x——墙背主动土压力（包括车辆荷载引起的土压力）的水平分力，kN；

E_p——墙背被动土压力，kN；

μ——基底摩擦系数。

（2）抗倾覆稳定性验算

挡土墙的抗倾覆稳定性是指它抵抗墙身绕墙趾向外转动倾覆的能力，用抗倾覆稳定系数 K_0 表示，即对墙趾的稳定力矩之和$\sum M_y$与倾覆力矩之和$\sum M_0$的比值，如图 9-40 和图 9-41 所示，即

$$K_0 = \frac{\sum M_y}{\sum M_0} \tag{9-95}$$

式中：$\sum M_y$——各力系对墙趾的稳定力矩之和，kN·m

$$\sum M_y = GZ_G + E_y Z_y + E_p Z_{Ep} \tag{9-96}$$

$\sum M_0$——各力系对墙趾的倾覆力矩之和，kN·m

$$\sum M_0 = E_x Z_x \tag{9-97}$$

Z_G、Z_x、Z_y、Z_{Ep}——相应各力对墙趾的力臂，m。

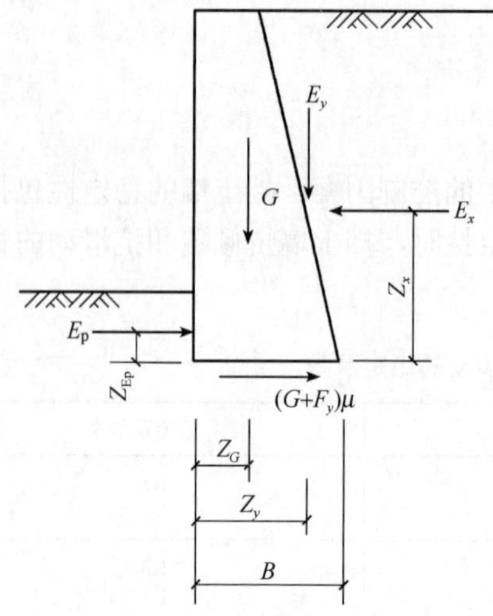

图 9-40　稳定性验算图式

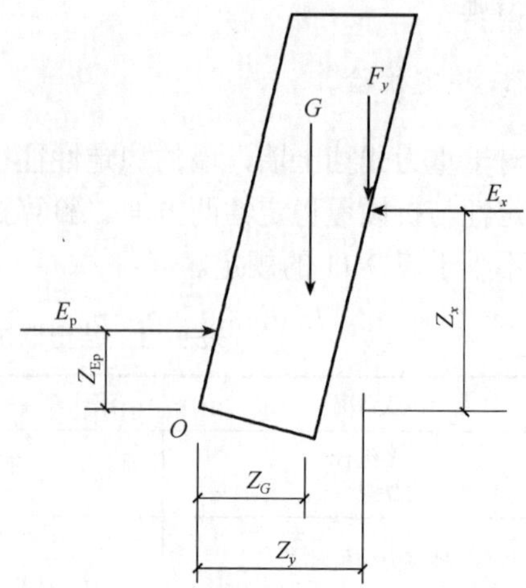

图 9-41　倾斜基地抗倾覆稳定性验算

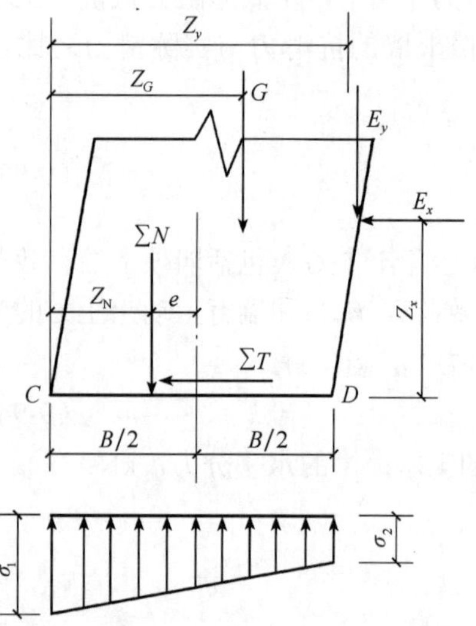

图 9-42　基底应力及合力偏心距验算图式

2. 基底应力及合力偏心距验算

为了保证挡土墙的基底应力不超过地基的允许承载力，应进行基底验算，为了使挡土墙墙形结构合理和避免发生显著的不均匀沉降，还应控制挡土墙基底的合力偏心距。

如图 9-42 所示，若作用于基底合力的法向分力为$\sum N$，它对墙趾的力臂为 Z_N，即

$$Z_N=\frac{\sum M_y-\sum M_0}{\sum N} \tag{9-98}$$

合力偏心距 e 要求满足

$$e=\frac{B}{2}-Z_N\leqslant\frac{B}{6} \tag{9-99}$$

式中：$\sum M_y$——对墙趾的稳定力矩之和；

$\sum M_0$——对墙趾的倾覆力矩之和。

其余变量说明同前述。

为了保证基底持力层不产生剪切破坏而丧失承载能力，基底两边缘点，即趾部和踵部的法向压应力必须满足基底允许应力的要求。基底最大、最小应力确定为

$$\sigma_1=\frac{\sum N}{A}+\frac{\sum M}{W}=\frac{G+E_y}{B}\left(1+\frac{6e}{B}\right) \tag{9-100a}$$

$$\sigma_2=\frac{\sum N}{A}-\frac{\sum M}{W}=\frac{G+E_y}{B}\left(1-\frac{6e}{B}\right) \tag{9-100b}$$

式中：$\sum M$——挡土墙的水平力和竖直力对基底重心的弯矩之和；

B——挡土墙基低宽度；

A——挡土墙基低面积（对 1m 长的挡土墙，$A=B$）；

W——基底截面模量（对 1m 长的挡土墙，$W=\frac{B^2}{6}$）。

基底压力不得大于地基的允许承载力［σ］，当附加组合时，地基允许承载力可提高 25%。

当 $e>B/6$ 时

$$\sum N=\frac{1}{2}\sigma_{\max}\times 3Z_{\mathrm{N}}$$

从而

$$\sigma_{\max}=\frac{2}{3}\frac{\sum N}{Z_{\mathrm{N}}}\leqslant[\sigma] \tag{9-101}$$

9.8.5 墙身承载力验算

墙身截面强度验算包括法向应力和剪应力验算。剪应力验算包括水平和斜截面剪力验算，斜截面剪力验算主要针对衡重式挡土墙。控制截面一般取截面转折或有急剧变化处，即基础顶面、1/2 墙高或上下墙（凸形及衡重式墙）交界处等，如图 9-43 所示。

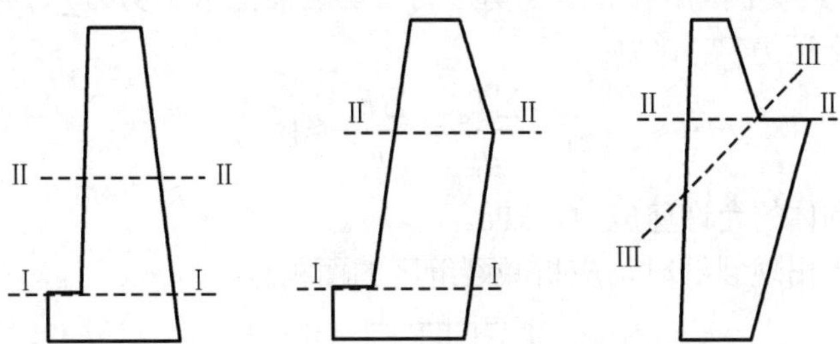

图 9-43 墙身验算截面的选择

1. 法向应力及偏心距 e 验算

如图 9-44 所示，若验算截面Ⅰ—Ⅰ的强度，从土压力分布图可得到截面以上的土压力为 E_{xi} 和 E_{yi}，截面以上的墙身自重为 G_i，截面宽度为 B_i，则

$$\begin{cases}\sum N_i=G_i+E_{yi}\\ \sum M_{yi}=G_iZ_{\mathrm{G}i}+E_{yi}Z_{yi}\\ \sum M_{oi}=E_{xi}Z_{xi}\\ Z_{\mathrm{N}i}=\dfrac{\sum M_{yi}-\sum M_{oi}}{\sum N_i}\end{cases} \tag{9-102}$$

式中：$Z_{\mathrm{G}i}$、Z_{xi}、Z_{yi} ——相对于上墙墙底截面墙趾点力矩；

G_i——土墙重量。

$$e = \frac{B_i}{2} - Z_{Ni} \tag{9-103}$$

要求截面的偏心距，考虑主要组合时，$e_i \leqslant 0.3B_i$；附加组合时，$e_i \leqslant 0.35B_i$，以保证墙形的合理性。

截面两端边缘的法向应力为

$$\sigma_1 = \frac{\sum N}{B_i}\left(1 \pm \frac{6e_i}{B_i}\right) \leqslant [\sigma] \tag{9-104a}$$

$$\sigma_2 = \frac{\sum N}{B_i}\left(1 - \frac{6e_i}{B_i}\right) \leqslant [\sigma] \tag{9-104b}$$

式中：$[\sigma]$——墙身砌体允许应力。

考虑主要组合时，应使最大压应力和最大拉应力不超过砌体的允许应力。当考虑附加组合时，允许应力可提高 30%。干砌挡土墙不能承受拉应力。

2. 剪应力验算

剪应力有水平剪力和斜剪应力两种。重力式挡土墙只验算水平剪应力，而衡重式挡土墙还需进行斜截面剪应力验算，如图 9-43 中Ⅲ—Ⅲ截面。

（1）水平剪应力验算

如图 9-44 对Ⅰ—Ⅰ截面验算水平剪应力，剪切面上水平剪力$\sum T_i$等于Ⅰ—Ⅰ截面以上墙身所受水平土压力$\sum E_{xi}$，则

$$\tau_i = \frac{\sum T_{xi}}{B_i} = \frac{\sum E_{xi}}{B_i} \leqslant [\tau] \tag{9-105}$$

式中：$[\tau]$ ——砌体的允许剪应力，kPa。

当墙身受拉力出现裂缝时，应折减裂缝区的面积。

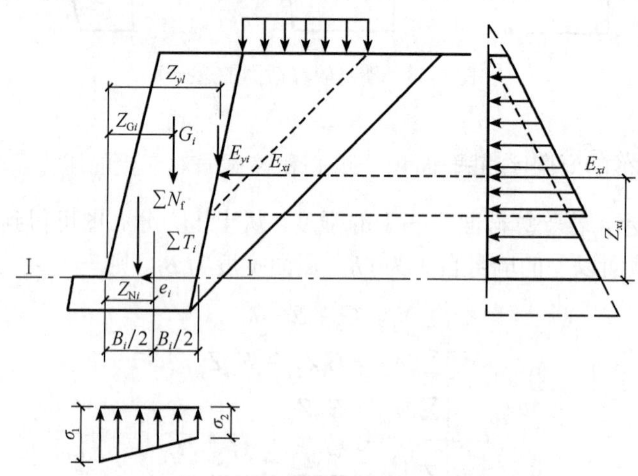

图 9-44　允许应力法墙身截面验算图式

（2）斜截面剪应力验算

如图 9-45 所示，设衡重式挡土墙低面沿倾斜方向 AB 被剪裂，剪裂面与水平面成 ε

角，剪裂面上的作用力是竖直力$\sum N$和水平力$\sum T$，则

$$\begin{cases}\sum N = E'_{1y} + G_1 + G_2 \\ \sum T = E'_{1x}\end{cases} \tag{9-106}$$

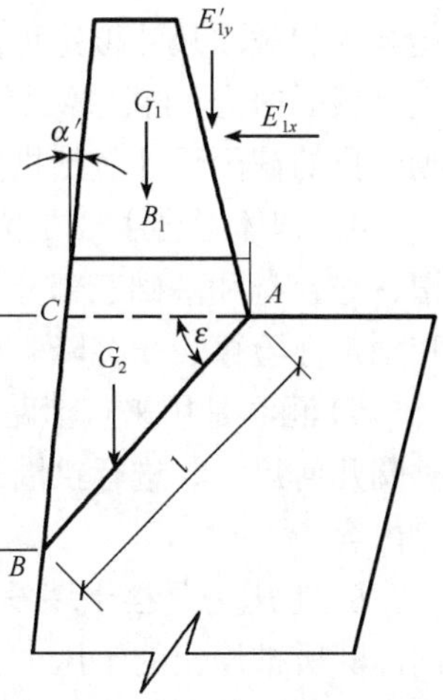

式中：E'_{1x}——上墙土压力的水平分力，kN；

E'_{1y}——上墙土压力的竖直分力，kN；

G_1——上墙砌体重力，kN；

G_2——ABC 的砌体重力，kN。

当ε不同时，AB 面上的剪应力也不同，故ε是τ的函数，即

$$\tau = \frac{p}{l} \tag{9-107}$$

图 9-45　斜截面剪应力验算

式中：p——剪裂面 AB 方向的切向分力，kN，即

$$\begin{aligned}p &= \sum T\cos\varepsilon + \sum N\sin\varepsilon \\ &= E'_{1x}\cos\varepsilon + (E'_{1y} + G_1)\sin\varepsilon + \frac{1}{2}\gamma B_1^2\frac{\tan\varepsilon\sin\varepsilon}{1-\tan\alpha\sin\varepsilon}\end{aligned} \tag{9-108}$$

l——剪裂面的长度$l = \dfrac{B_1\tan\varepsilon}{\sin\varepsilon(1-\tan\alpha\sin\varepsilon)}$，m。

其中：α——上墙倾角。

$$\tau = \frac{p}{l} = \tau_x\cos_i^2(1-\tan\alpha\sin i) + \tau_{\mathrm{w}}\sin i\cos i(1-\tan\alpha\sin i) + \tau_{\mathrm{r}}\sin_i^2 \leqslant [\tau] \tag{9-109}$$

其中

$$\tau_x = \frac{E'_{1x}}{B_1}\qquad \tau_{\mathrm{w}} = \frac{E'_{1y}+G_1}{B_1}\qquad \tau_{\mathrm{r}} = \frac{\gamma B_1}{2}$$

$$\tan i = -A \pm \sqrt{A^2+1}\qquad A = \frac{\tau_{\mathrm{r}} - \tau_x - \tau_{\mathrm{w}}\tan\alpha}{\tau_x\tan\alpha - \tau_{\mathrm{w}}}$$

（3）任意截面强度计算

对于验算的截面，求出该截面面积、重心和该截面对应土的压力及作用点，按上述方法进行验算。

9.9　小　　结

1）根据《公路圬工桥涵设计规范》（JTG D61—2005）规定，公路桥涵砖、石及混凝土砌体构件采用分项安全系数的极限状态设计。其设计原则是：荷载效应不利组合的设计值小于或等于结构抗力效应的设计值。

2）砌体拱桥是由上部结构和下部结构两部分组成，拱桥上部结构由主拱圈和拱上建筑组成，下部结构是由墩台基础组成。

3）砌体拱桥设计包括拱桥总体设计、拱轴线的选择、拱上建筑布置、拱圈截面的变

化规律和截面尺寸拟定等内容。其内力计算分为两部分，先计算不考虑拱的弹性压缩时主拱截面内力，再计算拱的弹性压缩引起的内力，然后两者叠加即为拱截面的实际内力。砌体拱的截面设计包括拱圈强度与稳定性验算两部分。

4）砌体墩台主要是梁式重力墩台和拱式重力墩台。其中桥梁式墩台主要是由墩台帽、墩台身和基础三部分组成。墩台设计主要包括荷载组合、墩台帽验算、墩台身强度和稳定性验算、墩沉降验算以及基础地基的承载力验算等内容。

5）涵洞是用来宣泄路堤下水流或作为通道的小型构筑物。其设计的主要内容是确定拱圈几何尺寸、进行拱圈外荷载、拱圈内力计算、拱圈强度和稳定性验算以及涵台计算等内容。

6）土压力是挡土墙设计中的主要依据，与库仑土压力理论和朗金土压力理论假设不同，其所推演出的土压力公式适用于不同的墙背和边界条件，因此在设计挡土墙时，应按上述不同的条件分别选择相适应的土压力计算公式。挡土墙的稳定性验算包括抗滑、抗倾覆、基底应力、偏心距等。究竟哪一方面起控制作用则取决于挡土墙的类型、墙身断面形式及尺寸以及地基条件，同时设计时应根据荷载组合情况选择相应稳定性指标。

思考与习题

9.1　砌体拱桥由哪些部分组成？

9.2　砌体拱桥有哪些分类方法？是如何进行分类的？

9.3　拱轴线有哪些常用类型？各适用于哪些条件？

9.4　砌体拱桥设计包括哪些内容？

9.5　简述砌体拱内力计算的方法及步骤。

9.6　分析拱桥内力计算的基本体系和弹性中心。

9.7　简述梁桥和拱桥的重力式桥墩的计算方法和步骤。

9.8　简述拱涵的设计要点。

9.9　石砌挡土墙的构造由哪几部分组成？

9.10　作用于挡土墙上的力有哪几种？

9.11　计算挡土墙压力时的墙背模型一般有哪几种？

参 考 文 献

陈忠达，2000．公路挡土墙设计[M]．北京：人民交通出版社.

丁大均，1997．砌体结构学[M]．北京：中国建筑工业出版社.

顾克明，苏洪清，赵嘉行，1993．公路桥涵设计手册　涵洞[M]．北京：人民交通出版社.

顾懋清，石绍甫，1994．公路桥涵设计手册　拱桥[M]．北京：人民交通出版社.

江祖铭，王崇礼，1996．公路桥涵设计手册　墩台与基础[M]．北京：人民交通出版社.

李卫，1999．设置钢筋混凝土柱的砖墙体受压时的承载力[C]//99’全国砌体结构学术会议论文集．沈阳：中国建筑东北设计研究院.

梁兴文，史庆轩，2011．混凝土结构设计[M]．2 版．北京：科学出版社.

林宗凡，1999．多层砌体房屋结构设计——方法与应用[M]．上海：上海科学技术出版社.

罗韧，2000．桥梁工程导论[M]．北京：中国建筑工业出版社.

裘伯永，盛兴旺，乔建东，等，2001．桥梁工程[M]．北京：中国铁道出版社.

施楚贤，2003．砌体结构理论与设计[M]．3 版．北京：中国建筑工业出版社.

司马玉洲，2001．砌体结构[M]．北京：科学出版社.

唐岱新，2010．砌体结构[M]．2 版．北京：高等教育出版社.

唐岱新，2012．砌体结构设计规范理解与应用[M]．2 版．北京：中国建筑工业出版社.

唐岱新，费金标，1995．配筋砌块剪力墙正截面强度试验研究[J]．上海建材学院学报，8（3）：238-244.

唐岱新，姜洪斌，2000．梁端垫块局部压应力分布及有效支承长度测定[J]．哈尔滨建筑大学学报，33（4）：25-29.

王耕翟，王汉东，1997．多层及高层建筑配筋混凝土空心砌块砌体结构设计手册[M]．合肥：安徽科学技术出版社.

王庆霖，1991．砌体结构[M]．北京：地震出版社.

王社良，2011．抗震结构设计[M]．4 版．武汉：武汉理工大学出版社.

熊仲明，许淑芳，韦俊，2009．砌体结构[M]．北京：科学出版社.

姚玲森，2008．桥梁工程（公路与城市道路专业用）[M]．2 版．北京：人民交通出版社.

易文宗，王庆霖，1986．多层墙梁试验研究[J]．西安冶金建筑学院学报（4）：10-18.

中华人民共和国交通运输部，2005．公路圬工桥涵设计规范：JTG D61—2005[S]．北京：人民交通出版社.

中华人民共和国交通运输部，2015．公路桥涵设计通用规范：JTG D60—2015[S]．北京：人民交通出版社.

中华人民共和国住房和城乡建设部，2011．砌体工程施工质量验收规范：GB 50203—2011[S]．北京：中国建筑工业出版社.

中华人民共和国住房和城乡建设部，2011．砌体结构设计规范：GB 50003—2011[S]．北京：中国建筑工业出版社.

中华人民共和国住房和城乡建设部，2012．建筑结构荷载规范：GB 50009—2012[S]．北京：中国建筑工业出版社.

中华人民共和国住房和城乡建设部，2015．混凝土结构设计规范（2015 年版）：GB 50010—2010[S]．北京：中国建筑工业出版社.

中华人民共和国住房和城乡建设部，2016．建筑抗震设计规范（2016 年版）：GB 50011—2010[S]．北京：中国建筑工业出版社.

中华人民共和国住房和城乡建设部，2018．建筑结构可靠性设计统一标准：GB 50068—2018[S]．北京：中国建筑工业出版社.

宗兰，2006．砌体结构[M]．北京：机械工业出版社.